"十三五"职业教育国家规划教材

"十二五"职业教育国家规划教材
经全国职业教育教材审定委员会审定

果树生产技术

（北方本）

第 2 版

蒋锦标　卜庆雁　主编

U0219478

中国农业大学出版社
·北京·

内 容 简 介

　　本教材以果树生产的农时季节和果树的物候期进展顺序为主线,重点突出果树的周年生产综合技术。全书分为六个项目:认识果树、培育果树苗木、建立标准化果园、果树生产基本技术、露地果树生产综合技术、设施果树生产综合技术。编写思路上,始终贯穿技术先进性原则、生产过程导向原则、做中学和做中教原则,与国家职业标准紧密衔接,关注岗位能力培养。编写程序上,在项目前列出学习目标和教学提示,项目内各个任务均以技能操作为主线,突出学做结合、理实一体,并穿插知识链接、拓展学习、典型案例等栏目,项目后设有探究与思考,切实符合高职教育特色,适合高职院校师生的教与学。编写内容上,除生产技术内容外,提供了大量的工作页、技能单和相应的考核评价标准,便于学生根据要求进行调查、操作、学习与评价,也利于培养学生综合职业能力。书后附有果树园艺工国家职业标准。本书可作为北方职业技术院校园艺技术专业的教材,也可作为相关专业远程教育、技术培训教材以及果树生产技术人员学习的参考书。

图书在版编目(CIP)数据

　　果树生产技术(北方本).2版/蒋锦标,卜庆雁主编.—北京:中国农业大学出版社,2014.7
(2022.7重印)

　　ISBN 978-7-5655-0976-6

　　Ⅰ.①果… Ⅱ.①蒋…②卜… Ⅲ.①果树园艺 Ⅳ.①S66

　　中国版本图书馆 CIP 数据核字(2014)第 104905 号

书　　名 果树生产技术(北方本)　第 2 版	
作　　者 蒋锦标　卜庆雁　主编	
策划编辑 张　玉　姚慧敏　伍　斌	**责任编辑** 洪重光
封面设计 郑　川	**责任校对** 王晓凤　陈　莹
出版发行 中国农业大学出版社	
社　　址 北京市海淀区圆明园西路 2 号	**邮政编码** 100193
电　　话 发行部 010-62818525,8625	**读者服务部** 010-62732336
编辑部 010-62732617,2618	**出　版　部** 010-62733440
网　　址 http://www.cau.edu.cn/caup	**e-mail** cbsszs @ cau.edu.cn
经　　销 新华书店	
印　　刷 北京溢漾印刷有限公司	
版　　次 2014 年 9 月第 2 版　　2022 年 7 月第 5 次印刷	
规　　格 787×1 092　16 开本　　22.25 印张　　554 千字	
定　　价 47.00 元	

图书如有质量问题本社发行部负责调换

中国农业大学出版社
"十二五"职业教育国家规划教材
建设指导委员会专家名单
（按姓氏拼音排列）

　　"果树栽培"课程是园艺技术专业的核心课程,也是一门实践性很强的专业课程。在长期的课程改革和建设中,辽宁农业职业技术学院果树教研室积累了大量的教学资源和丰富的教改经验,2008 年,"果树栽培"课评为辽宁省省级精品课程。我们在总结近 10 余年教育教学改革成果与实践经验的基础上,组织相关院校教师和行业专家,贯彻"走出教室练,进入项目干;跟着企业走,随着季节转"的教改理念,吸纳国内外最新的研究成果和企业先进实用的成熟技术、经验,采用新的编排形式和体例,对第 1 版《果树生产技术》(北方本)教材内容进行了解构和重构,重新修订编成此教材,使之更接近生产实际,更利于学生学习,更方便教、学、做合一。教材编写中我们注重了以下原则:

　　1.岗位能力本位原则。岗位能力培养主要包括知识、技能和态度等方面。教材中明确了学生应掌握的一般能力和关键能力是什么,紧紧围绕着关键能力的培养去组织教材内容。并在评价中增加了有关职业素质方面的内容。

　　2.生产环节导向原则。果树栽培的季节性很强,为了便于教学环节与生产环节的结合,在教材内容的设计上尽量将同一生产环节的内容编排在同一教学项目内,实现用教学过程完成生产任务,用生产过程完成教学内容的目的。也方便教学环节与企业实训的有机结合。

　　3.技术先进性原则。教材力求反映生产实际中应用的新技术,并且加入了国内外最新研究成果,保持了教材的先进性和前瞻性,又不影响教材的实用性。

　　4.适于做中学和做中教原则。针对高职高专生源差异和学生学习特点,精选基本教学内容,以实践操作为主线,增加学、做结合等内容形式,链接相关理论知识,便于学生学习。增加了拓展学习、典型案例等栏目,适合不同层次学生需要。提供工作页、技能单等,便于学生根据要求操作;教材中加入了大量的图片和表格,增强可读性和趣味性。

　　根据以上四个原则,本教材划分为六个项目,认识果树、培育果树苗木、建立标准化果园、果树生产基本技术、露地果树生产综合技术、设施果树生产综合技术。每个项目包括学习目标、教学提示、任务实施、探究与讨论等部分,任务实施中以技能操作为主,把需要的理论知识以知识链接形式穿插其中,做到理论实践一体化,同时书中加入拓展学习、典型案例等栏目,以激发学生学习兴趣,拓展学生思维,培养学生综合职业能力。书后附有果树园艺工国家职业标准,以便学生学习使用。

　　参加本教材编写的人员有:蒋锦标(项目六中任务 1、任务 2、任务 3、任务 4),卜庆雁(项目一,项目四中任务 1、任务 2、任务 4),张力飞(项目二,项目四中任务 5,项目五中任务 1.1),黄海帆(项目五中任务 2.2、任务 2.3),高丹(项目五中任务 1.2、任务 2.1、任务 4.3),周晏起(项目六中任务 6、附录),郭艳(项目五中任务 2.4、任务 4.1),张爽(项目三),赵师成(项目四中任务 3、项目五中任务 4.2),卜庆雁、李坤(项目五中任务 3,项目六中任务 5);插图由卜庆雁、周晏起完成。书稿完成后,由主编负责统稿。全书由辽宁省果蚕管理总站宣景宏教授研究员级高级农艺师审稿。

　　本教材编写中参考了有关单位和专家学者的文献资料,在此表示诚挚的感谢。由于编者水平所限,教材中疏漏之处敬请读者批评指正,以便进一步修改和完善。

编　者

2014 年 2 月

目 录

项目一

认 识 果 树

🍁 学习目标

● 知识目标：能说出果树分类方法和常见落叶果树的种类及基本特征；了解果树生产的特点、现状和发展趋势；认识果树树体各部分的名称、特点；理解果树年生长发育规律。

● 能力目标：能够深入社会，调查果树生产的现状，提出自己的问题；能够现场指认树体的各部分；根据给定树体，会综合判断树体生长发育状态和所处的年龄时期，从而为后期制订综合管理措施奠定基础。

🍁 教学提示

● 学习任务1和任务2时，要组织学生查阅资料，进行现场调查，开展讨论；学习任务3和任务4时，要组织学生编成学习小组，以小组为单位，通过观察与调查，学会相应内容。

● 本项目内容的学习安排在两个学期，贯穿于果树年生长的整个时期，最好从春季开始，至秋季结束，便于结合现场教学。

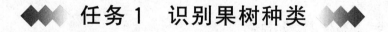

◆◆◆ 任务 1　识别果树种类 ◆◆◆

● 任务实施

一、了解果树分类

(一)果树植物学分类

全世界果树分属于 134 个科、659 属、2 972 种，另有变种 110 个。其中较重要的果树约 300 种，主要栽培的果树约 70 种。我国有果树 59 科、158 属、670 余种。目前生产中所栽培的果树种类，如苹果、梨、葡萄、柑橘、香蕉等都是植物学分类中的属名。

(二)果树园艺学分类

园艺学分类是按照生物学特性、生态适应性等,对性状相近的果树进行分类。这种分类方法在果树研究和生产上具有实用价值,表1-1为园艺学分类方法。

表1-1　园艺学分类方法

分类依据		分类结果
依据生物学特性	按照冬季叶幕特性	落叶果树和常绿果树
	按照植株形态特性	乔木果树、灌木果树、蔓性果树(藤本果树)和草本果树
	按照果实构造特点	仁果类、核果类、浆果类、坚果类、聚复果类、柑果类、荚果类和荔果类
	按照果实含水量及其利用特点	水果和干果
依据生态适应性		寒带果树、温带果树、亚热带果树和热带果树
依据利用情况		栽培类型、半栽培类型和野生类型

(三)果树栽培学分类

果树栽培学上按照生物学特性相似、栽培管理措施相近的原则,将各种分类方法综合进行分类。首先分为木本果树和草本果树,再按树性、果实特点进行归类。主要类别及包含果树种类如下。

1. 木本落叶果树

(1)仁果类　包括苹果、梨、山楂、木瓜等。

(2)核果类　包括桃、李、杏、梅、樱桃等。

(3)浆果类　包括葡萄、猕猴桃、石榴、无花果、树莓、醋栗、穗醋栗等。

(4)坚果类　包括板栗、核桃、榛、银杏等。

(5)柿枣类　包括柿、枣等。

2. 木本常绿果树

(1)柑果类　包括柑、橘、橙、柚等。

(2)其他　如龙眼、荔枝、枇杷、杨梅、橄榄、椰子、香榧、杧果、油梨等。

3. 多年生草本果树

包括香蕉、菠萝、草莓等。

【知识链接】

什么是果树与果树生产

果树一般是指能生产人类用来食用的果实、种子及其衍生物的多年生植物及其砧木。果树栽培是指人们为获得高产优质果品,对果树及其生长环境采用各类技术进行管理和调控的过程。包括苗木培育、果园建立、栽培管理、病虫害防治等各个环节。果树生产则是将果树栽培向产前、产后延伸,包括果品的商品化处理、生产资料供应、人力资源管理、信息技术服务、市场营销网络在内的所有环节。果树产业是果树生产链条的进一步延伸,是以果品升值、经济增效为核心,由产、学、研、科、工、贸构成的综合化产业,包括果树资源开发利用、品种培育、生产技术研究、果园综合利用、果品加工与贮藏、果品贸易等。

果树栽培的作用

果树栽培可以使果树生产出又好又多的果品,进而取得较高的经济效益、生态效益和社会效益,在农业和国民经济中具有重要作用。

(1)果业是农业的重要组成部分　农业是国民经济的基础,而果业是农业的重要组成部分。首先,随着农村产业结构的调整和农产品市场的进一步放开,果树生产已在农村经济结构中上升为重要地位。其次,果树生产在我国食品工业中具有不可替代的地位和作用。如果酒、果汁、果茶、果冻、果脯、果干、果品罐头等加工业,均以果树生产作为基础和原料供应基地。第三,果业作为技术劳动密集型产业,具有很强的国际市场竞争力,是农产品出口换汇的重要来源,在我国外贸经济中具有特殊地位。

(2)果品是人们生活的必需品　果品富含人体必需的脂肪、蛋白质、糖类、矿物质、维生素和食物纤维等六大营养素。不同种类的果品中各有特色,如核桃的脂肪含量为63%,杏仁的蛋白质含量为23%～25%,干枣的含糖量为50%～87%,板栗干物质的淀粉含量为50%～65%,鲜枣维生素C的含量为540 mg/100 g,山楂钙的含量为85 mg/100 g,核桃磷的含量为329 mg/100 g。

利用果品中含有的丰富营养和特殊成分,人们将其作为保健食品或以其为原料制作保健食品及药品,以促进健康、防治疾病。如山楂健脾消食,梨能清热化痰,香蕉可润肠,猕猴桃及杏制品对癌细胞有阻遏作用等。

(3)果树具有生态环境效益　果树具有较强的环境适应性,既可绿化荒山、保持水土,改善我国众多丘陵山区的生态环境和农民生活条件,又可充分利用土地发展农村及城郊的生态农业,还可美化环境、净化空气。

(4)果树产业的社会功能　包括果园的观光旅游功能、教育培训功能、心理健康调节功能等,是人类亲近自然的重要途径之一。果树产业在吸纳富余劳动力等方面也具有一定的作用。

果实的构造与分类

(1)仁果类　果实由子房和花托共同发育而成,为假果。果实的外层是肉质化的花托,占果实的绝大部分,内果皮革质或骨质化,内有多个种仁,花托和内果皮之间为肉质化的外、中果皮。食用部分主要是花托,其次为外、中果皮。果实大多耐贮运,鲜果供应期长。

(2)核果类　果实由子房发育而成,为真果。外果皮很薄,中果皮肉质化,内果皮木质化,成为坚硬的核,核内有种子。食用部分为中果皮。果实不耐贮运。

(3)浆果类　果实富有汁液,大都不耐贮运。果实构造树种间差异大。以葡萄为例,果实由子房发育而成,外果皮膜质,中果皮柔软多汁,内果皮变为分离的浆质细胞,围绕在种子附近。食用部分为中、内果皮。

(4)坚果类　果实外面多具有坚硬的外壳,壳内有种子,种子富含脂肪、淀粉、蛋白质。食用部分多为种子。含水分少,极耐贮运。

(5)柑果类　果实由子房发育而成,外果皮革质,具有油泡,中果皮白色海绵状,内果皮发育为多汁的瓤瓣。食用部分为内果皮瓤瓣。果实大多耐贮运,鲜果供应期长。

二、识别主要落叶果树种类

(一)识别苹果种类与特征

1.主要种类

苹果属于蔷薇科(Rosaceae)苹果属(*Malus* Mill.)植物。苹果属植物全世界有 35 种,原产我国的共有种 22 个、亚种 1 个。生产中用于栽培和砧木的主要种类如下。

(1)苹果(*Malus pumila* Mill.) 目前世界上栽培的苹果品种,绝大部分属于本种或该种与其他种的杂交种。我国原产的绵苹果亦属于本种。

(2)山定子(*M. baccata* Borkh.) 别名山荆子。原产我国东北、华北、西北。乔木,果实重约 1 g,果梗细长。本种抗寒力极强,有的可耐 −50℃ 低温,但不耐盐碱,在 pH 7.5 以上的土壤易发生缺铁黄叶病,是北方寒冷地区常用的苹果砧木。

(3)楸子(*M. prunifolia* Borkh.) 别名海棠果、海红、林檎。我国西北、华北、东北地区均有分布。果实卵圆形,直径约 2 cm,黄色或红色。本种根系深,适应性广,抗寒、抗旱、耐涝、耐碱、抗苹果绵蚜,与苹果嫁接亲和力强,是生产上广泛应用的砧木。

(4)西府海棠(*M. micromalus* Mak.) 别名小海棠果、子母海棠。我国东北、华北、西北均有分布。果实扁圆形,重约 10 g。本种抗性较强,耐盐碱,较抗黄叶病。与苹果嫁接亲和力好,是北方应用最广的苹果砧木之一。

2.基本特征

树干较光滑,灰褐色,老皮呈片状脱落。一年生枝条较直立,有茸毛。芽单生。叶芽等边三角形,紧贴枝上。花芽圆锥形,大多顶生,也有腋花芽。叶椭圆形或卵圆形,叶缘有钝锯齿,叶面较粗糙,幼时有茸毛,成叶茸毛脱落。花芽为混合花芽,伞形总状花序,每花序有花 5～7 朵。

(二)识别梨种类与特征

1.主要种类

梨为蔷薇科(Rosaceae)梨属(*Pyrus* L.)植物。世界梨属植物约有 35 种,其中原产我国的有 13 个种。

(1)秋子梨(*P. ussuriensis* Max.) 主要分布于我国东北,华北、西北亦有分布。果实大多近球形,个小,果柄短,萼宿存,果肉石细胞多且粗,多数品种经后熟方可食用,部分品种有浓郁香气。野生类型是我国北方梨区主要砧木树种。

(2)白梨(*P. bretschneideri* Rehd.) 主要分布于我国华北地区,西北地区、辽宁、淮河流域亦有分布,是中国栽培梨中分布最广、栽培面积最大、优良品种最多的种类。

(3)砂梨(*P. pyrifolia* Nakai.) 主要分布于中国长江流域及其以南各省区,华北、东北、西北等地亦有栽培。

(4)西洋梨(*P. communis* L.) 从欧洲引进。在我国栽培面积较小。枝条直立性强,小枝无毛有光泽,枝条灰黄色或紫褐色。叶片小,叶缘锯齿圆钝或不明显。果实多葫芦形,果柄粗短,萼片多宿存,多数需后熟方可食用,肉质细软易溶,石细胞少,常有香味,不耐贮藏。

（5）杜梨（*P. betulaefolia* Bge.） 又名棠梨。野生于我国华北、西北、华东各省区。本种抗寒、旱、涝、盐碱力均较强，与中国梨、西洋梨嫁接均生长良好，是我国北方梨区主要砧木树种。

2.基本特征

树皮粗糙，大树树皮呈纵状剥落。一年生枝条多呈波状弯曲，有茸毛，皮孔较明显，白色，凸出。大树多短果枝群，俗称"鸡爪枝"。芽单生。叶芽瘦长，离生，被茸毛。花芽圆锥形，多生于枝条顶端。叶卵圆形，革质，有光泽；叶尖长而尖，叶缘有针状锯齿。花芽为混合花芽，伞房花序，每花序有花5~9朵。

（三）识别桃种类与特征

1.主要种类

桃属于蔷薇科（Rosaceae）桃属（*Amygdalus* Linn.）植物。分布于我国的有6个种，即桃、新疆桃、甘肃桃、光核桃、山桃和陕甘山桃。

（1）桃（*Amygdalus persica* L.） 又名普通桃、毛桃。世界上的栽培品种多属此种及其变种。有蟠桃、油桃、寿星桃和碧桃4个变种。

蟠桃：果实扁圆形，果肉多为白色，也有黄色。核小，扁圆形。品种较多，分有毛、无毛两种类型，无毛的称油蟠桃。

油桃：果实圆形或扁圆形，光滑无毛。多为黄肉，也有白肉类型。

寿星桃：树形矮小，枝条节间短。花重瓣，有大红、粉红和白色3种类型。一般供观赏用。

碧桃：花重瓣艳丽，多作观赏用。

（2）山桃（*Amygdalus davidiana* Maxim.） 树干表皮光滑，枝条细长。耐寒、耐旱、耐盐，但不耐湿。有红花和白花2个类型，可作桃的砧木。

2.基本特征

落叶小乔木。树干光滑，灰褐色，老树树皮横向裂纹。一年生枝光滑，分枝较多，青绿或红褐色。有复芽，一个节上可见1~4个芽。叶芽和花芽可同时着生在一个节上，叶芽瘦小，花芽肥大呈圆锥形，均为腋花芽，枝条顶端均为叶芽。叶呈披针形，叶面光滑。花芽为纯花芽，单花，花梗极短。

（四）识别杏种类与特征

1.主要种类

杏属蔷薇科（Rosaceae）杏属（*Armeniaca* Mill.）植物。我国主要有普通杏、西伯利亚杏和辽杏3种。

（1）普通杏（*Prunus armeniaca* L.） 原产我国。现世界栽培品种多属本种。

（2）西伯利亚杏（*Prunus sibirica* L.） 分布在我国东北、内蒙古等地。树为小乔木或灌木。抗旱、抗寒力很强，可作砧木用。

（3）辽杏（*Prunus mandschrica* Koehne） 分布在我国东北地区。抗寒力强，可作砧木用。

2.基本特征

一年生枝条光滑无毛，红褐色或暗紫色。芽较小，单生叶芽多着生在枝条基部和顶端，单生花芽多着生在枝条的上部，复芽多着生在枝条中部。叶为广卵圆形，叶背光滑无毛。叶柄稍带紫红色，叶边缘有钝锯齿。纯花芽，花单生，粉红色或白色。

(五)识别李种类与特征

1.主要种类

李属蔷薇科(Rosaceae)李属(*Prunus* L.)植物。本属作为果树栽培的有10多种。

(1)中国李(*Prunus salicina* Lindl.) 原产我国。我国以中国李栽培最多。树势强健,适应性很强。

(2)欧洲李(*P.domestica* L.) 枝无刺,新梢和叶均有短绒毛,果实由黄、红直到紫、蓝色。我国新疆、辽宁、河北、山东等省区有零星栽培。

(3)美洲李(*P.americana* Marsh.) 原产北美东部,我国东北和河北有少量栽培。可作为培育抗寒品种的优良亲本。

(4)杏李(*P.siminii* Carr) 原产我国北部山区,河北、辽宁栽培较多。可作为抗寒育种原始材料。

(5)乌苏里李(*P.ussuriensis* Kov. et Kost.) 原产我国,中俄边境栽培较多。

(6)樱桃李(*P.cerasifera* Ehrh.) 原产西南亚至欧洲东南,我国新疆疏附、阿克苏等地有少量栽培。

2.基本特征

中国李一年生枝红褐色,光滑无毛,二年生枝黄褐色。成龄树上多有花束状短果枝群。芽小。新梢顶端为叶芽,叶腋间多复芽。叶呈椭圆状倒卵形,先端急尖,基部楔形,叶边缘有细密锯齿,叶表面有光泽。花芽为纯花芽,每芽有花2～3朵。

(六)识别樱桃种类与特征

1.主要种类

樱桃为蔷薇科(Rosaceae)李属(*Prunus* L.)植物,有120种以上。作为果树栽培的主要有中国樱桃、欧洲甜樱桃、欧洲酸樱桃和毛樱桃4个种。

(1)中国樱桃(*Prunus pseudocerasus* Lindl.) 原产我国。小乔木。果实较小,果皮红、粉红、紫红或乳黄色,皮薄;果肉柔软多汁,不耐贮运。易生根蘖。适应性广,抗寒,耐旱,对土壤要求不严。

(2)欧洲甜樱桃(*P.avium* L.) 起源于欧洲和西亚。乔木。果实较大,黄色、红色或紫色。经济价值较高。抗寒性较弱。

(3)欧洲酸樱桃(*C.vulgaris* Mill.) 小乔木或灌木。果实较小,球形或扁球形,味酸。

(4)毛樱桃[*C.tomentosa*(Thunb.)Wall.] 原产我国。灌木,枝条密集,萌蘖力极强。枝、叶、芽密被绒毛,花朵小,花梗极短。果实小。

2.基本特征

甜樱桃树体高大,树干暗灰色,无光泽,枝干上有阔大皮孔。叶芽瘦长,花芽肥大,着生在结果枝的基部。花芽为纯花芽,开花结果后,结果枝基部即光秃。每一花芽内有花4～6朵。叶广卵圆形或长卵圆形,先端狭长而尖,基部圆形,叶缘有复锯齿,幼叶有皱纹,长大后渐平滑,暗绿色,叶柄基部有较大腺体。

(七)识别枣种类与特征

1.主要种类

枣属于鼠李科(Rhamnaxeae)枣属(*Zizyphus* sp.)植物。我国枣属植物有 10 多种,但在果树栽培上主要的种类是枣。

(1)华枣(*Z. jujuba* Mill.) 又称普通枣,我国栽培枣主要属此种。果实为核果,形状与大小因品种而异,常见的果形有圆形、椭圆形、卵圆形、长柱形等多种。果皮鲜红、紫红或紫褐色。本种在长期栽培中,形成了无刺枣、曲枝枣、缢痕枣、宿萼枣和无核枣 5 个变种。

(2)酸枣[*Z. jujuba* Mill. var. *spinosa* (Bunge) Hu ex H. F. Chow] 原产我国,古称棘。我国北方分布较多,适应性很强。果小至中大,果形变化较大,有圆形、长圆形、长椭圆形等。果皮厚,红至深红色。肉薄核大,味酸至甜酸。可作枣的砧木。

(3)毛叶枣(*Z. mauritiana* Lamk.) 又叫滇刺枣、南枣等。果实圆形、椭圆形、长形等,核果可食,味淡。多干制供药用,树皮也可入药。

2.基本特征

落叶乔木,高可达 10 m,树冠卵形。树皮灰褐色,条裂。枝有长枝、短枝与脱落性小枝之分。长枝红褐色,呈"之"字形弯曲,光滑,有托叶刺或不明显;短枝在二年生以上的长枝上互生;脱落性小枝较纤细,无芽,簇生于短枝上,秋后与叶俱落。叶卵形至卵状长椭圆形,先端钝尖,边缘有细锯齿,基生三出脉,叶面有光泽,两面无毛。

(八)识别葡萄种类与特征

1.主要种类及品种群

葡萄属于葡萄科(Vitaceae)葡萄属(*Vitis* L.)植物。本属用于栽培的有 20 多个种,按照原产地的不同,分为欧亚、东亚、北美 3 个种群。

(1)欧亚种群 仅有欧亚种葡萄(*V. vinifera* L.)1 个种,即欧亚葡萄或称欧洲葡萄,为最具栽培价值的种,已形成数千个栽培品种,其产量占世界葡萄总产量 90% 以上。抗寒性较差,抗旱性强,对真菌性病害抗性弱,不抗根瘤蚜。

(2)东亚种群 有 40 多个种,起源于我国的有 27 个种,生产上应用较多的是山葡萄(*V. amurensis* Rupr)。主要特点是抗寒力极强,根系可耐$-16℃$,成熟枝条可抗$-40℃$以下的低温。

(3)北美种群 起源于美国和加拿大东部,约有 28 个种,栽培上有价值的有 2 个种,即美洲葡萄(*V. labrusca* L.)和河岸葡萄(*V. riparia* Michaux.)。

2.基本特征

落叶蔓性植物。老蔓外皮呈纵裂剥落。新梢细长,节部膨大,节上有叶和芽,对面着生卷须或果穗。叶为掌状裂叶,表面有角质层,背面光滑或有茸毛,叶缘有粗大锯齿。花芽为混合花芽,圆锥花序。

(九)识别核桃种类与特征

1.主要种类

核桃属于核桃科(Juglandaceae)植物,本科植物用于果树栽培的有 2 个属,即核桃属

（*Juglans* L.）和山核桃属（*Carya* Nutt.）。其中核桃属包含的种类主要有以下几种。

（1）核桃（*J. regia* L.）　又名胡桃、羌桃，是国内栽培比较广泛的一种，分早实和晚实两大类群，野生类型可作核桃砧木。

（2）铁核桃（*J. sigillata* Dode.）　又名漾濞核桃。喜温暖湿润的亚热带气候，亦系生产应用的栽培种类之一，野生类型可作核桃砧木。

（3）核桃楸（*J. mandshurica* Maxim.）　原产我国东北、华北，尤其吉林省栽培较多。抗寒性强，是核桃的优良砧木。

（4）野核桃（*J. cathayensis* Dode.）　分布于安徽、甘肃、陕西秦岭巴山等地。可作核桃砧木。

（5）麻核桃（*J. hopeiensis* Hu.）　又名河北核桃，是核桃与核桃楸的天然杂交种，我国北京、河北、辽宁等地均有生长。抗寒性仅次于核桃楸，系北方核桃的主要砧木之一。

2.基本特征

落叶大乔木。树干及大枝灰白色，平滑。枝长，分枝角度大，新梢灰褐色。叶芽较小，呈圆形。雌花芽着生在枝条顶端，呈卵圆形。雄花芽圆柱形，着生在枝条上部的叶腋间。叶为奇数羽状复叶，有小叶 7～9 片，叶柄基部肥大。雌花芽为混合花芽，萌发后形成总状花序。雄花芽萌发后形成荑黄花序。

（十）识别板栗种类与特征

1.主要种类

板栗属于壳斗科（Fagaceae）栗属（*Castanea* Mill）植物。本属植物有 10 多种，原产我国的有以下几种。

（1）板栗（*Castanea mollissima* Bl.）　又名大栗、魁栗、油栗等。栽培的板栗均属本种。较耐寒，适应性较强。但抗白粉病能力较弱。南北方均有分布。

（2）锥栗（*C. henryi* Rehder & Wilson）　又名箭栗。总苞内有坚果 1 个，少数有 2 个，果小，底端圆而顶尖，其形如锥，故名锥栗，味甜，可食。

（3）茅栗（*C. sequinii* Dode）　小乔木，新梢密生短茸毛，有时无毛。总苞近圆形，通常有坚果 2～3 粒，多达 5～7 粒，果个小。

（4）野板栗（*Castanea* sp.）　果小不足 3 g，多为灌木群丛，可作为板栗砧木。

2.基本特征

落叶乔木，分枝较多。树冠半圆形，树皮直裂，灰褐或深褐色，新梢红褐。叶长椭圆形，锯齿粗，雌雄同株，雄花序为荑黄花序，着花数不等，乳白色。雌花序包被于球形多刺的总苞内，雌花子房下位，3～5 朵聚生，着生在雄花序的下部。

（十一）识别榛子种类与特征

1.主要种类

榛子属桦木科（Betulaceae）榛属（*Corylus* L.）植物。榛属植物全世界约有 20 种，我国有 12 种，主要有以下几种。

（1）平榛（*Corylus heterophylla* Fisch.）　又名榛子。主要分布于我国东北和内蒙古。为丛生灌木，坚果较毛榛大，果壳较厚，出仁率没有毛榛高。

（2）毛榛（*Corylus mandshurica* Batal.） 分布地域与平榛同,大多在疏林下零星分布。灌木,株丛基部分枝多。坚果较平榛略小,先端较尖,果壳较薄,易于剥壳,出仁率较平榛高。

（3）华榛（*Corylus chinensis* Fr.） 分布于云南、四川、甘肃等山区,一般与其他树木混生。

（4）滇榛［*Corylus yunnanensis*（Fr.）A.Camus］ 主要分布于云南。

2.基本特征

灌木或小乔木。树皮灰褐色,有光泽,一年生枝褐色,密生绒毛。芽卵形。单叶互生,叶缘锯齿不规则。单性花,雌雄同株。雄花为荑荑花序。雌花簇生,藏于鳞片内,有花数朵。坚果近球形,密被毛,果壳较坚硬。坚果外有总苞。

【工作页】1-1 识别主要果树种类(休眠期)

主要果树种类(休眠期)特征记录表

树种	树性	树干树皮	一年生枝				叶芽				花芽			
			颜色	皮孔	茸毛	曲度	大小	形状	颜色	茸毛	大小	形状	颜色	一节芽数

【工作页】1-2 识别主要果树种类(生长期)

主要果树种类(生长期)特征记录表

树种	新梢			叶片				花序		花				果实			
	主要结果枝	果台	二次梢	大小	形状	茸毛	叶缘	类型	花朵数	大小	形状	颜色	花柄	形状	果皮	萼洼	果梗

【拓展学习】

落叶果树资源分布

通常所说的北方果树主要指长江流域以北区域栽培的落叶果树。根据我国自然环境条件、果树分布的实况,可将我国果树划分为8个果树自然分布带,分别为热带常绿果树带、亚热带常绿果树带、云贵高原常绿落叶果树混交带、温带落叶果树带、旱温落叶果树带、干寒落叶果树带、耐寒落叶果树带、青藏高寒落叶果树带。落叶果树资源主要分布在温带落叶果树带、旱温落叶果树带、干寒落叶果树带和耐寒落叶果树带。

图 1-1　油蟠桃和毛蟠桃

(1)温带落叶果树带　包括江苏、山东全部,安徽、河南绝大部分,湖北宜昌以东,河北承德、怀来以南,山西武乡以南,辽宁鞍山、北票以南,以及陕西的大荔、商县、佛坪一带,浙江的北部等地区。

本带落叶果树种类多、数量大,是我国落叶果树,尤其是苹果和梨的最大生产基地。主要野生果树有山定子、山桃、酸枣、杜梨、豆梨、猕猴桃、毛樱桃、湖北海棠、河南海棠、山葡萄等。著名产区和品种有:山东肥城桃、莱阳慈梨、辽宁鞍山南果梨、河北定县鸭梨、安徽砀山酥梨、河南灵宝圆枣、陕西华县大接杏等。

(2)旱温落叶果树带　包括山西北半部,甘肃东南部,陕西西北部,宁夏中卫以南,青海黄河及湟水流域的贵德、民和、循化一带,四川西北的南坪、马尔康、甘孜,西藏东南部河谷地带的拉萨、林芝、昌都、日喀则,以及新疆的伊犁盆地、塔里木盆地周围的喀什、库尔勒、和田、哈密,甘肃的敦煌。

主要栽培果树有:苹果、梨、葡萄、核桃、桃、柿、杏等。主要野生果树有:榛子、猕猴桃、山梨、新疆野苹果等。著名产区和树种有甘肃天水、陕西凤县、山西太原等地的苹果,由于海拔高、日照充足,昼夜温差大,果实品质好,是我国优质苹果产地和出口基地。新疆塔里木盆地周围地区是我国最大的葡萄生产基地,也是世界著名的葡萄干产区。

(3)干寒落叶果树带　本带包括内蒙古全部,宁夏、甘肃、辽宁西北部,新疆北部,河北张家口以北,以及黑龙江、吉林西部,年降水量少于 400 mm 的地区。本带海拔较高,气候干燥而寒冷。

主要栽培果树有:小苹果、葡萄、秋子梨、新疆梨、海棠果以及李、杏、草莓、树莓、穗醋栗等。主要野生果树有:杜梨、山梨、山桃、山葡萄、酸枣等。

(4)耐寒落叶果树带　包括辽宁的辽阳以北,内蒙古的通辽以东,以及黑龙江的齐齐哈尔以东地区。

本带主要栽培果树有:小苹果、海棠果、秋子梨、杏、中国李、葡萄、山楂以及树莓、草莓、醋栗、穗醋栗、榛子、毛樱桃等。主要野生果树有:西伯利亚杏、辽杏、山桃、山葡萄、越橘、猕猴桃等。

 任务2　调查果树生产现状及存在问题

● 任务实施

一、调查果树生产特点

与一般农作物生产相比,果树生产具有以下特点。

1.多年生,栽培周期长

多年生木本是绝大多数果树区别于其他农作物的显著属性,它决定果树生长发育及其生产具有以下特点。

(1)果树具有较长的生长周期,相对复杂的生长发育规律。多数果树寿命可达十几年,甚至几十年,既具有一年中物候期的变化,还具有一生中生命周期的变化,生长发育规律相对复杂,果树栽培技术含量也相对较高。因此,果树栽培具有投资周期长,经济见效慢等特点。

(2)果树具有相对固定性,土肥管理和病虫害防治难度大。一般果树长期生长在同一地点,给土壤管理带来难度。同时,果树长期从固定的土壤中吸收营养元素,树体容易出现各种缺素症。与其他农作物相比,果园病虫害种类繁多,树体本身又是许多病虫害的越冬场所,因此果园病虫害防治难度较大。随着果品安全要求的提高,果园土壤管理和植保工作更加重要。

2.果品多以鲜食为主,质量要求高

鲜食是目前我国果品消费的主要形式。所以,一是必须以果品安全无公害作为果树生产的基本目标,在园地选择、肥料与农药使用、果品贮藏运输技术等方面严格执行标准,并逐步提升果品生产质量等级。二是为保证市场鲜果的周年供应,设施生产和果品贮运技术成为果树生产的特色技术和果品增值的重要手段。三是果品质量成为果树生产的核心,必然受到消费者与生产者的重视。

3.种类多,技术含量大

一是与农作物相比,果树种类较多,树性差异很大,单株独立性强,又多采用无性繁殖,必然增加生产的技术难度,加大生产管理成本。二是个性化管理。果树树种品种多,必须根据树种、品种和砧穗组合以单株作为管理单位,采用个性化的技术,做到因树制宜。三是果树生产形式多样,除常规露地栽培外,果树的设施栽培技术含量更高。

4.效益高,适合集约经营

一是果树的经济效益相对较高,尤其是在适宜栽植区,所以有一亩园十亩田的说法。二是果树适宜开展集约化生产,投入人力、物力和技术的程度能显著影响果园经济效益。三是果品市场定位决定果树生产效益。市场定位主要考虑供应时间、消费对象及果品质量。四是通过延长果品供应链可实现果品的增值。

二、调查果树生产现状与存在问题

(一)调查果树生产现状

新中国成立后,特别是改革开放和社会主义市场经济的建立,迅速提升了果树的综合生产能力,有力地促进了果树生产的整体发展。

1.果树生产规模迅速扩张

据有关资料统计,从 1993 年开始,我国果树栽培面积和果品的总产量稳居世界第一位,并呈逐年增长的趋势。1993 年全国果园面积 643.2 万 hm^2,果品的总产量为 3 011.2 万 t;2010年全国果园面积达到了 1 154.4 万 hm^2,水果总产量达到了 20 415.4 万 t。单位面积产量及人均果品占有量都有明显提升。

2. 果品种类丰富

我国水果种类丰富,作为商品栽培的有 30 多种。以苹果、柑橘、梨、桃、香蕉、葡萄为主,其他如菠萝、荔枝、龙眼、杧果、番木瓜、枇杷、杨梅、猕猴桃、杏、李、樱桃、山楂、梅、枣、柿、核桃、板栗等果品也有一定的生产数量。

3. 果树生产的结构趋于优化

在区域布局上,果树树种和品种向优势产区集中,形成相应的适宜产区和最适产区。如苹果已形成渤海湾、西北黄土高原、中部黄河故道及西南高地四大集中产区,其面积和总产量分别占到全国的 95% 和 97%。西北黄土高原产区成为最重要的外销苹果产区。在品种结构上,形成以少数最优品种当家,其他特色品种为辅的局面。在果园栽培制度中,矮化密植已基本取代乔化稀植成为生产主流。设施生产方式发展迅速,成为果品经济新的增长点。在生产模式上,适应买方市场、国际市场的需要,由过去单纯生产型向贮藏、加工、营销领域延伸,出现果树产业化经营,如公司+农户的模式。高效生态果园正在部分果区推广,有望成为果园栽培的新模式。

4.果树生产新技术大量应用

目前广泛采用的新技术有:无病毒苗木培育、平衡施肥、节水灌溉、果实套袋、化学调控、采后保鲜等。另外,果树生产及质量控制标准颁布执行,果树计算机专家系统的应用,果品市场信息网络的建立和大量名、优、新品种的推广,都使果树生产发生了巨大的变化。

(二)调查果树生产存在的问题

1.比较效益低

尽管我国的果树面积和总产量居世界第一位,但我国水果出口量却很少,出口比例远远低于发达国家;另外,我国果树的单位面积产量也比较低,与世界先进国家水平相比还有很大差距。造成效益偏低的原因,一是老果园改造压力越来越大。据农业部统计,目前树龄在20年以上的老果园约占全国水果总面积的1/6,多年生产导致土壤肥力下降,果实品质下降,生产成本大幅增加。二是果品销售压力越来越大。近几年果品出现结构性、季节性和地域性相对过剩,再加上贮运加工能力不足,导致出现个别地区、个别品种"卖难"情况时有发生,个别果区甚至大量毁树改种粮食作物。三是果品的商品率低,如苹果采后商品化处理量很低,加工转化量仅占4.6%,再加上优质果率偏低,在国际市场上的价格只及美国的1/2,日本的1/3。四是近几年,人工、物资和运输价格不断上涨,对果农增收和生产投入造成了影响。

2.果品质量与安全问题突出

果园化肥和农药的大量长期使用,尤其是在部分水果产区,"轻防重治"的现象仍然普遍,还没有形成合理有效的果树病虫害综合防治技术体系,再加上果园土壤、灌溉用水及空气的污染,造成果品有害物质的残留,严重影响消费者信心与果品出口。我国苹果的优质果率仅20%,高档精品果率仅1%左右,尤其是外观质量较差,不能满足国内外市场需求。

3.社会服务体系滞后

高效益的果树生产必须有配套的专业化服务体系。而我国目前的服务体系远远不能适应果树的规模化生产,主要表现为营销体系尚未形成,果品市场亟待培育,供需信息闭塞;为果树生产服务的技术体系和产业严重不足,如果园营养分析诊断、病虫害测报与防治指导、农资供应、机械修理、经营与生产技术咨询等方面都是各自为政,无序竞争;风险保障机制缺乏,果树生产在资金信贷、自然灾害保险等方面急需优质的服务,以免除后顾之忧。另外,为果树生产服务的教学科研、技术推广等产业明显滞后,果树生产技术普及程度较低,缺乏高素质的生产技术工人,这些都严重制约着果树产业的持续发展。

三、了解果树生产的对策

根据目前我国果树生产现状及存在问题,瞄准世界果品市场及果业发展前沿,我国果树生产应坚持因地制宜、安全优质、规模效益、相对特色的原则,以发展优质、高效、生态、安全果业为核心,采取以下对策以加快发展。

1.无公害果品生产技术标准化

在目前普遍推行无公害果品的基础上,通过采用国家强制标准和市场调节双管齐下的方法,逐步控制果园环境,严格按生产技术规程进行施肥与病虫害防治,最终应建立起果品质量保证生产体系,完善质量管理制度,促进产销衔接,即"从田间到餐桌"实施全程质量控制,实现果品生产标准化。

2.调整果树结构,实现果品供应个性化

在树种上应适当调控大宗水果,发展小杂果、特有树种;在品种上,优化品种结构,由集中旺季成熟品种向早、中、晚排开成熟品种转化,并逐步增加设施型、加工型或兼用型新品种,满足市场多样化需求;在果品档次上发展高档果外销型、特级特供特销型果品,培育名牌果品,最终实现特色型果品,个性化生产。

3.创新技术模式,实现果业生产的产业化

一是新品种选育及无病毒良种苗木生产产业化。二是土壤管理、肥水管理、花果管理精细化。三是主要采用以提高果实质量为中心的系列化生产技术,以产后分级、包装处理为主要内容的商品化技术,以果品贮藏及初、深加工为核心的产品增值技术。积极发展生态栽培技术,开发果园和水果市场信息技术,最终实现果树生产的产业化,与国际市场接轨。

【工作页】1-3　调查果树生产现状

果树生产现状记录表

调查地点	调查内容						
	栽培树种	面积产量	栽培制度	生产方式	配备专业技术人员情况	新技术应用情况	存在问题

　　提示:学生可结合假期实践,调查家乡所在地的果树生产现状,也可以利用业余时间调查学校附近各个乡镇果树生产现状,调查后撰写调查报告,并及时进行交流、总结。

 # 任务3　调查果树树体结构及枝芽特性

● 任务实施

一、识别果树树体结构

　　北方落叶果树多为乔木,以地面为界,树体分为根系和地上部两部分(图1-2)。根系与果树地上部的交界处,称为根颈。

(一)识别果树根系

　　果树根系深入地下,有固定树体、吸收、贮藏、输导、分泌及合成某些有机物质的功能,根系也有产生萌蘖,形成新的独立植株的能力。

　　1.观察根系组成

　　果树的根系由主根、侧根和须根组成(图1-2)。苹果、梨、桃等由实生砧木苗嫁接繁殖的果树,其主根较明显;而葡萄、无花果等无性繁殖的果树,则没有明显主根。主根和各级侧根上着生的细小根统称为须根。

　　2.调查根系分布

　　按照根系在土壤中的分布状况可分为水平根和垂直根。水平根是指与地面近于平行生长的根。垂直根指与地面近于垂直生长的根。

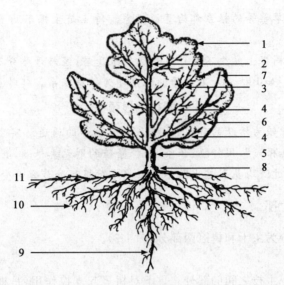

图 1-2 果树树体结构示意图

1.树冠 2.中心干 3.主枝 4.侧枝 5.主干 6.枝组

7.延长枝 8.根颈 9.主根 10.须根 11.侧根

根系在土壤中的水平分布范围总是大于树冠,一般为树冠冠幅的 1～3 倍,而以树冠外缘附近较为集中,约有 60％的根系分布在树冠正投影之内。成年果树根系垂直分布深度一般小于树高,多分布在 10～80 cm 范围的土层内,以 10～40 cm 土层内分布较为集中。

【知识链接】

果树根系的类型

果树根系根据发生来源可分为实生根系、茎源根系和根蘖根系 3 种类型(图 1-3)。

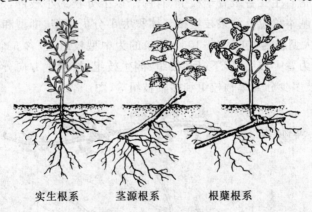

实生根系　　茎源根系　　　根蘖根系

图 1-3 果树根系的类型

(1)实生根系　由种子的胚根发育而形成的根系为实生根系。实生砧嫁接的苹果、桃等果树的根系为实生根系。特点是主根发达,分布较深,生活力和适应性强;但生理年龄较小,变异性大。

(2)茎源根系　由母体茎上的不定根形成的根系为茎源根系。用扦插、压条繁殖的果树,如葡萄、石榴、无花果、草莓等的根系都为茎源根系。特点是主根不明显,分布较浅,生理年龄较老,个体间较一致。

(3)根蘖根系 果树根上发生不定芽所形成的根蘖苗,经与母体分离后成为独立个体所形成的根系为根蘖根系。如山楂、枣、石榴等的根系即为根蘖根系。其特点与茎源根系相似。

果树的根颈

根颈是果树器官中较为活跃的部位,是根系与地上部的通道。实生根的根颈是由胚轴发育而来的,一般称为"真根颈",用扦插、压条、分株繁殖的则无真根颈,其相应部位称为假根颈。栽植时,根颈埋得过深过浅均易引起生长不良。越冬时根颈处最容易受冻,应注意保护。

(二)识别果树地上部

乔木果树地上部分为主干和树冠两部分(图1-2)。

1.主干

主干指根颈到第一主枝之间的部分。主干对树冠起支撑作用,是根系与树冠之间输送水分和养分的通道,兼有贮藏养分的作用。

2.树冠

树体主干以上部分总称为树冠,由骨干枝、结果枝组和叶幕构成。树冠东西和南北的距离叫冠径,用东西距离(m)×南北距离(m)表示。从根颈或地面到树冠顶端的距离为树高。

(1)骨干枝 是树冠的骨架,包括中心干、主枝和侧枝。树冠中央直立生长的大枝为中心干,亦称中央领导干。着生在中心干上的多年生一级分枝称为主枝。着生在主枝上的多年生二级分枝称为侧枝。

(2)延长枝与竞争枝 延长枝指各级骨干枝先端领头延伸生长的一年生枝,有引领骨干枝生长的作用。竞争枝是指着生在延长枝附近,长势与延长枝相当,可能与延长枝产生竞争生长的枝。

(3)结果枝组 指着生在各级骨干枝上、有两个以上分枝的小枝群,是果树构成树冠和叶幕,以及生长结果的基本单位。结果枝组按其体积大小分为大型、中型和小型枝组,其中包含10个以上枝条的为大型枝组,包含5～10个枝条的为中型枝组,包含5个以下枝条的为小型枝组;按着生部位分为背上枝组、背下(后)枝组、侧生枝组;按着生方向分为直立枝组、水平枝组、下垂枝组;按分枝多少分为单轴枝组和多轴枝组等(图1-4)。

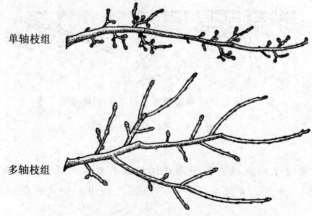

单轴枝组

多轴枝组

图1-4 单轴枝组与多轴枝组

(4)辅养枝 指着生在主干和中心干上的非永久性大枝,又称临时枝。它是根据整形需要而暂时保留的多年生枝,具有充分利用空间,增加枝量,辅养树体,均衡树势,提早成花结果的作用。第一主枝以下的辅养枝称为裙枝。

(5)叶幕 指树冠所着生叶片部分的总体,即全部叶片分布构成叶幕。叶幕是一个与树冠形态相对一致的叶片群体。叶幕形状有半圆形、分层形、开心形、树篱形等(图1-5)。

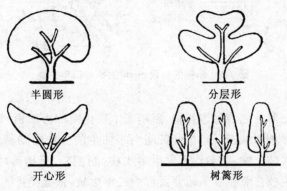

半圆形　　　分层形

开心形　　　树篱形

图 1-5 果树常见叶幕形状

【工作页】1-4 调查果树树体结构

果树树体结构记录表

树种及序号	树高/cm	冠径		主干		中心干		主枝数量	侧枝数量	辅养枝数量	延长枝长度/cm	结果枝组		
		东西/cm	南北/cm	干高/cm	干周/cm	粗度/cm	高度/cm					大	中	小

提示:每3人一组,每组可任意选择调查1~2个树种,每个树种选择1株生长健壮,且具有代表性的植株进行调查,调查结束后教师组织学生开展交流活动。

二、调查果树枝芽类型

(一)调查果树枝的类型

各种果树的骨干枝、枝组和辅养枝,均由枝条组成,这些枝条根据其年龄、性质、着生姿势、枝和枝之间的位置,可以分为不同的类型。

1.按照枝的年龄

分为新梢、一年生枝和多年生枝(图1-6)。

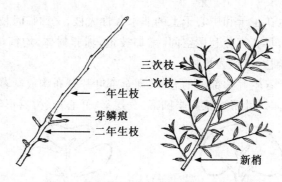

图1-6　果树的新梢、一年生枝与二年生枝

当年抽生的新枝在落叶之前称为新梢,新梢未木质化前称为嫩梢;新梢在一年中不同季节抽生的枝段分别称为春梢和秋梢。新梢叶腋间当年抽生的分枝叫副梢或二次枝,副梢再抽生分枝叫二次副梢或三次枝。桃、葡萄均易发生多次枝(副梢)。新梢落叶后到第二年萌发以前称为一年生枝。一年生枝在翌年春季萌芽后称为二年生枝,依此类推,二年生以上的枝统称为多年生枝。一般一年生枝上的芽萌发后,芽鳞片脱落常留下较明显的痕迹叫芽鳞痕,可作为区别不同枝段年龄的依据。

2.按照枝的性质和功能

分为营养枝、结果枝和结果母枝。

营养枝有两种情况,一是指只有叶芽而没有花芽的一年生枝,翌年萌发后仅抽生新梢、叶片,而不开花结果,如苹果、梨、桃等果树的发育枝;二是指没有花序或果实的新梢,如葡萄的营养枝(图1-7)。

结果枝是指着生花芽的一年生枝,其中桃、杏、李、樱桃等是着生纯花芽的一年生枝,而苹果、梨等果树着生混合花芽的一年生枝实质上是结果母枝,但因抽生的新梢很短,习惯上仍叫结果枝。这段新梢(结果枝)坐果后膨大,习惯上叫果台,由果台上发出的副梢叫果台副梢,果台副梢也能形成花芽成为结果枝(图1-8)。枣的结果枝称为枣吊。

图1-7　葡萄的营养枝

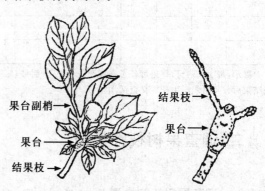

图1-8　仁果类果树的果台与果台副梢

结果母枝是指着生混合花芽、能抽生结果枝的一年生枝。葡萄、山楂、柿、核桃、板栗等果树着生混合花芽的一年生枝即为结果母枝。萌芽后混合花芽抽生较长的结果枝,开花结果(图1-9)。枣的结果母枝称为枣股。

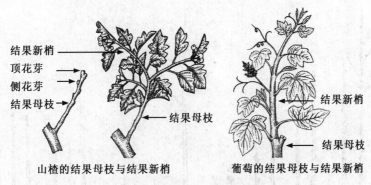

结果新梢
顶花芽
侧花芽
结果母枝
结果母枝

结果新梢
结果新梢
结果母枝

山楂的结果母枝与结果新梢　　　　葡萄的结果母枝与结果新梢

图 1-9　结果母枝与结果新梢

【知识链接】

营养枝和结果枝的分类

　　营养枝按其生长强弱又分为徒长枝、发育枝(普通营养枝)、纤细枝和叶丛枝等(图 1-10)。徒长枝多由潜伏芽受刺激萌发而成,生长强旺,直立,节间长,叶片大而薄,芽不饱满,停止生长晚。发育枝生长健壮,组织充实,芽饱满,叶片肥大,是扩大树冠、形成结果枝的主要枝类。纤细枝多发生在光照和营养条件均差的树冠内部或下部,枝条纤细而短,芽发育不良,叶片薄而小。叶丛枝一般由发育枝中下部的芽萌发而成,极短,小于 0.5 cm,叶序排列成叶丛状,除顶芽外,腋芽不发达或不明显。仁果类、核果类果树有较多的叶丛枝,在营养条件良好时可以转化为短果枝。

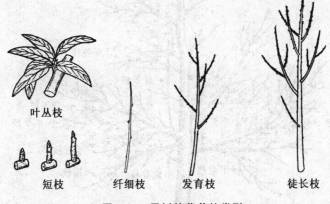

叶丛枝

短枝　　纤细枝　　发育枝　　　　徒长枝

图 1-10　果树的营养枝类型

　　结果枝按长度可分为徒长性果枝、长果枝、中果枝、短果枝和花束状果枝。核果类、仁果类果树结果枝的划分标准略有不同(图 1-11)。

　　3.按照枝条着生姿势

　　分为直立枝、斜生枝、水平枝和下垂枝等(图 1-12)。生产中经常利用改变枝条着生姿势(即分枝角度)的方法来调节其生长势。

　　4.按照枝与枝间的位置关系

　　分为重叠枝、平行枝、交叉枝等(图 1-12)。

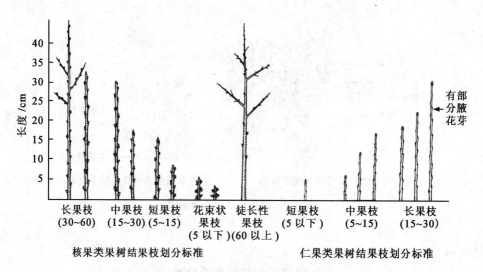

核果类果树结果枝划分标准

仁果类果树结果枝划分标准

图 1-11　核果类与仁果类结果枝划分标准

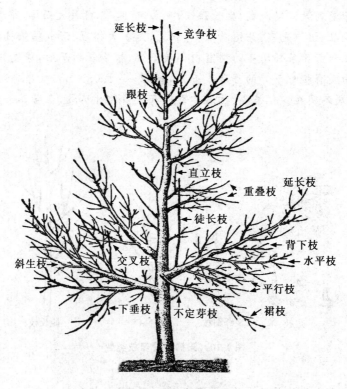

图 1-12　枝条的类型

(二)调查果树芽的类型

芽是临时器官,是枝叶和生殖器官的基础。为便于区分和利用,可从不同的角度对果树的芽进行分类。

1.按照芽的性质

分为叶芽和花芽。具有雏梢和叶原始体,萌发后形成新梢的芽叫叶芽;包含有花器官,萌发后能开花的芽叫花芽。花芽又分为纯花芽和混合花芽,萌发后只开花结果而不长枝叶的芽叫纯花芽,如桃、李、杏、樱桃等核果类果树的花芽;萌发后不仅能开花,而且能抽生梢叶的芽叫混合花芽,如苹果、梨、山楂、柿、枣、板栗、核桃、葡萄等果树的花芽。从外观上看,仁果类、核果类果树的花芽一般比叶芽肥大饱满,顶端圆钝,且芽鳞较紧(图1-13)。

2.按照着生位置

分为顶芽和侧芽。位于枝条顶端的芽称为顶芽;侧面叶腋间的芽称为侧芽。杏、栗等果树的部分枝条,在生长过程中顶端自行枯萎脱落,以侧芽代替顶芽的位置,故称为假顶芽(图1-14)。

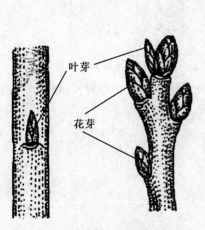

图 1-13 核果类果树的花芽与叶芽

杏枝条的假顶芽 板栗枝条的假顶芽

图 1-14 假顶芽

顶芽是花芽的称顶花芽,仁果类果树多以顶花芽结果为主,也有的品种有腋花芽。核果类果树顶芽均为叶芽,花芽为腋花芽,桃李杏的花芽多位于结果枝的中、上部,而甜樱桃的腋花芽则位于结果枝的基部(图1-15)。

3.按照有无鳞片

分为鳞芽和裸芽。有鳞片包被的芽称为鳞芽,大部分落叶果树的芽为鳞芽;无鳞片包被,幼叶或芽内器官裸露的芽称为裸芽,如葡萄的夏芽。

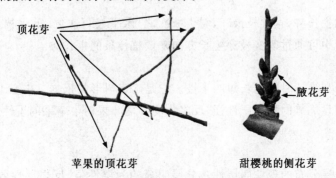

苹果的顶花芽 甜樱桃的侧花芽

图 1-15 果树的顶花芽与侧花芽

4.按照发育程度

分为饱满芽和瘪芽。发育大而充实的芽称为饱满芽,小而不充实的芽称为瘪芽。

5.按照同一节上(叶腋)具有芽的数量

分为单芽和复芽。一个节位上只有1个芽的叫单芽,如苹果、梨的侧芽为单芽。同一个节上具有2个以上芽的叫复芽,核果类果树一个节位常有3～4个芽(图1-16)。

一花芽一叶芽　　二花芽一叶芽　　三花芽一叶芽　　三叶芽

图1-16　核果类果树的复芽

6.按照芽的萌发特点

分为早熟芽、晚熟芽和潜伏芽。当年形成当年萌发的芽称为早熟芽,如葡萄的夏芽;大多数芽一般在形成后的下一年萌发,称为晚熟芽;有部分芽形成后下一年不萌发,称为潜伏芽,如枝条基部的瘪芽。

三、调查果树枝芽特性

(一)调查枝的特性

1.顶端优势

在同一枝条或植株上,处于顶端和上部的芽或枝,其萌芽力和成枝力明显强于下部的现象,叫做顶端优势。顶端优势在果树上的表现为:一般枝条顶端或上部芽抽生的枝条生长势最强,向下依次减弱(图1-17)。枝条越直立,顶端优势越强,反之则弱;枝条平生,顶端优势减弱,使优势转位,造成背上生长转强;当枝条下垂时,顶端优势更弱,而使基部生长转旺(图1-18)。此外,顶端优势还表现在果树的中心干生长势要强于同龄的主枝,树冠上部的枝条要强于下部。

2.垂直优势

树冠内枝条的生长势,直立枝最旺,斜生枝次之,水平枝再次之,下垂枝最弱,这种现象称为垂直优势。生产中可通过改变枝芽生长方向来调整枝条的生长势。

3.干性

中心干的强弱和维持时间的长短叫干性。它是确定树形的依据。中心干的生长量和寿命较其他主枝占有明显优势的称为干性强,反之为弱。落叶果树中苹果的干性强,桃树的干性则较弱。

4.层性

树冠中枝条呈层分布的现象叫层性。分层明显的为层性强,反之层性弱。层性与顶端优势和成枝力有关,一般顶端优势明显,成枝力弱的树种、品种层性明显。

图1-17 枝条的顶端优势

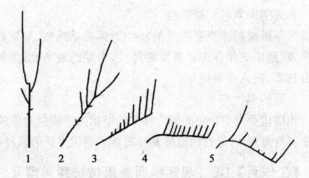

图1-18 枝条着生角度与顶端优势

1.直立枝顶端优势强 2.斜生枝次之 3.近于水平的再次之 4.水平枝较弱 5.下垂枝优势转移

5.分枝角度

枝条与其着生母枝所形成的夹角叫分枝角度。根据分枝角度将树姿分为开张（60°以上）、半开张（40°～60°）和直立（40°以下）3种。分枝角度大，树姿开张者长势缓和，容易形成花芽。

(二)调查芽的特性

1.芽的异质性

同一枝条上的芽在发育饱满程度上存在差异的现象，称为芽的异质性（图1-19）。芽的异质性是由于不同部位的芽在发育过程中所处的环境条件及树体营养状况不同所造成的。

2.萌芽力

一年生枝条上的芽能够萌发的能力，称为萌芽力。萌芽力用萌芽率表示，萌芽率是萌芽数占枝条总芽数的百分率。一般萌芽率在60%以上为强，40%～60%为中，40%以下为弱。

3.成枝力

指枝条上的芽萌发后能抽生长枝的能力。成枝力用抽生长枝数量的多少表示，一般抽生长枝数小于2个为弱，大于4个为强（图1-20）。

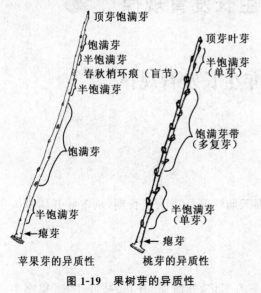

顶芽饱满芽
饱满芽
半饱满芽
春秋梢环痕（盲节）
半饱满芽
饱满芽
半饱满芽
瘪芽
苹果芽的异质性

顶芽叶芽
半饱满芽（单芽）
饱满芽带（多复芽）
半饱满芽（单芽）
瘪芽
桃芽的异质性

图1-19 果树芽的异质性

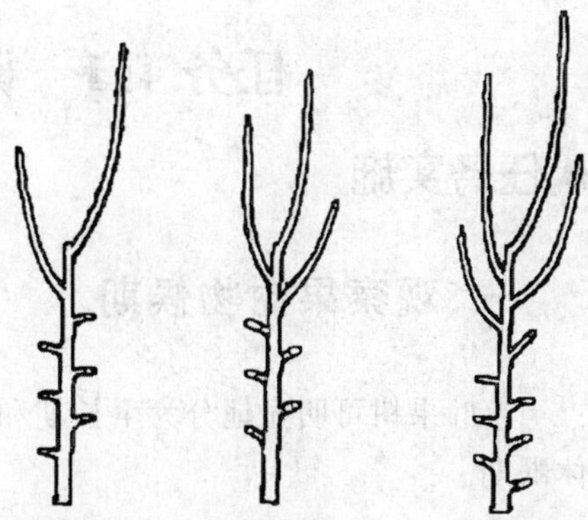

成枝力弱
萌芽力强
成枝力中
萌芽力中
成枝力强
萌芽力强

图1-20 果树的萌芽力与成枝力

4.芽的早熟性和晚熟性

当年形成的芽当年萌发的特性为芽的早熟性,如葡萄、桃、杏、李的芽。当年形成的芽当年不萌发,到第二年春天才萌发的特性,为芽的晚熟性,如苹果、梨的芽。具有早熟性芽的树种一般分枝多,进入结果期早。

5.芽的潜伏力

由潜伏芽发生新梢的能力称芽的潜伏力。潜伏力强的果树,如仁果类果树、葡萄、板栗等,枝条恢复能力强,易进行树冠的复壮更新。潜伏力弱的树种,如桃树,恢复能力弱,树冠易衰老。

【工作页】1-5 观察和调查果树枝芽类型及特性

果树枝芽类型及特性记录表

树种及序号	花芽			叶芽			结果枝类型及数量					秋梢枝数量	果台枝数量	芽饱满程度			萌芽率	成枝力	潜伏力
	大小	形状	着生部位	大小	形状	着生部位	徒长性果枝	长果枝	中果枝	短果枝	花束状果枝			枝条上部	枝条中部	枝条下部			

提示:每2人一组,每组至少调查2个树种的枝芽数据。选择一个主枝调查结果枝类型和数量。选择5个二年生枝观察和调查芽的饱满程度、萌芽率、成枝力、潜伏力。

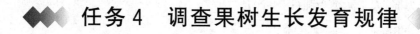

任务4 调查果树生长发育规律

任务4.1 调查果树年生长发育规律

● 任务实施

一、观察果树物候期

落叶果树可明显地分为生长期和休眠期。从春天萌芽开始进入生长期,从落叶开始进入休眠期。

(一)生长期

乔木落叶果树生长期中可明显看到地上部形态的变化,如萌芽、开花、枝叶生长、果实生

长、果实成熟,而地下部也同样进行不断的生长发育。各器官从春天开始,在生长发育过程中出现的物候期及其顺序大致如下:

叶芽:膨大期、萌芽期、新梢生长期、芽分化期、落叶期。

花芽:膨大期、萌芽期、开花期、坐果期、生理落果期、果实生长期、果实成熟期。

根系:开始活动期、生长高峰期、生长缓慢期、停滞生长期。

为了研究和栽培管理的方便,常将一些物候期细分为若干小物候,如叶芽萌芽期又细分为露白期、开绽期、幼叶分离期、展叶期等(图1-21);花芽萌芽期又细分为现蕾期、花序分离期、露冠期等,开花期分为初花期、盛花期(图1-22)、终花期、谢花期。

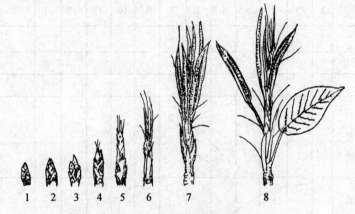

图1-21　梨叶芽萌发物候期

1.未萌动　2.膨大期　3.露白期　4、5、6.开绽期　7.幼叶分离期　8.展叶期

图1-22　梨花芽萌芽、开花物候期

1.膨大期　2.现蕾期　3.花序分离期　4.露冠期　5.初花期　6.盛花期

(二)休眠期

果树的芽或其他器官在秋季落叶后生长停滞,仅维持微弱生命活动的现象为休眠。果树的休眠是在系统发育中形成的,是一种对逆境适应的特性,如对低温、高温、干旱等。休眠期是从秋季落叶到次年春季萌芽为止。北方落叶果树的休眠期又分为自然休眠和被迫休眠两个阶段。

自然休眠指即使给予适宜生长的环境条件果树仍不能萌芽生长,需要经过一定的低温条件,解除休眠后才能正常萌芽生长的休眠。自然条件下,多数果树在12月下旬至翌年2月下旬结束自然休眠。一般草莓、无花果、桃比较短,而苹果、梨、核桃、甜樱桃比较长。

被迫休眠指由于不利的外界环境条件(低温、干旱等)的胁迫而使果树暂时停止生长的现象,逆境消除果树即恢复生长。落叶果树的根系休眠属于被迫休眠。落叶果树的芽在自然休眠结束后,由于当时温度较低而不能萌发生长,因此处于被迫休眠状态。

各种果树物候期出现的先后次序不尽相同,落叶果树在春季一般根系生长比地上部分开始早,花芽萌动比叶芽早。乔木落叶果树各物候期出现的时间见图1-23。

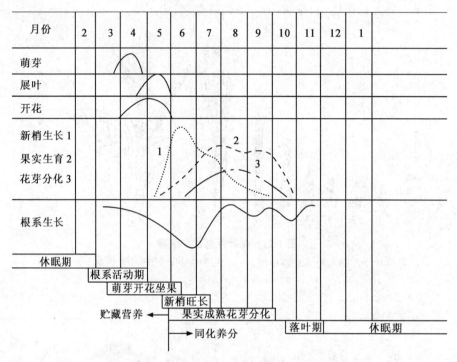

图1-23　华北地区乔木落叶果树物候期示意

(来源:章文才、夏铭鼎,1987)

【知识链接】

果树物候期及特点

果树一年中随外界环境条件的变化出现一系列的生理与形态的变化,并呈现一定的生长发育规律性,果树这种随气候而变化的生命活动过程称为年生长周期。在年周期中果树器官随季节性气候变化而发生的外部形态规律性变化的时期称为生物气候学时期,简称物候期。

果树的物候期具有顺序性、重叠性和重演性。顺序性是指同一种果树的各个物候期呈现一定的顺序,如开花期是在萌芽的基础上进行的,又为果实发育做准备。重叠性指同一树上同时出现多个物候期的现象(图1-24),如落叶果树的新梢生长、果

图1-24　物候期的重叠性

实生育、花芽分化、根系活动等物候期均交错进行,而重叠性会导致营养的竞争;重演性指同一物候期在一年中多次重复出现的现象。如新梢可以多次生长,形成春梢、夏梢、秋梢,葡萄一年可以多次开花结果等。

落叶果树休眠期的表现及影响因素

果树进入休眠期的早晚与树龄、树势甚至组织结构差异有关。一般幼树比成年树进入休眠晚,而解除休眠也晚。一株树上通常是花芽比叶芽休眠早,短枝比长枝休眠早,向下依次是多年生枝、主枝和主干,根颈部进入休眠最晚,所以根颈部容易受冻。枝条组织中,皮层和木质部休眠比形成层早,但形成层进入休眠后的抗寒性强于其他组织。所以初冬如遇严寒,形成层易受冻,而深冬的冻害多发生在髓部和木质部。

通常认为短日照和低温是引起落叶果树休眠的主要诱因。自然休眠要求的低温条件,可用果树在 0～7℃低温条件下经过的小时数表示,称之为需冷量。品种对低温的需求量越小,休眠的时间越短。如李、杏通过自然休眠需要经过低于 7.2℃的时间为 700～1 000 h,而甜樱桃为 1 100～1 300 h。

【工作页】1-6 观察果树物候期

果树物候期记录表 　　日/月

芽的类型	物候期 / 树种	膨大期	露白期	开绽期	幼叶分离期	展叶期	旺长期	缓慢生长期	封顶期	
叶芽	苹果									
	梨									
	桃									
	李									
	物候期 / 树种	膨大期	开绽期	现蕾期	花序分离期	露冠期	初花期	盛花期	盛花末期	坐果期
混合芽	苹果									
	梨									
	山楂									
	葡萄									
	物候期 / 树种	膨大期	露萼期	露冠期	初花期	盛花期	盛花末期	坐果期		
纯花芽	桃									
	李									
	樱桃									

提示:每 2 人一组进行观察。每 1 个树种选择 1～2 个当地具有代表性的品种,每品种选 2～3 株生长健壮的结果树,每个方位固定若干枝条,并挂牌标记进行观察。注意所选植株在果园中的位置能代表全园情况。每隔 2～3 d 观察一次。

二、调查根系生长发育特性

果树根系无自然休眠现象,只要条件适宜根系可以全年生长。在年生长周期中,根系生长表现出周期性,即在不同时期中有强弱的差别,存在着生长高峰与低峰相互交替的现象。根系的这种生长现象与地上部器官的生长又相互交错发生。通常发根高峰在枝梢缓慢生长,叶片大量形成后。

多数果树如苹果、梨、桃、山楂等的根系一年有 2～3 次生长高峰(图 1-25)。如苹果,其根系在年生长周期中有 3 次生长高峰,第一次生长高峰出现在开花前 8～13 d,随着新梢的加速生长,根的生长转入低潮;第二次生长高峰出现在新梢将要停止生长到果实加速生长前,随着果实的迅速发育,根系生长转入低潮;第三次生长高峰出现在秋梢停止生长到落叶前,随着叶片养分回流,根系又出现一次生长高峰,而后随着土温下降,根系生长开始变得缓慢,直至被迫转入休眠。

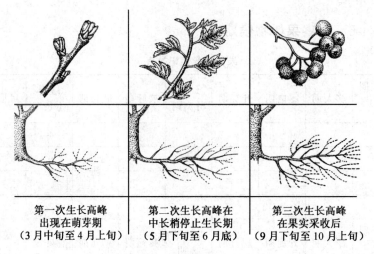

第一次生长高峰
出现在萌芽期
(3 月中旬至 4 月上旬)

第二次生长高峰在
中长梢停止生长期
(5 月下旬至 6 月底)

第三次生长高峰
在果实采收后
(9 月下旬至 10 月上旬)

图 1-25　山楂根系生长动态

【知识链接】

影响果树根系生长的因素

(1)树体营养状况　植株地上部所供应光合产物(有机物质)的数量直接影响根系的生长。其中上年贮藏的养分主要影响根系前期的生长,而当年制造的碳水化合物则影响根系中后期的活动。

(2)内源激素的平衡　新梢产生的生长素对新根的发生有重要的刺激作用。在结果过多或枝叶受到损害的情况下,即使加强肥水管理,也难以改变全树的生长状况。

(3)根际的环境条件

①土壤温度。它是制约果树根系生长发育的决定性因素。果树根系生长要求的温度因树种不同而异。主要果树开始发根的温度,由低到高的顺序是:苹果、梨、桃、葡萄、枣、柿。一般北方果树在土温达 3～7℃时可发生新根,12～26℃时旺盛生长,>30℃或<0℃停止生长。

②土壤水分和通气状况。土壤水分的多少会直接影响温度、通气、微生物活动和养分状

况。土壤水分过多,则通气不良,影响根系呼吸,削弱根系生长。最适土壤含水量为土壤最大田间持水量的 60%～80%。土壤通气状况主要决定于土壤孔隙度大小,根系正常生长要求土壤孔隙度在 10% 以上。

③其他条件。土壤有机质可以改善土壤理化特性,协调水、气、热的关系和矿质营养的供应;土壤中的生物如蚯蚓、蚂蚁、昆虫幼虫、微生物影响土壤物质的转化、营养的供给和土壤肥力,从而影响根系的生长。菌根是根与真菌的共生体,它能增强根系吸收养分和水分的能力,提高果树代谢水平和抗病能力,因此栽培上要注意保护和利用菌根。一般苹果、梨、李、甜樱桃、葡萄、草莓等果树均具有菌根。

三、调查枝、叶生长特点

(一)调查萌芽特点

萌芽标志着果树由休眠或相对休眠期转入生长期。果树萌芽期主要利用贮藏养分,萌芽后抗寒力显著降低。

落叶果树的芽主要集中在春季一次萌发,但具有早熟性芽的果树一年可以多次萌发,潜伏芽则只在受到刺激时才萌发。温度是决定果树春季萌芽早晚的关键环境因素。多数北方落叶果树要求日平均温度达 5℃ 以上,土温达 7～8℃ 时,经过 10～15 d 后才能萌芽。但枣和柿萌芽则要求平均气温在 10℃ 以上。

(二)调查枝条生长特点

果树叶芽萌发后进入新梢生长期。新梢生长包括加长生长和加粗生长。加长生长和加粗生长一年内达到的长度和粗度称为生长量;在一定时间内加长生长和加粗生长的快慢称为生长势。

1.加长生长

新梢加长生长从叶芽萌发后露出芽外的幼叶彼此分离后开始,至新梢顶芽形成或停止生长为止。加长生长是枝条顶端分生组织的细胞分裂和纵向伸长的结果。加长生长一般经过 3 个时期。

(1)开始生长期(叶簇期) 从第一片叶展开到迅速生长前为开始生长期。此期内第一批簇生叶片增大,而新梢无明显的伸长。这个时期苹果、梨持续 9～14 d,生长主要依赖上年的贮藏营养。短枝在这期间形成顶芽停止生长。

(2)旺盛生长期 从新梢节间明显伸长开始到生长缓慢下来为止为旺盛生长期。此期节间加长,叶片数量和面积快速增加,是果树叶幕主要形成期。

(3)缓慢生长期 从生长变缓直至停止生长为缓慢生长期。此时形成的节间较短,大多中、长枝在这期间形成顶芽,停止生长,持续一段时间后枝条转入成熟阶段。

【知识链接】

影响新梢加长生长的因素

新梢加长生长动态受多种因素影响。不同树种间差异较大,葡萄、桃、杏、猕猴桃等果树一年多次抽生新梢。苹果、梨等果树的新梢只沿枝轴方向延伸 1～2 次,很少发生分枝。核桃、栗、柿等果树的新梢加长生长期短,一般无二次生长,常在6月份停止生长,整个生长过程明显地集中于前期。不同的树龄、树势差异也较大,如苹果幼树或负载量较小的树新梢生长旺盛。温度和降水对新梢生长影响较大,如夏、秋季节高温多雨时易发生秋梢。

2.加粗生长

新梢加粗生长是形成层细胞分裂、分化和增大的结果,加粗生长晚于加长生长。果树加粗生长的起止顺序是自上而下,即春季新梢最先开始,依次是一年生枝、多年生枝、侧枝、主枝、主干、根颈,秋季则按此顺序依次停止。多数果树每年有两次明显加粗生长高峰,且出现在新梢生长高峰之后,一年中最明显的生长期在8~9月份。如多年生枝干的加粗开始生长期比新梢加长生长晚1个月左右,其停止期比新梢加长生长停止期晚2~3个月(图1-26)。枝加粗的年间差异,表现为木质部的年轮。多年生枝只有加粗生长,而无加长生长。

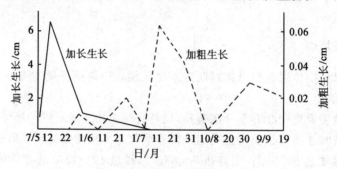

图1-26 山楂初果期树新梢增长曲线

(三)调查叶的生长发育

1.单叶的发育

叶的发育过程是从叶原基出现,经过叶片、叶柄和托叶的分化,叶片展开,至叶片停止增大。

果树单叶面积的大小取决于叶片生长期及迅速生长期的长短。不同树种叶片的生长期不同,梨16~28 d,苹果20~30 d,猕猴桃20~35 d,葡萄15~30 d。

2.叶片的功能期

幼叶因叶肉组织少,叶绿素浓度低,因而光合能力差,净光合为负值。当叶面积达到成叶的1/2时,养分收支达到平衡;叶面积达到最大时,叶片变绿变厚,梨树叶片还有"亮叶期",这时的叶片光合能力最强,净光合最大,并持续一段时间。以后随着叶片的衰老和温度的降低,光合能力下降,净光合下降,直至落叶休眠。

3.叶幕的形成

落叶果树的叶幕,在春季萌芽后,随着新梢生长,叶片的不断增加而形成。叶幕在年周期中随枝叶的生长而变化,为了保持叶幕较长时间的生产状态,在年周期中要求叶幕前期增长快,中期相对稳定,后期保持时间长。叶幕的形成与树体的枝条类型及其比例有关。如苹果成年树以短枝为主,树冠叶面积增长最快出现在短枝停长时,到5月下旬中、短枝停长时,已形成全树最大总叶面积的80%以上。桃树以长枝为主,叶面积形成则较慢。叶幕中后期的稳定可通过夏季修剪、病虫害防治、肥水管理等栽培技术实现。

4. 落叶

落叶是果树进入休眠的标志。温带果树在日平均气温降到 15℃ 以下,日照短于 12 h 开始落叶。温度是果树落叶的主要决定因素,桃树在 15℃ 以下落叶,梨在 13℃ 以下落叶,苹果最晚,在 9℃ 以下开始落叶;树体及其各部位的发育状况也影响落叶的时间,幼树较成年树落叶迟,壮树较弱树落叶迟;在同一株树上,短枝较长枝落叶早,树冠外部和上部较内膛和下部落叶迟。

【知识链接】

叶面积系数

生产中一般用叶面积系数来衡量果树叶面积的大小。叶面积系数也称叶面积指数,是指单位面积上所有果树叶面积总和与土地面积的比值。

叶面积系数＝叶面积/土地面积

叶面积系数高则表明叶片多,光合面积大,光合产物多。但随着叶面积系数的增大,叶片之间的遮阴加重,获得直射光叶片的比率降低。多数落叶果树当叶片获得光照强度减弱至 30% 以下时,叶片的消耗大于合成,变成寄生叶。生产上一般采用调整树冠形状、适当分层以及错落配置各类结果枝组等措施来解决上述矛盾,提高叶面积系数。一般认为多数果树叶面积系数以 4～5 较为合适。

内源激素与新梢生长的关系

植物茎尖中产生生长素,有利于调动营养物质向上运输,满足不断分化的新叶和节的需要。在新幼叶中形成的赤霉素又可使茎尖内的生长素含量增加,生长素和赤霉素一起,又可促进新梢节间的伸长和新叶及节的形成。但同时随着新梢生长,成熟叶中产生的脱落酸(ABA)对生长素和赤霉素有拮抗作用。生产上常用摘心方法控制新梢的生长。

四、观察果树花芽分化过程

果树芽的生长点经过生理和组织状态的变化,最终形成各种花器官原基的过程叫花芽分化。其中,芽生长点内进行的由营养生长状态向生殖生长状态转化的一系列生理、生化过程称为生理分化。从花原基最初形成至各器官形成完成叫形态分化。芽经过初期的发育后,进入质变期,开始花芽生理分化,继而进行形态分化,在雄蕊、雌蕊发育过程中,形成性细胞。

(一)生理分化

具有纯花芽的果树,芽在鳞片分化后即进入生理分化期;而具有混合芽的果树,则在雏梢分化达到一定节数之后开始这一过程。这一时期芽处于发育方向可变的状态,对内外条件具有高度的敏感性。如果具备花芽形成的条件,则改变代谢方向,完成生理分化后开始形态分化,最终形成花芽;否则即成为叶芽。生理分化期是花芽与叶芽发育方向分界的时期,又称花芽分化临界期。此期是控制花芽分化的关键时期。

生理分化期的长短因树种而异,苹果为花芽形态分化前 1～7 周,板栗为 3～7 周。生理分化期的早晚,因树种和枝条类型而异,以顶芽形成花芽的树种,短枝比长枝生长停止早,生理分化期开始也早。以侧芽形成花芽的树种,生理分化期主要决定于芽发育程度的早晚。同一株果树,由于枝条的生长期长短和芽形成的早晚不同,生理分化期可以持续较长的时间。

(二)形态分化

花芽形态分化是按一定的顺序依次进行的。凡具有花序的果树,先分化花序轴,再分化花蕾。就一朵花蕾而言,是先分化下部和外部的器官,后分化上部和内部的器官,形态分化的顺序和分化期是:分化始期(初期);花萼分化期;花瓣分化期;雄蕊分化期;雌蕊分化期。有的果树花萼外有苞片(山楂)或总苞(核桃雌花),则在萼片分化前增加苞片或总苞的分化。不同果树之间花芽形态分化始期有较大差异,主要体现在分化过程和形态变化两个方面。桃、杏等芽内含单花的纯花芽,分化始期的形态变化是从芽生长点变大、突起、转化为花原基止。李、樱桃芽内含1～5朵花的纯花芽,分化始期从芽生长点变大、突起开始,到分化出1～5个花原基止。具有花序的果树,花芽分化始期是从芽的分化部位变宽、突起开始,经过花序轴的分化到单花原基出现为止,分化过程形态变化较大。仁果类果树花芽形态分化过程和形态变化共分为7个时期,而核果类果树分为6个时期(图1-27)。

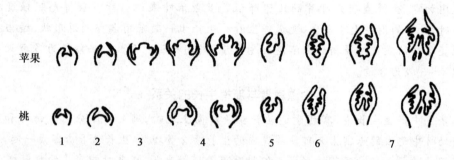

图 1-27 果树花芽形态分化过程模式图
1.叶芽期　2.分化初期　3.花蕾形成　4.萼片形成　5.花瓣形成　6.雄蕊形成　7.雌蕊形成

(1)叶芽期　生长点狭小、光滑。生长点内均为体积小、等径、形状相似和排列整齐的原分生组织细胞。

(2)分化始(初)期　分化开始,生长点变宽、突起、呈半球形,而后生长点两侧出现尖细的突起,此突起为叶或苞片原基。

(3)花原基分化期(花蕾形成期)　生长点变为不圆滑,并出现突起的形状,在苞叶腋间出现突起,为侧花原基;原中心的生长点成为中心花的原基。苹果中心突起较早,也较大,处于正顶部的突起是中心花蕾原基;梨的周边突起较早,体积稍大,为侧芽原基。

(4)萼片分化期　花原基经过伸长、增大,顶部先变平坦,然后中心部分相对凹入而周围产生突起,即萼片原始体。

(5)花瓣分化期　萼片内侧基部发生突起,即为花瓣原始体。

(6)雄蕊分化期　在萼片内侧,花瓣原始体之下出现突起(多排列为上下两层),即为雄蕊原基。

(7)雌蕊分化期　在花原始体中心底部发生突起(通常为5个),即为雌蕊心皮原基。此后,心皮经过伸长、合拢,形成心室、胚珠而完成雌蕊的发育。与此同时雄蕊完成花药、花粉的发育;花的其他器官如花萼、花瓣也同时发育。

尽管花芽分化都要经过上述的形态变化过程，但事实上花芽开始分化的时间及经历的时期在树种、品种间有较大变化，其中从形态分化到雌蕊分化期，苹果为40～70 d，枣只有10 d左右。从花芽形态分化到开花的时间，最长的如核桃的雄花芽为380～395 d，枣只有20～30 d。同一品种则因发育状况而异，一般成年树比幼年树分化早，中等健壮树比结果树分化早，结果少的树比结果多的树分化早；即使同一品种也因枝条类型的不同而有明显差异，因为花芽分化需要新梢必要的生长和及时停止生长，不同类型的新梢在一年中分期分批停止生长，同期停长的新梢又处于不同的营养状况和环境条件，因此，果树花芽分化周年进行，且分期分批完成。如苹果的短枝顶芽在5月下旬分化花芽，而长枝的腋花芽要延迟到9月才开始分化花芽。枣、葡萄等一年多次发枝，可以多次分化花芽。然而，由于果树大部分枝梢是在叶幕形成期停止生长，因此，各种果树的花芽分化又表现为相对集中和稳定。在一年中，苹果、梨一般集中在5～9月份，桃为6～9月份，葡萄是5～8月份，枣则在4月份。

【知识链接】

花芽分化的进程

以冬季休眠时花芽分化达到的程度为标准，不同树种花芽分化从快到慢的顺序是：核果类＞苹果、梨＞柿＞山楂、核桃＞葡萄＞枣、中华猕猴桃。如苹果、梨、核果类等果树到冬季休眠时一般能达到雌蕊分化期，其中桃、杏的雌蕊可出现花粉母细胞，雌蕊有的可能出现胚珠原基；柿分化到花萼或花瓣分化期；山楂分化到花萼分化期；核桃雌花分化到萼片期；葡萄分化到花序分枝或花原基；枣、中华猕猴桃在第二年春季萌芽过程中进行形态分化。

此外，异常环境条件常常导致果树加快花芽分化进程，出现二次开花现象。

花芽分化的条件

(1)枝芽状态 花芽分化时芽内生长点必须处于生理活跃状态，并且细胞仍处在缓慢分裂状态。因此，多数果树是在新梢处于缓慢或停止生长状态时进行花芽分化，特征是新梢缓慢生长或停止生长但未进入休眠。

(2)营养物质 花芽分化需要丰富的营养物质，但营养物质的种类、含量、相互比例以及物质的代谢方向都影响花芽分化。在足够的碳水化合物基础上，保证相当量的氮素营养，C/N比适宜，才有利于花芽分化。生产中在花芽分化前采用抑制营养生长、促进营养积累的措施如喷施生长抑制剂、环剥、开张角度等，都能促进花芽形成。

(3)调节物质 花芽分化是在多种激素、酶的相互作用下发生的，分化要求激素启动和促进。来自叶和根的促花激素和来自种子、茎尖、幼叶的抑花激素的平衡才能促进花芽分化。促花激素主要指成年叶中产生的脱落酸和根尖产生的细胞分裂素；抑花激素主要指产生于种子、幼叶的赤霉素和产生于茎尖的生长素。所以结果过多，种子产生的赤霉素多，抑制花芽分化，摘心可以减少生长素而促进花芽分化。

(4)环境条件 光照是花芽形成的必要条件。强光抑制生长素的合成，特别是在紫外光照下，生长素和赤霉素被分解或活化受抑制，从而抑制新梢生长，诱导产生乙烯，有利于花芽形成。大多数北方果树的花芽分化适宜长日照的环境条件。温度影响果树一系列的生理活动和激素的形成，间接影响花芽分化的时期、质量和数量。落叶果树一般在相对高的温度下分化花芽，但长期高温或低温不利于花芽分化。适度的干旱可使营养生长受抑制，碳水化合物积累，落脱酸相对增多，有利于花芽分化。所以，落叶果树分化始期与分化盛期大致与一年中长日照、高温和水分大量蒸发的条件相吻合。此外,土壤养分的多少和各种矿质元素的比例也影响花芽分化。

五、观察果树开花、坐果习性

(一)观察果树开花习性

开花是从花蕾的花瓣松裂到花瓣脱落为止。果树生产上常以单株为单位将开花期分为初花期、盛花期、终花期和谢花期4个时期。全树有5%的花开放为初花期;25%～75%的花开放为盛花期;全树的全部花已开放,并有部分花瓣开始脱落为终花期;50%的花正常脱落花瓣至全部脱落为谢花期。

1. 开花早晚差异

不同树种和品种开花早晚的差异较大。一般樱桃、杏、李、桃较早,苹果、梨次之,葡萄、柿、枣、栗较晚。开花的早晚与地理位置、地形也有关系。如在山地,海拔每升高100 m,开花期延迟3～4 d。在平原,纬度向北推进1°(110 km),果树开花期平均延迟4～6 d。北坡比南坡开花期延迟3～5 d。果树开花的早晚也取决于花芽的着生位置和开花习性。同一树上短果枝开花早于长果枝,顶花芽开花早于腋花芽。

2. 开花状况差异

仁果类果树多为花序,不同树种开花状况不同。苹果为伞形花序,中心花先开;梨为伞房花序,边花先开;山楂为多歧聚伞花序(图1-28)。核果类果树为纯花,但每芽的花朵数也有区别,如桃一芽1朵花,李一芽1～3朵花,甜樱桃一芽1～6朵花(图1-29)。葡萄开花时花序由上而下单花帽状脱落。在一天中,花的开放时间多在上午10时至下午2时。

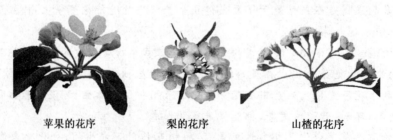

苹果的花序　　　　　梨的花序　　　　　山楂的花序

图1-28　仁果类果树的开花状况

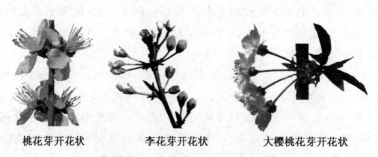

桃花芽开花状　　　　李花芽开花状　　　　大樱桃花芽开花状

图1-29　核果类果树的开花状况

多数果树一年开花1次。如遇夏季久旱而秋季温暖多雨的气候或遭病、虫伤害等刺激,易发生二次开花,对来年产量不利。但具有早熟性芽的葡萄、早实新疆核桃可开花1次以上。石榴一年能多次开花。生产上可利用这一特性实现一年多次结果。

(二)调查果树授粉受精方式

果树花粉粒传送到雌蕊柱头上的过程叫授粉,也称传粉;花粉落到柱头上,花粉粒萌发,花粉管生长进入子房,释放精子核并与胚囊中卵细胞结合的过程叫受精。大多数果树需要授粉受精才能结实。果树最适宜的授粉时间是在花刚开放、柱头新鲜且有晶莹的黏液分泌时。大多数果树在晴朗无风或微风的上午适于授粉。

1.自花授粉、自花结实

同一品种内授粉称为自花授粉。最典型的自花授粉是在花开放前花粉粒已经成熟,在同一朵花内完成授粉过程,称为闭花授粉。如葡萄的部分品种。自花授粉后能够得到满足生产要求的产量的,称为自花结实。否则,不能形成满足生产要求产量的称为自花不结实。自花结实并产生有生活力的种子的现象叫自花能孕。自花结实但不能产生有生活力的种子的现象叫自花不孕,如无核白葡萄自花授粉结实,但种子中途败育。

苹果、梨、樱桃的大部分品种和桃、李的部分品种,自花结实率很低,生产上需要异花授粉。即使自花结实的品种,如葡萄、桃、杏的多数品种及部分樱桃、李品种,采用异花授粉产量更高。

2.异花授粉、异花结实

不同品种间的授粉为异花授粉,它是植物界较普遍的授粉方式。这些果树有的是雌雄异株,如银杏、山葡萄、猕猴桃等;有的是雌雄同株异花,如板栗、核桃、榛等;雌雄异株或异花的果树通常存在雌雄不能同时成熟现象,称为雌雄异熟。在群体生长中,雌雄异熟不会引起授粉不良。在核果类果树的同一花中,常有雌雄蕊不等长现象,主要是花芽分化不良造成的,对坐果影响很大(图1-30)。不同品种间授粉结果的现象称为异花结实。提供花粉的品种称为授粉品种,这些品种的植株称为授粉树。异花授粉因品种间不亲和而存在异花不结实现象,或异花不孕现象,建园时必须注意授粉组合的搭配。

3.单性结实

子房未经受精而形成果实的现象叫单性结实。单性结实的果实因未受精而没有种子。单

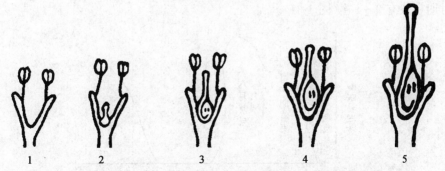

图1-30 核果类果树花的雌雄蕊不等长与坐果率的关系(来源:Nyeki.,1980)

1.无雌蕊(坐果率0%) 2.雌蕊败育(坐果率0%) 3.雌蕊短于雄蕊(坐果率4.4%~8%)
4.雌雄蕊等长(坐果率14.4%) 5.雌蕊长于雄蕊(坐果率34.3%)

性结实可分为两类:一类是自发性单性结实,即子房未经授粉或其他任何刺激能自然发育成果实,如无花果、山楂、柿等;另一类是刺激性单性结实,即雌蕊必须经过授粉或其他刺激后才能结实,如洋梨中的 Seckel 品种用黄魁苹果花粉授粉,可产生无籽果实。利用生长调节物质和其他化学物质刺激雌蕊,也可以人工诱导单性结实。在葡萄等果树上用赤霉素诱导单性结实,都有一定效果。

【知识链接】

果树的传粉媒介

果树的传粉媒介主要是风和昆虫。依靠风力传送的叫风媒花,靠昆虫传送的叫虫媒花。仁果类、核果类以及猕猴桃、枣等果树为虫媒花,它主要依靠蜜蜂传粉。也可利用其他蜂类、蝇类如筒壁蜂属的角额壁蜂、筒壁蜂、蚊蜂蝇等作为传粉媒介。坚果类果树为风媒花,其中栗的花粉常以数十粒到数百粒成团随风传播,单粒花粉可风行 150 m,但大多数不超过 20 m。

(三)调查坐果率与落花落果

1.调查坐果率

经过授粉受精后,子房或子房连同其他部分生长发育形成果实的现象称为坐果。坐果是由于授粉受精刺激,子房产生生长素和赤霉素等物质,提高了其调运水分和养分的能力,保证了蛋白质的合成和细胞迅速分裂,最终发育成果实。

果树生产中往往在生理落果后统计坐果率:

$$花朵坐果率=\frac{坐果数}{开花数}\times100\%$$

$$花序坐果率=\frac{坐果花序数}{开花花序数}\times100\%$$

2.调查落花落果

即使授粉受精,果树的落花落果现象仍然存在,如苹果、梨的最终坐果率大约为 8%～15%;桃、杏约为 5%～10%。落花落果的具体原因包括内在因素和外界条件。由于树体内部原因造成的落花落果统称为生理落果。落花落果呈多峰现象,苹果、梨、桃、李等的生理落花落果集中时期一般有 3～4 次(图 1-31)。

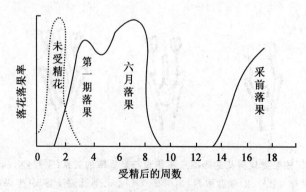

图 1-31　苹果生理落花落果曲线

（1）落花　出现在盛花后期部分花开始脱落，直至谢花。导致落花的主要原因是花器发育不完全，如雌蕊、胚珠退化，或虽然花器发育完全但未能授粉受精，缺乏激素调动营养。

（2）早期幼果落果　出现在谢花后 2 周左右，多数是受精不完全的幼果脱落（图 1-32），其原因主要是授粉受精不充分和树体贮藏营养不足。

图 1-32　李树早期幼果脱落

（3）六月落果　出现在谢花后 4～6 周，仁果类果树约在 6 月中上旬出现。"六月落果"对树体的营养损失最大，其原因主要是新梢生长与果实的营养竞争。

（4）采前落果　部分果树品种在果实成熟期会发生落果，也称为采前落果。其原因主要是生长后期胚产生生长素的能力下降，致使离层形成而脱落。如元帅系苹果从成熟前 30～40 d 起开始少量脱落，成熟前 15～20 d 大量脱落，成熟前脱落最严重。

枣的落蕾量约为 20％～60％，葡萄、杏则落花量很高。雌雄异花果树的雄花，一般在开放、散粉后脱落。葡萄落花落果比较集中，常于盛花后 2 周内一次脱落。具有单性结实的树种或品种，其落果次数不明显。

（四）观察果实发育过程

果实发育包括受精、果实膨大到果实成熟的整个过程。它可以分成 4 个阶段。

1. 幼果速长期

从受精到胚乳停止增殖。由于细胞分裂使胚乳与果肉增长，以纵向增长为主。苹果受精后细胞分裂一般延续 3～4 周。

2. 硬核期

从胚乳停止增殖到种子硬化。苹果细胞停止分裂后主要进行细胞分化和膨大，胚迅速发育并吸收胚乳。核果类称为硬核期，内果皮硬化，胚迅速增长，子房壁增长缓慢。早、中、晚熟品种由此期长短决定。

3. 果实膨大期

从果实体积明显增大到基本达到本品种大小。由于细胞体积、细胞间隙增大，致使果实食用部分迅速增长，最后达到最大体积。

4. 果实成熟期

从达到品种应有的大小开始进入果实成熟期，直到采收。果实的发育达到该品种固有的大小、形状、色泽、质地、风味和营养物质的可食用阶段，称为成熟。随着果实的成熟，呼吸强度开始骤然升高,含糖量增加,有机酸分解,果肉变得松脆或柔软,产生芳香味,有的果皮产生蜡质的果粉,果皮变色,最后达到最佳食用期。成熟过程可以在树上完成,也可以在采后完成。充分成熟的果实,呼吸下降,酶系统发生变化,随即进入衰老。

【知识链接】

果实发育期与果实生长图形

从坐果至果实成熟经历的天数称果实发育期。不同树种的果实发育期差异较大。草莓只有 20 余天;树莓、樱桃、醋栗、穗醋栗需要 30~60 d;杏、无花果、梅、枣、石榴等需 50~100 d;山楂、猕猴桃、银杏、核桃、山核桃、榛、柿等需 100~200 d。不同品种的差异也很大,如苹果、梨、桃等树种的早、中、晚熟品种变动范围为 60~200 d;李、扁桃、葡萄等在 50~140 d 之间。同一品种也因栽培地点、生态和栽培条件的不同而存在差异。

果实自花后授粉受精到成熟的发育过程中,按体积、直径或鲜重在各个时期的积累值画成的增长曲线,叫果实生长图形。果实生长图形有 S 形和双 S 形。苹果、梨、板栗、核桃、草莓为 S 形;大部分的核果类,以及葡萄、山楂、柿、枣、无花果为双 S 形(图 1-33)。

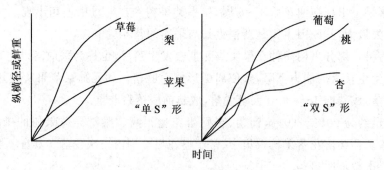

图 1-33　不同果树果实生长图形

果形与果形指数

果实发育过程中,一般幼果发育阶段纵径生长快于横径。通常认为纵径大的幼果细胞分裂旺盛,具有发育成大果的基础,可作为疏果时的选择依据。

果实的纵横径之比称为"果形指数",如纵横径之比是 1∶1 为圆形,大于 1 为长圆形,小于 1 为扁圆形。

果实品质构成

果实的品质由外观品质和内在品质构成,外观品质包括果实形状、大小、整齐度和色泽等,内在品质包括风味、质地、香气和营养。市场经济的发展,要求果实具有性状、性能和嗜好三方面品质。性状指果实的外观,如果形、大小、整齐度、光洁度、色泽、硬度、汁液等。性能指与食用目的有关的特性,如风味、糖酸比、香气、营养和食疗功效等。嗜好因国家、地区、民族、集团乃至个人爱好而有所差异,如我国人民多喜欢个大、红色果实,日本消费者喜欢甜味较浓的水果,而前南斯拉夫地区则喜欢酸味较浓的水果。发展果树生产或营销果品应注意果实的综合品质。

六、调查果树各器官间关系

(一)调查根系与地上部的关系

根系与地上部在生长上是相互促进的关系。因此有树大根深的说法,所以在生产上首先要为根系生长创造良好的条件,才能促进地上部的生长发育。在设施栽培中也有通过限制根系生长达到控制地上部生长过旺的做法。根系与地上部的生长高峰交替出现,也反映了两者的相互促进和调节关系。

根系与地上部在形态上具有对应关系。棚架栽培葡萄的架下根系分布明显大于架外。乔木果树某一部分根系生长受到抑制,相应的地上部生长也受到影响。生产上通过修剪、花果管理等措施也可控制根系的生长。

根系特别是嫁接苗的根系对地上部的寿命、树高和生长势,果实品质和成熟期,适应性和抗性等均能产生影响。如苹果以山定子做砧木的嫁接苗根系发达,以 M 系列矮化砧做砧木的嫁接苗根系则较浅。

(二)调查营养器官与生殖器官的关系

果树的营养器官和生殖器官在生长发育上是相互依存、相互制约的关系。根、茎、叶等营养器官的生长是开花坐果、果实生长和花芽分化的基础。而果实发育对营养器官的生长发育也可产生抑制作用。生产上可通过调整营养器官和生殖器官的数量和生长状态调整营养生长和生殖生长的关系,如疏花疏果可促进枝、芽和根系等营养器官的生长。

营养器官制造的营养物质具有就近供应和集中使用的特点。就近供应指枝叶制造的营养物质首先供给附近器官使用。如短枝上的叶片供本枝上果实生长和花芽发育(图 1-34),上部叶片供下部器官发育,所以梢头果通常发育不好。集中使用指在年周期的某一物候期内,全树营养往往集中分配给生长发育强度最大的器官和组织,如开花坐果期,营养物质主要供应开花坐果需要。

(三)调查生殖器官间的相互关系

在开花坐果、果实发育、花芽分化间也存在竞争制约关系。坐果过多,将导致果个变小,同时抑制花芽的分化,导致果树出现大小年现象。仁果类果树的果实发育与花芽分化重叠的时间较长,果实对花芽分化影响较大,容易出现大小年。而核果类果树由于重叠时间较短,不易出现大小年(图 1-35)。

(四)调查顶生器官与侧生器官的关系

顶生器官对侧生器官生长有抑制作用,生产上可采用短截和摘心等方法,促进侧芽萌发增加分枝。

(五)调查影响果树产量的相关因素

果树生产上通常把单位面积果园生产出的果品重量称为产量。与产量直接相关的因素有

短梢叶片制造的营养就近向下运输供果实发育需要

图 1-34　甜樱桃短枝营养就近供应

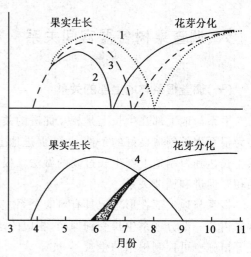

图 1-35　果实生长与花芽分化的关系

（来源：福伊希特，1957）

1. 桃　2. 樱桃　3. 李　4. 苹果或梨

枝量及结果枝比例、每个结果枝坐果数、单果重等，间接相关的因素有栽植密度、树冠体积、叶果比等。

1. 调查栽植密度、树冠体积与产量关系

一般情况下，栽植密度大，枝量增加快，可以获得较高的早期产量。树冠体积也是同样的道理，体积大，枝量多，产量也可能高。但是栽植密度和树冠体积过大，都将导致遮阴，致使有效结果体积下降，产量降低。所以，要群体密，个体稀；树冠大，叶幕层薄，保证有效的结果体积。

2. 调查干周、枝量和叶片与产量关系

通常干周是树体总生长量的标志，与结果期和产量有明显的相关性。例如苹果干周达到 15～20 cm 时，可以适当提高结果量。幼树期枝叶量与产量呈明显正相关，所以幼龄果园应以增加枝量为主，为取得产量奠定基础。但到盛果期应控制枝量，防止枝叶量过大，影响果品质量和产量。生产上经常用叶果比确定产量标准，如富士苹果叶果比以（50～60）∶1 为宜，或 5～6 个新梢留 1 个果。

任务 4.2　调查果树一生的生长发育规律

● 任务实施

果树一生经过生长、结果、衰老、更新和死亡的过程，这个过程称为生命周期。果树的繁殖方法有实生繁殖和营养繁殖，但以营养繁殖为主。营养繁殖果树的生命周期一般可划分为幼树期、初果期、盛果期和衰老期 4 个年龄时期。

一、调查幼树期树体生长特点

幼树期指从果树定植至第一次开花结果为止。不同树种此期长短不同，苹果、梨为 3～4

年,杏、李、樱桃等为2～3年,葡萄、桃为1～2年。此期树体生长特点是:生长旺盛,枝条多趋向于直立生长,生长量大,往往有多次生长,节间较长,组织不充实,越冬性差,长枝比例高;年生长期长,进入休眠迟。

二、调查初果期树体生长特点

初果期指从第一次结果到大量结果前。此期苹果、梨为3～5年,葡萄、核果类很短,一经开花结果,很快进入盛果期。此期的特点是:生长仍然旺盛,分枝大量增加并继续形成骨架。但随结果量的迅速增加,离心生长趋缓,侧向生长加强;长枝比例下降,中、短枝比例增加;产量逐渐上升,品质逐年提高。

三、调查盛果期树体生长特点

盛果期指从大量结果到产量明显下降前。盛果期持续时间的长短因树种和栽培管理水平而异。其特点是:离心生长基本停止,树冠、产量和果实品质均达到生命周期中的最高峰;新梢生长趋于缓和,花芽大量形成,中、短果枝比例加大;生长与结果的平衡关系极易破坏,管理不当则出现大小年现象。

四、调查衰老期树体生长特点

衰老期指从产量、品质明显下降到树体死亡。此期特点是:骨干枝先端逐渐枯死,向心生长逐步加强,结果量和果实品质明显下降。栽培上应适时更新复壮。经济效益降到一定程度后则需砍伐,重新建园。

【拓展学习】

实生繁殖果树的生命周期

实生树有完整的发育史,一生分为幼年(童期)、过渡和成年阶段(图1-36)。幼年阶段从种子萌芽开始,到具有开花的潜力为止。幼年阶段为性不成熟阶段,任何人为措施均不能使其开花,只有达到一定生理状态之后,才获得形成花芽的能力,达到性成熟,此发育过程也称为性成熟过程。成年阶段从具备开花潜力开始,直至衰老死亡为止。成年阶段具备开花结果的能力,在适宜的条件下,可以连年开花结果。经过多年开花结果以后,生长逐渐衰弱,产量不断下降,出现衰老以至死亡的现象,这个过程又称为老化过程或衰老过程。

成年阶段

过渡阶段

幼年阶段

图1-36 实生树发育阶段示意

【工作页】1-7 调查不同年龄阶段果树的生长特点

不同年龄阶段果树的生长特点记录表

树种	树体生长特点			
	幼树期	初果期	盛果期	衰老期

提示:选择营养繁殖果树中具有代表性的各年龄阶段的树体1~2株,学生2~3人一组调查其生长特点,调查后教师组织学生进行研讨交流。

【探究与讨论】

1. 果业在当地农业生产中的地位如何?

2. 如何对待果树生产中存在的问题?

3. 你认为果树生产的发展趋势主要有哪些?

4. 北方落叶果树在我国果业中处于什么地位?

5. 总结果树枝芽的重要特性,探讨它们在果树生产上的利用。

6. 如何理解果树层性与萌芽力和成枝力的关系?

7. 了解果树的物候期具有什么意义?

8. 为什么经过授粉受精后果实才能正常发育?

9. 果树建园时为什么必须配置授粉树?

10. 乔木果树的果实发育与花芽分化存在什么样的关系?生产上如何调节?

11. 如何理解果树根系与地上部的关系?

12. 如何理解枝量与产量的关系?

13. 根据果树各年龄时期树体生长发育特点,探讨各年龄时期有哪些主要管理任务。

项目二

培育果树苗木

学习目标

● 知识目标：知道果树苗圃地选择需要考虑的问题及苗圃地规划设计包括的内容；了解嫁接成活原理和常见果树的砧木种类，知道种子生活力的测定、种子层积方法、播种量确定、果树芽接与枝接的基本知识；知道扦插繁殖的优缺点、影响插条生根的因素，能说出促进生根的方法及常用的基质种类及特点；知道压条繁殖和分株繁殖定义、压条和分株繁殖的时间与方法；知道起苗的时期、方法，苗木分级的内容及包装运输注意事项，能说出苗木贮藏方法。

● 能力目标：会进行苗圃地规划设计；能够进行种子层积、种子生活力测定、播种，果树芽接、枝接；能够独立制订育苗方案；会进行扦插材料的采集和贮藏；能够完成插条处理、扦插和扦插后管理等关键任务；能够正确选择、处理枝条，独立完成压条苗培育任务；能够选择适宜的母株，独立完成分株苗培育任务；会正确进行苗木的起掘、分级、包装和贮藏。

教学提示

● 组织学生充分利用课内外时间强化训练，掌握各种育苗方法的要领，提高育苗的成苗率。

● 通过组织学生进行参观学习等全面提升学生培育果树苗木的理论水平；利用课外调查、社会实践等形式让学生熟知培育各种果树苗木的生产流程。

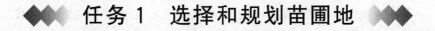

◆◆◆ 任务 1　选择和规划苗圃地 ◆◆◆

● 任务实施

一、确定果树苗圃面积

苗圃规模的大小取决于育苗的数量和育苗者的技术水平。一般来说，初学育苗者，以小规模为好，规模较大的苗圃要求较高的管理水平、较多的人力投入和较长的建设周期。

苗圃面积包括两部分,一是生产用地,即直接用于培育苗木的用地,通常占80%,大型苗圃所占比例大些,中小型苗圃所占比例小些。二是非生产用地,主要包括道路、田埂、灌溉系统、防风系统等,所占面积一般占苗圃总面积的20%,大型苗圃占15%~20%,中小型苗圃占20%~25%。

生产用地面积可以根据各种苗木的生产任务、单位面积的产苗量及轮作制来计算。各树种的单位面积产苗量通常是根据各个地区自然条件和技术水平所确定的。如果没有产苗量定额,则可以参考生产实践经验来确定。计算时用下列公式:

$$P = \frac{N \times A}{n} \times \frac{B}{C}$$

式中:P 为某种果树所需的育苗面积(hm^2);N 为该树种计划产苗量(株);n 为该树种单位面积的产苗量(株/hm^2);A 为苗木的培育年龄;B 为轮作区的总区数;C 为每年育苗所占的区数。

若不采用轮作制,B/C 等于1。

依上述公式的计算结果是理论数值。实际生产中,在苗木抚育、起苗、假植、贮藏和运输等过程中苗木会有一定损失。所以,计划每年生产的苗木数量时,应适当增加3%~5%,育苗面积亦相应地增加。各个树种所占面积的总和即为生产用地的总面积。

生产用地面积加上辅助用地面积即为苗圃地的总面积。

二、选择果树苗圃

1.选择苗圃位置

苗圃应设立在苗木需求地区的中心,这样可以减少运苗过程中因苗木失水而导致的苗木质量降低,从而使苗木栽培成活率高,生长发育好;其次,苗圃地的交通要便利,宜靠近铁路、公路或水路,便于苗木和生产物资的运输;为生产优质的苗木,苗圃附近不能有污染源。工厂及交通主干道附近不宜选作苗圃地。

2.选择地形、地势和坡向

苗圃地宜选择背风向阳、排水良好、地势较高、地形平坦开阔的地方。坡地育苗应选坡面在1°~3°的地块。坡度过大的,如山区苗圃,必须修筑梯田,以防水土流失;坡度过小,不利于排除雨水,容易造成渍害。在较黏重的土壤上,坡度适当大些;在沙性土壤上,坡度宜小些。地下水位过高(地下水埋深<1.5 m)的低洼地、光照不足的山谷地、重度盐碱地、峡谷风口等均不宜作苗圃地。在地形起伏较大的地区,不同的坡向,直接影响光照、湿度、水分和土层的厚薄,从而影响苗木的生长。一般南坡光强,受光时间长,温度高,湿度小,昼夜温差大;北坡与南坡相反;而东、西坡介于二者之间,但东坡在日出前至上午较短时间内温度变化很大,对苗木生长不利,西坡则因冬季多西北风,易受寒流的影响。因此苗圃地要根据所育苗木的种类特性及栽培设施应用程度选择适宜的坡向。

3.选择土壤

苗圃地的土壤以土层深厚(1 m以上)、土质疏松、通透性好的沙壤土、壤土为宜。这类土壤透气性良好,对种子萌发、出土、插条生根及幼苗的生长发育均有利,而且起苗容易,根系损伤较轻。过于黏重的土壤,排水、通气不良,雨后泥泞,易板结;干旱时易龟裂,土壤耕作困难,不利于根系生长。过于沙化的土壤,保水保肥力差,夏季表土温度高,易灼伤幼苗,且不易带土坨移栽。

苗圃地土壤肥力要求中等,生产出的苗木生长健壮、抗逆性强、质量高。肥力过高,易造成苗木徒长,组织不充实,易受冻害;肥力过差,苗木生长细弱,成熟度差。

土壤的酸碱度对苗木的生长发育有明显的影响,不同的树种对酸碱度的适应性不同。如板栗、砂梨、柑橘、枇杷喜微酸性土壤;葡萄、枣、无花果等耐轻度盐碱。一般以中性、微酸或微碱性为好。

在育苗过程中,往往因病虫害造成很大损失。因此,在选址时,要详细调查病虫害发生程度,如地下害虫蛴螬、蝼蛄、地老虎等的危害程度和立枯病、根癌病的感染程度。病虫过于严重的地块,应在建立苗圃前,采取有效措施加以根除,以防病虫继续扩展和蔓延。

4.选择灌溉用水

任何苗木在生长发育过程中必须有充足的水分供应,才能生长良好。实践证明,在一般情况下,适宜的地下水位是:沙壤土为 $1.5\sim2$ m,黏壤土为 $2.5\sim4$ m。苗圃灌溉用水的水质应为淡水,水中含盐量不要超过 $0.1\%\sim0.15\%$。

三、规划设计果树苗圃

现代专业果树苗圃的具体内容主要有以下几部分。

1.母本园

母本园是提供繁殖材料的圃地,包括品种母本园、无病毒采穗圃和砧木母本园等。品种母本园的主要任务是提供繁殖苗木所需要的接穗和插条。无病毒采穗圃,是从国家或省级无病毒园引进苗木,并进行隔离栽植,即采穗圃应距现有果园 3 000 m 以上。砧木母本园是生产砧木种子或营养系繁殖材料的园区。

2.繁殖区

繁殖区也称育苗圃,是苗圃规划的主要内容,占总面积的 1/2 以上。因而规划时要充分考虑,将苗圃地中最好的地段用作苗木繁殖区,以生产优质的苗木。繁殖区根据所培育的苗木种类而分为实生苗培育区、自根苗培育区和嫁接苗培育区。也可按树种分区,如苹果育苗区、梨育苗区、桃育苗区和葡萄育苗区等。为了耕作管理方便,最好结合地形采取长方形划区,一般长度不短于 100 m,宽度是长度的 1/3～1/2。同树种、同龄期的苗木应相对集中安排,以便于病虫害防治和统一管理。

3.配套设施

为了便于苗圃管理,应设立必要的道路,路的宽窄以苗圃面积和使用交通工具的种类而定。在规划道路的同时,应统一安排灌溉和排水系统、房屋及其他建筑物。规划配套设施时应本着便于管理、节省开支、少占耕地的原则。

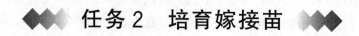

任务 2　培育嫁接苗

任务 2.1　选择和培育砧木苗

● 任务实施

一、选择砧木

果树砧木种类很多,在砧木的选用上,应就地取材,适当引种。引种砧木应对其特性有充分了解或先行试验,表现良好的方能大量引进、推广。

选择砧木主要依据下列几点:第一,砧木与接穗具有良好的亲和力,通常同种之间亲和力最高,同属之间有的亲和力好,有的差。一般综合考虑,大多砧木在同属之间选择。第二,砧木应生长健壮,根系发达,对栽培地区的气候、土壤等环境条件适应性强,抗寒、抗旱、抗病虫能力强。第三,砧木种源丰富、繁殖系数高、繁殖工艺简单、成本低。第四,砧木对接穗的生长和开花结果有良好影响,并能保持接穗原有的优良品性。北方落叶果树常用砧木见表2-1。

表2-1　北方落叶果树常用砧木

树种	砧木名称	树种	砧木名称
苹果	山定子、西府海棠、楸子(海棠果)、新疆野苹果、M_9、M_{26}、M_7、MM_{106}、MM_{111}、GM_{256}、77-34	樱桃	山樱桃、青肤樱、莱阳矮樱桃、马哈利樱桃
		梨	杜梨、麻梨、秋子梨、褐梨、PDR_{54}、S_5、S_2
葡萄	山葡萄、贝达	板栗	普通板栗、茅栗
桃	山桃、毛桃、毛樱桃	柿	君迁子
杏	山杏、山桃、毛桃	枣	枣、酸枣
李	山桃、毛桃、山杏、李、毛樱桃	核桃	核桃、核桃楸

二、采集和贮藏种子

种子是良种壮苗的基础。种子质量的好坏,直接关系到出苗率高低、幼苗的整齐度和生长势。因此,无论是采种或购买种子,都必须重视质量,选用优质种子,才能保证苗全苗壮。

(一)采集种子

1.选择母树

采种母树的选择,最好在采种母本园内进行。没有母本园的,在野生母树或散生母树中选择。通常要选品种纯正、生长健壮、无病虫害、丰产和稳产、品质优良的植株作为采种母株。采种母株经专家鉴别后,做好标记,建立档案。

2. 适时采收

采种时,必须掌握好种子的成熟度,及时采集,才能获得种粒饱满、品质优良的种子。采集过早,种子未成熟,种胚发育不全,内部营养不足,生活力弱,发芽率低。判断种子是否成熟,应根据果实和种子的外部形态来确定。若果实达到应有的成熟色泽,种仁充实饱满,种皮颜色深而富有光泽,说明种子已经成熟。主要果树砧木种子采收时期见表 2-2。

表 2-2　主要果树砧木种子采收期

名称	采收时期	名称	采收时期	名称	采收时期
山定子	9～10 月份	毛桃	7～8 月份	枣	9 月份
楸子	9～10 月份	杏	6～7 月份	酸枣	9 月份
西府海棠	9 月下旬	山杏	6～7 月份	野生板栗	9～10 月份
沙果	7～8 月份	李	6～8 月份	核桃	9 月份
杜梨	9～10 月份	毛樱桃	6 月份	核桃楸	9 月份
豆梨	9～10 月份	中国樱桃	4～5 月份	山葡萄	8 月份
山桃	7～8 月份	山楂	8～11 月份		

3. 采后处理

种实采收后应立即进行处理,否则会因发热、发霉等原因,降低种子质量,甚至完全丧失生命力而无法使用。

(1)取种　取种方法应根据果实的利用特点而定。果实无利用价值的,如山定子、杜梨、山桃、山杏和君迁子等,多用堆沤方式取种。将果实放入容器内或堆积于背阴处,使果肉变软腐烂,堆放厚度以 25～35 cm 为宜,保持堆温 25～30℃。堆温超过 30℃易使种子失去生活力。因此,堆放期间要经常翻动或洒水降温。果肉软化腐烂后,揉碎使果肉与种子分离,用清水淘洗干净,取出种子。果肉有利用价值的,如山楂、野苹果、山葡萄等,可结合加工过程取种,但要防止高温(45℃以上)、强碱、强酸和机械损伤,以免影响种子的发芽率。

(2)种子干燥　大多数果树种子取出后,需要适当干燥,方可贮藏。通常将种子薄摊于阴凉通风处晾干,不宜暴晒。场地限制或阴雨天气时,亦可人工干燥。

(3)净种、分级　净种是提高种子纯度的种子处理方式。主要是清除空瘪种子、病烂粒种子和杂物,使种子纯净度达 95％以上。净种方法可根据不同种子而定。大粒种子(核桃、板栗等)可采用粒选的方法;小粒种子可采用风选、筛选、水选等方法。

分级是将同一批种子按其大小、饱满程度或重量进行分类。实践证明大粒种子出苗好,小粒种子出苗差。分级方法因种子而异,大粒种子采用人工选择分级;中、小粒种子可用不同的筛孔进行筛选分级。

(二)贮藏种子

种子阴干后离播种或沙藏还有一段时间,需要妥善贮藏。苹果、梨、桃、柿、枣、山楂、杏、李、猕猴桃等砧木种子,用麻袋、布袋、筐或箱等装好存放在通风、干燥、阴冷的室内、库内等,亦可将清洁种子装入有孔塑料袋内存放。板栗、银杏、甜樱桃和大多数常绿果树的种子,必须湿藏或立即播种。在贮藏期间应控制好温度、湿度、通气状况等环境条件,以减缓衰老,延长贮藏寿命。一般果树砧木种子贮藏过程中,空气相对湿度以 50%～60% 为宜,最适温度为 0～5℃。此外,还要注意防虫、防鼠、防霉烂。

【技能单】2-1 种子层积处理

一、实训目标

使学生知道果树砧木种子层积处理要求,学会层积处理方法,并能协作完成果树砧木种子层积任务。

二、材料用具

1.材料 砧木种子、干净河沙。

2.用具 水桶、草苫、挖土工具。

三、实训内容

1. 浸泡种子 层积前将种子用清水浸泡 1～2 d,每日换水并搅拌 1～2 次,使种子充分吸水。

2. 选地挖沟 选地形较高、排水良好的背阴处,挖深、宽各 60～100 cm 的沟,长度可随种子的数量多少而定。

3. 种沙混拌 把浸泡好的种子与干净的湿河沙混拌均匀,河沙用量为种子体积的 5～10 倍。沙的湿度以手握成团,但不滴水,松手一触即散为准。

4. 层积 在北方较寒冷地区多采用挖沟层积。先在沟底铺一层厚约 10 cm 的湿沙,把混合湿沙的种子堆入沟内,堆至离地面 10 cm 处,上覆湿沙与地面持平。盖上一层草苫后覆土30 cm 左右,并高出地面成土丘状,层积沟四周挖排水浅沟以利排水。在冬季不是很寒冷的地区也可采用地面层积方法(图 2-1)。

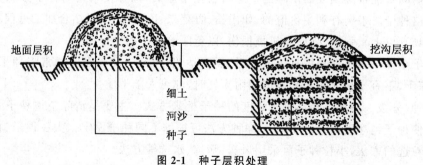

图 2-1 种子层积处理

四、实训提示

本次实训最好结合生产进行,以便学生在实际操作中掌握技术。如条件不具备时,可准备少量种子,用木箱或花盆等容器进行层积处理,或在室外进行模拟演练。

五、考核评价

考核项目	考核要点	等级分值				考核说明
		A	B	C	D	
态度	资料准备,纪律,团结协作能力	20	16	12	8	1.考核方法采取现场单独考核加提问。 2.实训态度根据学生现场实际表现确定等级。
技能操作	1.浸泡种子 2.选地挖沟 3.种沙混拌 4.层积	60	48	36	24	
理论知识	教师根据学生现场答题程度给予相应的分数	20	16	12	8	

六、实训作业

1. 果树砧木种子为什么要进行层积处理?

2. 种子层积处理应掌握哪些关键技术?

三、检验种子的质量

种子层积处理前、播种前或购种时,均需检验种子的质量,以确定该种子的使用价值,掌握适宜的播种量。检验种子的质量常用以下方法。

(一)检验种子的纯度

多点提取部分样品,混合后准确称其重量,放在光滑的纸上,再将完好的种子放在一边,将破粒、秕粒、虫蛀粒及杂物放在一边,分别称其重量,计算纯度。

(二)鉴定种子的生活力

鉴定种子生活力的方法有目测法、染色法和发芽试验法。目测法和染色法介绍如下。

1.目测法

步骤一 观察种子的外表和内部,一般生活力强的种子,种皮不皱缩,有光泽,种粒饱满。

步骤二 剥去内种皮后,胚和子叶呈乳白色,不透明,有弹性,用手指按压不破碎,无霉烂味;而种粒瘦小,种皮发白且发暗无光泽,弹性小或无弹性,胚及子叶变黄或污白,都是生活力减退或失去生活力的种子。

步骤三 根据目测结果,计算正常种子与劣质种子的百分数,判断种子生活力情况。

2.染色法

(1)靛蓝、曙红等试剂染色法

步骤一 取种子100粒(大粒种子50粒),用水浸泡1~2 d,待种皮柔软后剥去外种皮与内种皮待试。

步骤二 将处理好的种子浸入0.1%~0.2%靛蓝胭脂红溶液2~4 h,或0.1%~0.2%曙红溶液1 h,或5%~10%红墨水溶液6~8 h。溶液随配随用。染色时温度20~30℃为宜,温度低时,染色时间适当加长,低于10℃时染色困难。

步骤三 完成染色后,用清水漂洗种子,检查染色情况,计算各类种子的百分数。凡胚和子叶没有染色或稍有浅斑的为有生活力的种子;胚和子叶部分染色的为生活力较差的种子;胚和子叶完全染色的为无生活力的种子。

(2)氯化三苯四氮唑(TTC)染色法 种子处理方法同前。氯化三苯四氮唑溶液的配制浓度为 0.5%(小粒种子)至 1.0%(大粒种子),在黑暗条件下,保持 20～30℃,染色 3 h。生活力强的种子全部均匀明显着色;中等生活力的种子,染色较浅;无生活力的种子,子叶及胚附近大面积不着色。根据染色情况,判断种子生活力情况。

【工作页】2-1 测定果树砧木种子的生活力

果树砧木种子生活力测定记录表

测定方法	测定种子粒数	测定结果									备注
		空粒	腐烂粒	病虫害粒	其他	无生活力		有生活力		生活力/%	
						粒数	百分数	粒数	百分数		
目测法											
靛蓝、曙红等染色法											
TTC 染色法											

提示:3～4 人一组,每组提供砧木种子 100 粒或 200 粒,其中一半种子需提前 12～24 h 浸泡。

四、处理种子和土壤

(一)处理种子

沙藏未萌动或未经沙藏处理的种子,播种前可进行浸种催芽处理,使其在短期内吸收大量水分,提升温度,加速种子内部的生理变化,解除休眠,提早萌发。苹果、梨等砧木种子常用温水浸种。方法是将种子放入 40℃左右的温水中,不断搅拌,直到冷凉为止,然后放入清水中浸泡 2～3 d(每天换水 1～2 次)后,捞出种子,混以湿沙,平摊在塑料拱棚、温室大棚,或用地热装置,温度控制在 20～25℃,加盖草帘,保湿保温,每天用 30～40℃的温水淋洒 1～2 次。当有20%～30%的种子露出白尖时,即可播种。

(二)处理土壤

1.土壤消毒

为防治苗圃地下病虫及幼苗的病害,在整地时,对土壤进行处理。一般用 50%多菌灵或70%甲基托布津进行地表喷洒后翻入土壤,可防治病害。用 50%辛硫磷拌土撒施于地表,然后耕翻入土,防治地下害虫。缺铁土壤,施入硫酸亚铁防治。

2.施入基肥

基肥应在整地前施入,亦可做畦后施入畦内,翻入土壤。每 667 m² 施 2 500～4 000 kg 腐熟有机肥,同时混入过磷酸钙 25 kg、草木灰 25 kg,或复合肥等。

3.整地做畦

苗圃地喷药、施肥之后,深耕细耙土壤,耕翻深度25 cm为宜,并清除影响种子发芽的杂草、残根、石块等障碍物。土壤经过耕翻平整即可做畦或做垄。一般畦宽1 m、长10 m左右,畦埂25 cm,畦面应耕平整细。低洼地宜采用高畦苗床,畦面应高出地面10~20 cm。畦的四周开25 cm深的沟,以便灌溉和排水防涝(图2-2)。做垄,一般垄距55~60 cm,高垄下底宽55~60 cm,垄面宽20~30 cm,垄高15~20 cm为宜。

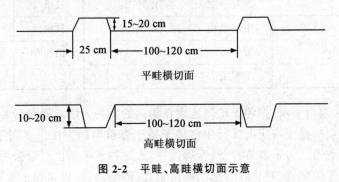

图2-2 平畦、高畦横切面示意

五、播种

1.播种时期

播种分秋播与春播两个时期。北方地区多采用春播。春播在土壤解冻后进行,一般为3月中旬至4月中旬。塑料拱棚、日光温室育苗播种时间比露地依次提前。为了增加苗木前期生长量,使其出苗早,生长快,当年能够达到嫁接标准,春播宜早不宜迟,要抢墒播种,尽量缩短播种时间。

2.播种量

单位土地面积的用种量称为播种量。通常以kg/667 m²或kg/hm²表示。播种量可根据树种、当地条件、播种方法、株行距等,由计划育苗数、每千克种子的粒数及种子质量计算得出,其公式如下:

$$667 \text{ m}^2 \text{ 播种量} = \frac{667 \text{ m}^2 \text{ 计划出苗数(成苗出圃数)}}{\text{每千克种子粒数} \times \text{种子发芽数} \times \text{种子纯度}} \text{(kg)}$$

影响砧木种子发芽和出苗的因素是多方面的,为了留有一定的保险系数,防止缺苗断垄现象,生产中实际播种量要比理论计算值略高。主要果树砧木种子常用播种量见表2-3。

3.播种方式、方法

播种方式有大田直播和苗床密播两种。大田直播是将种子直接播种在嫁接圃内,这种方式可用机械操作,简便省工,出苗整齐,生长迅速。苗床密播是将种子稠密地播种在苗床内,出苗后移栽到大田进行培养,这种方式播种密度大,便于集中管理,可以创造幼苗生长的良好条件,经移栽后苗木侧根发达,须根量大,苗木质量高,且节省种子,但移栽比较费工。

播种的方法有撒播、条播和点播3种。撒播适用于小粒种子,有省工、出苗量高的优点。但在种源缺少,圃地不足的情况下,为了充分利用土地,提高单位面积产苗量,小粒种子亦可在直播时采用撒播法,但后期管理比较困难。条播是在施足底肥,灌足底水,整平耙细的畦面上

表 2-3　主要果树砧木种子播种量　　　　　　　　　kg/667 m²

名　称	播种量	名　称	播种量	名　称	播种量
山定子	1～1.5	杏	30～40	山楂	10～15
楸子	1～1.5	山杏	30～40	枣	7.5～10
沙果	1～2.5	李	20～30	酸枣	10～15
杜梨	1～2.5	西府海棠	1.5～2	核桃	100～150
豆梨	1～1.5	中国樱桃	7～10	核桃楸	150～175
山桃	30～50	野生板栗	100～150	山葡萄	1.5～2.5
毛桃	30～50	毛樱桃	7.5～10		

按一定的距离开沟,沟内坐水,把种子均匀地撒在沟内的播种方法。播种后要立即覆土、镇压,并加覆盖物保湿。点播是按一定的株行距将种子播于育苗地的方法。多用于大粒种子如桃、杏、核桃、板栗等的直播。为了节省种子,管理方便,大粒种子床播也可以采用点播法。但在点播核桃种子时要将种尖侧放,缝合线与地面保持垂直(图 2-3),而板栗种子要平放,利于种胚萌发出土(图 2-4)。点播法具有苗木分布均匀,生长快,苗木质量好,但单位面积产苗量少的特点。

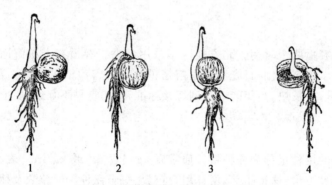

图 2-3　核桃播种方式与出苗的关系
1.缝合线直立　2.种尖朝上　3.种尖朝下　4.缝合线平放

图 2-4　板栗种子的播种方式
1.种子平放(正确)　2.种尖朝下(不正确)　3.种尖朝上(不正确)

播种覆土厚度应根据种子大小、苗圃地的土壤及气候等条件来决定。一般覆土厚度为种子大小的 2～5 倍。大粒种子适当深播,小粒种子应浅播;黏重土壤覆土要薄一些,沙质土壤覆土要厚一些;秋播覆土要厚一些,春播覆土要薄一些;播后床面有地膜覆盖的,覆土要薄一些,气候干燥、水源不足的地方覆土要厚一些；土壤黏重容易板结的地块，可用沙、土、腐熟马粪混合物覆盖。春季干旱、蒸发量大的地区，畦面上应加覆保湿材料。生产上不同果树播种深度大致为：猕猴桃、草莓等，播后不覆土，只需稍加镇压或筛以微薄细沙土，不见种子即可；山定子覆土 1 cm 以内；海棠果、楸子、葡萄、杜梨、君迁子等 1.5～2.5 cm；枣、樱桃、山楂、银杏等 4 cm左右；山桃、毛桃、杏等 4～5 cm；核桃、板栗等 5～6 cm。

【技能单】2-2　种子播种

一、实训目标

通过实训操作，使学生学会播种技能。

二、材料用具

1. 材料　经过层积处理的桃芽、复合肥、辛硫磷、沙子。

2. 用具　镐、灌水用具、桶、耙子、小钵、铁锹、口罩、胶皮手套、钢卷尺。

三、实训内容

1. 整地、做垄　苗圃地播种前应先深翻 20 cm，并施入足量的腐熟有机肥，去除杂物，用耙子耙平。用镐或犁起垄。垄深 10 cm，垄距 40 cm 或垄距 70～80 cm（双行）。

2. 开沟、施底肥　在垄上起单行或双行，沟深 7～8 cm，施入少量底肥（复合肥 20 kg/667 m²），用土覆盖 1 cm 左右。

3. 打底水　用水管向新开沟内灌水，注意水不能将两侧的土打湿，以免覆土时无土可用；水要灌足，不足会影响出土。

4. 播种　水渗后播种，株距 7～8 cm，胚根向下，轻插，以免破坏胚根。胚根过长时，可掐去一段。

5. 撒毒土　为防治地下害虫（蛴螬、金针虫），用辛硫磷拌沙撒入土中。

6. 覆土　厚度 4 cm 左右，不要过深、过浅。浅则易造成桃芽吊干而死，深则易造成桃芽出土困难，甚至不能出土。

四、实训提示

本次实训最好结合生产进行，以便学生在实际操作中掌握技术。如条件不具备时，可准备少量玉米种子，在室外进行模拟演练。

五、考核评价

考核项目	考核要点	等级分值				考核说明
		A	B	C	D	
态度	资料准备，纪律，团结协作能力	20	16	12	8	1. 考核方法采取现场单独考核加提问。 2. 实训态度根据学生现场实际表现确定等级。
技能操作	1. 整地、做垄 2. 开沟、施底肥 3. 打底水 4. 播种 5. 撒毒土 6. 覆土	60	48	36	24	
理论知识	教师根据学生现场答题程度给予相应的分数	20	16	12	8	

六、实训作业

1. 果树砧木种子何时进行播种？
2. 桃芽点播的关键技术有哪些？

六、播种后管理

1. 浇水

种子萌发出土前后，忌大水漫灌，尤其中小粒种子，以免冲刷，造成播行混乱、覆土厚度不匀、地表板结、出苗困难。如果需要灌水，以渗灌、滴灌和喷灌方式为好。无条件者可用喷雾器喷水增墒。苗高 10 cm 以上时，不同灌溉方式均可采用，但幼苗期漫灌时水流量不宜过大。生长期应注意观察土壤墒情、苗木生长状况和天气情况，适时适量灌水，以促进苗木迅速生长。秋季控制肥水，防止徒长，促进新梢木质化，增强越冬能力。越冬前灌封冻水。

2. 中耕除草

为减少水分蒸发、提高地温、促进苗木生长。出苗后要经常中耕锄草，疏松土壤，破除板结，增强透气性，清除杂草，减少水分和养分消耗，为苗木生长创造良好的环境条件。中耕深度 3 cm。

3. 间苗与移栽

间苗是在确定好留苗量的基础上，把多余的苗拔掉，使幼苗分布均匀、整齐、松散，以利通风透光，健壮生长。间苗、定苗在幼苗长到 2～3 片真叶时进行。定苗距离为小粒种子 10 cm，大粒种子 15～20 cm。间去小、弱、密、病、虫苗。间出的幼苗除病弱苗和损伤苗不能利用外，其他幼苗可以移栽。移栽前 2～3 d 灌水一次，以利挖苗。移栽最好在阴天或傍晚进行，栽后要立即灌水。

4. 追肥

砧木苗在生长期结合灌水进行土壤追肥 1～2 次。第一次追肥在 5～6 月份，每 667 m² 施用尿素 7.5～10 kg；第二次追肥在 7 月上、中旬，每 667 m² 施复合肥 10～15 kg。除土壤追肥外，结合防治病虫喷药进行叶面喷肥，生长前期喷 0.3%～0.5% 的尿素；8 月中旬以后喷 0.5% 的磷酸二氢钾，或交替使用氨基酸复合肥等。

5. 防治病虫害

幼苗期应注意立枯病、白粉病、细菌性穿孔病与地老虎、蛴螬、蝼蛄、金针虫、黑绒金龟子、大灰象甲、蚜虫、潜叶蛾等主要病虫害的防治，具体防治要点参考表 2-4。

表 2-4　苗木主要病虫害防治历

时间/月份	树种	防治对象	防治要点
2～4	苹果、梨	烂芽、幼苗立枯病、猝倒病、根腐病	①不用种植双子叶蔬菜的田块，轮作倒茬，多施有机肥。②种子处理：用 0.15% 的甲醛溶液喷洒种子，拌匀后用塑料膜覆盖 2 h，摊开散去气体后播种。③土壤处理：用 50% 多菌灵可湿性粉剂 500 倍液或 70% 甲基硫菌灵可湿性粉剂 800 倍液喷洒，并翻入土壤。④幼苗出土后及时拔除病弱苗，并喷 50% 多菌灵可湿性粉剂，50% 甲基硫菌灵可湿性粉剂 800 倍液、75% 百菌清可湿性粉剂 500 倍液

续表 2-4

时间/月份	树种	防治对象	防治要点
5～8		蛴螬、地老虎、蝼蛄、金针虫等	播种前土壤处理:每 667 m² 用 50％辛硫磷乳油 300 mL,拌土 25～30 kg,撒于地表,然后耕翻入土。或播种后撒于畦内,然后覆盖
		白粉病	①萌芽前喷 5°Be 石硫合剂。②发病初期用 25％三唑酮 3 500 倍液、12.5％烯唑醇可湿性粉剂 3 000～5 000 倍液喷雾防治
	苹果、梨	蚜虫类	用 50％抗蚜威可湿性粉剂 3 000～4 000 倍液、10％吡虫啉可湿性粉剂 3 000～5 000 倍液、35％硫丹乳油 3 000～4 000 倍液、10％顺式氯氰菊酯乳油 3 000～4 000 倍液喷雾防治
		卷叶虫	用 2.5％溴氰菊酯乳油 3 000 倍液、50％杀螟松乳油 1 000 倍液、25％灭幼脲可湿性粉剂 1 000～1 500 倍液等喷雾防治
		红蜘蛛	用 5％噻螨酮乳油 1 500 倍液、20％哒螨灵可湿性粉剂 2 500 倍液、20％双甲脒乳油 1 000～1 500 倍液、73％炔螨特乳油 2 000～3 000 倍液、5％唑螨酯乳油 2 000～3 000 倍液或 30％蛾螨灵可湿性粉剂 2 000 倍液等喷雾防治
		斑点落叶病	用 1∶2∶200 波尔多液、10％多抗霉素可湿性粉剂 1 000～1 500 倍液、75％百菌清可湿性粉剂 800 倍液、70％代森锰锌可湿性粉剂 400～600 倍液、40％氟硅唑乳油 6 000～8 000 倍液或 50％异菌脲可湿性粉剂 2 000 倍液等喷雾防治
		梨黑星病	用 1∶2∶240 波尔多液、40％氟硅唑乳油 800～1 000 倍液、12.5％烯唑醇可湿性粉剂 3 000 倍液、50％异菌脲可湿性粉剂 1 500 倍液、70％甲基托布津可湿性粉剂 500 倍液等喷雾防治
	桃、李、杏	穿孔病	用农用链霉素可溶性粉剂 5 000～10 000 倍液、70％代森锰锌 500 倍液或 70％甲基硫菌灵 1 000 倍液等喷雾防治
		蚜虫和潜叶蛾等	潜叶蛾用 25％灭幼脲 2 000 倍液、30％蛾螨灵 2 000 倍液或 20％甲氰菊酯 2 000 倍液等喷雾防治。蚜虫防治方法同上
	葡萄	白粉病、霜霉病、黑痘病	用 1∶0.5∶160 倍波尔多液、70％甲基托布津 1 000 倍液、80％代森锰锌 500 倍液、75％百菌清 600 倍液、50％多菌灵 800 倍液、72％克露 750 倍液、25％粉锈宁 1 500 倍液、64％杀毒矾 400 倍液等喷雾防治
9～10	苹果、梨	白粉病、卷叶虫、食叶类害虫等	根据苗圃病虫害发生情况,有目的地喷药防治
11～12	所有苗木	各种越冬病虫害	苗木检疫、消毒(参照苗木出圃部分)。苗圃耕翻、冬灌、清除落叶,消灭病虫

任务 2.2　培育嫁接苗

● 任务实施

一、嫁接前的准备

1.制订计划

为了确保嫁接工作顺利进行,保质保量完成嫁接任务。嫁接工作开展之前,必须制订切实可行的实施计划。嫁接工作计划主要包括以下内容。

(1)基本情况　拟嫁接的砧木苗在苗圃内分布区域、范围、种类、苗龄和生长状况等。

(2)嫁接任务　拟嫁接的各类砧木苗实际面积、数量等。

(3)树种与品种选择　在信息可靠、预测准确的前提下,选择适销对路的优良品种。

(4)接穗采集　各种接穗的用量,采集地点,质量要求,贮运方式等。

(5)嫁接人员　根据嫁接任务,计划嫁接用工量(每个熟练工人每天接苗 1 000～1 500 株),嫁接人员技术要求,嫁接队伍组成(外聘、培训等)。

(6)用具与材料　嫁接用具及材料准备。

(7)时间安排　各项工作开展的时间、顺序、完成任务的时限。

(8)技术要求　嫁接方式,关键技术,具体要求等。

(9)资金预算　各项经费开支预算。

(10)其他　存在问题与保障服务工作。

2.技术工人聘用、分工

嫁接前,首先要组织安排好嫁接人员,对外聘技术工人的嫁接技术进行考察了解,选择技术过硬的专业队,填写嫁接合同,约定成活率和完成工期,明确双方职责及处罚条款。对本部门培养的嫁接者,应进行强化训练,熟练掌握操作技术之后方可投入生产。

嫁接工作中的各个关键环节(如接穗采集、贮运、保管与发放,嫁接安排,质量检查,数字统计等),都应安排专人,分工负责,明确要求,保障嫁接工作顺利实施。

3.嫁接用具及材料

(1)芽接用具与材料　芽接用具主要有修枝剪、芽接刀、磨刀石、小水桶等。芽接材料主要是包扎物,目前生产上多采用塑料薄膜条(宽 1 cm、长 12～15 cm)。

(2)枝接用具与材料　枝接用具主要有修枝剪、枝接刀、手锯、小水桶、锅、笊篱等。枝接材料主要是包扎物、工业用石蜡,塑料薄膜条(宽 1.5～2 cm、长 20～25 cm)。

4.保障及服务工作

嫁接前应考虑安排运送接穗的交通工具,外聘人员的食、宿问题,接穗存放的场所,以及必要的服务人员等。

二、嫁接

【技能单】2-3 果树芽接

一、实训目标

通过实际操作,使学生学会 T 字形芽接和嵌芽接的基本技能。

二、材料用具

1. 材料 砧木、桃(李)的新梢。

2. 用具 芽接刀、塑料条、水桶、磨石等。

三、实训内容

(一)T 字形芽接

1. 确定 T 字形芽接时期 生长期凡接穗、砧木皮层能够剥离时均可进行。桃(李)苗木繁育时,如当年出圃宜在 6 月份进行嫁接;如第二年出圃应在 8 月份进行,具体日期应根据各地生长季长短适当调整。

2. 采集、运输与贮藏接穗 为了保证接穗的质量,应从良种母本园或采穗圃采集接穗。在品种纯正、品质优良、生长健壮、无病虫害、已大量结果、丰产稳产的壮年母树上,采集树冠外围中上部生长健壮的当年生枝。采集时间最好在清晨或上午,穗条新鲜,水分充足,随采随用,有利成活。采下的接穗,应立即将叶片剪掉,减少水分蒸发,叶柄保留 0.5～1 cm 长,以便取芽和检查成活率。接穗应挂好品种标签,50～100 根为 1 捆,用保湿材料(浸透水的锯末、报纸、布或麻袋等)填充包装,以保持水分,降低温度。运输途中避免高温,防止失水,采取冷藏运输更为妥当。运达目的地后,要立即除去包装物,将其竖立在盛有清水(水深 5 cm 左右)的盆或桶中,放置于阴凉处。每天换水一次,并向接穗上喷水 1～2 次。接穗可保存 7 d 左右。

3. 嫁接

(1)削芽片 选接穗上的饱满芽作接芽。先在芽的上方 0.5 cm 处横切一刀,深达木质部,然后在芽的下方 1 cm 处下刀,由浅入深略倾斜向上推刀至横切口,用手的拇指和食指捏住芽的两侧,左右轻轻一掰,取下一个盾状芽片,注意芽片不带木质部(图 2-5)。

(2)切砧木 在砧木离地面 3～5 cm 处,选择光滑无疤部位,用刀切一 T 字形切口。方法是先横切一刀,宽 1 cm 左右,再从横切口中央往下竖切一刀,长 1.5 cm 左右,深度以切断皮层而不伤木质部为宜(图 2-6)。

(3)嫁接和绑缚 用刀尖或嫁接刀的骨柄将砧木上 T 字形切口撬开,将芽片从切口插入,直至芽片的上方对齐砧木横切口(图 2-7),然后用塑料薄膜条绑紧,要求叶柄芽眼外露(当年萌发)或不外露(来年萌发)。

(二)嵌芽接

1. 确定嵌芽接时期 嵌芽接是带木质芽接。在接穗保存好的前提下不受时期限制,在春季萌芽前和生长季节内均可进行。但春季嫁接以砧木进入萌芽期以后为宜,秋季不能过晚,夏季温度过高时也不宜嫁接,以免影响成活。

图 2-5　削芽片　　　　　图 2-6　切砧木　　　　　图 2-7　嫁接

2. 嫁接

（1）削芽片　在接穗上选饱满芽，从芽上方 1～1.2 cm 处向下斜削入木质部（略带木质但不宜过厚），长 1.5～2 cm，然后在芽下方 0.5 cm 处斜切（呈 30°）到第一刀口底部，取下带木质盾状芽片（图 2-8）。

（2）削砧木　在砧木离地面 5 cm 处，选光滑部位，先斜切一刀，再在其上方 2 cm 处由上向下斜削入木质部，至下切口处相遇。砧木削面可比接芽稍长，但宽度应保持一致（图 2-8）。

（3）嫁接与绑缚　将接芽嵌入，如果砧木粗，削面宽时，可将一边形成层对齐。然后用塑料薄膜条由下往上缠绑到接口上方，绑紧包严（图 2-8）。

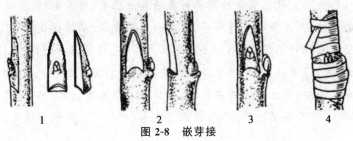

　　　1　　　　　　　2　　　　　　　3　　　　　　　4

图 2-8　嵌芽接

1. 削芽片　2. 削砧木　3. 嵌入接芽　4. 绑缚

四、实训提示

本次实训最好结合生产进行，以便学生在实际操作中掌握技术。如条件不具备时，可准备新梢或枝条在室内进行模拟演练。

五、考核评价

考核项目	考核要点	等级分值				考核说明
		A	B	C	D	
态度	资料准备，纪律，团结协作能力	20	16	12	8	1. 考核方法采取现场单独考核加提问。2. 实训态度根据学生现场实际表现确定等级。
技能操作	1. 削芽片 2. 削砧木 3. 嫁接与绑缚	60	48	36	24	
理论知识	教师根据学生现场答题程度给予相应的分数	20	16	12	8	

六、实训作业

1.交一份嫁接实物。

2.总结影响芽接成活的因素。

【技能单】2-4 果树枝接

一、实训目标

通过实际操作,使学生学会劈接、切接和插皮接的基本技能。

二、材料用具

1.材料 砧木、苹果(梨)的枝条。

2.用具 劈接刀、塑料条、水桶、磨石等。

三、实训内容

(一)采集与贮运接穗

1.采集接穗 枝接使用的穗条,多采用一年生枝,个别树种也用多年生枝(如枣可用1~4年生枝)。接穗采集应在果树的休眠期内进行,最好结合冬季修剪采集。选择树冠外围发育健壮、木质化程度高、芽体饱满的一年生枝。每50~100根1捆,标明品种、数量,贮藏备用。

2.运输接穗 远距离运输接穗时,应附上品种标签,剪口涂蜡,用有孔的箱、筐或塑料薄膜及通气良好的保湿材料包装。运输途中要避免风吹日晒和低温冻害,快速运转,到达目的地后妥善贮藏。

3.贮藏接穗 休眠期采集的接穗,如需较长时间的贮藏,为防止霉烂和失水,应在0~5℃的低温,80%~90%的相对湿度及适当透气条件下存放。北方寒冷地区多用窖藏,或室内堆沙、堆土埋藏。春分前后注意检查接穗上芽的萌发情况,如温度上升但暂不使用,应立即将穗条转移到冷凉处,以延长嫁接时期。

(二)确定枝接时间

硬枝嫁接在春季树液开始流动的3~4月份进行。只要接穗保存良好,处于尚未萌发状态,嫁接时间可以延续到砧木展叶以后,一般在砧木大量萌芽前结束为宜。葡萄、猕猴桃等伤流严重的树种,应在伤流期结束后进行。嫩枝嫁接在生长期进行。

(三)嫁接

1.劈接 是应用广泛的一种嫁接方法,在砧木不离皮的情况下也可进行。其操作如下:

(1)削接穗 剪截一段带有2~4个饱满芽的接穗,在接穗的下端削一个2~3 cm的斜面,再在这个削面背后削一个相等的斜面,使接穗下端呈长楔形,插入砧木的内侧稍薄,外侧稍厚些,削面光滑、平整(图2-9)。

(2)劈砧木 先将砧木从嫁接处剪(锯)断,修平茬口。然后在砧木断面中央垂直劈一切口,长度略长于接穗的削面长。

(3)嫁接与绑缚 将接穗厚的一面朝外,薄的一面朝内插入砧木垂直切口,形成层至少一侧对齐,削面上端露出切面0.3~0.4 cm(俗称露白),使砧、穗紧密接触,有利于伤口愈合。较粗砧木可插入2个接穗(劈口两端各1个)。然后将砧木断面和接口用塑料薄膜条缠绑严密(图2-9)。较粗砧木要用薄膜方块覆盖伤口,或单套塑料袋,以免漏气失水,影响成活。

2.切接

(1)削接穗 剪一段带有2~4个芽的接穗,在接穗下端斜削一个长2~3 cm的长削面,削

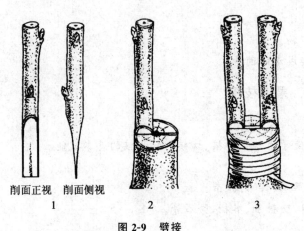

图 2-9　劈接

1.削接穗　2.插接穗　3.绑缚

掉约 2/3 木质部。再在这个长削面背后尖端削一个长 1 cm 的短削面(图 2-10)。

(2)切砧木　先在砧木近地面处选光滑无疤部位剪断,削平茬口,然后在砧木皮层光滑的一侧纵切一刀,切口宽度尽量与接穗宽度一致,长度略短于接穗(图 2-10)。

(3)嫁接与绑缚　将接穗长削面向内,紧贴木质部插入,使两者形成层对齐、靠紧。长削面上端应在砧木平断面之上外露 0.3～0.4 cm,使接穗保持垂直,接触紧密。然后用塑料条绑紧包严(图 2-10)。

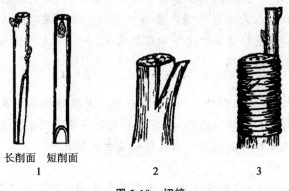

图 2-10　切接

1.削接穗　2.切砧木　3.插接穗与绑缚

3.皮下接(插皮接)

(1)削接穗　剪一段带有 2～4 个芽的接穗,在接穗下端斜削 1 个长约 3 cm 的长削面。再在这个长削面背后尖端削 1 个长 0.3～0.5 cm 的短削面,并将长削面背后两侧皮层削去少量,但不伤木质部(图 2-11)。

(2)切砧木　先在砧木近地面处选光滑无疤部位剪断,削平剪口,然后在砧木皮层光滑的一侧纵切 1 刀,长度约 2 cm,不伤木质部。

(3)嫁接与绑缚　用刀尖将砧木纵切口皮层向两边拔开。将接穗长削面向内,紧贴木质部插入,长削面上端应在砧木平断面之上外露 0.3～0.4 cm,使接穗保持垂直,接触紧密。然后用塑料条包严绑紧(图 2-11)。

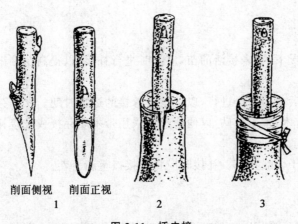

削面侧视　削面正视
1　　　　　　　2　　　　　3

图 2-11　插皮接
1.削接穗　2.插接穗　3.绑缚

四、实训提示

1.选择当地最适用的几种嫁接方法进行室内练习。

2.实训前预先准备好各种嫁接方法的实物标本,每小组1套,便于学生学习。

3.实地嫁接后,适时检查成活情况,统计成活率。

五、考核评价

考核项目	考核要点	等级分值				考核说明
		A	B	C	D	
态度	资料准备,纪律,团结协作能力	20	16	12	8	1.考核方法采取现场单独考核加提问。
技能操作	1.削接穗 2.劈砧木 3.嫁接与绑缚	60	48	36	24	2.实训态度根据学生现场实际表
理论知识	教师根据学生现场答题程度给予相应的分数	20	16	12	8	现确定等级。

六、实训作业

每个学生交嫁接实物1份,嫁接后检查成活情况,并分析原因。

三、管理嫁接苗

(一)检查成活

1.检查芽接成活情况

芽接后10 d左右检查成活情况。凡接芽新鲜,叶柄一触即落,表明已成活。如果芽片萎缩,颜色发黑,叶柄干枯不易脱落,则表明未成活。

2.检查枝接成活情况

枝接一般需1个月左右才能判断是否成活。如果接穗新鲜,伤口愈合良好,芽已萌动,表明已成活。葡萄绿枝接可于接后15～20 d检查成活。

(二)补接

在时间允许的情况下,对未接活的苗,应及时进行补接,以提高苗圃出苗率。

1.芽接后的补接

一般在检查成活后立即安排进行,以免错过嫁接的适宜时期。秋季芽接苗,在剪砧时还应细致检查,发现漏补苗木,暂不剪砧,以便萌芽前采用带木质芽接或枝接补齐。

2.枝接后的补接

贮存的接穗要处于休眠状态。补接时应将原接口重新落茬。

(三)剪砧与解绑

芽接成活之后,剪除接芽以上的砧木部分叫剪砧。剪砧可集中营养,促进接芽萌发。剪砧过早会使剪口风干或受冻,过迟造成养分浪费,接芽萌发迟缓而发育不良。秋季芽接苗在翌年春季萌芽前剪砧为宜。7月份以前嫁接,需要接芽及时萌发的,要 2 次剪砧。即第一次为接后立即剪砧,要求接芽必须保持 10 个左右营养叶片。也可在接后折砧,15~20 d 后剪砧。第二次剪砧是在接芽萌发长至 10 cm 左右时,剪除接芽上部砧木,促进接芽生长,当年成苗。剪砧时,剪刀刃应迎向接芽一面,在芽片以上 0.5~1 cm 处下剪,剪口向接芽背面稍微下斜(图 2-12)。

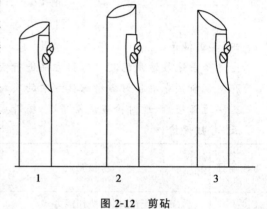

图 2-12 剪砧
1.剪口正确 2.剪口过高 3.剪口倾斜方向错误

芽接通常在嫁接 20 d 后解除绑缚,秋季芽接稍晚的可推迟到翌年春季发芽前与剪砧同时进行。解绑的方法是在接芽相反部位用刀划断绑缚物,随手揭除。枝接要在接穗发枝并进入旺盛生长后解除绑缚,或先松绑后解绑。

(四)抹芽除萌

芽接苗剪砧后,应及时抹除砧木上长出的萌蘖。一般每周 1 次,连续除萌 5 次左右,以集中养分,促进接芽萌发生长。

枝接苗嫁接后会从砧木上长出许多萌蘖,应及时抹除,以免与接穗争夺养分。接穗如果同时萌发出几个嫩梢,仅留 1 个生长健壮的新梢培养,其余萌芽和嫩梢全部除去。

(五)土肥水管理

为促进接芽早发快长,春季剪砧后及时追肥、灌水。一般每 667 m² 追施尿素 10 kg 左右。结合施肥进行春灌,并锄地松土提高地温,促进根系发育。5 月中、下旬苗木旺长期,再追 1 次速效性肥料,每 667 m² 追施尿素 10 kg 或复合肥 10~15 kg。施肥后灌水,以利肥效发挥。结合喷药每次加 0.3%的尿素进行根外追肥,促其旺盛生长。7 月份以后应控制肥、水,防止贪青徒长,降低苗木质量。可在叶面喷施 0.5%的磷酸二氢钾 3~4 次,以促进苗木充实健壮。

(六)病虫害防治

苗木主要病虫害的防治参考表 2-4。

【工作页】2-2　制订二年出圃矮化中间砧苹果育苗方案

二年出圃矮化中间砧苹果育苗方案

月份	作业项目	技术要点	材料	用具

典型案例 2-1　桃快苗(三当苗)培育技术

桃快苗(三当苗)是指春季播种,夏季芽接栽培品种,秋后成苗出圃。关键技术措施如下(图 2-13)。

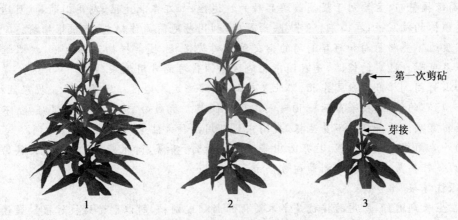

图 2-13　桃"三当苗"培育示意

1.培育壮砧木苗　2.嫁接前除掉基部分枝　3.6月份嫁接并第一次剪砧

1.培育壮砧

早春播种,播种前整地、施肥,深翻起垄。垄深 20 cm,垄距 50 cm,或垄距 70~80 cm(双行)。缺水地区宜采用垄下沟播,余者采用垄上沟播。开沟深度 7~8 cm,施入少量底肥(复合肥 20 kg/667 m^2),用土覆盖 1 cm 左右。然后用水管向新开沟内灌水,水渗后播种,株距 7~8 cm,胚根向下轻插。对过长桃芽,播前需掐去一段胚根,以避免断根,同时起到促进侧根生长的作用。为防治地下害虫(蛴螬、金针虫),用辛硫磷拌沙撒入土中。最后再覆土 3 cm 左右。

幼苗出土后及时中耕除草,加强肥水,及早去除砧苗基部 10 cm 以下发生的分枝,促进砧苗迅速生长,在 6 月上、中旬达到嫁接粗度,即苗干高 5 cm 处直径达 0.5 cm 以上。

2.提早嫁接

在砧苗上芽接栽培品种应提早到 6 月中旬,最迟 6 月底以前接完。嫁接时,采用 T 字形芽接,注意芽眼露出,以利接芽萌发。接后立即去掉砧木上部生长点(砧木从接芽位置算起留6、7 片成叶),灌足水。

3.及时除萌

嫁接后要及时除去砧木上的萌蘖。一般 5 d 左右一遍,需除 5 遍左右。

4.及时剪砧

当接芽萌发长至 10 cm 左右时剪砧。剪砧同时解绑。

5.加强肥水管理

以 667 m² 面积的苗圃计算,播种前施优质农家肥 3 000 kg;砧苗发出 6、7 片叶时,开沟追施尿素 5 kg;8 月上旬结合灌水追复合肥 10~15 kg。同时应加强根外追肥,立秋以后可结合喷药加入 0.3% 的磷酸二氢钾,促进枝芽成熟。

6.加强病虫害防治

对砧木苗要注意防治潜叶蛾的为害,接苗注意防治蚜虫、螨类等虫害,防白粉病、细菌性穿孔病等病害,保证苗木健壮生长。

典型案例 2-2　葡萄绿枝嫁接技术

1.选择砧木

葡萄嫁接繁殖,主要用于提高栽培品种的抗逆性,如在东北地区,利用山葡萄、贝达等作砧木,提高植株的抗寒性;在山东、辽宁、陕西等地,利用沙地葡萄作砧木,可抗根瘤蚜。

(1)贝达　美洲葡萄和河岸葡萄的杂交种。树势强壮,枝条扦插容易生根,抗寒性和抗病性强,根系可耐-12℃的低温,是我国东北地区葡萄栽培的常用抗寒砧木。

(2)山葡萄　原产于我国东北、华北及朝鲜、俄罗斯远东地区。雌雄异株。抗寒性极强,根系可耐-15℃的低温,枝条可耐-50~-40℃的低温。抗白粉病、白腐病和黑痘病,不抗根瘤蚜,易染霜霉病。枝条扦插不易生根,我国东北可用播种方法繁殖山葡萄苗。

(3)沙地葡萄　抗旱性强,抗寒力中等。深根性,耐瘠薄,对根瘤蚜、霜霉病及黑腐病有高度抵抗力。扦插易生根,与欧洲葡萄嫁接亲和力强。

2.绿枝嫁接

因在生长期进行,所用的接穗是半木质化的新梢或副梢,所以也称嫩枝嫁接。最佳嫁接时期为 5 月下旬至 6 月下旬。具体操作见图 2-14。

(1)选用粗壮的 1~2 年实生苗或扦插苗作砧木,砧木直径要求在 0.5 cm 以上。

(2)结合夏季修剪,采集半木质化的新梢或副梢作接穗。接穗采集后,去掉叶片,保留1 cm 左右的叶柄。接穗在芽上方 1~2 cm 处平剪,芽下用刀片削成长 2~2.5 cm 的楔形斜面,削面要平滑。

(3)砧木上保留 3~4 节,然后剪断,剪口距第一个芽约 3 cm。用刀片将砧木从中间切开,切口深度比接穗削面略长,然后将削好的接穗轻轻插入砧木切口,接穗削面露出砧木外 2 mm左右,注意形成层对齐,最后用塑料薄膜将接口包扎严密,并对接穗顶端的切口也要包扎。

(4)嫁接后立即灌水,保持土壤湿润,促进接口愈合和生长。及时去除砧木上的萌蘖,避免营养浪费。

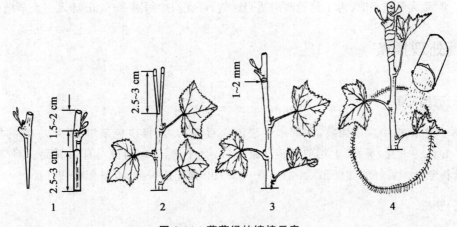

图 2-14 葡萄绿枝嫁接示意

1.削接穗 2.劈砧木 3.插接穗 4.接后灌水

◆◆◆ 任务 3 培育扦插苗 ◆◆◆

任务 3.1 培育硬枝扦插苗

● 任务实施

一、采集与贮藏插条

硬枝扦插使用的插条在休眠期采集,一般结合冬季修剪进行,最迟应在春季伤流前半月进行。在生长健壮、结果良好的幼年母树上,选择生长健壮、充分成熟、芽眼饱满、无病虫害的一年生枝。采集的插条每根按 50～60 cm(5～6 个芽)剪截,按品种、粗度分别以 50～100 根捆成一捆,然后挂上标签,标明品种、数量、采集日期等。

插条采集后,为了减少水分的散失,保证插条质量,应尽快进行贮藏。贮藏方法有沟藏和窖藏两种,我国北方一般多采用沟藏。选择地势高燥、排水良好、向阳背风的地方开沟,沟宽 80～120 cm,深 80～100 cm,长度视插条数量而定。贮藏时,先在沟底铺 5～10 cm 厚的湿润河沙,把成捆的插条竖立或平放在沙上,在插条之间填满湿沙,再在插条上面盖 30～40 cm 的湿沙或细土(图 2-15)。沙的湿度以手握成团,一触即散为宜。最上面盖 20～40 cm(寒冷地区适当增厚)的

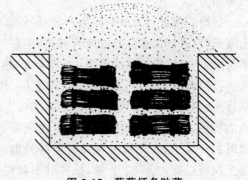

图 2-15 葡萄插条贮藏

土防寒。贮藏大量枝条时，为了使贮藏沟适当通气，可在沟中每隔3~5 m插入一个草把或秫秸。

二、处理插条

(一)剪截插条

春季从贮藏沟中取出插条，在清水中浸泡一昼夜后，选择皮色新鲜、芽眼完好的枝条，按15~20 cm(2~3芽)剪截，上端剪口距芽眼1 cm处平剪，下端剪成马耳形斜面。剪口要平整光滑，以利愈合。剪好的插条顶端向上，每50~100根扎成一捆，准备催根或扦插。

(二)催根

果树萌芽和生根要求的温度差异很大，在春季露地扦插时，往往先萌芽，后生根。萌发的嫩芽常因水分、养分供应不上而枯萎，降低扦插成活率。因此，生产上常用人工催根的方法促使插条早生根，提高扦插成活率。进行催根处理的时间是扦插前20~25 d。生产中应用的方法有以下几种：电热温床催根、火炕催根、冷床催根和药剂催根等，其中以药剂催根与电热温床催根结合使用效果最好。药剂催根常用的药剂有萘乙酸(NAA)、吲哚乙酸(IAA)、吲哚丁酸(IBA)、ABT生根粉等。其使用方法有两种：一种是高浓度速蘸；另一种是低浓度长时间浸泡，但注意浸蘸的部位为插条基部，不能使最上端芽眼蘸到药剂，否则影响萌芽。

催根时在热源之上铺一层湿沙或锯末，厚度3~5 cm，将浸蘸过药剂的插条下端向下，成捆直立埋入铺垫基质之中，捆间用湿沙或锯末填充，顶芽外露。插条基部温度保持在25~28℃，气温控制在8~10℃。为保持湿度要经常喷水，可使根原体迅速分生，而芽则受气温的限制延缓萌发。经过15~20 d，插条便可产生愈伤组织并开始生根。

三、扦插

北方地区扦插时间多在春季萌芽前进行。扦插时可直接插入苗床，也可插入营养钵。苗床扦插时可做成垄和畦，垄插表土层较深，根系附近土壤疏松透气，且土壤吸收阳光的面积大，因此地温升高快，有利于插穗生根。且垄插灌水在高垄之间，不会因灌水而影响土壤透气性，因此效果好于畦插。但注意在沙性土壤，特别是在气候非常干旱的地区由于保水困难不宜采用垄插。

扦插的角度有直插和斜插两种，但斜插时倾斜角度不能太大。一般生根容易、插穗较短、土壤疏松、通气保水性好的应直插；而生根困难、插穗较长、土壤黏重通气不良、土温较低的宜斜插。扦插深度与环境条件有关，在干旱、风大、寒冷地区扦插时插条宜全部插入土中，上端与地面持平，插后培土2 cm左右，覆盖顶芽，芽萌动时扒开覆土；在气候温和且较湿润的地区，插穗上端可以露出1~2个芽，扦插时不要碰伤芽眼(图2-16)。

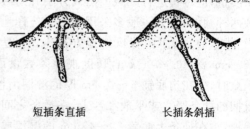

短插条直插　　　　　长插条斜插

图2-16　硬枝扦插

【技能单】2-5　果树露地扦插

一、实训目标

通过实际操作,使学生学会果树露地扦插的方法,并能协作完成扦插任务。

二、材料用具

1. 材料　果树插条、黑色地膜。

2. 用具　铁锹、灌水工具、小木棍等。

三、实训内容

1. 确定时期　露地扦插的时期,以土温(15～25 cm处)稳定在10℃以上时最为适宜。辽宁地区一般多在4月上、中旬插条萌芽前进行。

2. 整地　扦插前应做好整地、施肥及土壤消毒工作。我国北方地区,扦插的方法多为垄插。南方多为平畦扦插。垄插时垄宽约30 cm,高15 cm,垄距50～60 cm,株距12～15 cm,起好垄后在扦插前3～5 d覆盖黑色地膜。

3. 扦插　扦插时用竹签或木棍与地面呈45°～75°角穿透地膜,插入深度以略短于插条为度,然后把插条插入洞内,使最上端一个芽眼与地膜平齐或稍高于地膜。

4. 灌水　插后灌透水,使插条与土壤密切接触。

四、实训提示

本次实训最好结合生产进行,以便学生在实际操作中掌握技术。如条件不具备时,可准备少量地膜、果树枝条进行室外模拟演练。

五、考核评价

考核项目	考核要点	等级分值				考核说明
		A	B	C	D	
态度	资料准备,纪律,团结协作能力	20	16	12	8	1.考核方法采取现场单独考核加提问。2.实训态度根据学生现场实际表现确定等级。
技能操作	1.整地 2.扦插 3.灌水	60	48	36	24	
理论知识	教师根据学生现场答题程度给予相应的分数	20	16	12	8	

六、实训作业

1. 影响扦插成活的因素有哪些?

2. 总结果树硬枝扦插的关键技术。

四、扦插后管理

1.灌水抹芽

发芽前要保持一定的温度和湿度。土壤缺水时应适当灌水,但不宜频繁灌溉,以免降低地温,通气不良,影响生根。成活后一般只保留1个新梢,其余及时抹去。

2.追肥

当新梢长度达10 cm以上时,要加强苗木生长前期的肥水管理,追施速效性氮肥1～2次。

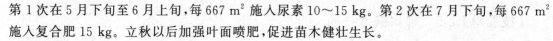

第 1 次在 5 月下旬至 6 月上旬,每 667 m² 施入尿素 10～15 kg。第 2 次在 7 月下旬,每 667 m²施入复合肥 15 kg。立秋以后加强叶面喷肥,促进苗木健壮生长。

3.绑梢摘心

葡萄扦插育苗时,为了培育壮苗和繁殖接穗,每株应插立 1 根细竹竿,或设立支柱,适时绑梢,牵引苗木直立生长。如果不生产接穗,新梢长到 80～100 cm 进行摘心,使其充实,提高苗木质量。

4.病虫害防治

注意防治病虫,促进幼苗旺盛生长。

【工作页】2-3　制订葡萄硬枝扦插育苗工作历

葡萄硬枝扦插育苗工作历

月份	作业项目	技术要点	材料	用具

任务 3.2　培育绿枝扦插苗

● 任务实施

一、采集插条

绿枝扦插在生长季进行,扦插过早枝条幼嫩,不易成活;扦插过迟生根不好,遇高温季节成活率低,且新梢生长期短,成熟度差。为提高成活率,保证当年形成一段发育充实的苗干,扦插时间尽量要早,一般在 6 月底以前进行。

选生长健壮的幼年母树,于早晨或阴天采集当年生尚未木质化或半木质化的粗壮枝条。随采随用,不宜久置。

二、处理插条

将采下的嫩枝剪成长 5～20 cm 的枝段。上剪口于芽上 1 cm 左右处剪截,剪口平滑;下剪口稍斜或剪平。为减少蒸腾耗水,应除去插条的部分叶片,仅留上端 1～2 片叶(大叶型可将叶片剪去 1/2),以便光合作用的进行,制造养分和生长素,保证生根、发芽和生长使用。插条下端可用β-吲哚丁酸(IBA)、β-吲哚乙酸(IAA)、ABT 生根粉等激素处理,使用浓度一般为5～25 mg/kg,浸 12～24 h,以利成活。

三、扦插

绿枝扦插宜用河沙、蛭石等通透性能好的材料作基质。一般先在温室或塑料大棚等处集中培养生根,然后移至大田继续培育。将插条按一定的株、行距插入整好的苗床内,应适当密插,有利于保持苗床的小气候。采用直插,宜浅不宜深(插入部分约为穗长的1/3)。插后要灌足水,使插条和基质充分接触。

四、扦插后管理

绿枝扦插必须搭建遮阴设施,避免强光直射。扦插后注意光照和湿度的控制,勤喷水或浇水,保持空气湿度达到饱和,勿使叶片萎蔫。生根后逐渐增加光照,温度过高时喷水降温,及时排除多余水分。有条件者利用全光照自动间歇喷雾设备,效果更佳。

【拓展学习】

果树的根插

根插是利用植物根上能形成不定芽的能力进行扦插繁殖的方法。常用于枝插不易生根,但根插容易产生不定芽的果树植物,如枣、柿、核桃等。

根插的时期一般在贮藏营养丰富,根系处于生理最活跃的时期,生产中多在春季 2～4 月份进行,此时外界温度、湿度适宜,且扦插成活后苗木有足够长的生长时间,新生枝条能够充分成熟。

根插可利用苗木出圃剪下的根段或留在地下的根段,将其粗者剪成长 10 cm 左右,细者剪成长

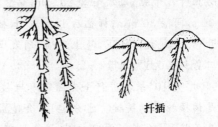

扦插

图 2-17　根插

3～5 cm 的插穗,斜插于苗床中,上部覆盖厚 3～5 cm 细沙,保持基质温度和湿度,促进其形成不定芽(图 2-17)。根插时要注意不能倒插,否则不利成活。

典型案例 2-3　'大 10'果桑全光照弥雾嫩枝扦插育苗

'大 10'果桑果大无核,清甜可口,营养丰富,保健药用价值高,深受消费者喜爱,被誉为第三代水果。'大 10'果桑生产上多采用嫁接繁殖,由于该树种休眠期短,对穗条的采收时期和贮藏技术要求严格,桑条发芽后将严重影响嫁接成活率;硬枝扦插成活率低,生产上很少采用。全光照弥雾嫩枝扦插育苗技术不仅能克服常规嫁接育苗繁育时间长、技术性强、劳动强度大的不足,而且充分利用品种穗条资源,提高品种纯度。

1.插穗的采集

插穗采自母树阳面的当年生半木质化健壮、无病虫枝条,长度为 10～15 cm。

2.插前准备

(1)全光照自动弥雾装置　采用中国林业科学院科技情报中心研制的 LK-300 对称式双

长悬臂自动间歇弥雾装置。

(2)促根剂　选用 GGR-6(绿色植物生长调节剂),作为促根剂。

(3)插床　用红砖砌成高 50 cm、宽 2 m、长 20 m 的长方形插床,下部设有排水孔,床底层铺 30 cm 的炉渣,然后把配好的珍珠岩与腐叶土(1∶1)装入直径 20 cm、深度 20 cm 的塑膜营养袋中,整齐排放到扦插床中。

(4)基质消毒　扦插前 2 d,用 0.5% 的高锰酸钾将整个插床及营养袋内的基质进行消毒。

(5)插条准备　将采集的枝条保留 2～3 个芽,下切口在叶下 0.2 cm 左右的地方进行斜剪,上切口进行平剪,去掉桑葚,插穗长度 5～10 cm,保留半片叶。剪好后按照 50 根一捆绑成捆,先用流水冲洗 30 min,然后用 100 mg/L GGR-6 浸泡插穗基部至 1～1.5 cm 处,浸泡 60 min,然后进行扦插。

3.扦插

扦插时先用粗度相当的木棍打孔,以免碰伤插条的皮部,损伤形成层而影响愈伤组织的产生和形成。然后将插条插入基质 2～3 cm。每只营养袋插 3 枝,插入插条后用手压实,使插条与基质密接,随插随喷水。

4.扦插后管理

扦插后,为防止病菌的感染,立即喷施 1 000 倍的多菌灵,以后每 7 d 喷 1 次。插后开启喷雾装置进行喷雾,根据气温变化以及插条的生长情况确定间隔和喷雾时间。扦插后 1～7 d,为了防止叶片干枯,每次喷雾 30 s,间隔 2 min;扦插后 8～14 d,插条开始出现愈伤组织,每次喷雾 30 s,间隔 30 min;扦插后 15～30 d,插条开始生根,每次喷雾 30 s,间隔 120 min。喷雾从早上开始,直到太阳落下,晚上不喷,阴天少喷或不喷。幼根形成后,每隔 7 d 喷施 1 次 0.3% 磷酸二氢钾＋0.1% 尿素。

对'大 10'果桑进行全光照喷雾嫩枝扦插育苗是可行的。在整个扦插管理过程中,调控水分是该项技术的关键。水分过多,会造成插条的腐烂与脱叶;水分不足,易造成插穗上部所带叶片干枯,影响光合作用,对扦插生根不利。

 # 任务 4　培育压条苗和分株苗

任务 4.1　培育压条苗

● 任务实施

一、确定压条的树种

压条育苗是在枝条不与母株分离的情况下,将枝梢部分埋于土中,或包裹在能发根的基质中,促进枝梢生根,然后再与母株分离成为独立植株的繁殖方法。

果树用于压条繁殖的树种较多。常见的北方落叶果树有苹果、梨、榛子、树莓、樱桃、石榴、无花果、李、葡萄等;南方果树有荔枝、龙眼、柑橘类、油梨、人心果等。

二、选择适宜的压条方法

1.直立压条

直立压条又称为垂直压条或堆土压条。主要用于发枝力强、枝条硬度较大的树种。方法是在春季重剪枝条,促进基部萌发多数分枝。当新梢长到20~30 cm时进行第一次培土,培土前可去掉新梢基部几片叶片或进行纵向刻伤等以利生根。培土厚度约为新梢长度的1/2。当新梢长到40~50 cm时进行第2次培土,在原土堆上再增加厚10~15 cm的土。每次培土前要视土壤墒情灌水,保证土壤湿润,一般20 d左右即可生根。入冬前或翌春即可分株起苗,起苗时扒开土壤,在靠近母株处留桩短截,剪完后对母株立即覆土以防受冻或风干,第二年春继续进行压条繁殖(图2-18)。

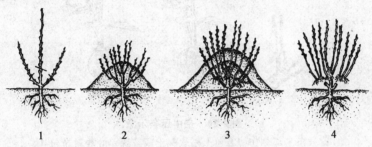

图2-18 直立压条示意图
1.短截促萌　2.第一次培土　3.第二次培土　4.秋季分株

2.水平压条

水平压条适用于枝条柔软、扦插生根较难的树种。方法是在早春发芽前,选择离地面较近的枝条,将整个枝条压入沟中,用枝杈固定,覆上薄土,使每个芽节处下方产生不定根,上方芽萌发新枝,待生根成活后分别切割,使之成为各自独立的新植株。这种方法每个压条可产生数株苗木。

苹果矮化砧用水平压条时,早春将母株按行距1.5 m、株距30~50 cm定植,植株与沟底呈45°角倾斜栽植,定植当年即可压条。将枝条顺行压入5 cm深的斜沟中,用枝杈固定后覆以浅土。枝条上的芽眼萌发生长,待新梢长至15~20 cm时进行第一次培土,培土高度约10 cm,宽25 cm。1个月后,进行第二次培土,培土高度20 cm,宽40 cm。枝条基部未压入土中的芽眼处于顶端的优势地位,应及时抹去强旺萌蘖。秋季落叶后即可分株,靠近母株基部的地方,应保留1~2株,以供来年再次压条时用(图2-19)。

3.空中压条

空中压条又称高压法,适用于枝条坚硬、不易弯曲或树冠太高以及扦插生根较难的珍贵树种的繁殖。在整个生长季均可进行,但以春季和夏季为好。选择发育充实的1~3年生枝条,在枝条基部5~6 cm处环剥,宽3~4 cm,在伤口处用毛笔涂抹5 000 mg/kg的吲哚丁酸(IBA)或萘乙酸(NAA)等生长素或生根粉,然后在环剥处覆以保湿生根基质,如沙壤土、细沙、锯末、蛭石等,用塑料膜或油纸包紧,适量灌水。一般2～3个月即可生根,发根后剪离母株成一新植株(图2-20)。

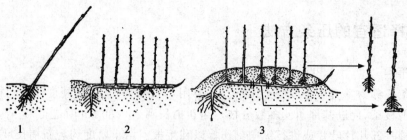

图2-19 苹果矮化砧水平压条示意

1.斜栽母株 2.母株压倒在沟内 3.环割后培土,再培土 4.分株

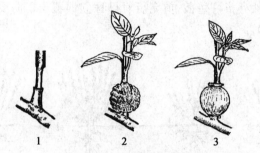

图2-20 空中压条示意

1.枝条基部刻伤 2.包上松软湿土或苔藓 3.养料布包扎

典型案例2-4 辽宁省营口地区榛子直立压条技术

1.母株处理

春季萌芽前对母株进行修剪,其中留一个主枝轻修剪,以保持母株的正常发育,其余主枝重修剪;并把母株基部的残留枝从地面处全部剪掉,促使母株发生基生枝。

2.摘叶疏枝

截至6月10日,营口地区大部分榛树萌条茎粗已达0.5 cm,枝条长度50 cm左右,枝条处于半木质化状态,是压条最适时期。清除杂草与病弱萌条,把欲压萌条下部的叶片除去,摘叶高度为地面向上30～40 cm,疏去树体基部过于密集细小不适宜压条的萌条,以利于压条作业。

3.机械处理

榛子压条前一般要在枝条基部涂抹生长素部位进行机械处理,主要目的是阻止枝条上部的养分和生长素向下运输,促进枝条生根。在萌蘖苗距离地面3～5 cm处用细铁丝环绕后拧紧(图2-21),对其造成缢伤,深度以达到木质部为准,尽可能保持铁丝拧紧后水平环绕于萌蘖苗上,不要倾斜,并保持缢伤创面整齐平滑,避免出现"剥皮"(苗木木质部与韧皮部分离)现象;铁丝松紧度以不可左右转动为宜。

4.涂抹激素

榛子压条苗一般要采用生长素涂抹,刺激苗木生根。生长素的种类不同,浓度也有所区别,其中以 NAA 250 mg/L、IBA 250 mg/L、ABT 生根粉 1 500 倍液等促根效果较好。操作时用毛刷将生根剂均匀涂抹在萌蘖苗横缢处以上 10 cm 高范围。

5. 围穴填充锯末

生产上绿枝直立压条常采用锯末围穴,方法是先把油毡切成 30~40 cm 宽的长条,然后按照母树萌条区域的大小进行圈围,接口处用铁丝或订书钉接牢。把拌好的湿锯末填入油毡围成的穴中(图 2-22),要使所有萌条都被锯末埋实,萌条间不能留有空隙。锯末填充的厚度要把萌条激素涂抹部位埋入锯末中 10 cm 左右。为防止按压锯末时,会有锯末从油毡底部溢出,可以将油毡下部覆一圈土。锯末灌水时湿度不均匀,视其湿度对其补水,补水之后把歪扭的压条扶正。

图 2-21 绞缢

图 2-22 填充锯末

6. 压条后管理

全园压条结束后,需要检查油毡外围压土情况。风大地区,可用草绳或玻璃丝绳将苗丛进行捆绑以防苗木松散、倾斜、断苗。基质水分不足时及时补水。压条后 15 d 左右萌条产生愈伤组织,30 d 后萌条基部涂药部位会产生大量乳白色新根。

大果榛子的病虫害较少,常见病害为白粉病,虫害为榛实象鼻虫。一般在 6 月中旬喷施 10% 吡虫啉可湿性粉剂 2 000 倍液+乐斯本 1 000 倍液+20% 三唑酮乳油 800 倍液,8 月上旬喷洒 50% 多菌灵可湿性粉剂 600~1 000 倍液或 50% 甲基托布津可湿性粉剂 800~1 000 倍液即可。

任务 4.2 培育分株苗

● 任务实施

一、确定分株繁殖的树种

利用母株的根蘖、匍匐茎、吸芽等营养器官在自然状况下生根后切离母体,培育成新植株的无性繁殖方法,称分株繁殖。常用于分株繁殖的树种有枣、草莓、樱桃、石榴、树莓、沙棘、菠萝等。

二、选择适宜的分株方法

1.根蘖分株

适于根部易发生根蘖的果树。一般利用自然根蘖在休眠期分离栽植。为促使多发根蘖，可进行人工处理，即在休眠期或萌芽前将母株树冠外围部分骨干根切断或刻伤，生长期加强肥水管理，促使根蘖苗多发旺长，到秋季或翌春分离归圃培养。

2.匍匐茎分株

草莓的匍匐茎在偶数节上发生叶簇和芽，下部生根接地扎入土中，长成幼苗，夏末秋初将幼苗与母株切断挖出即可栽植(图2-23)。

草莓母株   匍匐茎苗

图 2-23　草莓匍匐茎分株

3.新茎、根状茎分株

草莓浆果采收后，当地上部有新叶抽出，地下部有新根生长时，整株挖出，将1～2年生的根状茎、新茎、新茎分枝逐个分离成为单株即可定植。

4.吸芽分株

某些果树根际或近地面茎叶腋间自然发生的短缩、肥厚呈莲座状短枝称吸芽。吸芽下部可自然生根，将其与母体分离即可得到一新植株。如菠萝可用吸芽分株繁殖(图2-24)。

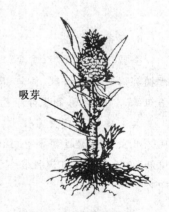

吸芽

分株繁殖时，应选择优质、丰产、生长健壮的植株作为母株，雌雄异株的树种，应选用雌株。分株时尽量少伤母株根系，合理疏留根蘖幼苗，同时要加强肥水管理，以促进母株健壮生长，保证分株苗的质量。

图 2-24　菠萝的吸芽

典型案例 2-5　草莓分株繁殖技术

1.选择良种母株

选择生长健壮，根系发育良好，无病虫害的植株作为育苗母株，于秋季或春季定植在育苗圃中。

2.育苗圃的准备

选择土质疏松、土层深厚、富含有机质、排灌方便、背风向阳的地块作为育苗圃。前茬可以是冬闲田,或是麦茬或菜茬。整地时每 667 m² 施入腐熟的有机肥 5 000 kg,并掺入氮、磷、钾复合肥 20～30 kg,经深翻后做平畦或高畦。平畦宽 1 m,畦埂高 15～20 cm;高畦宽 1 m,畦间距 20～25 cm,畦面高 15～20 cm。畦的长度依据地形而定,一般为 30～50 m,过长不便于浇水。

3.栽植育苗母株

母株的栽植时间可以在秋季,也可以在春季。春季为 3 月底至 4 月初。但实践证明,秋季定植要好于春季定植。秋季定植由于天气逐渐转冷,苗木成活率高,而且翌春不经缓苗即可进入快速生长期。秋季定植在 9～10 月份进行,并于 11 月初覆盖地膜保护,寒冷地区要加盖草帘,使其安全越冬。育苗母株的定植方法是:在每畦中部定植一行,株距 30～50 cm。定植时要保证"深不埋心,浅不露根"(图 2-25),新茎基部与地面齐平,切忌过深。栽后及时灌水,以保证缓苗和有利于成活。

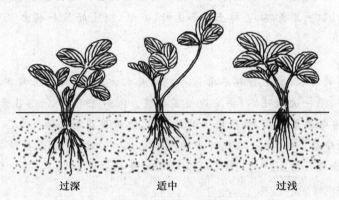

过深   适中   过浅

图 2-25　草莓母株定植深度示意

4.管理繁殖圃

母株越冬后,早春随着气温的回升,开始出现花序,这时应彻底摘除,节省养分,促使匍匐茎的抽生和生长。否则,母株开花结果直接影响繁殖苗的数量和质量。

秋季定植的母株,一般在翌年 4 月中、下旬开始抽生匍匐茎,春季定植的母株,大约在 5 月中旬抽生匍匐茎。在抽生匍匐茎期间,要加强土、肥、水管理,土壤保持湿润、疏松,适度追肥。一般夏季施 1～2 次肥,每 667 m² 追施氮、磷、钾复合肥 10 kg,追肥时结合灌水。另外要及时松土除草,促进母株的生长。

6 月份匍匐茎大量发生时,将匍匐茎合理分布,及时压蔓,促进苗木生根。匍匐茎要求往两侧引,以便在假植时能分清代次。至 7 月底,一般每个母株可以繁殖 50 株匍匐茎苗,多者可以达到 100 株以上。育苗初期,对于抽生匍匐茎差的品种,为促进匍匐茎的发生,可在 6 月上、中、下旬和 7 月上旬各喷一次 50 mg/L 的赤霉素,每株喷 5 mL。结合摘除花序,效果更佳。8 月底形成的匍匐茎苗根系差,应及时间苗和摘心,以保证前期形成的匍匐茎苗正常生长。

5.假植匍匐茎苗

假植地块选择排水、灌水方便,土质疏松、肥沃的沙壤土。先把土壤耕翻 15 cm 深,撒施腐熟有机肥 1.5 cm 厚(50% 的鸡粪或猪粪,20% 的马粪或牛粪,30% 绿肥)。每平方米施氮、钾各 15 g,磷 20 g。把表土和肥料混拌均匀,再翻下耙平。做 1 m 宽的假植畦,浇水,2 d 后即可假植。为了便于起苗,防止伤根过多,在假植前一天要给繁殖母本田浇水,水量不宜过大,茎苗起出后,立即将根系浸泡在甲基托布津300倍液或苯菌灵500倍液中1 h,然后进行假植(株行距为15 cm×15 cm或12 cm×18 cm)。

假植在7月下旬至8月上旬进行,方法是将育苗圃中的子苗按顺序取出,摘净残存匍匐茎蔓,去掉老叶,以3叶1心为好。靠子苗一侧带2 cm蔓剪下,便于在生产田栽植时确定栽植方向(弓背方向朝畦的外侧)。假植时不能过深、过浅,根系垂直向下,不弯曲,不埋心,假植后浇水。晴天时中午遮阴,晚上揭开。坚持早、晚浇水,连浇5~7 d。成活后追施一次肥,9月中旬追施第二次肥。在假植后30 d内可适当大肥大水,土壤保持相对含水量70%~80%,经常去除老叶、病叶和新生匍匐茎,保留4~5片叶,既可促进根系生长,又可促进根茎增粗。假植1个月后要控水,使土壤持水量在60%左右,以促进花芽分化。

6.起苗

8月中、下旬以后,繁育的草莓苗木可根据需要陆续出圃。起苗前2~3 d适量灌水。起苗时从苗床一端开始,取出草莓苗,去掉土块和老叶、病叶,剔除弱苗和病虫害危害的苗木,然后分级。

7.越冬管理

当年不能出圃的苗木,要进行越冬管理。特别是北方地区,越冬管理的核心是防寒和防旱。在土壤封冻前,灌一次封冻水,要渗透苗圃土壤。灌封冻水后2~3 d开始,可用稻草、秸秆、杂草、地膜、草帘等覆盖苗床,然后用少量土压实,防止覆盖物被风吹走。

春季分两次撤除覆盖物,第一次在日平均气温达到0℃时,撤除上层覆盖物;第二次在植株萌发前,全部撤除覆盖物。2~3 d后,地表稍干时清扫枯叶和杂草,集中销毁,以免病虫害的传播。

◆◆◆ 任务5 苗木出圃 ◆◆◆

● 任务实施

一、准备出圃

1.调查苗木繁育情况

为了掌握苗木的产量和质量,要对苗木种类、品种、各级苗木数量进行核对、调查或抽查,为苗木出圃和营销工作提供依据。生产上常用的调查方法主要有两种。

(1)标准行调查法 在要调查的苗木生产区中,每隔一定的行数(如每隔5行),选出一行或一垄作为标准行,待标准行选定后,再在标准行上选出一定长度的有代表性的地段,在选定的地段上调查苗木的质量和数量,质量标准主要包括测量株高、茎粗和根系的生长发育状况。

(2)标准地块调查法 此法适用于大棚、温室以及其他各种床式育苗。调查时,在育苗地上按调查要求,从总体内有意识地选取一定数量有代表性的典型地块,进行调查。所选取的典型地块要能代表总体的大多数,每一调查地块的面积一般以 0.5~1.0 m² 为宜。

2.制订苗木出圃计划与操作规程

根据苗木调查结果以及外来订购苗木情况制订出圃计划,确定供应单位、数量、运输方法、装运时间,并与购苗单位及运输部门密切联系,保证及时装运、转运,以便尽量缩短运输时间,保证苗木质量。

苗木出圃计划内容主要包括:出圃苗木基本情况(树种、品种、数量和质量等)、劳力组织、工具准备、苗木检疫、消毒方式、消毒药品、场地安排、包装材料、起苗时间、苗木贮藏、苗木运输及经费预算等。

起苗操作规程主要包括:起苗的技术要求,分级标准,苗木除叶、修苗、扎捆、包装、假植的方法和质量要求。

3.圃地浇水

起苗前,如果苗圃土壤干旱,应提前 10 d 左右对苗圃地进行灌水,以确保苗圃土壤含水量适宜、松软,便于掘苗,减少根系损伤,节省劳力。

二、起苗与分级

苗圃培育的优质苗木能否成为优质的商品苗,起苗非常关键。起苗工作中的任何疏忽大意,都会给苗木带来无法弥补的损失。因此,要严格按照技术要求操作,保证苗木出圃质量。

苗木起出后,应根据苗木质量进行分级。苗木种类繁多,育苗形式各异,不同类型的苗木都有相应的标准要求。果树苗木一般可分为三级:一、二级苗为合格苗,可以出圃栽植;三级苗为弱苗或称为等外苗,不能直接出圃栽植,应留在苗圃内继续培育。

【技能单】2-6　人工起苗与分级

一、实训目标

通过实际操作,使学生学会起苗和苗木分级技能。

二、材料用具

1.材料　1~2 年生果树苗木、标签、玻璃丝绳。

2.用具　铁锹、修枝剪、记号笔、钢卷尺等。

三、实训内容

(一)起苗

1.确定起苗时期　苗木起挖的时期,依苗木种类及地区的不同而异。在生产上大致可分为秋季和春季两个起挖时期。秋季挖苗,要在苗木停止生长后至土壤结冻前进行。同一苗圃可根据不同苗木停止生长的早晚、栽植时间、运输远近等情况,合理安排起苗的先后时期。桃、梨等苗木停止生长较早,可先挖;苹果、葡萄等苗木停止生长较晚,可迟挖;春季挖苗,要在土壤解冻后至苗木发芽前进行,芽萌动后起苗影响栽植成活率。冬季严寒地区不宜春季起苗。

2.起苗方法

(1)选择起苗方法　起苗的方法有人工起苗和机械起苗两种。

人工起苗多用于小型苗圃。裸根挖出的苗木,若需要远距离运输还必须蘸泥浆护根。机械起苗多用于大、中型苗圃,具有工作效率高,劳动强度低,节省开支,苗木质量好的优点。挖出的苗木应集中放在阴凉处,用浸水草帘或麻袋等覆盖,以免苗木失水。

(2)起苗　起苗前应先对苗木挂牌(标明树种、品种、砧木类型、来源、苗龄等);如果土壤过于干燥,应在起苗前充分灌水一次,待土壤稍疏松、干爽后即可挖苗;落叶前起苗,应先将叶片摘除,然后起苗,防止苗木失水抽条;挖苗深度要求20~25 cm,并且至少保留15~20 cm以上长的侧根3~4条;在苗木起挖和运输过程中,注意保护好根系、苗干、芽和接口,尽量减少损伤,使苗木完好;苗木挖起后,根系不能久晒、冰冻,最好随挖随运随栽。如挖起的苗木不能及时运出或栽植,必须进行覆盖或就地假植,以防伤根;苗木挖起后,应立即剪除生长不充实的枝梢及病虫为害部分。

(二)分级

苗木起出后,根据国家或当地规定的苗木出圃规格进行分级。不合格的苗木列为等外苗,仍留在苗圃内继续培养。

果树合格苗木的基本条件是:品种纯正,砧木类型正确,地上部枝条健壮、充实、具有一定的高度和粗度,芽体饱满;根系发达,须根多,断根少;无严重的病虫害及机械伤;嫁接苗的接合部愈合良好。在分级过程中,要严防品种混杂,避免风吹、日晒或受冻。结合分级进行修苗。剪去病虫根、过长或畸形根,主根一般截留20 cm左右。受伤的粗根应修剪平滑,缩小创面,且使剪口面向下,以利根系愈合生长。剪除地上部病虫枝、残桩和砧木上的萌蘖等。3种苹果苗木的质量标准见表2-5、表2-6、表2-7。

表2-5　乔砧苹果苗分级标准
(引自 GB 9847—2003 苹果苗木)

项目		等　级		
		一级	二级	三级
基本要求		品种和砧木类型纯正,无检疫对象和严重病虫害,无冻害和明显的机械损伤,侧根分布均匀舒展、须根多,接合部和砧桩剪口愈合良好,根和茎无干缩皱皮		
根系	侧根数量/条	≥5	≥4	≥3
	侧根基部粗度/cm	≥0.30		
	侧根长度/cm	≥20		
	侧根分布	均匀、舒展而不卷曲		
茎	根砧长度/cm	≤5		
	苗木高度/cm	≥120	100~120	80~100
	苗木粗度/cm	≥1.2	≥1.0	≥0.8
倾斜度/(°)		≤15		
整形带内饱满芽数/个		≥10	≥8	≥6

表 2-6 矮化中间砧苹果苗分级标准
（引自 GB 9847—2003 苹果苗木）

项目		等级		
		一级	二级	三级
基本要求		品种和砧木类型纯正,无检疫对象和严重病虫害,无冻害和明显的机械损伤,侧根分布均匀舒展、须根多,接合部和砧桩剪口愈合良好,根和茎无干缩皱皮		
根系	侧根数量/条	≥5	≥4	≥3
	侧根基部粗度/cm	≥0.30		
	侧根长度/cm	≥20		
茎	根砧长度/cm	≤5		
	中间砧长度/cm	20～30,但同一批苹果苗木变幅不得超过5		
	苗木高度/cm	>120	100～120	80～100
	苗木粗度/cm	≥1.2	≥1.0	≥0.8
倾斜度/(°)		≤15		
整形带内饱满芽数/个		≥10	≥8	≥6

表 2-7 矮化自根砧苹果苗分级标准
（引自 GB 9847—2003 苹果苗木）

项目		等级		
		一级	二级	三级
基本要求		品种和砧木类型纯正,无检疫对象和严重病虫害,无冻害和明显的机械损伤,侧根分布均匀舒展、须根多,接合部和砧桩剪口愈合良好,根和茎无干缩皱皮		
根系	侧根数量/条	≥10		
	侧根基部粗度/cm	≥0.20		
	侧根长度/cm	≥20		
茎	根砧长度/cm	15～20,但同一批苹果苗木变幅不得超过5		
	苗木高度/cm	≥120	100～120	80～100
	苗木粗度/cm	≥1.0	≥0.8	≥0.6
倾斜度/(°)		≤15		
整形带内饱满芽数/个		≥10	≥8	≥6

四、实训提示

本次实训最好结合生产进行,以便学生在实际操作中掌握技术。如条件不具备,可准备少量试材,在室内进行模拟演练。

五、考核评价

考核项目	考核要点	等级分值				考核说明
		A	B	C	D	
态度	资料准备,纪律,团结协作能力	20	16	12	8	1.考核方法采取现场单独考核加提问。
技能操作	1.除叶干净度 2.起苗质量 3.分级准确度	60	48	36	24	2.实训态度根据学生现场实际表现确定等级。
理论知识	教师根据学生现场答题程度给予相应的分数	20	16	12	8	

六、实训作业

1.结合操作,总结人工起苗的技术要点。

2.总结苹果矮化中间砧苗木质量标准。

【工作页】2-4 调查苗木质量

按照标准行调查法或标准地块调查法将苗木调查结果填入调查表。

×××苗圃苗木质量调查表

树种	一级苗		二级苗		三级苗	
	数量/株	比率/%	数量/株	比率/%	数量/株	比率/%

三、检疫和消毒

1.苗木检疫

出圃的苗木,特别是调往不同地区的苗木,根据国家规定应当进行检疫,以防止病虫害及恶性有害植物的传播。苗圃经营者要主动到国家植物检疫部门进行检疫,取得合格证明并经批准,方可调运苗木。发现检疫对象应立即停止调运,听从检疫部门处理。育苗单位和苗木调运人员,必须严格遵守植物检疫条例,做到从疫区不输出,新区不引入。

我国对内检疫的病虫害有:苹果绵蚜、苹果蠹蛾、葡萄根瘤蚜、美国白蛾。列入全国对外检疫的病虫害有:地中海实蝇、苹果蠹蛾、苹果实蝇、葡萄根瘤蚜、美国白蛾、栗疫病、梨火疫病等。

2.苗木消毒

苗木除在生长阶段用农药杀虫灭菌外,出圃时最好对苗木进行消毒。可用 3～5°Be 石硫合剂、1∶1∶100 倍波尔多液、甲基托布津等对地上部分喷洒消毒,对根系浸根处理,浸根 10～20 min 后,再用清水冲洗根部。李属植物应用波尔多液要慎重,以免造成药害。也可在密闭的条件下,利用熏蒸剂气化后的有毒气体,杀灭种子、苗木等繁殖材料以及土壤、包装等非繁殖材料中的害虫。熏蒸剂的种类很多,通常用于苗木消毒的有溴甲烷(MB)和氢氰酸(HCN)。

四、贮藏和运输

1.贮藏苗木

(1)假植苗木　起苗后,经消毒处理的苗木如不及时栽植,就要进行假植或采用其他方法贮藏。假植分为临时假植和越冬假植。因苗木不能及时外运或栽植而进行的短期埋植护根处理,称临时假植。苗木挖起后,进行埋植越冬,翌年春季外运或定植的假植,称越冬假植。

越冬假植应选避风背阳、高燥平坦、无积水的地方挖沟假植。南北向开沟,沟深 60～80 cm,沟宽 100 cm 左右,沟长视苗木数量而定。沟的南端做成斜坡,将苗木靠在斜坡上,逐个码放,码一排苗盖一层土或湿沙,盖土或沙的深度达苗高的 1/3～1/2 处(严寒地区可全部埋入土中),盖土要实,疏松的地方要踩实,压紧。冬季风大地区,要用草苫覆盖假植苗的地上部分,并盖土 20 cm 左右。假植苗应按不同树种、品种、砧木、级别等分段分开假植,严防混乱。假植完以后,对假植沟应按顺序编号,并插立标牌,写明树种、品种、砧木、级别、数量、假植日期等,同时还要绘制假植图。在假植区的周围,应设置排水沟,同时还应注意防除鼠害。

(2)贮藏苗木　苗木贮藏一般是低温贮藏,温度 0～3℃,空气湿度 85%～90%,要有通气设备。可利用冷藏室、冷藏库、冰窖、地下室和地窖等进行贮藏。在条件好的场所,苗木可贮藏 6 个月左右。

2.运输

运输苗木时,为了防止苗木失水,宜用草帘、麻袋、塑料薄膜等盖在苗木上。如果运输时间长,在途中要勤检查包装内的温度和湿度,如发现温度过高,要把包装打开通风,并更换填充物以防损伤苗木;如发现湿度不够,可适当喷水。苗木到达目的地后,要立即将苗木进行假植,并充分浇水;如因运输时间长,苗木过分失水时,应先将苗木根部在清水中浸泡一昼夜后再进行假植。运输过程保持适当的低温,但不可低于 0℃。

五、制订育苗方案

(一)提示

1.制订方案

根据当地实训条件可选择教学苗圃分区制订生产方案,或参与当地规模苗圃生产技术方案的制订,或调查当地苗圃的生产管理过程制订育苗方案。

2.收集资料

(1)苗圃土壤条件和当地农业气候资料,包括温度、降水、光照等。

(2)所育苗木生长发育特点、物候期及主要病虫害。

(3)客户对苗木质量及供苗时间的具体要求。

(4)国家及地方政府苗木生产标准及质量等级标准。

(5)当地规模苗圃生产管理经验及周年管理历。

(二)制订方案需考虑的内容

1.确定苗圃生产任务

根据苗木市场需求,苗圃设施条件和技术条件确定育苗的树种品种、苗木类型、育苗方式,苗木规格和数量。

2.选用生产资料及技术标准

根据生产任务选择适合苗圃采用的生产资料,如农药、农膜、肥料、除草剂、生长调节剂的种类,嫁接用的捆绑材料。确定生产过程中使用的技术标准,如嫁接、扦插、压条的方法及辅助设施。

3.制订不同种类苗木全年计划

分别以苗圃生产的各个小区,如砧木区、嫁接区、扦插区为单位,以物候期为顺序,确定全年工作计划。可采取以关键环节为核心,前后延伸的方法。如砧木苗的培育首先确定播种时间,再以播种时间向前排列催芽、苗圃整地做畦、种子层积、种子购买等时间,然后向后预估移苗、间苗、芽接及病虫害防治等其他工作时间。葡萄设施扦插育苗以大田定植为关键时间,倒推出催根、设施培育和炼苗时间,并由此决定为各个环节准备的时间。

4.形成苗圃全年生产方案

将各生产区的全年生产计划,按照综合性、效益性的原则,有机合并,选优组合,并参考当地其他苗圃的生产经验,最后形成综合生产技术方案,完成苗圃全年主要技术方案的制订。

【工作页】2-5 制订育苗方案

育苗方案

时间	项目					
	物候期	关键技术	任务与要求	生产资料	用工	备注

【拓展学习】

培育无病毒果树苗木

目前,果树生产上常见的病毒病有:苹果锈果病、苹果花叶病、苹果绿皱果病、苹果褪绿叶斑病、苹果茎痘病、苹果茎沟病,梨环纹花叶病、梨脉黄化病,葡萄扇叶病、葡萄卷叶病等。病毒主要通过接穗、插条、苗木等传播扩散,而果树被病毒侵染后终生带毒,又无有效的治愈办法。因此,繁育无病毒种苗是控制病毒病的重要措施。

无病毒果苗是指经过脱毒处理和病毒检测,确已证明不带指定病毒的苗木。无病毒果苗有两个来源:一是国内外引进无病毒繁殖材料(砧木或接穗),经过检测确认不带病毒后,可作为无病毒原种妥善保存和繁育利用;二是生产中选择优良品种母株,进行脱毒处理和严格病毒检测后,将确认不带病毒的单系作为无病毒原种,供繁育和利用。

1.脱毒方法

(1)热处理脱毒 基本原理是植物组织内的病毒在高温下钝化或失活。热处理有热水浸泡和热风处理两种。热水浸泡对休眠芽效果较好,热风处理对活跃生长的茎尖效果较好,且容易进行。一般热处理温度在37~50℃,可以恒温处理,也可以变温处理,热处理时间由几分钟到数月不等。以苹果为例,脱毒步骤是:先把带毒的芽片嫁接在未经嫁接过的实生砧木上,成活后促进萌发,然后把萌发的植株放入(38±1)℃的恒温器内处理3~5周。然后从经过热处理的植株上,剪下正在生长的新梢顶端,长1.0~1.5 cm,嫁接在未经嫁接过的砧木上,嫁接成活并生长到一定高度时,取一部分芽片接种在指示植物上进行病毒试验,确认无病毒后,作为无病毒母本树繁殖无病毒苗木。

(2)茎尖培养脱毒 根据植物的茎尖生长点几乎不含病毒的原理,取茎尖作为外植体,培养出无毒植株。茎尖培养脱毒时,切取茎尖大小很关键,一般切取0.1~1.5 mm的带有1~2个叶原基的茎尖作为繁殖材料较为理想。茎尖外植体的大小与脱毒效果呈负相关。过大的茎尖材料脱毒效果差,但过小的材料很难存活。为了提高茎尖脱毒效果,可以先进行热处理,再进行茎尖培养脱毒。

(3)愈伤组织培养脱毒 通过植物器官或组织诱导产生愈伤组织,然后再诱导分化芽,形成植株,从而获得脱毒种苗。其原理可能是病毒在植物体内不同器官或组织分布不均匀,病毒在愈伤组织中繁殖能力衰退或继代培养的愈伤组织抗性增强所致。草莓上已获得成功并应用。

(4)茎尖嫁接脱毒 将经过热处理的茎尖作为接穗,嫁接在组培无病毒实生砧上获得无病毒植株,是木本果树植物主要的脱毒方法之一。

2.病毒检测方法

经过脱毒处理获得的脱毒种苗,应该用指示植物、电镜或酶联免疫吸附等方法进行脱毒鉴定。对于再培养的植株,许多病毒具有逐级恢复的特点,所以在茎尖植株和再生植株生长的最初10个月中,每隔一定时期仍必须重复进行脱毒苗的鉴定,只有那些持续呈阴性反应的才是真正的无病毒植株,可作为种源进行快速繁殖。

(1)指示植物法 是利用病毒在其他植物上产生特定症状作为鉴别病毒存在与否及种类的方法。此种方法具有灵敏、准确、可靠、操作简便的优点。常用指示植物分为木本指示植物和草本指示植物两种。在选择指示植物时应满足以下要求：应根据不同病毒，选择合适的指示植物；指示植物要容易栽培；同时它对要鉴别的病毒敏感，易接种，易感染，症状显著。指示植物鉴定法对依靠汁液传播的病毒，可采用汁液涂抹鉴定法，对不能依靠汁液传播的病毒，则采用指示植物嫁接法。

(2)抗血清鉴定法　凡能刺激动物机体产生免疫反应的物质，称为抗原。抗体则是由抗原刺激动物机体的免疫活性细胞而生成的一种具有免疫特性的球蛋白，能与该抗原发生专化性免疫反应，它存在于血清中，故称抗血清。由于植物病毒为一种核蛋白复合体，因此它也具有抗原的作用，能刺激动物机体的免疫活性细胞产生抗体。同时由于植物病毒抗血清具有高度的专化性，感病植株无论是显性还是隐性，都可以通过血清学的方法准确地判断植物病毒的存在与否、存在的部位和数量。由于其特异性高，测定速度快，所以抗血清法也成为植物病毒检测最常用的方法之一。

(3)电镜检查法　利用电镜可直接观察、检查出有无病毒存在，并可得知有关病毒颗粒的大小、形状和结构，由于这些特征是相当稳定的，故对病毒鉴定及研究一种未知的病原物是很重要的。但鉴定方法要求的技术条件较高，电镜设备也很昂贵，所以此方法目前尚不能普遍应用。

(4)酶联免疫吸附法　此法能快速地进行病毒鉴定，因此，特别适用于木本植物上的病毒鉴定。它的优点是：专一性高，结果准确，快速简便，一般几小时甚至几分钟就可完成。此法是把抗原和抗体的免疫反应和酶的高效催化作用结合起来，形成一种酶标记的免疫复合物，结合在该复合物上的酶，遇到相应的底物时，催化无色的底物产生水解反应，形成有色的产物，从而可以用肉眼观察或用比色法定性定量地判断结果。

3.无病毒果苗繁殖技术要求

(1)建立无病毒母本园　包括品种采穗圃、无性系砧木压条圃和砧木采种园。母本园应远离同一树种 2 km 以上，最好栽植在有防虫网设备的网室内，以防媒介昆虫带毒传染。母本树应建立档案，定期进行病毒检测。

(2)完善繁育手续　繁殖无病毒苗木的单位或个人，必须填写申报表，经省级主管部门核准认定，并颁发无病毒苗木生产许可证。使用的种子、无性系砧木繁殖材料和接穗，必须采自无病毒母本园，附有无病毒母本园合格证。育成的苗木须经植物检疫机构检验，合格后签发无病毒苗木产地检疫合格证，并发给无病毒苗木标签，方可按无病毒苗木出售。

(3)规范繁育技术　繁殖无病毒苗木的苗圃地，要选择地势平坦、土壤疏松、有灌溉条件的地块，同时也应远离同一树种 2 km 以上，远离病毒寄主植物。苗木的嫁接过程，必须在专业技术人员的监督指导下进行，嫁接工具要专管专用。我国苹果无病毒苗木繁育体系模式见图2-26。

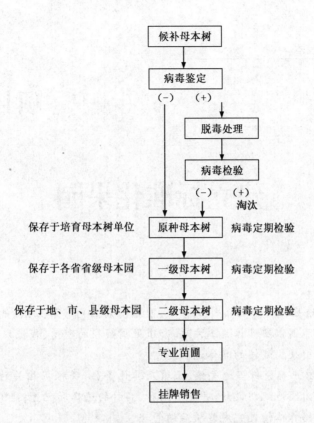

图 2-26　苹果无病毒苗木繁育体系模式

【探究与讨论】

1. 果树苗圃应具备哪些条件？如何进行苗圃规划？

2. 北方主要果树常用的砧木种子有哪些？选用砧木应注意哪些问题？

3. 采集和选购砧木种子应注意哪些问题？

4. 种子为什么要进行沙藏处理？如何进行种子沙藏处理？

5. 怎样才能提高播种质量？保证苗全苗壮的技术措施有哪些？

6. 以当地主要果树为例，拟订嫁接苗的培育程序，说明关键技术措施。

7. 说明营养繁殖的理论依据与促进扦插生根的技术措施。

8. 以葡萄露地硬枝扦插为例，制订扦插育苗方案，并说明其关键技术。

9. 苗圃主要病虫害有哪些？如何防治？

10. 果树苗木在出圃、调运和贮藏过程中应注意哪些事项？

项目三

建立标准化果园

🍁 **学习目标**

● 知识目标：知道园地选择的条件及标准、园地规划的内容和方法；能够说出果园中树种及品种配置的要求、原则以及具体施工方法；知道果树栽植的密度、栽植方式、栽植时间以及栽后管理方法，能够说出果树栽植的具体过程。

● 能力目标：能够正确分析当地气候、土壤及其他条件，并根据相关的资料选择最适果园园址；能独立进行果园园地规划设计，并完成树种、品种的选择和配置；能够根据实际情况独立完成果树栽植，并根据具体情况完成栽植后的管理。

🍁 **教学提示**

● 学习本项目时，将学生编成学习小组，以小组为单位，进行实地观察、调查、规划设计及果树栽植，从而掌握学习内容，同时培养学生的调查、分析、总结能力及团结协作能力。

● 本项目任务的学习应放到春季学期，方便学生进行园地选择、规划以及施工内容的现场学习与观察，同时也便于学生进行果树栽植实践操作。

◆◆◆ 任务1 选择与规划果园 ◆◆◆

● **任务实施**

一、选择园地

在果树的生态适宜区选择适宜的园地，可充分利用自然农业资源，实现最大经济效益。而适宜园地的选择是以对园地的评价为依据的，一般常见的园地类型有平地果园、丘陵与山地果园、盐碱地果园及沙荒地果园等。生产上一般从气候、土壤、地势、水源、社会经济条件等方面分析评价各类园地的优劣，并以生态因素为主要依据。园地的具体要求是：土层深厚，土质良好，土壤疏松肥沃，水土流失少，管理方便，通常在地势平坦或坡度小于5°的缓坡地带建园最适合。园地的环境质量符合无公害果品或绿色果品生产要求,实现优质、丰产、高效和永续利用的目标。

(一)平地果园

平地果园地势开阔、地面平整、土层深厚、肥水充足,便于机械化管理和交通运输,果园规划和建园容易,适合选作大型果园(图 3-1);且果树发育健壮,树体高大,产量较高,果实色泽、风味、耐贮性均可;但树势偏旺,结果稍迟,应注意前期树势控制。选择园址时,一定要避开地下水位高的地段,一般要求地下水位在 1.5 m 以下,否则土壤湿度过大,地温低,不利于果树生长。

(二)丘陵与山地果园

丘陵、山地地势高燥,空气流通,光照充足,昼夜温差较大,通风排水良好,具备生产优质果品的独特优点,在此建园有改善生态环境,保持水土的作用。建园时,一要选择山腰地带和海拔在 200～500 m 的低山地带;二要充分利用丘陵山区的小气候区域;三要考虑坡向和坡形的作用。其中山地的地势、地形、坡向等十分复杂,存在山间小气候差异,坡度最好不超过15°,如超过应修建水平梯田(图 3-2)。坡向最好朝南或西南;丘陵地的气候无山地垂直分布的特征,其他与山地果园基本相似,有起伏高低的地势,土层厚薄不一,气候也受到坡向的影响,通常南坡向阳,光照充足,温度较高,昼夜温差大,土壤干燥,果树表现物候期早、产量高、品质好,但往往容易发生晚霜及日烧。北坡与南坡相反,东坡与西坡的优缺点介于南坡与北坡之间。

图 3-1　平地果园

图 3-2　山地果园

(三)盐碱地果园

盐碱地果园在我国分布面积较大,盐碱地的土壤黏重,通气性差,因含有大量的盐类,使土壤溶液浓度加大,且易出现缺素症,从而影响果树对水分和养分的吸收。盐碱严重或是 pH 值低于 5 或高于 8 的土壤不经改良不宜建园。而在含盐量小于 0.1%,透气性较好,不易受淹的轻盐碱地可栽植梨、枣、葡萄、杏、桃。盐碱地建园时注意选用耐盐碱的树种和砧木,同时建园前采用洗盐,营造防风林,勤耕勤锄,挖排水沟降低水位等方法防止盐分上升。此外,还可以种植耐盐的绿肥作物,起台田,覆草以减轻盐害。

(四)沙荒地果园

沙荒地含沙量大,通透性强,土壤昼夜温差大,肥力低,保肥保水能力差,建园时必须提前营造防护林来防风固沙,栽培时要施用有机肥,并用多种绿肥作物来增加土壤有机质的含量和改良土壤。

另外,选址建园应当尽量避开果园重茬地。由于果树是多年生植物,长期选择吸收土壤中的养分,造成根系分布范围内土壤盐类的积累,使土壤肥力下降,土壤有害物质比较多,使重茬果树生长结果受到严重影响,有关内容可参考表 3-1。因此,重茬地建园必须彻底进行土壤改良,如采取全园土壤消毒或深翻晾晒、换土等方法。最好采用连续 4～5 年种植其他作物,尤其豆科作物或绿肥,并翻入土中,以恢复土壤肥力。

表 3-1 前茬果树对后茬果树生长量的抑制程度

后作	前作							
	无花果	桃	梨	苹果	葡萄	柑橘	枇杷	核桃
无花果	1	3	2	5	6	4	7	8
桃	4	1	8	2	5	6	3	7
梨	1	7	3	2	4	8	5	6
苹果	7	2	4	1	6	3	8	5
葡萄	1	6	7	3	2	4	8	5
柑橘	5	4	6	2	8	3	7	6
枇杷	8	5	6	2	1	7	3	4
核桃	6	2	8	3	2	5	4	1
平均	3.6	4.4	5.3	2.5	4.3	5.9	4.9	5.5

摘自《中国农业百科全书果树卷》1993;生长量最小为1,最大为8。

【知识链接】

果园的环境条件

(1)空气环境质量 空气中的污染物主要有二氧化硫、氟化氢、臭氧、氮化物、氯气、碳氢化合物等。国家标准要求总悬浮颗粒物(TSP)、二氧化硫(SO_2)、二氧化氮(NO_2)、氟化物等 4 种污染物在产地空气中的浓度不得超过 GB/T 18407.2—2001《农产品安全质量 无公害水果产地环境要求》规定限值。

空气中污染物含量过高会影响果树正常生长发育,造成急性或慢性危害。污染严重时,叶片产生伤斑,果面龟裂,叶果脱落,枝干干枯,甚至死亡;果树长期受低浓度污染物影响会出现叶片褪绿黄化,开花不整齐,花朵或幼果脱落等慢性危害;同时也会造成潜隐性危害,如果树生理机能受到影响,对不良环境的抵抗力降低,产量和品质下降等。空气污染物主要来源于化工、冶金、制造业等工业区,如硫酸厂、化肥厂、钢铁厂、发电厂、冶炼厂、搪瓷厂、玻璃厂、铝厂、造纸厂、水泥厂以及工矿企业密集能大量产生烟尘的地方,交通主干道周边的空气也会因为车辆排放尾气、灰尘及装载物泄漏等引起污染。选择园地时对上述地区应采取回避策略,在远离污染源地段建园。

（2）农田灌溉水质量　果园一年需灌溉几次，每次灌溉量为 $10\sim100$ t/667 m^2。灌溉用水包括江河、湖泊、水库、井水、工业废水、城市生活污水等。随着我国工业尤其是乡镇企业的迅速发展，城镇人口的增加，工业废水和生活污水的大量排放，超过了环境容量和水体的自净能力，污染物种类迅速增多。如需氧污染物、农药、重金属、石油、酚类化合物、酸、碱及无机盐类等。用被污染的水灌溉果园，会对果树造成严重危害。一般井水污染较轻，但应注意重金属元素含量是否超标。工业废水和生活污水必须经无害化或净化处理才能浇灌果树。所以，选择园地必须对灌溉水源进行检测，国家标准要求灌溉用水中 pH、化学需氧量、氯化物、氰化物、氟化物、石油类、汞、砷、铅、镉、六价铬、铜、挥发酚和大肠菌等 14 种污染物的浓度不得超过 GB/T 18407.2—2001《农产品安全质量　无公害水果产地环境要求》规定限值。

（3）土壤环境质量　土壤污染主要包括人为污染和天然污染两大类。天然污染主要是大自然因素所致。如土壤中某些元素的富集，水土流失、冲积、风蚀、风积、地震、火山喷发等，均可导致不同程度的土壤污染。人为污染主要来自 3 个方面。一是工业"三废"的排放。二是农药、化肥、垃圾杂肥的施用，如过量施用氮造成果实中硝酸盐含量增加，从而转化为有毒的亚硝酸盐，人食用后，在体内形成可能引起癌变的亚硝酸胺。另外，还会造成土壤板结，团粒结构差，微生物和蚯蚓减少，根系发育受阻，树势弱，产量低。三是污水灌溉。因此在建园前要严格检测土壤，国家标准要求土壤中类金属元素砷和重金属元素镉、汞、铅、铬、铜等 6 种污染物的浓度不得超过 GB/T 18407.2—2001《农产品安全质量　无公害水果产地环境要求》规定限值。同时在建园后的果树生产过程中必须注意安全使用农药，推广配方施肥，还应注意塑料导致的白色污染。

二、规划设计园地

果园规划必须遵循以果为主、适地适栽、节约用地、降低投资、保护生态、便于实施的设计原则，为果树栽植和建园后的管理奠定基础。

（一）调查与测绘

1.建园前调查

为合理规划土地，在建园规划前要进行社会调查和园地踏查。社会调查主要是了解当地经济发展状况、土地资源、劳力资源、产业结构、生产水平与果树区划等，并到当地气象或农业主管部门查阅气象资料，采集各方信息；园地踏查主要是调查掌握规划区的地形、地势、水源、土壤质地、肥力状况和植被分布，以及园地小气候条件等。调查前，需要拟订调查提纲和制备必要的表格，将调查了解的内容详细记载，并于踏查后绘制规划区草图，作为初步规划的依据。

基本情况掌握之后，聘请有关专家进行可行性分析论证。在具备发展条件的基础上，确定生产目标、发展规模、主要工程建设、树种与品种规划、经营规划及经济效益分析等，形成规划的基本框架。

2.测绘

利用经纬仪或罗盘仪对规划区域进行导线及碎部测量，将待规划区域绘制成 1：（5 000～25 000）的平面图。图中须标明地界、河流、村庄、道路、建筑物、池塘、耕地、荒地以及植被等，并计算面积。山地果园规划还应进行地形测量，绘制地形图，为具体规划设计提供依据。

(二)规划园地

1.规划小区

小区又称作业区,是果园土壤耕作和栽培管理的基本单位。划分小区应根据果园面积、地形等情况进行,应尽量使同一小区内的地势、土壤、气候条件等保持一致,以便于统一生产管理。

平地果园土壤气候条件一致,相同树种的小区面积可以相等,以 3～8 hm² 为宜;山坡与丘陵地果园栽植小区可按集流面积、地块大小、排灌系统划分,由于其地形复杂,土壤、坡度、光照等差异较大,耕作管理不便,小区面积一般 1～3 hm²;统一规划而分散承包经营的小果园,可以不细划小区,而是以承包户为单位,划分成作业区。

平地果园小区形状应呈长方形,长宽比为 2：1 或 3：1,以便于机械化作业,其长边尽量与当地主风方向垂直,以增强抗风能力;山地果园小区的形状以带状为宜,或随地形而定,其长边与等高线平行,并与等高线弯曲度相适应,以便修整梯田和保持水土。

2.规划道路

为满足生产需要,果园应规划必要的道路,以减轻劳动强度,提高工作效率。规划道路时应与栽植小区、排灌系统、防护林带、贮运及生活设施等相协调。在合理便捷的前提下尽量缩短距离,以减少用地,降低投资。面积在 8 hm² 以上的果园,应设置干路、支路和小路,8 hm²以下的果园可设一条支路或设置支路和小路。

干路应与附近公路相接,并与园内办公区、生活区、贮藏转运场所相连,尽可能贯通全园。干路路面宽 6～8 m,保证两辆汽车对开,为了节约用地,也可在干路的适当地段设一圆盘环形路,以便车辆调头;支路连接干路和小路,贯穿于各小区之间,路面宽 4～5 m;小路是小区内为了便于管理而设置的作业道路,路面宽 1～3 m,也可根据需要临时设置。

山地或丘陵地果园应顺山坡修盘山路或"之"字形干路,其上升坡度不能超过 7°,转弯半径不能小于 10 m。支路应连通各等高台田,并选在小区边缘和山坡两侧沟旁。山地果园的道路,不能设在集水沟附近。在路的内侧修排水沟,并使路面稍向内倾斜,既保证行车安全,又保护路面,减少冲刷。

3.规划排灌系统

(1)灌溉系统　果园灌溉方式有沟灌、喷灌、滴灌和渗灌等。不同的灌溉方式在设计要求、工程造价、占用土地、节水功能及灌溉效应等方面差异很大,规划时应根据具体情况而定。

沟灌主要是规划干渠、支渠、斗渠。渠道的深浅与宽窄应根据水的流量而定,渠道的分布应与道路、防护林等规划结合,使路、渠、林配套。在有利灌溉的前提下,尽可能缩短渠道长度。渠道应保持 0.1%～0.3% 的比降,并设立在稍高处,以便引水灌溉。干渠是将水引到园边,一般顺着果园的长边,支渠是将干渠的水引到园内,一般沿栽植区短边设置,斗渠是将水引到栽植小区间;山地果园的干渠应沿等高线设在上坡,落差大的地方要设跌水槽,以免冲坏渠体。当前,生产上推广节水灌溉方式之一,是在树的外围延长枝垂直向下顺行向挖宽、深分别为30～40 cm 的灌水沟。

喷灌系统包括首部枢纽(取水、加压、控制系统、过滤和混肥装置)、输水管道和喷嘴 3 个主要部分。喷灌的输水管道有固定与移动式两种。固定管道按干管、支管和毛管 3 级设置,毛管分布于果树行间土壤内,每隔一定距离接出地面安装喷嘴。为保证出水均匀,还要安装减压阀与排气阀。喷灌强度应小于土壤入渗速度，以免地表积水和产生径流，引起土壤板结或冲刷。喷灌水滴尽量要小，防止对果实或叶片造成损伤，也防止破坏土壤团粒结构。

滴灌是利用低压管道系统以及分布在果园地面或埋入土内的滴头，将水一滴一滴的浸润到果树根系范围土壤内。其系统包括首部枢纽（水泵、过滤器、混肥装置等）、输水管网（干管、支管、分支管、毛管）和滴头。干管直径 80 mm，支管直径 40 mm，分支管细于支管，毛管 10 mm 左右。在毛管上每隔 70 cm 左右安装一滴头。分支管按树行排列，毛管环绕树冠外缘一周。

渗灌系统是由首部枢纽、管网组成。渗水管一般用直径 17～20 mm 的塑料管道，在两侧或上部钻 1～1.2 mm 孔眼，眼距 50～100 cm。渗水管埋设在树冠下根系密集处，深度为 30～40 cm，埋设坡度为 1/1 000～5/1 000。渗水管中间各节的结合处用白泥灰密封，两头留出地上孔和地下口，用封口套头套住，分别作为灌水口和雨季排水口。渗灌系统也可利用移动式软管，在土壤表面临时铺设，并通过树盘的管道钻孔渗水。

【拓展学习】

蓄水与引水

果园最好有天然水源，如河流、湖泊、水库等，山地果园可将山间溪水用堤坝拦截修成水库供作灌溉，水库的位置要高，以便自流灌溉。天然水源的水温高，对北方果树栽培来说十分有利。无天然水源时可钻井利用地下水。自水库、河流等水源将水引入果园多数是靠水泵来完成，根据水源水面到果园灌溉最高点的高差，来确定扬程的级次，这样不但可以灌溉平地，也可通过管道引水上山灌溉山地果园。

（2）排水系统 平地果园的排水方式主要有明沟排水与暗沟排水两种。排水系统主要由园外或贯穿园内的排水干沟、区间的排水支沟和小区内的排水沟组成。各级排水沟相互连接，干沟的末端有出水口，便于将水顺利排出园外。小区内的排水小沟一般深度 50～80 cm；排水支沟深 100 cm 左右；排水干沟深 120～150 cm，使地下水位降到 100～120 cm 以下。盐碱地果园，为防止土壤返盐，各级排水沟应适当加深。

暗沟排水是在地下埋设瓦管管道或石砾、竹筒、秸秆等其他材料构成排水系统。包括排水管、支管和干管，管径分别为 5 cm、10 cm 和 20 cm，暗沟设置的深度、沟距与土壤的关系见表 3-2。此法不占地面，不影响耕作，唯造价较高。

表 3-2 不同土壤的暗沟深度和间距 m

暗沟结构	土壤			
	沼泽土	沙壤土	黏壤土	黏土
暗沟深度	1.25～1.5	1.1～1.8	1.1～1.5	1.0～1.2
暗沟间距	15～30	15～35	10～25	8～12

摘自《中国果树栽培学》。

山地果园主要考虑排除山洪。其排水系统包括拦洪沟、排水沟和背沟等。拦洪沟是在果园上方沿等高线设置的一条较深的沟。作用是将上部山坡的洪水拦截并导入排水沟或蓄水池中，保护果园免遭冲毁。拦洪沟的规格应根据果园上部集水面积与最大降水强度时的流量而定，一般宽度和深度为 100～150 cm，比降 0.3%～0.5%，并在适当位置修建蓄水池，使排水与蓄水结合进行。山地果园的排水沟应设置在集水线上，方向与等高线相交，汇集梯田背沟排出的水而排出园外。排水沟的宽度50～80 cm,深度80～100 cm。在梯田内修筑背沟(也称集水沟),沟宽30～40 cm,深20～30 cm,保持0.3%～0.5%的比降,使梯田表面的水流入背沟,再通过背沟导入排水沟。

4.规划防护林

果园营造防护林能降低风速,保持水土,防风固沙,调节温度,增加湿度,减轻冻害、霜冻,改善果园生态气候条件,提高坐果率。还可以提供蜜源、肥源、编条等林副产品,增加果园收入。

(1)确定防护林类型　根据林带的结构和防风效应可把防护林分为3种类型。

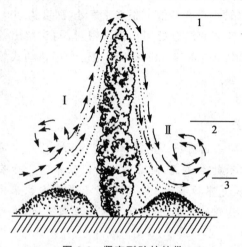

图3-3　紧密型防护林带
Ⅰ.迎风面(起沙)　Ⅱ.背风面(落沙)
1.乔木　2.亚乔木　3.灌木

①紧密型林带。由乔木、亚乔木和灌木组成,林带上下密闭,透风能力差,风速3～4 m/s的气流很少透过,透风系数小于0.3。在迎风面形成高气压,迫使气流上升,跨过林带的上部后,迅速下降恢复原来的速度,因而防护距离较短,冷空气易下沉而形成辐射霜冻,但在防护范围内的效果显著(图3-3)。平地果园规划紧密型防护林时应注意:在地势较低的地方不栽树,要留出5～6 m宽的豁口,以排出冷空气。

②稀疏型林带。由乔木和灌木组成,林带松散稀疏,风速3～4 m/s的气流可以部分通过林带,方向不改变,透风系数为0.3～0.5。背风面风速最小区出现在林高的3～5倍处。

③透风型林带。一般由乔木构成,林带下部(高1.5～2 m处)有很大空隙透风,透风系数为0.5～0.7。背风面最小风速区为林高的5～10倍处。

果园的防护林应以营造稀疏型或透风型为好。在平地防护林可使树高20～25倍的距离内的风速降低一半。在山谷、坡地上部设紧密型林带,而坡下部设透风或稀疏林带,可及时排除冷空气,防止霜冻为害。

(2)选择防护林树种　用作防护林的树种必须能适应当地环境条件,抗逆性强,尽可能选用乡土树种;同时要求生长迅速、枝叶繁茂,且寿命较长、防风效果好;防护林对果树的负面作用要尽可能小,如与果树无共同性病虫害,根蘖少又不串根,并且不是果树病虫害的中间寄主。此外,防护林最好有较高的经济价值。

乔木树种可选择杨、柳、榆、刺槐、椿、泡桐、板栗、黑枣、核桃、银杏、山楂、枣、杏、柿、山定子、杜梨和桑等;灌木树种可选紫穗槐、酸枣、枸杞、柽柳、毛樱桃等。

(3)营造防护林　果园防护林一般包括主林带、副林带。营造防护林时,不同类型的果园营造方法不同。山地果园营造防护林除防风外,还有防止水土流失的作用。一般由5～8行树组成,风大地区可增至10行,最好乔木与灌木混交。主林带间距300～400 m,带内株距1～1.5 m,行距2～2.5 m。为了增强林带的防风效果,与主林带垂直营造副林带,由2～5行树组成,带距300～600 m。为了避免坡地冷空气聚集,林带应留缺口,使冷空气能够下流。林带应与道路结合,并尽量利用分水岭和沟边营造。果园背风时,防护林设于分水岭;迎风时,设于果园下部；如果风来自果园两侧，可在自然沟两岸营造。平地、沙滩地果园，营造防护林主要是防风固沙。一般在果园四周栽 2～4 行高大乔木，迎风面设置一条较宽的主林带，间距 300～400 m，方向与主风向垂直，通常由 5～7 行树组成，副林带由 3～4 行组成，宽度为 6～8 m(图 3-4)。村庄附近的小面积果园可以不设防护林。

图 3-4　平地果园营造防护林

(三)规划树种品种

1.规划树种

正确选择果树种类和品种，是实现优质、丰产、高效的重要前提。在选择树种时，首先应根据区域化、良种化的要求，因地制宜地确定发展果树的种类。为了体现适地适栽，应考虑各树种的适宜年平均温度(表 3-3)、土壤含盐量(表 3-4)和 pH(表 3-5)，同时还要考虑各树种的特性。如李、杏花期易受风害霜害，平地果园应栽在风小的背风面，山地果园宜栽在山腰上；杏树耐旱不耐涝，李树耐涝但不耐旱，因此杏树应栽在地势比李高的地方；葡萄耐旱、喜光，应栽在地势较高地方；苹果的花期和果实成熟期的冻害和风害均较轻，可安排在风力较强的一面。但是作为生产果园树种不宜过多，一般主栽树种 1 个，以便突出重点，发挥优势，提升经济效益。

表 3-3　主要果树适宜地区的年平均温度 ℃

树种	适宜的年平均温度	树种	适宜的年平均温度
苹果	7～15	中国樱桃	12～16
小苹果	6～8	甜樱桃	10～14
秋子梨	6～12	李	3～22
白梨	7～14	核桃	8～15
砂梨	12～18	梅	16～20
华北系统桃	8～14	柑橘	18～20
华南系统桃	12～17	枇杷	15～17
杏	6～14	涩柿	10～15
葡萄	5～8	甜柿	16～20
北方枣	10～15	板栗	11～16

摘自《中国农业百科全书果树卷》1993。

表 3-4　主要果树对土壤含盐量的适应程度 ％

树种	正常生长时土壤含盐量	受害极限土壤盐浓度
苹果	＜0.16	0.28
梨	＜0.20	0.30
桃	＜0.10	0.15
葡萄	＜0.30	0.35
枣	＜0.30	0.35

表 3-5　主要果树对土壤 pH 适应范围

树种	pH 适应范围	pH 最适应范围
苹果	5.0~7.5	5.5~7.0
梨	5.0~8.5	5.6~7.2
桃	5.0~8.2	5.2~6.5
葡萄	6.0~8.5	6.5~8.0
板栗	4.6~7.5	5.5~6.5
枣	5.0~8.5	5.2~8.0
柑橘	5.0~6.5	6.0~6.5
山楂	6.0~7.5	6.5~7.0
柿	5.0~7.5	6.0~7.0
无花果	7.0~7.6	7.0
杏	5.0~8.0	5.6~7.5

摘自《中国农业百科全书果树卷》1993。

2.规划主栽品种

在确定主栽品种时,一定要根据品种的生物学特性、当地气候条件、土壤条件、地理位置、交通条件以及市场需求,在现有的名、特、优、新品种为主前提下,集中开发。区域试验通过后,才能大面积发展。要合理搭配早、中、晚熟(1:2:7),鲜食与加工品种的比例。在有多个品种适栽的情况下,挑选销路好、效益高的品种,定为主栽品种。主栽品种 1~2 个即可,所占比例约为全园的 80%。

3.规划授粉品种

苹果、梨、杏、李等大多数果树自花授粉不结实,必须异花授粉。少数果树虽自花授粉结实,但异花授粉不仅可以大大提高坐果率,而且果形正、外观品质和内在品质均好。因此,建园时必须考虑适宜授粉树的配置。授粉树的数量可根据授粉品种的经济价值和花量大小、果园地形的复杂程度以及传粉方式来确定。一般占总栽植量的 20% 左右。如授粉品种经济价值较高,而且能与主栽品种互相授粉,则其比例可达到 50% 左右。授粉树的配置方式有中心式、行列式、复合行列式、等高式 4 种。中心式在授粉树经济价值不高时采用。行列式便于管理,为果园普遍应用的方式,具体可根据授粉树的价值高低与主栽品种按(2~4):(2~4)的等量式配置或 1:(3~4)的差量式配置。复合行列式在两个品种不能相互授粉,需要配置第二个授粉品种时采用。等高式只在山地果园使用(图 3-5)。

图 3-5　授粉树的配置方式
1.中心式　2.行列式　3.复合行列式　4.等高式
(×主栽品种　○、△授粉品种)

【知识链接】

授粉树具备的条件

授粉品种应能充分适应当地的环境条件、寿命与主栽品种相近;与主栽品种同时进入结果期,丰产性好,经济效益较高;与主栽品种花期大体一致;花粉量大,生活力强,与主栽品种授粉亲和力好。

三、建园施工

(一)修筑水平梯田

水平梯田是山地水土保持的有效方法,也是加厚土层、提高肥力、促进果树生长的重要措施。

1.等高测量

在修筑水平梯田之前,先要进行等高测量。方法是:选一坡度适当的地方,由上而下拉一直线为基线。然后根据梯田要求的宽度,将基线分成若干段,并在各段的正中间打点为基点。以基点为起点,按一定的比降(一般为 0.1%～0.3%)向左右延伸,测出一系列等高点,同一高度的等高点连成的线就是等高线,即为梯田面的中轴线。

2.设计梯田面宽度

梯田面的宽度要根据坡度和栽植行距来设计。坡度小或栽植行距大,田面应宽些,反之,则可窄些。一般坡度在 10°～30° 时,阶面宽度变动在 3～10 m。田面设计较窄时,修筑容易,用工量少,对土壤肥力破坏性小,但不耐旱,边埂和背沟占地比例大,田面利用率低,不便于耕作管理。一般每台梯田只栽一行树者,梯田面宽度不应小于 3 m;栽两行树的不应小于 5 m。在条件许可的情况下,应尽量将田面拓宽,力争每一台面能栽两行以上的树,以充分利用土地,更好地发挥果树群体效应。坡度与阶壁、阶面的关系见表 3-6。

表 3-6　不同坡度、阶面宽度下的阶壁高度　　　　　　　　　　　　　　m

坡度	阶面宽度				
	3	4	5	6	8
10°	0.5	0.7	0.9	1.0	1.4
12°	0.6	0.9	1.1	1.3	1.7
14°	0.7	1.0	1.2	1.5	1.9
16°	0.9	1.1	1.4	1.7	
18°	1.0	1.3	1.6	1.9	
20°	1.1	1.3	1.8	2.1	
22°	1.2	1.6	2.0		
24°	1.3	1.8			
26°	1.5	2.0			

摘自《中国农业百科全书果树卷》1993。

3.修筑梯田

修筑梯田时,应先修梯壁。由于修筑梯壁所用材料不同,分为石壁梯田和土壁梯田两种。为了牢固,梯壁要稍向内倾斜,石壁一般与地面呈 75°角,土壁保持 50°~60°为宜。在修梯田壁的同时,要随梯田壁的逐渐增高,从梯田中轴线上侧取土填到上层梯田的下侧,最后整平面,并在其内侧挖一小排水沟,挖出的土堆在梯田外沿修筑边埂(图3-6)。

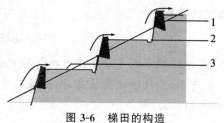

图 3-6　梯田的构造
1.原地面线　2.内沟　3.梯田面

(二)等高撩壕

在坡面上按等高线挖横向浅沟,将挖出的土堆在沟的外侧筑成土埂,称为撩壕。撩壕是坡地果园改长坡为短坡的一种水土保持措施。果树栽在土埂外侧。此法能有效地控制地面径流,拦蓄雨水。当雨量过大时,壕沟又可以排水,防止土壤冲刷。撩壕对坡面土壤的层次和肥力状况破坏不大,能增加活土层厚度,有利于幼树生长发育。但撩壕后的果园地面不平,会给管理工作带来不便。另外,在坡度超过 15°时,撩壕堆土困难,因此超过 15°不适宜撩壕。

撩壕前,选一坡度适中的坡面,由上而下拉一直线为基线,然后按果树栽植的行距,将基线分成若干段,并在各段的正中间打出基点,以基点为起点,按 0.3% 的比降向左右延伸,测出等高线,再取 50~70 cm 的距离,划出平行于等高线的两条线。撩壕时将两条平行线间的土挖出,堆在下坡方向,培成弧形宽埂。壕沟宽一般为 50~70 cm,深 40 cm 左右,沟内每隔 5~10 m 筑缓水坝,其高度比壕顶略低,用以拦水,水多时可溢过小坝,顺沟缓流,而不至于冲毁壕体。壕外坡稍长于壕内坡,壕宽略大于沟宽。壕间筑多道小等高垄,采用生草或间作覆盖,进一步拦截径流,防止冲刷。

(三)修鱼鳞坑

山地陡坡,地形复杂,修水平梯田和等高撩壕都比较难时,可以修鱼鳞坑来进行水土保持。鱼鳞坑是一种面积极小的单株台田,由于其形似鱼鳞,故称"鱼鳞坑"。修鱼鳞坑时,先按等高原则定点,确定基线和中轴线,然后在中轴线上按株行距定出栽植点,并以栽植点为中心,由上部取土,修成外高内低半月形的小台田,台田外缘用土或石块堆砌,拦蓄雨水供果树吸收利用。

四、编写果园规划设计说明书

果园规划最终要完成规划设计文书——果园规划设计说明书,并附果园规划平面图、主要工程设计图。果园规划设计说明书是进一步编写实施计划的重要依据,是上报有关部门审批,或申报立项必不可少的重要材料,也是果园建立档案长期保存的重要技术资料。果园规划设计说明书的编写方式及主要内容如下。

(一)说明规划依据

1.规划依据
果园建设的背景、目的、规模和经营方式等。

2.规划设计工作过程

如组建规划设计小组,编写规划提纲,制订计划,广泛调查、收集和查阅资料,实地考察、测绘、咨询研讨,分析论证和规划设计。具体包括测 1/2 000～1/1 000 的地形图,进行土壤调查、病虫害调查,初步划分立地条件类型,在现场初步进行平面规划。

(二)说明规划区基本情况

1.地理位置及区域范围

地理位置及区域范围是指规划区所处的区域位置、经纬度、四至(东、西、南、北临界接壤处)、总体地形及规划设计总面积等。

2.气候资源

(1)光能资源　年日照时数,年总辐射量。

(2)热量资源　年平均气温、年极端最高平均气温、极端最高气温、年极端最低平均气温、极端最低气温、≥10℃有效积温等。

(3)降水与蒸发　年平均降水量,年平均自然植被蒸发量。

(4)无霜期　年平均无霜期,无霜期最早日期、最晚日期。

(5)灾害性气候　当地容易遭受的自然灾害,如干旱、洪涝、霜冻、冰雹、沙尘暴及风害等。

3.水资源

水资源包括过境水(河流)、地表水、地下水。

4.土地资源

土地资源包括园区内土地资源总体情况、土地面积与利用情况(农业生产用地面积与比例、非农业生产用地面积与比例)、土壤类型等。

5.劳动力资源

当地具有劳动能力人口的数量、分布等。

6.生产现状及产业结构

果园的规模,果品种类、销售渠道等。

(三)说明总体规划设计

1.作业区划分

小区数量、位置、面积、形状等。

2.道路规划

干路、支路、小路规划设计具体情况。

3.排灌系统设计

果园灌溉系统、排水系统设计。

4.配套设施建设

管理用房、贮藏库、包装场、晒场、配药池、畜牧场及农机具等。

5.防护林设计

防护林面积、树种、栽植方式及用苗量等。

6.山地果园水土保持工程设计

修筑梯田、撩壕等工程建设设计。

7.树种与品种设计

设计依据、树种与品种选择、授粉树配置等。

8.果树栽植设计

栽植密度、栽植方式、苗木用量、肥料用量及栽植用工计划等。

(四)说明服务保障体系

包括技术保障体系、信息服务体系、组织管理和协调体系。

(五)说明投资经费概算

(1)规划设计概算的原则和依据。

(2)各主要工程项目分项概算。

(3)建设投资总概算。

(六)说明经济效益分析

进行逐年经济效益预测。

(七)说明总体实施安排

具体步骤及注意事项。

(八)规划设计图纸

(1)果园建设设计总平面图。

(2)主要工程设计图纸。

【工作页】3-1 调查果园规划区基本情况

果园规划区基本情况

地点与果园类型	气候资源								土地资源		水资源	劳动力资源
	温度/℃				光照	降水量	无霜期	灾害性气候	土地面积与利用	土壤类型		
	年均温	年最高气温	年最低气温	≥10℃有效积温								

提示:学生以小组为单位,每组选择 2 个有代表性的果园(平地和山地果园各 1 个),利用业余时间进行调查,及时进行交流,总结。

任务2 栽植果树

● 任务实施

一、确定栽植密度和方式

(一)确定栽植密度

确定果树合理栽植密度的根本依据是树体大小,即根据所选树种及品种在果园具体环境条件和既定的栽培管理制度下,能够或者要求达到的最大体积来确定,树体愈小,栽植密度愈大。生产上可根据以下因素综合确定栽植密度。

1.树种和品种特性

不同树种、品种的树冠大小和生长势不同,栽植的密度应有所不同。如梨>苹果>桃>葡萄;普通型品种>短枝型品种。

2.砧木种类

砧木的种类、使用方式和砧穗组合不同,树冠大小也不同。一般普通品种/乔化砧>短枝型品种/乔化砧;普通品种/半矮化砧>普通品种/矮化砧。同一种矮化砧,用作中间砧比自根砧树冠大,则其栽植密度应减小。

3.自然条件

一般山坡地土层薄,肥力低,树冠小,栽植密度应比土质良好的平地大。在高纬度和高海拔地区,树冠较小,栽植密度应加大。气候温暖、雨量充足、水利条件较好,树冠高大,栽植密度应减小。

4.栽培制度

精细合理的栽培技术能有效控制全园树冠,加大栽植密度。也可以采用变化性密植,将全部果树分为永久性植株和临时性植株,对后者采用控制树高、增大结果量、适时间伐的栽培技术,以充分利用土地和光能。大面积果园机械化耕作,适当放宽行、株距。现将北方主要果树栽植密度参考值列表 3-7。

(二)确定栽植方式

确定栽植方式主要以经济利用土地,提高单位面积经济效益和便于栽培管理为原则。常用栽植方式有以下几种。

1.长方形栽植

此种栽植方式生产中应用最为广泛。特点是行距大于株距,通风透光良好,便于机械耕作。果树栽植的行向,一般以南北行向为好,尤其是平地果园,南北行向较东西行向树体受光量大而均匀。

表 3-7　北方主要果树栽植密度参考表

果树种类	砧木与品种组合（架式）	栽植距离/m		株数/667 m²
		行距	株距	
苹果	普通型品种/乔化砧	4～5	3～4	33～56
		5～6	3～4	28～44
	普通型品种/矮化中间砧	3～4	2	83～111
	短枝型品种/乔化砧	4	2～3	56～83
	短枝型品种/矮化中间砧	3～4	1.5	111～148
	短枝型品种/矮化砧	3～4	2	83～111
梨	普通型品种/乔化砧	4～6	3～5	33～56
	普通型品种/矮化砧 短枝型/乔化砧	3.5～5	2～4	33～95
桃	普通型品种/乔化砧	4～6	2～4	28～83
杏	普通型品种/乔化砧	5～7	4～5	19～33
李	普通型品种/乔化砧	4～6	3～4	28～56
葡萄	小棚架	3～4	0.5～1	166～444
	自由扇形、单干双臂	2～2.5	1～2	134～333
	高宽垂	2.5～3.5	1～2.5	76～267
樱桃	大樱桃	4～5	3～4	33～56
核桃	早实型品种	4～5	3～4	33～56
	晚实型品种	5～7	4～6	16～33
板栗	普通型品种/乔化砧	5～7	4～6	16～33
	短枝型品种/乔化砧	4～5	3～4	33～56
柿	普通型品种/乔化砧	5～8	3～6	14～44
枣	普通型品种	4～6	3～5	22～56
	枣粮间作	8～12	4～6	9～21
山楂	普通型品种/乔化砧	4～5	3～4	33～56
石榴	普通型品种	4～5	3～4	33～56
猕猴桃	T 形架	3.5～4	2.5～3	55～76
	大棚架	4	3～4	42～55
草莓	普通型品种	0.25～0.35（小行距）；垄距:1	0.15～0.18	7 000～10 000

2.带状栽植

宽窄行栽植,一般双行成带,带距为行距的 3～5 倍。带内较密,群体抗逆性较强,适合于密植栽培,但带内光照条件较差,管理稍有不便。

3.等高栽植

适于山地、丘陵地果园。栽时掌握"大弯就势"、"小弯取直"的方法调整等高线,并对过宽、过窄处适当增、减树行,在行线上按株距栽植。

二、选择栽植时期

果树栽植在秋季落叶后至春季萌芽前均可进行。具体时间应根据当地气候条件及苗木、肥料、栽植坑等的准备情况确定。

1.秋栽

一般在霜降后至土壤结冻前进行。秋栽有利根系恢复,次年春季发根早,萌芽快,成活率高。但在冬季寒冷、风大、气候干燥的地区,必须采取有效的防寒措施,如埋土、包草、套塑料袋等,以防冻害和抽条。

2.春栽

在土壤解冻后至萌芽前栽植。春栽宜早不宜晚,栽植过晚则发芽迟、缓苗慢。栽后如遇春旱,应及时灌水,促进成活。

三、栽植

【技能单】3-1　栽植果树

一、实训目标

通过实训,使学生知道栽植点的确定方法,能够独立完成果苗栽植技术。

二、材料用具

1.材料　预栽树小区、白灰、苗木、有机肥、复合肥。

2.用具　皮尺、石灰、地膜、铁锹、灌水用具、修枝剪、钢卷尺。

三、实训内容

(一)定植前的准备工作

1.确定栽植点

(1)平地穴栽　选园地较垂直的一角,划出两条垂直的基线。在行向一端的基线上,按设计行距量出每一行的点,用石灰标记。另一条基线标记株距位置。在其他 3 个角用同样方法划线,定出四边及行、株位置,并按相对应的标记拉绳,其交点即为定植点。然后标记出每一株的位置。

(2)平地沟栽　用皮尺在园地四角分别拉直角三角形,划出垂直的四边基线。在行向两端的基线上,标记出每一行的位置,另两条对应基线标记株距位置。接着在两条行距的基线上,按每行相对的两点拉绳,划出各行线,再按栽植沟的宽度要求(80～100 cm),以行线为中心向两边放线,划出栽植沟的开挖线。四周基线上的株行距标记点应保护好,以便栽树时拉线校正树行。

（3）山地栽植　山地以梯田走向为行向，在确定栽植点时，应根据梯田面的宽度和设计行距确定。如果每台梯田只能栽一行树，以梯田面的中线或距梯田外沿2/5处为行线，向左右延伸按株距要求标记栽植点。山坡地形复杂，梯田多为弯曲延伸，行向应随弯就势。遇到田面宽窄不等时，可酌情采取加减行处理。

2.挖栽植穴、回填　栽植穴的大小，依土壤性质和环境条件而定。在小区打好的栽植点上，以点为中心挖半径40～50 cm，深80～100 cm的栽植穴，注意表土和底土一定要分开放置，拣出粗沙或石块等物。要求穴壁平直，不能挖成漏斗形。穴挖好后，将秸秆、杂草或树叶等有机物与表土分层填入坑内。为加速分解，在每层秸秆上撒少量生物菌肥或氮素化肥，尽量将好土填入下层，每填一层踩踏一遍。填至离地表30 cm左右时，撒入一层粪土（优质农家肥按每株25 kg左右）。土壤回填后，有灌溉条件的应立即灌水，使坑内土壤和有机物充分沉实，以免栽树后土壤严重下陷，造成悬根、埋干或倒伏现象，影响栽植成活和园地的整齐。如果下层土壤具有卵石层或白干土的土壤，必须取出卵石和白干土，然后换进好土。在密植园中，可开成沟（最好在前一年开沟），沟的深度和宽度都在80～100 cm左右。为了在栽后几年不深施有机肥，可在沟的最底层放入秸秆，在秸秆上面再施入混土的粪肥（图3-7）。

3.准备苗木　苗木定植前浸水24～48 h，栽前对根系进行修剪，使根系露出新茬，利于形成愈伤组织产生新根。在栽植前蘸混有生根剂的稀泥浆，可提高栽植成活率。

图3-7　定植沟
1.沟底铺秸秆　2.秸秆上施入粪肥

（二）栽植

栽树前，先将栽植坑进行修整。高处铲平，低处填起，深度保持25 cm左右，并将穴中间培成小丘状，栽植沟可培成龟背形的小长垄。然后拉线核对准确栽植点并打点标记。栽时将苗木放于定植点，根系均匀分布在穴底的土丘上，目测前后左右对齐，做到树端行直。根系周围尽量用表土填埋，填土时轻轻提动苗木使根系舒展（图3-8），并边填土边踏实，将穴填平踏实后修整树盘，然后浇透水。当水下渗后撒一层干土封穴，以减少水分蒸发。

苗木栽植的深度应掌握恰当，若栽植过深下层

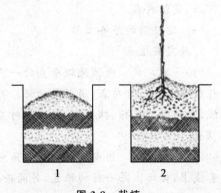

图3-8　栽植
1.土壤与有机肥分层回填　2.苗木栽植

温度低又透气性差,幼树往往发芽晚且生长缓慢,容易出现活而不发的现象;栽植过浅则根系易外露,降低固地性和耐旱性,成活率低。一般普通乔化苗的栽植深度以嫁接口稍高出地面为宜。然后在行的两侧修两条畦埂,畦面宽 120 cm,埂高 15～20 cm,宽 40 cm。灌水。

注意事项:

1. 挖定植穴时表土、底土要分开。

2. 根系必须和土壤密接,防止根系外露。

3. 栽植深度适宜。

4. 栽后注意灌水,尽量保持土壤湿润,可覆地膜保湿。

四、实训提示

本次实训最好结合生产进行,以便学生在实际操作中掌握技术。如条件不具备时,可准备试材,在室外进行模拟演练。

五、考核评价

考核项目	考核要点	等级分值				考核说明
		A	B	C	D	
态度	资料准备,纪律,团结协作能力	20	16	12	8	1.考核方法采取现场单独考核加提问。 2.实训态度根据学生现场实际表现确定等级。
技能操作	1.挖穴(沟)回填 2.苗木准备 3.栽植 4.灌水覆膜	60	48	36	24	
理论知识	教师根据学生现场答题程度给予相应的分数	20	16	12	8	

六、实训作业

总结果树栽植成活的关键技术,分析未成活的原因。

四、栽植后管理

1.修剪定干

新栽幼树在春季萌芽前要进行剪截定干,以促发枝条加速整形。定干高度应根据整形要求决定,苹果、梨、杏和李等果树 70～90 cm,剪口以下 25～30 cm 内要有 8～10 个饱满芽。定干后立即用封剪油涂抹剪口,以防失水。

2.适时灌水

栽植后的灌水应恰当掌握,既不能缺墒,又不可灌水太多。缺墒受旱必然降低成活率,但频繁灌水又会降低地温和土壤透气性,抑制根系生长,甚至会造成烂根、死树。

3.覆膜套袋

栽后树盘覆盖地膜对提高幼树成活率,缩短缓苗期,加速生长具有显著效果。树盘覆膜之后,地温可提高 3～5℃,土壤含水量相对提高 20% 以上,不但保墒、增温,且能减少肥料损失,控制杂草生长。覆膜时,将地膜中心打一直径 3.5～4 cm 的小孔后从树干套下,平展地铺在树盘上。紧靠树干培一拳头大的小土堆,以防进风和膜下高温灼伤树干皮层,地膜四周用细土压实,以免被风吹起而失去作用。

图3-9 苗干套塑料袋

在寒冷、干旱、多风地区,应在苗干上套一直径 3～5 cm、长度 70～90 cm 的细长塑料袋(图3-9)。幼树发芽时,塑料袋适当打孔,发芽 3～5 d 后,在下午将塑料袋去掉。

4.补栽缺苗

幼树发芽展叶后要检查成活情况。若发现死亡现象应采取有效措施补救—补栽。如果苗干部分抽干,可剪截到正常部位,促其重新发枝。

5.追施肥料

幼树施肥应"少量多次",既要及时供给营养,又要防止造成肥害。一般栽树时已施定植肥,所以可在新梢长到 15 cm 左右时每株追施 50 g 尿素。新梢长到 30 cm 左右时每株再追 50 g 尿素。7月下旬每株追施 50～80 g 复合肥。除土壤施肥外,还要加强根外追肥。结合防治病虫喷药,生长前期喷 0.3％～0.5％的尿素,8月上旬以后喷 0.3％～0.5％的磷酸二氢钾或交替喷施光合微肥、腐殖酸叶面肥等,效果更好。

6.夏季修剪

萌芽后,对靠近地面的萌蘖要及时抹除,以保证整形带内枝条旺盛生长。新梢长达 25～30 cm 时,如果幼树旺盛新梢不足 4 个,应对中心干延长枝进行重摘心处理,即掐去梢尖 3～5 cm,以促发侧生分枝。但摘心不宜太晚,7月中旬以后摘心发出枝条多易发生冻害。生长较旺而枝条角度小的,进入秋季要拉枝开角,缓和长势。

7.防治病虫

幼树萌芽初期容易遭受金龟子、大灰象甲和象鼻虫等为害,可在为害期内利用废旧尼龙纱网做袋,也可结合覆膜套袋项目进行套长塑料袋来保护整形带内的嫩芽。还应注意防治蚜虫、卷叶虫、红蜘蛛、浮尘子等害虫及早期落叶病、白粉病和锈病等侵染性病害,以保护叶片。

【探究与讨论】

1.怎样通过果园合理选址和科学规划创建名牌果品?

2.无公害果品生产基地对环境条件有哪些要求?

3.说明果园规划设计程序,总体规划主要包括哪些内容?

4.调查当地不同果树栽植密度,分析其与果园综合效益的关系,提出你认为最理想的栽植密度。

5.如何充分发挥丘陵山地的资源优势建立果园?建园时应解决哪些关键问题?

6.根据当地气候、土壤特点,制定出可行的果树栽植规程,以提高栽植成活率。

7.造成旱地建园失败的原因有哪些?应采取哪些针对性措施?

8.调查当地近年来建园工作,分析存在问题,提出解决途径。

项目四

果树生产基本技术

❦ 学习目标

● 知识目标：了解现代果园土壤管理的主要做法、优缺点；能说出常见有机肥料和无机肥料的种类、特点、作用及施用时期；了解果园常见的灌排水设施及其优缺点；知道与果树花果管理及整形修剪有关的相关知识。

● 能力目标：能够根据果园的实际情况，准确判断果园肥水要求，制订切实可行的土肥水管理方案，并能独立进行操作；能够独立制订果树花果管理方案，并会进行疏花疏果、果实套袋、果实增色、果实采收等；在正确使用修剪工具的基础上，初步学会疏散分层形、细长纺锤形、自然开心形的整形及修剪技术。

❦ 教学提示

● 教师要组织学生充分利用课内外时间进行基本技术的强化训练，并通过现场调查、分析、总结，掌握各项技术的操作要领，提高操作速度与效率。

● 通过阅读课外书籍、参观学习等途径全面提升学生的理论水平；要充分利用企业顶岗实训、社会实践等形式来学习果树生产的基本技术。

◆◆ 任务 1　果园土壤管理技术 ◆◆

● **任务实施**

　　土壤是果树生长与结果的基础，是水分与养分供给的源泉。果园土壤管理是果树生长发育必不可少的技术措施。其目的是改善土壤的理化性状，改善和协调土壤中的水分、空气、养分的良好关系，使其适应果树的生长发育，达到优质高产的目的。目前我国果园土壤管理的主要做法有深翻改土、清耕、间作、生草、覆盖等。

一、深翻改土

深翻是果园土壤改良的最基本措施。对清耕果园及立地条件不好、土壤瘠薄、肥力较低的山地果园,经常进行深翻,既可以改善土壤的通透性,使土壤孔隙度增加,土壤好气微生物增强,又可增强保肥蓄水能力,加深活土层,利于根系生长。

深翻的时期一般在果实采收后至休眠前进行,干旱无灌溉条件的山区,也可在雨季进行。深翻一般有 3 种方式。

(一)扩穴深翻

又叫放树窝子,常在幼龄果园中应用。此法特别适合稀植果园或集约化程度较差的果园,如枣树、核桃、柿子。方法是在幼树定植后,以定植穴为中心,每年或隔年向外挖宽 60～80 cm、深 40～60 cm 的环状沟,直到全园翻遍为止(图 4-1)。扩穴一般结合施基肥每年进行一次,最好在定植后 2～3 年内完成。根颈附近要浅翻,以免损伤树体。

第1年扩穴
第2年扩穴
第3年扩穴

图 4-1　扩穴深翻示意图

(二)隔行深翻

常在成龄果园中应用此法。平地果园,完全实行隔行进行深翻,每次只伤果树植株一侧根系,对果树生长发育影响较小,全园分两次完成。深翻深度以 40～80 cm 为宜,宽 50 cm 左右。而等高撩壕的坡地果园和里高外低的梯田果园,第一次先在下坡(或梯田外侧)进行较浅的深翻施肥,第二次在上坡(或梯田内侧)深翻把土压在下坡,同时施有机肥料,这种方法应与修整梯田等相结合进行。

(三)全园深翻

密植园多采用此方法。是将栽植穴以外的土壤全部深翻,深度为 30～40 cm,靠近树干的地方,因粗根多耕翻可浅些。一次深翻需要较多的劳力和肥料。

无论采用何种深翻方法,深翻时均需将挖出的表土和心土分别堆放,并及时剔除翻出的石块、粗沙及其他杂物。回填时,先把心土和秸秆、杂草、落叶混合填入沟底部,再结合果园施肥将有机肥、速效性肥和表土混匀填入。深翻后及时灌水沉实,使根与土壤密接。深翻时尽量保护根系完整,不伤直径 1 cm 以上的粗根。当分次深翻时,沟与沟之间不留"隔墙",防止形成死沟积水。对地下水位高的地段,翻土深度不宜超过雨季地下水上限,防止接上地下水;低洼、排水不良的地段,深翻后底层最好铺埋碎石块,使形成暗道排水。

二、清耕

清耕是传统的土壤管理方式之一。是在果园内不种任何作物,常年进行中耕除草,使土壤保持疏松和无杂草状态。一些国家,常在行间种草,树盘内采用清耕方式管理。

清耕全年均可进行,一般秋季深耕,生长季节进行多次中耕,使土壤保持疏松通气,促进微生物繁殖和有机物分解,短期内可显著地增加土壤有机态氮素。中耕松土,能起到除草、保肥、保水作用。但长期采用清耕法,土壤有机质减少,土壤结构受到严重破坏,土壤的保肥保水能力变差。对于山地果园来说,清耕不利于水土保持。清耕管理的果园干、湿、冷、热变化频繁,使最肥沃的表层土成为非生态稳定层,以致 15 cm 以上的土层中根系很少,因此随着可持续发展概念的提出和对生态环境保护的重视,清耕在果园土壤管理中的应用会越来越少,取而代之的将是生草、覆盖等其他管理方式。

三、果园间作

间作是幼龄果园利用行间空地种植其他作物的土壤管理技术。间作物只能种在树冠外围,以不影响果树生长发育为前提(图 4-2)。1~3 年生幼树应留出 1.0~1.5 m 树盘,以后随着树冠和根系逐年扩大,间作面积逐年缩小,进入盛果期果园一般不宜间作。为保证果树的正常生长,应加强间作物的肥水管理。对新建果园在留足树盘后(1 m²)间

图 4-2　果园间作

作,以后随树冠扩大,逐渐扩大树盘,缩小间作面积,避免间作物与果树之间互相争夺肥、水。密植园最多间作 3 年。

【知识链接】

间作的优点

合理间作既可以充分利用光能与土地,又可以增加土壤有机质,改良土壤理化性状,如间作豆科作物,除收获种子外,其根、叶遗留于土壤中,每公顷地可增加有机质约 262.5 kg,还因根瘤中的固氮菌,使土壤含氮水平有所提高。另外,间作还具有抑制杂草生长,减少蒸发和水土流失,缩小地面温变幅度,对于风沙区还起到防风固沙作用。

间作的基本原则

间作的基本原则是间作物不能有碍于果树的正常生长发育。因此,对于间作果园,应使间作物与果树保持一定距离,尽量避免间作物与果树争光、争肥、争水;间作物的植株要矮小,生育期短,最好与果树肥水临界期错开;间作物与果树无共生病虫害,也不能是中间寄主;管理省工,具有较高的经济价值。

间作物的种类

常用的间作物有花生、大豆、甘薯、马铃薯、菠菜、油菜、白菜、萝卜、牧草、食用菌及耐阴中药材等。生产上多实行不同间作物轮作倒茬的方式,如花生—豆类—甘薯、绿肥—大豆—马铃薯—甘薯—花生。间作物的选择时需考虑土壤的肥沃程度,一般瘠薄地多种甘薯、花生,较肥沃地间种粮食作物、药材、蔬菜等。

绿肥也可以作为果园间作物,它可有效解决土壤有机质含量偏低,果园用肥不足的现象。如烟台市果树研究所在黏重土壤果园行间种植红三叶草,每 666.7 m² 红三叶草产鲜草 3 350 kg,相当于 31~34 kg 尿素、16~23 kg 过磷酸钙、32~33 kg 硫酸钾。3 年后 40 cm

以上土层中的有机质含量从 $0.4\%\sim0.6\%$ 提高到 0.87%，有效地提高了土壤肥力，改善了土壤结构。

四、果园生草

(一)人工生草

果园生草一般在年降雨量大于 500 mm，最好是 800 mm 以上的地区或具有灌水条件的果园中实施。它可以分为全园生草、行间生草和株间生草等模式，具体应用何种模式主要取决于果园立地条件、种植管理条件。在土层深厚、肥沃，根系分布深的果园，可全园生草，反之，在土壤贫瘠、土层浅薄的果园可采用后两种模式。一般在果树 3 年生后不能间作其他作物时进行生草。目前发达国家的果园多采用行间生草、行内清耕的耕作制度。即在果树行间种植 1 年或多年生豆科或禾本科草本植物，待草长到 $40\sim50$ cm 高度，留茬 $15\sim20$ cm 左右刈割后覆盖在树盘下做绿肥使用，每个生长季节可以刈割 $3\sim4$ 次，或在每年秋季将绿肥翻压到土壤中(图 4-3)。

采用生草法时，注意以下几个关键环节。

一是因地制宜地选好草种和品种。我国北方选用的草种主要以豆科为主，如三叶草、紫花苜蓿、豌豆、紫云英、草木樨、苕子等，其次为禾本科绿肥，如黑麦草、早熟禾、果园牧草等。这些品种适应性强，植株矮小，生长速度快，鲜草量大，覆盖期长，容易繁殖管理，再生能力强，且能有效地抑制杂草发生。

二是掌握播种技术。播种时间以春秋两季为宜，春季在 $3\sim4$ 月份土壤解冻后进行，秋季在 $9\sim10$ 月份。春季适宜条播，秋季适宜撒播。播种前每 667 m² 撒施磷肥 150 kg，翻耕 20 cm，耙碎耙平土壤，为草种出苗和苗期生长创造良好的条件。采用条播，行距约 30 cm，覆土厚度小粒种子或黏土果园约为 2 cm，大粒草种或沙土、壤土约为 5 cm。

三是生草最初的几个月不要刈割，当草根扎深、营养体显著增加后，才开始刈割。一般 1 年刈割 $2\sim4$ 次。

四是苗期注意中耕除草，控制杂草生长，干旱时及时灌水并可补施少量氮肥。

五是刈割技术。无灌溉条件的多年生草，宜雨后刈割，刈割后撒施少量氮肥，促进草的再生；有灌溉条件的多年生草，每次刈割后撒施少量氮肥和灌水。

六是草的更新。生草 $5\sim7$ 年后，草逐渐老化，应及时将草翻压，休闲 $1\sim2$ 年后再重新播种。

(二)自然留草

自然留草可选用当地果园常见的杂草资源，最好选用植株矮小，生草量大，有利天敌及微生物活动的杂草，如稗草、狗尾草等。待草长到 40 cm 左右，留茬 10 cm 左右刈割，然后覆盖在树盘下做绿肥使用，每个生长季节可以刈割 $4\sim6$ 次，每年秋季将杂草用旋耕机翻压到土壤中(图 4-4)。

图 4-3　果园人工生草

图 4-4　自然留草后刈割

【知识链接】

果园生草的优点

　　我国长期沿用清耕制,用化肥来代替有机肥,果园土壤有机质含量多在 0.5%～1.0%,严重制约着果品产量、质量的提高。近几年来,果品质量虽有提高,但果实缺素症多,糖度偏低,着色稍差,最终导致出口率低,国际市场占有率低。其重要原因之一就是果园土壤有机质含量低,肥力不足,解决此问题的根本途径就是实行生草覆盖制。

　　果园生草可以降低土壤侵蚀,避免水土流失;提高土壤肥力(提高有机质含量、提高有效养分含量);改善果园生态环境(改善土壤理化性状,加速土壤熟化;调节土温;提高土壤含水量);优化果园生态体系;免除中耕除草,便于行间作业;提高树体抗性,减轻病虫危害;增产、增质、增效。

草种类的选择

　　果园生草种类一般有:豆科类,如白三叶、紫花苜蓿、沙打旺、草木樨、百脉根等;禾本科类,如鸭茅、无芒雀麦、草地早熟禾、黑麦草等;十字花科类,如二月兰等。对于地下水位较高或灌区果园,宜选用白三叶、红三叶等较耐渍的草种;而对于旱地、灌水不便的果园,宜选用百脉根、扁茎黄芪等较为耐旱的牧草。因紫花苜蓿和毛叶苕子易招鼠害,应慎重选择。

五、果园覆盖

　　果园覆盖是在树冠下或稍远处覆以有机物、地膜或沙石等。生产上应用较为普遍的是有机覆盖和地膜覆盖。

(一)有机覆盖

　　也叫生物覆盖或果园覆草,是在果园土壤表面覆盖秸秆、杂草、绿肥、麦壳、锯末、树叶等有机物(图 4-5)。覆盖时间以春末至初夏为好,也可在秋季进行。具体做法是:有条件的地方覆盖前先深翻改土、施足土杂肥并加入适量氮肥后灌水。然后进行树盘覆盖。一般覆盖厚度 10～15 cm,667 m² 用干物料量 1 000～1 500 kg,以后年年补充,保持厚度不变,覆盖有机物后压少量土,以防风吹和火灾。但注意行间要留出 50 cm 宽的作业道,以便灌水和进行其他管理。覆盖物经 3～4 年风吹雨淋和日晒,大部分分解腐烂后可一次深翻入土,然后再重新覆盖,

图 4-5　果园覆草

继续下一个周期。也可于覆草当年秋后进行翻压,翌年重新覆草。

　　果园覆草后,应加强病虫害防治,草被应与果树同时进行喷药。对容易积涝的果园,缩小覆盖面积(如只盖树盘)并修好排水沟,确保雨季顺利排水。覆盖用草应尽量细碎,才能迅速生效。深施有机肥时,应扒开草被挖沟施下,然后再将草被覆盖原处。多年覆草后应适当减少氮肥施用量。

【知识链接】

有机覆盖的优缺点

　　覆盖有机物可以防止水土流失,抑制杂草生长,防止返碱,减少蒸发,降低地表温度和缩小昼夜变化幅度,增加有效态养分和有机质含量,并能防止磷、钾、镁等被土壤固定而成无效态,对团粒结构形成也有显著效果,尤其是对旱地果园和山地果园,是不可多得的好办法。但覆盖有机物后,具有易招致鼠害,加重病虫害,清扫果园困难,春季地温回升慢,易引起果园火灾和造成根系上浮的弊端。

(二)地膜覆盖

地膜覆盖指用塑料薄膜将园地覆盖(图 4-6)。在土壤瘠薄、干旱,又无草源的地区,应用较广泛。特别是常有春旱发生的地区,提倡覆盖地膜。

白色地膜　　　　　　　无纺布黑色地膜

图 4-6　覆盖地膜

具体做法是：早春土壤解冻后，先在覆盖的树行内进行化学除草，然后打碎土块，将地整平。若土壤干旱，应先浇水。然后用两条地膜沿树两边通行覆盖，将地膜紧贴地面，并用湿土将地膜中间的接缝和四周压实。同时间隔一定距离在膜上压土，以防风刮。树冠较小时，可单独覆盖树盘。覆盖地膜前最好先深翻熟化，增施有机肥或埋入作物秸秆。有条件的地区或果园，还可以春覆地膜增温保墒，夏季覆草保墒调温，覆膜、覆草综合运用。

根据不同目的选用不同的地膜材料，如在幼树定植后，为了增加早春地温和防止水分蒸发，宜选用白色地膜；为了保湿和防草可以选用黑色地膜；为了增加果实着色均匀，可以铺银色反光膜。覆膜具有良好的增温、保墒效果，据试验资料证明，早春果园覆膜后，$0\sim20$ cm 土层的地温比对照高 $2\sim4℃$，土壤含水量比清耕果园的土壤含水量高 2% 左右。但由于覆膜不能为土壤提供有机质，且覆膜后地温高，土壤有机质矿化分解速度加快，养分易流失，且容易引起白色污染。

山东青岛农业大学研发了一款无纺布黑色地膜（见图4-6）。与塑料地膜相比，它不仅具有提温、保墒、防草等优点，而且由于无纺布透气性好，可以维持果树根系良好的呼吸作用，促进根系的生长和新陈代谢，防止由于无氧呼吸而造成的根系腐烂等问题。覆盖此种地膜还能有效保持土壤湿度，减少浇水的频率，使土壤内水分变化幅度相对平缓，有利于维持果树良好的生长环境，增强对病害的抵抗力。此外，它还具备可降解的优点，加上其制造工艺简单，使用年限可控，环保无污染，在现代农业上将有广阔的发展和应用前景。

【工作页】4-1 调查果园土壤管理制度及应用效果

果园土壤管理制度及应用效果

调查地点	调查项目					
	树种	树龄	采用的土壤管理制度	应用后效果	存在不足	建议

【技能单】4-1 果园树盘管理

一、实训目标

通过实训，学生学会现代果园土壤管理的基本技能。

二、材料用具

1. 材料 稻草（旧草苫）。

2. 用具 铁锹、耙子、灌水用具、钢卷尺等。

三、实训内容

1. 修建树盘 按树冠垂直投影的大小修方形树盘，要求土埂高 20 cm 左右。同一行果树的树盘大小要一致，小树按大树标准做，小树树盘不得小于直径 1.6 m。

2. 松翻　将树盘内土松翻一次,深度 20 cm,树干基部稍浅些,以免伤根。然后将土块打碎耙平。

3. 树盘覆盖　在距树干 50 cm 以外、树冠投影范围内覆草,厚度 15~20 cm。覆草后适当拍压,再在覆盖物上压少量土,以防风吹和火灾。

四、实训提示

本次实训最好结合生产进行,要求每 2 人修若干个树盘,完成生产任务并进行项目考核。以便学生在实际操作中掌握技术。

五、考核评价

考核项目	考核要点	等级分值				考核说明
		A	B	C	D	
态度	遵纪守时,态度积极,团结协作	20	16	12	8	1.考核方法采取现场单独考核加提问。 2.实训态度根据学生现场实际表现确定等级。
技能操作	1.树盘大小符合要求 2.土埂直且高度符合要求 3.树盘内土壤松翻深度符合要求 4.覆盖厚度和均匀程度符合要求 5.进行了压土处理,现场整洁 6.爱护工具,注意安全	60	48	36	24	
理论知识	教师根据学生现场答题程度给予相应的分数	20	16	12	8	

六、实训作业

结合操作,总结树盘管理的方法。

 任务 2　果园施肥技术

任务 2.1　果树秋施基肥

● 任务实施

一、选择基肥种类

基肥通常以腐熟的有机肥为主,包括农家肥、饼肥、绿肥和生物有机肥。

1. 农家肥

(1)家畜粪尿　以家畜(包括猪、牛、马、羊等)的粪尿为主,掺以各种垫料、饲料残渣积制而成的有机肥料,通常叫作厩肥。其中猪粪质地较细,C/N 比小,腐熟后形成大量腐殖质,积制过程中发热量少,温度低,为温性或冷性肥料;牛粪质地细密,含水量高,有机质分解慢,发酵温度低,是冷性肥料;马粪质地粗,分解快,发热量大,为热性肥料;羊粪质地细密而干燥,养分含量丰富,积制过程中发热量低于马粪而高于牛粪,也为热性肥料。羊粪中氮、磷、钾含量最高,猪、马次之,牛粪最少。家畜粪尿施用时一般多作基肥,腐熟程度好的也可以作追肥。

(2)禽粪 是鸡粪、鸭粪、鹅粪、鸽粪等的总称,它是容易腐熟的有机肥料。

2.饼肥

饼肥种类很多,主要有大豆饼、菜籽饼、棉籽饼、花生饼、蓖麻饼、桐籽饼等。饼肥中含有大量的有机质、蛋白质、剩余油脂和维生素等,养分浓度高。饼肥可作基肥和追肥,施用前必须把饼肥打碎,并经过发酵腐熟,否则施入土中继续发酵产生高热,易使作物根部烧伤。饼肥为迟效性肥料,应注意配合施用适量速效性氮、磷、钾化肥。

3.绿肥

凡利用植物绿色体作肥料的均称绿肥,专作绿肥栽培的作物称为绿肥作物。生产上应用较多的绿肥品种有三叶草、苜蓿、田菁、苕子、沙打旺、草木樨、紫穗槐等。绿肥作物大多具有较强的抗逆性,可改良土壤障碍。绿肥的利用方式有3种:一是直接翻压还田;二是收割后作为堆沤肥的材料;三是作为饲料过腹还田。

4.生物有机肥

生物有机肥集农家肥的有机养分,化肥的化学营养物质及有益生物菌群于一身,不仅可供给作物各种营养物质,起到增加作物产量的目的,还可以增加土壤有机质,改良土壤,协调土壤水、肥、气、热之间的关系,尤其是其含有的大量活性菌可增加和活化土壤有益微生物,抑制土壤有害微生物的产生,防治土壤再植病及病虫害的发生。另外,生物有机肥含有的多种氨基酸和总糖可直接被根系吸收,明显改善果实品质。

生物有机肥的指标含量:含有机质≥30%,氮、磷、钾总和≥4%,钙、镁、铁、锌、硼等适量,pH 7.0左右,含水量≤20%,有效活菌数0.2亿/g。

【知识链接】

基肥及其作用

基肥主要指秋季向土壤中施入的肥料,是可以较长时期供应果树多种养分的基础肥料。它除含主要元素外,还含有微量元素和许多生理活性物质,包括激素、维生素、氨基酸、葡萄糖、DNA、RNA、酶等,故又称完全肥料。大多数有机肥料需要通过微生物的分解释放才能被果树根系吸收,故也称迟效性肥料。基肥可以起到增加果园土壤有机质含量,改善土壤理化性质,促进有益微生物活动等作用,同时有机肥料还能预防和减轻农药及重金属对土壤的污染。

未腐熟农家肥的特点

未腐熟的农家肥一般具有以下特点,一是氮素以尿酸形态为主。尿酸盐不能直接被作物吸收,而且对作物的根系生长有害;二是含盐分较多,容易使土壤盐化,出苗不整齐,生根慢;三是自带较多的病菌、虫卵,易引发病虫害;四是含量不稳定,无法保证足够的养分,且易烧苗烧根。因此,农家肥应先堆腐后施用。

常用有机肥料的主要养分含量

生产中常用有机肥料的主要养分含量见表4-1。

表 4-1 常用有机肥料主要养分含量 %

肥料种类	氮	磷	钾	肥料种类	氮	磷	钾
厩肥	0.50	0.25	0.50	苕子	0.56	0.63	0.43
人粪	1.00	0.36	0.34	紫云英	0.48	0.09	0.37
人尿	0.43	0.06	0.28	田菁	0.52	0.07	0.15
人粪尿	0.50~0.80	0.20~0.60	0.20~0.30	草木樨	0.52~0.60	0.04~0.12	0.27~0.28
猪粪	0.60	0.40	0.44	苜蓿	0.79	0.11	0.40
马粪	0.50	0.30	0.24	芝麻	1.94	0.23	2.20~5.00
牛粪	0.32	0.21	0.16	蚕豆	0.55	0.12	0.45
羊粪	0.65	0.47	0.23	绿豆	2.08	0.52	3.90
鸡粪	1.63	1.54	0.85	紫穗槐	3.02	0.68	1.81
鸭粪	1.00	1.40	0.62	大豆	0.58	0.08	0.73
鹅粪	0.55	0.54	0.95	豌豆	0.51	0.15	0.52
鸽粪	1.76	1.78	1.00	花生	0.43	0.09	0.36
土粪	0.17~0.53	0.21~0.60	0.81~1.07	红三叶	0.36	0.06	0.24
蚕渣	2.64	0.89	3.14	沙打旺	0.49	0.16	0.20
城市垃圾	0.25~0.40	0.43~0.51	0.70~0.80	小麦草	0.48	0.22	0.63
垃圾土	0.2~0.31	0.16	0.37~0.46	玉米秸	0.48	0.38	0.64
泥粪	2.00	0.30	0.45	稻草	0.63	0.11	0.85
棉籽饼	5.60	2.50	0.85	满江红	0.19	0.03	0.08
菜籽饼	4.60	2.50	1.40	水葫芦	0.12	0.06	0.36
花生饼	6.40	1.10	1.90	水草	0.87	0.50	2.36
蓖麻饼	4.98	2.06	1.90	木灰	—	2.50	7.50
蚕豆饼	1.60	1.30	0.40	谷壳灰	—	0.80	2.90
草灰	—	1.60	4.60	普通堆肥	0.40~0.50	0.18~0.26	0.45~0.70

注:摘自《果树栽培学总论》第三版。

二、施用基肥

(一)确定施用时期

基肥的肥效缓慢,应以秋季施用最好,宜早不宜晚,即一般在 8 月下旬至 9 月上旬为好。因为秋季正值果树根系的生长高峰期,根系吸收能力强,断根愈合快,有利于新根产生和养分吸收;同时秋季气温较高,雨量充沛,有机肥分解时间较长,矿质化程度高,翌春可及时供给根系吸收利用;第三,秋季新梢处于缓慢或停止生长状态,根系吸收的矿质营养可提高叶片光合效能,增加树体贮藏养分,促进花芽分化,增强果树越冬抗寒能力,促进翌年根系生长发育。

(二)确定基肥施用量

基肥的施用量因果园的土壤状况、树体生长发育状况、树种和品种不同而不同,目前生产中没有一个统一的施肥量标准。一般情况下幼树每年株施厩肥 25～50 kg,初果期树每年株施 100～150 kg,盛果期树每年株施 150～200 kg。也可按照果树的产量进行施肥,生产经验有斤果斤肥或斤果斤半肥。

(三)施基肥

基肥一般采用土壤深施的方法,秋施基肥可结合果园深翻进行,也可单独进行,施肥部位在树冠投影范围内。常用的土壤施肥方法主要有以下几种类型。

1.环状施肥

在果树树冠投影处挖一宽 30～60 cm,深 30～50 cm 的环状沟,将肥料撒入沟内或肥料与土混合撒入沟内,然后覆土踩实。随树冠扩大,环状沟逐年向外扩展。此法具有操作简便、用肥经济的特点,但易切断水平根,且施肥范围小。因此适于根系分布较小的幼树与结果初期的树(图 4-7)。

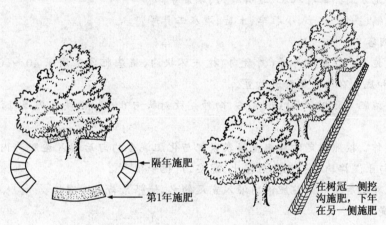

图 4-7 环状施肥(左)、条沟施肥(右)

2.条沟施肥

是在果树行间、株间树冠投影处开 1～2 条沟。一般沟深 30～60 cm,沟宽 30～50 cm,将肥与土混拌均匀撒于沟内,覆土踩实。如果两行树冠接近时,可采用隔行开沟,次年更换的方法。一般适用于成年果树施基肥(图 4-7)。

3.放射沟施肥

在树盘或树盘外围,距主干约 1 m 处,以主干为中心向外呈放射状挖 4～8 条沟,沟宽 30～50 cm,深 15～60 cm。距主干越远,沟越加宽加深(图4-8)。将肥料施入沟内或与土混合施入沟内,然后

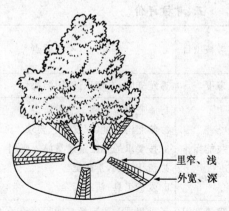

图 4-8 放射沟施肥

覆土踩实。此种施肥方法较环状沟施肥伤根少,但挖沟时也会伤及大根,故应隔次更换放射沟位置,以扩大施肥面积促进根系吸收。比较而言,此种施肥方法的施肥部位具有一定的局限性。根据树冠与根系的相关性,放射状沟的开挖方向最好与主枝方向错开,这样可以避免伤及主根,同时可以使肥料施在吸收根密集区,有利于肥效的发挥。此法适用于稀植果树。

4.全园施肥(撒施)

将肥料撒在距树干50 cm以外的树冠下,然后耕翻20 cm深。研究表明,地表下15 cm左右的表层根对花芽分化和果品质量的影响最大。全园撒施基肥可充分利用表层根,增加其吸收量,提高利用率。此法因施肥较浅,易导致根系上浮,降低根系对不良环境的抗性。最好与沟状施肥交替使用。根系已布满全园的成龄树或密植园,应用此法效果较好。

【技能单】4-2　果树秋施基肥

一、实训目标

通过实训,知道各种施肥方法的标准要求和注意事项,并能协作完成秋施基肥任务。

二、材料用具

1.材料　充分腐熟的有机肥、过磷酸钙、尿素等。

2.用具　镐、铁锹、耙子、小推车、土篮、灌水工具等。

三、实训内容

1.环状沟施肥　在树冠外缘(树盘内)挖一环状沟,施基肥要求沟深40～50 cm,宽30～50 cm。表土和底土在沟两侧分开放置。

2.放射沟施肥　距树干50 cm左右,向外挖放射状沟6～8条,要求内浅外深,内窄外宽。沟深度同上。

3.施肥操作　按照规定的施肥量将农家肥与化肥混合均匀后填入施肥沟内,然后填入少量表土,将肥与土混拌均匀。施肥后覆土、踩实、用耙子搂平。

4.灌水　施肥后立即向施肥沟内灌入充足的水,使根系与土壤密接。

四、实训提示

本次实训最好结合生产进行,要求每4人一组,用两种方法各施几株果树,完成生产任务,以便学生在实际操作中掌握技术。

五、考核评价

考核项目	考核要点	等级分值				考核说明
		A	B	C	D	
态度	遵纪守时,态度积极,团结协作	20	16	12	8	1.考核方法采取现场单独考核加提问。 2.实训态度根据学生现场实际表现确定等级。
技能操作	1.施肥沟位置确定适宜 2.施肥沟宽度、深度符合要求 3.按要求的施肥量足量施入肥料 4.覆土严实,不露肥 5.爱护工具,注意安全	60	48	36	24	
理论知识	教师根据学生现场答题程度给予相应的分数	20	16	12	8	

六、实训作业

1.秋施基肥何时施用效果最好？为什么？

2.总结秋施基肥的常用方法。

任务 2.2　果树追肥技术

● 任务实施

一、选择追肥的种类

追肥指生长季根据树体需要而追加补充的速效性肥料,追肥的目的是满足果树生长发育期间对养分的要求,一般多施用无机速效性肥料,如氮肥、磷肥、钾肥、钙肥、微肥、复合肥等。

1.氮肥

氮肥可分为铵态氮肥、硝态氮肥和酰胺态氮肥 3 大类,铵态氮肥包括硫酸铵(含氮 20%～21%)、氯化铵(含氮 24%～25%)、碳酸氢铵(含氮 16.8%～17.5%)等;硝态氮肥包括硝酸铵(含氮 33%～34%)等;酰胺态氮肥包括尿素(含氮 46%)、石灰氮等。硫酸铵、氯化铵,二者均为生理酸性肥料,遇碱性物质分解易生成氨气,不能与草木灰等碱性物质混合储存或施用。尿素和碳酸氢铵是我国最主要的氮肥品种,尿素在地温低时要提前 1 周施入。碳酸氢铵要深施覆土以减少氨的挥发。所有氮均应避免随水冲施,尤其是沙质土壤,应采用少量多次的沟施原则。

2.磷肥

常见的有过磷酸钙(含 P_2O_5 12%～18%)和钙、镁、磷肥(含 P_2O_5 14%～18%),均为低浓度磷肥。从理化性质上看,过磷酸钙是水溶性磷肥,适宜在中性、碱性和微酸性土壤上使用;钙、镁、磷肥是弱酸溶性磷肥,适用于酸性土壤。此外,还有磷酸一铵(含氮 11%,含磷量51%～53%)、磷酸二铵(含氮 18%,含磷 46%),二者均为合成磷肥,含磷量较高。由于磷素在土壤中容易被固定,所以磷肥与有机肥混合以基肥的形式施入效果较好。一般不宜作追肥施用,另外最好集中施用或分层施用以增加与作物根群的接触面积,提高利用率。

3.钾肥

常见的有磷酸二氢钾(含 K_2O 35%)、硫酸钾(含 K_2O 50%～54%)、氯化钾(含 K_2O50%～60%)、硝酸钾(含 K_2O 43%～46%)、草木灰(含 K_2O 5%～10%)等。硫酸钾、氯化钾价格低,以土壤施入为主;硝酸钾成本高,以冲施为主;磷酸二氢钾以叶面喷施为主;草木灰为碱性肥料,不宜与铵态氮肥或酸性肥料混合。另外,钾肥最好在幼果期施入,对果实膨大及品质提高有积极作用,钾肥最好施在根系附近,提高利用率。

4.钙肥

常见的有钙、镁、磷肥(含钙 21%～24%)、过磷酸钙(含钙 18%～21%)、硝酸钙(含钙19.4%)、氯化钙(含钙 53%)、石膏(含钙 22.3%)、磷矿粉(含钙 20%～35%)等,酸性土壤上钙肥与有机肥配合施入效果较好,或者叶面喷施,石灰不宜大量或连年施用,碱性土壤一般不缺钙。

5.微肥

微肥是指含有 B、Mn、Zn、Mo、Cu、Fe 等微量元素的化学肥料。生产上最常用的硼肥种类是硼砂(含硼 11%)、硼酸(含硼 17%),一般喷施的浓度为 0.1%～0.2%。根外追肥常用的锌肥是 0.2%～0.3%的硫酸锌(含锌 35%)。常用的锰肥是硫酸锰(含锰 24%～28%),喷施的浓度为 0.2%～0.3%。最常用的铁肥是硫酸亚铁(含铁 20%),喷施的浓度为 0.3%～0.5%。

6.复合肥料

复合肥料指在一种化学肥料中,同时含有 N、P、K 等主要营养元素中的 2 种或 2 种以上成分的肥料。如磷酸铵、磷酸二氢钾、硝酸钾等。

二、追肥

(一)确定追肥时期

追肥主要在生长季根据果树各个物候期的需肥特点,在果树需肥量大时及时进行。目前生产上果树的主要追肥时期有以下几次。

1.花前肥

在果树春季萌芽前后(4 月中、下旬)进行,可促进果树萌芽整齐、开花一致,提高坐果率。此次追肥主要以氮肥为主。

2.花后肥

一般在落花后(5 月中、下旬)进行,此次追肥起到减少生理落果、促进枝叶生长和果实发育的作用。以氮肥为主,配合适量磷、钾肥。

3.膨果肥

在果实迅速膨大和花芽分化期进行,起到促进果实增大,提高产量,有利于花芽分化和枝条成熟的作用。由于各树种和品种花芽集中分化的时期不一致,因此追肥的时间也存在差异。如苹果花芽分化集中在 6 月中旬,追肥时间应在 5 月底 6 月初;甜樱桃花芽集中分化期在采果后 10～15 d,应在采收后马上追肥。此次追肥要氮、磷、钾肥配合施用。

4.熟前肥

在果实采收前 2 周进行,补充果树由于大量结果造成的营养亏损,满足后期花芽分化的需要,改善果实品质,延长叶片的功能期,提高树体贮藏营养的水平。此次追肥可与秋施基肥同时进行。以磷、钾肥为主,对于结果多的树、弱树可加入一些氮肥。

除以上几次主要追肥时期外,追肥时还要考虑到肥料的种类和性质、肥料的施用方法、土壤条件、气候条件、果树种类和生理状况等。如苹果、梨追肥以果实膨大期和着色前为主,可与基肥同时施入,幼果膨大期施入总量的 1/3,着色前施入总量的 2/3;葡萄可于花前、幼果膨大期、着色前 3 次施入,各施入总量的 1/3(巨峰葡萄花前可不施肥);桃、李、杏可于幼果膨大期、硬核后、采收后 3 次施入,各施入总量的 1/3(如果实生育期短的果树硬核后可不施);甜樱桃可于幼果膨大期、采收后、秋季 3 次施入,各施入总量的 1/3;草莓可于第一茬果幼果膨大期及每次采果后平均施入;枣树可于花期、生理落果后及早秋 3 次施入,各施总量的 1/3。如头年秋季施肥的果园,第二年前期应加大施肥用量;沙质土壤可少量多次追肥。另外,根据土壤理化状况及果树营养特性可于基肥中施入一定的中微量元素,或在不同的生育时期叶面喷施一定浓度的中微量元素肥料。如辽东或辽南棕壤微酸性土壤的果园,花前喷1~2次0.2%的硼砂水溶液,幼果期连喷3次0.5%的硝酸钙或1%的氯化钙。辽西褐土地区需适当补充铁肥和锌肥。

(二)计算追肥量

不同地区不同土壤及不同年龄时期的树,追肥的数量和次数不同。在无公害果园大量施用有机肥的情况下不宜多行地面追肥,以每年2~3次为宜。旺壮树追肥次数宜少,大年树、衰弱树追肥次数宜多;高温多雨地区或沙质土,肥料易流失,追肥宜少量多次;反之,追肥次数可适当减少。幼树追肥次数宜少,应于新梢生长前和旺盛生长期进行;初果期树,应于花前、花芽分化前和秋梢停长后追肥;盛果期树应于花后追肥。盛果期树追肥次数应增多。具体施肥量应根据土壤供肥能力和目标产量确定。不同树种的结果树每生产100 kg果实需要纯氮、磷、钾的量如表4-2所示。

表4-2　每100 kg果实需要的纯氮、磷、钾的量　　　　　kg

树种	氮(N)	磷(P)	钾(K)
苹果、梨	1~1.2	0.5~0.6	1~1.2
葡萄	1~1.2	0.6~0.8	1.2~1.6
桃、李	0.8~1.0	0.3~0.5	1.0~1.2
杏	1.5	0.5~0.6	1.2~1.5
甜樱桃	1.0~1.5	0.4~0.6	0.8~1.2
草莓	0.6~0.8	0.3	0.8~1.0
枣树	1.5	1.0	1.1

例如,667 m² 产3 000 kg以下的苹果园、每生产100 kg果实应施纯氮1 kg,纯磷0.5 kg,纯钾1 kg;667 m² 产3 000 kg以上的苹果园,每生产100 kg果实应施纯氮1.2 kg,纯磷0.6 kg,纯钾1.2 kg。折合用尿素(含氮46%)、磷酸二铵(含氮18%,含磷46%)、硫酸钾(含钾50%)各多少?

(1)667 m² 产3 000 kg以下的苹果园,因磷酸二铵中含18%氮,因此应先计算磷肥的用量。

①每100 kg果所需纯磷0.5 kg,折合磷酸二铵用量为:(每100 kg果所需纯磷0.5 kg÷二铵的磷含量46%)=(0.5÷46%)=1.09 kg。

所用磷酸二铵中含氮18%,因此1.09 kg磷酸二铵含氮=(1.09×18%)=0.20 kg。

②每100 kg果所需纯氮1 kg,减掉所用磷酸二铵中的氮量0.20 kg为:(1-0.2)=0.8。因此每100 kg果所需纯氮折合尿素用量为0.8 kg÷尿素中的氮含量46%=0.8÷46%=1.67 kg。

③每100 kg果所需纯钾1 kg,折合硫酸钾用量为:(每100 kg果所需纯钾1 kg÷硫酸钾

中钾的含量 50%）＝1÷50%＝2 kg。

（2）667 m² 产 3 000 kg 以上的苹果园，计算方法与 3 000 kg 以下的果园相同。

注：如施入有机肥，则化肥的施入量应减掉有机肥中氮磷钾的含量，其他果树的用肥量计算方法相同。

【知识链接】

肥料利用率

肥料利用率是指作物吸收来自所施肥料中的养分数量与所施肥料中的养分数量比率。肥料的利用率高低，与作物种类、品种，土壤理化性状，气候状况，耕作管理水平，肥料种类及施肥量和方法等因素有关。果树常用肥料当季利用率如表 4-3 所示。

表 4-3　常用肥料当季利用率　　　　　　　　　　　　　　　　　　　%

肥料种类	利用率	肥料种类	利用率
圈肥	20～30	尿素	30～50
堆肥	25～30	过磷酸钙	25
新鲜绿肥	30	钙、镁、磷肥	25
草木灰	30～40	硫酸钾	50
碳酸氢铵	27	氯化钾	50

（三）追肥

追肥的施用方法有土壤施肥和叶面喷肥两种。

1.土壤施肥

可参考秋施基肥的施肥方法进行。也可以进行冲施，即将肥料撒于树盘后放水或将肥料溶于水中灌于树盘下。这种施用方式见效快，但养分利用率低，土壤易板结，因此在一个生长季节冲施肥的次数不要超过 3 次。此外对于养殖业较发达的果区也采用随灌水追施禽畜肥的方法，即在果园地头设一粪池，将禽畜粪在其中发酵腐熟后进行追肥。特点是省时省工，肥效稳定，有利于培肥改良土壤。施肥深度 10～15 cm。

2.叶面喷肥

叶面喷肥是在果树生长发育期间，通过地上部分器官（叶片、新梢和果实等）补给营养的技术措施。其特点是省肥、省工、速效，不受养分分配中心的影响，同时不受土壤条件的限制，可以避免肥料在根系施肥中的流失、淋失和固定，还可与农药混合施用。生产中常用于补充土壤追肥、矫治果树的缺素症和干旱缺水地区及果树根系受损情况下追肥。叶面喷肥效果与叶片的吸收强度、叶龄、肥料种类、浓度、喷布时期和气候条件等有关，并只能在当年或生长季节中有效，不能完全代替土壤施肥。

叶面喷肥要合理选择肥料的种类、浓度，具体可参考表 4-4。喷布时间选择无雨的阴天或晴天 10 时以前或 16 时以后。喷布部位以叶背和嫩叶为好。生产上全年可喷 4～5 次，一般生长前期 2 次，以氮为主；后期 2～3 次，以磷钾为主；还用于补施果树生长发育所需的微量元素。生产上提倡喷施多元微肥。

表 4-4　果树常用叶面喷肥的种类、浓度　　　　　　　　　　　%

肥料名称	浓度	肥料名称	浓度
尿素	0.3～0.5	硫酸锌	0.2～0.3
硫酸铵	0.2～0.3	硫酸镁	0.1～0.3
硝酸铵	0.1～0.3	硫酸锰	0.2～0.3
过磷酸钙	0.5～1.0	草木灰	1.0～3.0
磷酸二氢钾	0.3～0.5	螯合铁	0.05～0.1
硫酸钾	0.3～0.5	硼酸	0.2～0.5
硫酸亚铁	0.3～0.5	硼砂	0.1～0.3

【拓展学习】

现代果园施肥技术

我国各地果产区根据当地环境条件、果树需肥特点、生产技术水平,充分利用现代科技成果,在果园施肥中,取得了较高的经济效益。如在丘陵山地、河滩荒地及干旱少雨地区采用的穴贮肥水技术、树干强力注射施肥技术、挂瓶输液技术、滴灌施肥技术等。

(1)穴贮肥水技术　它是一种节约用水、集中使用肥水和加强自然降水的蓄水保墒作用的新技术。适于丘陵山地、河滩荒地及干旱少雨地区。操作方法是:春季发芽前,在树冠投影内挖 4～8 个直径 30～40 cm,深 40～50 cm 的穴,穴内放 1 个直径 15～20 cm 的草把,草把周围填土并混施 50～100 g 过磷酸钙,50～100 g 硫酸钾,再将 50 g 尿素施于草把上覆土,每穴浇水 3～5 kg。然后将树盘整平,上覆地膜,并在穴上地膜中间穿一小孔。孔上压一石块,在生长季节利用小孔追肥、灌水(图 4-9)。

(2)树干强力注射施肥技术　该技术是将果树所需的肥料配成一定浓度的溶液,从树干直接注入树体内,并靠机具持续的压力将进入树体的肥液输送到根、枝和叶部,直接被果树吸收利用。此法常用于矫治果树的缺素症。一般在 3～4 月份和比较干旱时使用。操作方法是:先用钻头在树干基部垂直钻 3 个 3～4 cm 的孔,将针头用扳手旋入孔中。拉动拉杆,将注泵和注管吸满肥液,排净空气,连接针头,即可注肥。注射中应使压力恒定在 10～15 MPa。肥液浓度为 1%～3%,每株用量为 100～200 mL。

(3)挂瓶输液技术　它是利用输液瓶(袋)、输液管和专用针头,靠输液瓶中液面与针头间高度差形成的压力,自动将微肥或专用肥料液体缓慢输入树干的一种施肥技术。此法对补充某种元素和富集某种元素(钙、硼、锌、碘、硒等)有较好效果。操作方法是:在果树主干基部选平整无伤疤处,利用电钻与树干呈 80°夹角钻若干个输液孔(当主干直径<20 cm 时钻 2～3 个孔,直径>20 cm 时钻 4 个以上孔)。将肥液按要求稀释后装入输液瓶,然后把输液管和专用针头连接后再与输液瓶相连,排出管中气体,把针头插入钻孔后即可进行输液(图 4-10)。待液体滴完后,将树干部堆土,封闭注孔。应用此项技术时注意肥液浓度要适宜,以防因浓度过大灼伤叶片,甚至造成死树。

(4)滴灌施肥技术　又称为水肥耦合技术或水肥一体化技术,它是利用压力灌溉系统,将肥料溶于施肥器中,并随水通过各级管道,最终以点滴的形式施入土壤或作物根区的施肥过程,国外称灌溉施肥。它是一种精准施肥,比常规施肥节省肥料 50% 以上。滴灌施肥系统主

图 4-9　穴贮肥水

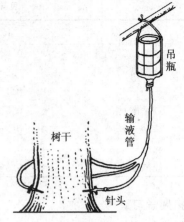

图 4-10　果树挂瓶

要包括以下几部分：水源（山泉水、井水、河水等）、加压系统（水泵、重力自压）、过滤系统（通常用 120 目叠片过滤器）、施肥系统（泵吸肥法和泵注入法）、输水管道（常用 PVC 管埋入地下）、滴灌管道等。主要技术点为按照果树需肥规律和产量确定施肥量和施肥时期（见施肥量计算），然后选择可溶性肥料，溶于灌溉水中，根据果树营养临界期滴入果树根部。滴灌施肥常用的肥料有：尿素、硝铵溶液、硝酸钙、氯化钾、硝酸钾、硫酸钾、其他水溶性氮磷钾复合肥等。

平衡施肥技术

平衡施肥是国内外配方施肥中最基本和最重要的方法。它具有用肥科学，优质稳产增效，培肥果园土壤，保护生态环境，防止肥料污染等诸多功效和优点。它可以分为叶分析法和养分平衡法两种。养分平衡法是根据果树需肥量与土壤供肥量之差来计算实现目标产量的施肥量，由果树目标产量、果树需肥量、土壤供肥量、肥料利用率和肥料中有效养分含量等 5 个参数构成平衡法计量施肥公式，可告诉人们施用多少肥料，其算式表达式是：

$$施肥量（kg/hm^2）=（果树达到目标产量的吸收营养元素量-土壤供肥量）/[肥料中有效养分含量（\%）\times 肥料利用率（\%）]$$

果树作物目标产量是根据树种、品种、树龄、树势、花芽及气候、土壤、栽培管理等综合因素确定当年合理的目标产量。果树的需肥量可根据果树年周期中干物质增长量分析计算获得。土壤供肥量：土壤氮的供应量约为吸收量的 1/3，磷为吸收量的 1/2，钾为吸收量的 1/2，肥料利用率根据各地试验结果为：氮约为 50%，磷为 30%，钾为 40%。肥料中有效养分含量因肥料种类不同而不同。

叶分析技术是根据果树叶片内各种矿质元素含量的测定值与标准值的对比，判断树体养分的盈亏程度，并通过试验分析确定具体施肥量及配比，它可以分为叶样采集、叶样制备、样品测试、结果分析、平衡施肥 5 个步骤。平衡施肥的最终方向是平衡配套施肥，形成"测、配、产、供、施"完整技术体系。即针对每一个果园采用分析仪器自动精确测量土壤及叶片各矿质元素含量，由微机的施肥数据库进行自动分析给出配方。由专业厂家按配方生产个性化复合专用肥供给果园，最后按果树生产要求进行施肥。

任务3 果园灌水排水技术

● 任务实施

一、果园灌水

(一)确定灌水时期

1.根据土壤含水量

用测定土壤含水量的方法确定具体灌水时期,是较可靠的方法。一般认为当土壤含水量达到田间持水量的60%～80%时,最符合果树生长结果的需要。因此,当土壤含水量低于田间持水量的60%以下时,应进行灌水。

2.根据果树生长发育时期

果树不同生育阶段对水分的需求量是不同的,在下述物候期中,如土壤含水量低时,必须进行灌水。

萌芽与开花期:北方地区春季多干旱,萌芽前灌水对果树生长尤其重要。

新梢迅速生长期:常称为果树的需水临界期,对新梢生长和幼果发育至为关键。

果实迅速膨大期:果实生长迅速,又是高温季节,保证水分供应对果实膨大和花芽分化均有良好影响。

果树休眠前:北方地区在土壤结冻前灌水,对果树越冬非常有利。

【知识链接】

果树的需水特点

果树在不同的物候期,对需水量有不同的要求。一般果树生长前半期水分供应充足有利于生长与结果;而后半期要控制水分,保证枝条及时停止生长进入休眠。

(1)萌芽期 土壤含水量应达到田间持水量的70%～80%。水分不足,使萌芽延迟,或萌芽不整齐,影响新梢生长。但此期水分不宜太多,否则会降低地温,导致根系活动迟缓。

(2)花期 土壤含水量应达到田间持水量的60%～70%,土壤水分充足、稳定,花期长,落花落果轻,利于坐果。

(3)花芽分化临界期 土壤含水量应达到田间持水量的50%～60%。土壤适当干旱,有利于花芽分化。该时期应适当控水,使春梢生长变缓慢,全树约75%的新梢(生长点)及时停止生长,花芽分化较理想。

(4)果实膨大期 土壤含水量应达到田间持水量的80%。土壤水分充足,果实发育快,果形好。

(5)成熟期 土壤含水量应达到田间持水量的80%。着色期对水分要求较严,干旱、湿度小,不利于着色。采收前水分要稳定,水分波动大,易引起裂果,加重采前落果;水分过多,果实品质降低,不耐贮。

(6)休眠期　土壤含水量应达到田间持水量的 80%～90%,土壤水分充足,利于越冬休眠。

(二)选择灌水方法

1.沟灌

是地面灌溉中较好的方法。即在果树行间开沟,把水引入沟中,靠渗透湿润根际土壤。此法具有节省灌溉用水,使全园土壤湿润均匀,不破坏土壤结构的特点,而且土壤通气良好,有利于土壤微生物的活动,还可减少果园中平整土地的工作量,便于机械化操作。

灌水沟的数量,可因栽植密度和土壤类型而异。一般可在树冠一侧开沟,也可在树冠两侧开沟。密植园可在两行树之间只开一条沟。沟宽、深各为 30～40 cm。

2.树盘灌水

是以树干为中心,在树冠投影下的地上,用土做垄围成圆盘或方盘,盘与灌溉渠道相通。灌溉时使水流入盘内,以灌满树盘为宜,灌溉后把松表土或用草覆盖,以减少水分蒸发。此种方法用水较为经济,但湿润土壤的范围较小。是山区梯田、坡地和幼树经常采用的灌水方法。

3.穴灌

即根据树冠大小,在树冠投影的外缘挖 6～8 个直径 25～30 cm,深 20～30 cm 的穴,将水注入穴中,待水渗后埋土保墒。在灌过水的穴上覆盖地膜或杂草,保墒效果更好。此法用水经济,湿润根系土壤范围较为宽广和均匀,不会引起大面积土壤板结。在水源缺乏地区采用此种方法较好。

4.果园滴灌

滴灌是节水灌溉的方法之一,可比地表灌溉方法节约用水 50% 左右,它是利用水渠压力,通过配水管道,将水送达地下管道,在低压管理系统中送达滴头,使水成滴状和小细流滴入土中而进行的灌溉。完整的果树滴灌系统由水源工程和滴灌系统组成,其中水源工程包括水库、抽水站、蓄水池等,滴灌系统包括加压泵、过滤器、流量调节装置、调压装置、水表、各级管道(干管、支管和毛管)、滴头等(图 4-11)。在滴灌系统中可增加化肥注入装置。

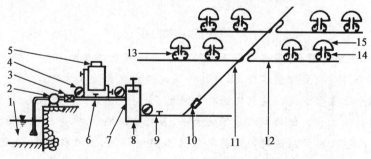

图 4-11　滴灌系统

1.水源　2.水泵　3.流量计　4.压力表　5.化肥罐　6.阀门　7.过滤器　8.排水管　9.干管　10.流量调节阀　11.支管　12.毛管　13.滴头　14.短引管　15.果树

滴灌时间应掌握湿润根系集中分布层为度。滴灌间隔期应以果树生育进程的需求而定。通常在不出现萎蔫现象时,无须过频灌水。

5.果园喷灌及微喷

果园喷灌是利用机械和动力设备,将水喷射至空气中,形成细小水滴来灌溉果园的技术措施,是果园节水灌溉方式之一。它可以起到节约用水(用水量为地面灌溉的 1/4),保护土壤结构;调节果园小气候,清洁地面;提高果实的产量和质量等作用。遇到霜冻时喷灌可以减轻冻害;炎夏喷灌可降低叶温、气温和土温,防止高温日灼伤害;同时喷灌还可以节约引水渠道用地和人工费用。

　　喷灌系统由水源、进水管、水泵站、过滤装置、输水管道(干管和支管)、竖管、喷头组成(图4-12)。有的喷灌系统还具有化肥混入装置,可以结合灌水进行施肥,是一种较理想的灌溉方法。竖管分高、矮两种,高竖管能使水滴喷到地面和树冠上,虽降低了叶面与果实的温度,但因湿度过大,易促发果树病害;矮竖管使水滴喷到树冠以下的部位,果树病害发生较轻。喷灌系统分固定式、半固定式和移动式三种类型。喷灌的基本原理是水在压力下通过管道,经由阀门进入固定或可移动管道,管道上按一定距离装有喷头,水经喷头喷出可形成细小水滴,对果园进行灌溉。喷灌的主要技术指标:一是喷灌强度,即单位时间内喷洒在一定面积上的水量或水深,其单位以 mm/min 或 cm/h 表示。要求喷洒到地表的水能及时渗入土中,不至于产生地面径流,冲刷土壤。二是水滴直径,即喷洒的水滴大小,其单位以 mm 表示。水滴过大,易造成土壤板结;水滴过小,在空中损耗大,也易受风的干扰。通常水滴直径以 1～3 mm 为宜。三是喷灌均匀度。即喷灌面积水量分布的均匀程度,用均匀系数 K 表示。K 为 1 时,各点的喷灌均匀;K 小于 1,越小喷灌越不均匀。具体应用时可根据土壤质地、湿润程度、风力大小等调节压力、选用喷头及确定喷灌强度,以便达到无渗漏、径流损失,又不破坏土壤结构,同时能均匀湿润土壤的目的。

　　微喷灌简称微喷,利用微喷头安装到滴灌系统上,形成微喷灌系统(图 4-13)。微喷灌兼

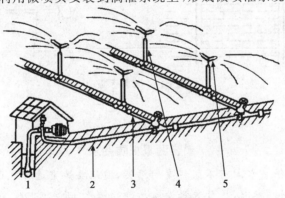

图 4-12　喷灌系统

1.泵站　2.干管　3.支管　4.竖管　5.喷头

图 4-13　果园微喷灌

有喷灌和滴灌的优点,适宜于生草制果园节水灌溉。其设备包括 4 部分,即水源、过滤系统、自动化控制和灌溉区。

6.果园渗灌

果园渗灌是借助于地下的管道系统使灌溉水在土壤毛细管与重力水的作用下,湿润作物根区土壤的一种灌溉方法。渗灌具有水质好、减少地表蒸发、能保持土壤结构疏松,节省灌溉水以及节约用地等优点,还能在水涝时起一定的排水作用。缺点是此法成本较高,时常会发生渗孔堵塞现象。

渗灌系统包括输水管道和渗水管道两个部分(图 4-14)。输水管道的作用在于连接水源,并将灌溉水通过管道输送到田间的渗水管道,输水管道可以是明渠也可以是暗管;渗水管道的作用是通过管道上部的小孔,使管道中的水渗入土壤,渗水管道为暗管。渗水管道的埋深、间距是影响渗灌质量的主要因素,埋深应根据土壤质地、果树种类、耕作要求决定,黏土埋深,沙土埋浅,一般渗水管埋设在果树树冠下距树干 1 m 以外的根系密集处,深度为 40～60 cm,埋设坡度为 1/1 000～5/1 000,管道间距根据水头压力、管道埋深及管材透水性决定,一般间距 2～3 m。渗水管中间各节的结合处用白泥灰密封,两头留出地上孔和地下口,分别作为灌水口和雨季排水口。灌溉水要经过纱网过滤,灌水后,盖严地上口。

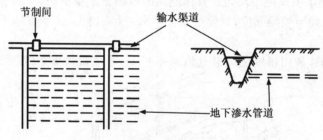

图 4-14　渗灌系统

【知识链接】

果园灌溉水质要求

我国淡水资源少,很多水源有不同程度的污染,因此要慎重选择果园灌溉用水。灌溉用水要符合国家农业灌溉水标准,尽量选择没有污染的河水、雨水、井水、泉水、地表径流水、积雪等。谨慎选择污水,有些生活污水可以作为果园灌溉用水,但工业污水,尤其是造纸厂、化工厂等高污染水不能作为果园灌溉用水。在采用喷灌和滴灌时,应特别注意灌溉水中不能含有泥沙和藻类植物,以免堵塞喷头和滴头。

果园节水栽培模式

我国每年淡水消耗有相当一部分是农业用水,而目前我国的农业用水利用率很低,这将使我国的淡水供应越来越紧张;加之我国北方很多山地、丘陵果园没有很完善的灌水设施,因此节水栽培势在必行。果园常见的节水栽培模式有以下几种:

(1)减少水分蒸发　通过果园覆草,可明显提高土壤有机质,增加肥力。还可提高土壤保水性,增产效果明显。但覆草后,土壤表层根增多,根系上浮,冬季易受冻;且草中易寄生害虫,喷药时不可忽视。此外,果树生长前期还可以在园内铺设地膜,同时具有保墒和抑制杂草生长的作用。

（2）采用节水灌溉方式　有灌溉条件的果园，尽量采用节水灌溉的方式。如喷灌、滴灌、穴灌等。

（3）增强土壤的保水能力　通过增施有机肥，改善土壤理化性状，提高土壤蓄水保水能力。还可以配合辅助保水措施，如施用土壤保水剂，提高土壤保水能力。

【拓展学习】

局部灌溉

局部灌溉是近年发展的一种节水地表灌溉方法。首次灌水只在局部面积上进行，浸润面积应占树冠投影面积的 $1/3\sim1/2$，浸润深度 $1\sim1.2$ m，第二次在未灌过水的区域进行灌水，这样轮流交替达到省水的目的。大树隔行灌溉就是局部灌溉的一种形式。这种方法既能保持果树正常生长发育，又能限制果树生长过旺，还能节约用水。

二、果园排水

排水可以增加土壤的空气含量、改善土壤理化性质，促进好氧性微生物活动，改善果树根系的生长环境。排水对地势低洼、降雨强度较大、土壤渗水不良的地区尤为重要。

北方地区 7～8 月份多雨，是排水的主要季节。此外，在果园中发生下列情况时，也应立即排水。如在河滩地或低洼地建果园，雨季时地下水位高于果树根系分布层；土壤黏重、渗水性差或根系分布区下有不透水层时；一次降雨过大造成果园积水成涝时；盐碱地雨季积水时。此外不同果树对积水的忍耐程度不同，也可作为排水时间的参考，如落叶果树中的枣、葡萄、梨耐涝，特别是梨，淹水（流水）20 d 不致死亡；苹果较耐涝（依靠抗涝砧木），最怕涝的是桃和杏，积水 2 d 即凋萎死亡。即使耐涝性强的果树，在积水条件下也会影响正常的生长、结果，因此遇涝应及时排水。特别是平原地区及土壤黏重的果园，更要重视排水或进行起垄栽培。

果园排水方法有明沟排水和暗沟排水两种。

1. 明沟排水

明沟排水是在地面挖成的沟渠，广泛地应用于地面和地下排水（图 4-15），它由总排水沟、干沟和支沟组成。明沟排水占地多，修筑明沟土方工程量大，花费劳力多，但物料投入少，成本低。

图 4-15　明沟排水

2.暗沟排水

暗沟排水多用于汇集地排出地下水,是将可以渗水的瓦陶、塑料或混凝土制成的管道铺设于地面以下,逐级汇集水分,排出园外,把地下水降低至要求的高度。此法不占用土地,不影响田间作业,排盐效果好,但成本高,易堵塞。

【拓展学习】

涝害对果树的危害

(1)根系及根域环境 排水不良的果园,根系呼吸作用会受到抑制,从而影响根系对水分和养分的吸收。当土壤水分过多时,迫使根系无氧呼吸,会引起根系生长衰弱,直至死亡。同时由于土壤通气不良,妨碍了土壤微生物的活动,从而降低了土壤肥力。

(2)地上部 果树遭受涝害后,由于根系生理机能减弱或受害死亡,营养吸收、运转等功能不能进行,从而导致地上部缺水,发生"旱象",叶片变色甚至干枯脱落,直至整株植株死亡(图4-16)。

樱桃受涝后表现　　　　　　　　葡萄受涝后表现

图4-16　果树受涝后表现

受涝果树的管理

(1)及时排水 对于受涝果树,应及时排出园内积水,扶正冲倒果树,设立支柱防止动摇,清除根际压沙和淤泥,对于裸露根系要及时培土,尽早使果树恢复原状。

(2)翻土晾晒 将根颈部分的土壤扒开晾根,及时松土散墒,使土壤通气,促使果树根系生理机能尽快恢复。果园土壤也应及时耕翻晾墒,以利于水分蒸发,促进新根生长。同时适当追施速效性肥料,以恢复树势。

(3)加强树体保护 积极防治病虫害,对病疤伤口要刮治消毒,在冬前进行树干涂白,保护皮层,防止冻伤,幼树可采取综合防护措施,确保其安全越冬。

(4)适当修剪 果树受涝后一般会损伤大量须根,为此,应对地上部加重修剪,以维持地上部和地下部水分相对平衡。对于抗涝性较弱的核果类果树,更要重回缩,保护好剪口和锯口。对于受涝的枣树必须停止开甲。对坐果多的果树要适量疏果,以防止树势衰弱。

任务4 果树花果管理技术

任务4.1 提高坐果率技术

● 任务实施

一、果树授粉

(一)人工辅助授粉

当前,虽然人们已经重视建园时授粉树的配置,但在花期遇到阴雨、大风、低温天气,蜜蜂、壁蜂等传粉昆虫活动受阻时,就要借助人工辅助授粉以提高坐果率。

【技能单】4-3 制作果树花粉

一、实训目标
通过本次实训,学会制作果树花粉。
二、材料用具
1.材料 当地主栽的盛果期果树。
2.用具 采集花粉用的塑料袋、硫酸纸、青霉素小瓶、镊子、烘箱等。
三、实训内容
1.采集花蕾 在预定授粉前2~3 d,选择晴天或阴天早上露水干后至中午12时前采集花蕾。采集的对象主要是铃铛花期或初开的花朵(图4-17),这一时期花粉成熟度好,鲜花出粉率(纯花粉)和花粉发芽率高。采花量根据授粉面积来定。通常每40 kg苹果鲜花能制成1 kg花粉,可供2~3.33 hm² 果园使用。采花蕾可结合疏花进行。对于梨来说,一个花序留1~2朵边花,苹果1个花序留1朵中心花或1朵中心花加1朵边花。
2.取花药 采下的鲜花要立即取花药,不能堆放。可在室内用镊子剥或两花对搓,将花药取下,去除碎花瓣、花丝及杂物(图4-17)。或者是在室内将花蕾倒入细铁丝筛中,用手

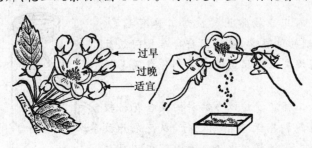

图4-17 花粉采集示意图

轻轻揉搓,将花药搓掉后用簸箕簸一遍,去掉杂质。当花朵量较大时可利用脱药机剥取花药。

3.阴干散粉　取下花药后将其薄薄的摊在光洁的纸上,以各花药不重叠为最好。放在通风、室温20～25℃(不得超过30℃,否则易使花粉灼伤),RH 60%～80%的房内进行阴干。若室温不足,可生火炉提高温度。每昼夜翻动2～3次,经24～48 h后,花药即可自行开裂,散出黄色的花粉粒,即可连同花药壳一起收集保存在干燥的容器内放在避光的地方备用。除阴干取粉外,还可利用火炕增温烘干取粉或是温箱烘干取粉。

四、实训提示

本次实训要结合生产进行,在授粉前每4人一组,完成给定的花粉制作任务,使学生在实际操作中掌握技术。

五、考核评价

考核项目	考核要点	等级分值				考核说明
		A	B	C	D	
态度	遵纪守时,态度积极,团结协作	20	16	12	8	1.考核方法采取现场单独考核加提问。
技能操作	1.花蕾采集质量、数量达到任务要求 2.花药采集方法正确 3.花粉制作符合标准要求,花粉制取率高	60	48	36	24	2.实训态度根据学生现场实际表现确定等级。
理论知识	教师根据学生现场答题程度给予相应的分数	20	16	12	8	

提示:花粉采集后计算鲜花和花药的出粉率,比较各组花粉采集的效率与实际采集率的差异。

六、实训作业

果树花粉制作应注意哪些问题?

【技能单】4-4　果树人工辅助授粉

一、实训目标

通过本次实训,学会果树人工授粉的方法;选择当地主栽果树,完成授粉任务。

二、材料用具

1.材料　当地主栽的盛果期果树。

2.用具　授粉工具(授粉器、鸡毛掸子、花粉袋)、淀粉。

三、实训内容

1.制作授粉器　人工点授常用的授粉工具有毛笔、带橡皮头的铅笔、香烟的过滤嘴,最好用自行车气门芯反叠插在钢钉上或用海绵夹在铁丝上等方法制作成简易授粉器(图4-18)。

2.人工授粉　人工辅助授粉以多品种的混合花粉较好。授粉时间宜在盛花初期至盛花期进行,以花朵开放当天授粉坐果率最高。授粉要在上午9时至下午4时之

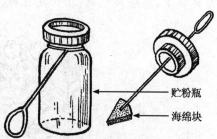

贮粉瓶

海绵块

图4-18　简易授粉器

间进行。由于花朵常分期开放,要注意分期授粉。

人工辅助授粉常用的方法有人工点授、花粉袋撒粉、鸡毛掸子辅助授粉和液体授粉等。

(1)人工点授 授粉时,将蘸有花粉的授粉器,在初开花的柱头上轻轻一点,使花粉均匀沾在柱头上即可(图4-19)。每蘸一次,可授苹果花7~10朵。每个花序可授花2~3朵。每株树要根据树龄、树势和管理水平来确定授粉花朵,开花多且肥水条件差的树可少授一些,反之则多授一些;内膛、下部强枝和直立枝上的花多授一些;外围、上部的弱枝和下垂先端枝的花少授一些。

图4-19 人工点授

(2)花粉袋授粉 将采集的花粉加入3~5倍滑石粉或食用淀粉,过细箩3~4次,使滑石粉(淀粉)与花粉混匀,装入双层纱布袋内。开花时,将花粉袋绑在竹竿上,在树冠上方顺风轻轻摇动花粉袋,使花粉均匀地散落在花朵柱头上。对树冠高的苹果、梨园较为适用。核桃、板栗果树冠高大,也常用此法进行授粉。

(3)鸡毛掸子授粉 当授粉树较多、但分布不均匀、主栽品种花量少时应用此法。具体做法是:当主栽品种花朵开放时,用一竹竿绑上软毛的鸡毛掸子,先将鸡毛掸在授粉树上滚动蘸取花粉然后再移至主栽品种花朵上滚动,这样反复进行而相互授粉。应用鸡毛掸子授粉时应注意以下事项:一是阴雨、大风天不宜使用此法;二是主栽品种与授粉品种距离不能过远;三是鸡毛掸子蘸粉后,不要猛烈振动或急速摆动,以防花粉失落;四是为保证坐果均匀,授粉时要在全树上下、内外均匀进行。

(4)液体授粉 对于面积较大的果园授粉时可采用液体授粉。取筛好的细花粉20~25 g,加入10 L净水,500 g白糖,30 g尿素,10 g硼砂,配成悬浮液,在全树花朵开放60%以上时,用喷雾器向柱头上喷布。注意花粉水悬浮液要随配随用。

(5)机器授粉 将细花粉中加入10~15倍滑石粉,混合均匀后放入花粉机内,在盛花初期向柱头上喷撒(图4-20)。

图4-20 机器授粉

四、实训提示

本次实训结合当地果园授粉任务进行,要求每2人一组进行技能操作训练。当授粉品种坐果后,要组织学生及时进行调查授粉效果和坐果率,各组间进行交流。

五、考核评价

考核项目	考核要点	等级分值				考核说明
		A	B	C	D	
态度	遵纪守时,态度积极,团结协作	20	16	12	8	1.考核方法采取现场单独考核加提问。
技能操作	1.授粉器制作方法正确,长短适宜 2.授粉时期选择适宜 3.授粉方法正确,点授花序距离符合要求	60	48	36	24	2.实训态度根据学生现场实际表现确定等级。
理论知识	教师根据学生现场答题程度给予相应的分数	20	16	12	8	

六、实训作业

总结果树人工辅助授粉的时期和方法。

(二)果园放蜂

果园放蜂就是以蜂类为携带花粉的媒介,在蜂类采蜜过程中完成果树不同品种间互相授粉的技术措施。适用于授粉树占全园的20%以上,配置又较均匀的果园。花期放蜂可以大大提高授粉工效,同时可避免人工授粉时间掌握不准,对树梢及内膛操作不便等弊端。果园放蜂多采用人工饲养的商业蜜蜂或专用的壁蜂。

1.蜜蜂授粉

开花前3～5 d将蜂箱放到果园,以保证蜜蜂顺利适应果园环境,远飞传粉。一般每0.3～0.5 hm²放一箱蜂,蜜蜂有效授粉范围为40～80 m(图4-21)。利用蜜蜂授粉时需注意以下事项:一是蜂种宜选用耐低温、抗逆性强的中华蜜蜂;二是果园放蜂期间,切忌喷施农药,以防蜜蜂受害;三是在花期高温干燥时,果树的花朵柱头失水快,授粉期较短,宜增加30%～50%的放蜂量。

图4-21 蜜蜂授粉

2.壁蜂传粉

壁蜂与蜜蜂相比具有出巢早,耐低温,访花速度快,工作效率高(授粉能力是普通蜜蜂的70～80倍),繁育,释放方便等特点。生产中常用的壁蜂有角额壁蜂、凹唇壁蜂、紫壁蜂等。壁蜂有效授粉范围为40～60 m,日访花4 000朵,是蜜蜂的80倍。开始飞行的气温为12～14℃,比蜜蜂低4～5℃,一天采粉10 h,一次性访花授粉的坐果率在90%以上。它的生命活动以繁殖后代为目的,以采集花粉为繁殖后代的营养(由卵孵化为成蜂),每只蜂可产卵20粒左右。壁蜂授粉在当前日本、美国及欧洲各国应用比较普遍。

【技能单】4-5 壁蜂授粉技术

一、实训目标

通过本次实训,学会壁蜂授粉技术,并在当地主要树种的盛果期果园释放壁蜂,完成授粉任务。

二、材料用具

1.材料 当地主栽的盛果期果园。

2.用具 巢管、巢箱、铁锹、塑料布等。

三、实训内容

1.选择巢管 生产中壁蜂授粉常用的巢管有芦苇管、塑料管,也可用纸卷制而成(图4-22)。一般管长15～17 cm,管口内径0.6～0.8 cm,要求一头带节(如果用纸管,纸管一端用黏土封口),一头开口。纸管还要涂上不同的颜色,以利于壁蜂回巢时定位。每50支或100支一捆扎好备用。

2.架设巢箱 用30 cm×30 cm×25 cm或30 cm×25 cm×25 cm的纸箱或木箱做蜂箱,上下左右及后面封闭,留前方为放蜂口(图4-23)。开花前5～10 d,在果园内按40～50 m间距设置巢箱,巢箱放于45 cm高处的支架上,巢箱上覆盖塑料防雨,巢箱口朝南或朝南偏西(果园一天当中光照时间较长的方向)。也可用砖砌成固定蜂巢。巢箱放好后,在支架近地面处涂上一圈约5 cm宽的机油,用来防止蚂蚁等昆虫影响壁蜂的繁殖。架设巢箱时注意应放在背风向阳处,受光时间越长越好,巢箱前空地要宽广。

图4-22 巢管种类

塑料管
芦苇管
纸管

图4-23 架设巢箱

3.设置营巢土坑 在巢箱前1.5～2 m处挖一个长宽各1 m,深40～50 cm的土坑,内铺塑料膜,放入黏土,加入适量水,以备壁蜂取土封巢使用(图4-24)。壁蜂活动期间,每天早晚向坑中加入适量清水,并在泥面上用直径1 cm的树枝,随意扎一些小孔,以吸引壁蜂进入其中取土筑巢。同时做好防虫防雨工作,并消灭在壁蜂巢箱附近的土蜂。

4.释放壁蜂 开花前将巢管放入巢箱中(每个巢箱内放6～8捆巢管),分为两层,管口朝外,两层间和顶层各放一个硬纸板,以固定巢管。放蜂期间,一般不要移动蜂箱及巢管,以免影响壁蜂授粉繁蜂。

(1)放蜂时间 放蜂时间不能过早或过晚。过早,成蜂提前脱茧,花还未开放,导致壁蜂觅食飞散;过晚,待蜂出来时,果树盛花期已过,影响授粉。具体时间因不同树种而不同。苹果树一般在中心花开放到3%～5%时即可放蜂,桃树应在桃花开放20%时释放。

(2)放蜂数量 一般根据果园面积、树种和历年结果状况决定放蜂的数量。盛果期苹果树每667 m²放蜂200～300只,梨、桃每667 m²放260～300头蜂茧,樱桃、杏和李开花早的树种,放蜂量要大些,每667 m²放300～500头蜂茧。

(3)放蜂方法 一般采用多茧释放法,将蜂茧放在一个宽扁的小纸盒内,盒四周戳有多个直径 0.7 cm 的孔洞,供蜂爬出(图 4-25)。盒内平摊 1 层蜂茧,然后将纸盒放在蜂巢内。也可将蜂茧放在 5～6 cm 长、两头开口的专用巢管内,每管放 1 个蜂茧,与蜂管一起放在蜂巢内。后一种方法壁蜂归巢率高。如果壁蜂在释放前已破茧,则应在晚上 8～10 点时,送到蜂巢中,第二天壁蜂可正常出巢,授粉,以减少壁蜂的遗失。

图 4-24 设置营巢土坑

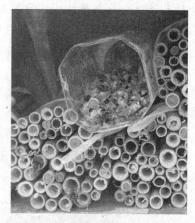

图 4-25 释放壁蜂

放蜂期间禁止喷布任何农药。成蜂活动期间不要随意翻动巢管,以避免壁蜂找不到巢管而影响产卵和访花。同时注意防虫、鸟和蚁害等。

5.回收和保存蜂管 授粉结束后要及时回收巢管。把封口的巢管按每 60 支 1 捆,装入清洁透气的布袋或编织袋,挂在通风、干燥、避光、干净的房屋中贮藏。注意不能与农药、化肥以及粮食放在一起,同时注意防鼠。常温下贮存到翌年 2 月份(即春节期间)利用农闲时间剥巢取茧(图 4-26),同时将蜂茧中的寄生蜂茧挑出并烧掉。将蜂茧放入冰箱冷藏中,翌年开花前再将壁蜂释放,一次投资,多年受益。要求在运输巢箱及巢管的过程中,不许使用机动车辆,采取人工搬运的方式进行,防止剧烈震动对壁蜂的生长发育造成影响。

图 4-26 蜂茧

四、实训提示

本次实训可结合当地果园授粉任务进行,学生可分组进行操作。当壁蜂授粉结束后,及时回收巢管。同时组织学生及时调查壁蜂授粉后的坐果率。

五、考核评价

考核项目	考核要点	等级分值				考核说明
		A	B	C	D	
态度	遵纪守时,态度积极,团结协作	20	16	12	8	1.考核方法采取现场单独考核加提问。2.实训态度根据学生现场实际表现确定等级。
技能操作	1.巢管选择正确,长短适宜 2.巢箱放置位置、方向适宜 3.营巢土坑位置适宜、方法正确 4.释放壁蜂时间适宜、方法正确 5.回收巢管及时	60	48	36	24	
理论知识	教师根据学生现场答题程度给予相应的分数	20	16	12	8	

六、实训作业

1.总结壁蜂授粉过程中的注意事项。

2.调查壁蜂授粉后的坐果率。

(三)挂罐与振花枝授粉

挂罐是对缺乏授粉品种或虽有授粉树,但当年授粉树开花很少以及授粉品种与主栽品种花期不遇果园的一种补救办法。适合在小面积果园和庭院果树上采用。具体做法是于授粉品种铃铛花期采集花枝,插在水罐(或广口瓶)中,挂在需要授粉的树上。挂罐后,若传粉昆虫(主要是蜜蜂、壁蜂类)较多,开花期天气晴朗,一般有较好的授粉效果,但应经常调换挂罐位置,以使全树坐果均匀。为了经济利用花粉,挂罐可与振花枝结合进行。剪来的花枝,绑在长约 3 m 的长竿顶端,高举花枝,伸到树膛内或树冠上,轻轻敲打长竿,将花粉振落飞散,振后再插入水罐内。

二、喷施微量元素肥料

在果树生长健壮、主要矿质营养供给良好的情况下,增施微量元素肥料,对促进坐果有明显的作用,特别是对某些微量元素缺乏的园地,效果更佳。

1.喷施微肥种类

喷硼能够促进花粉粒萌发和花粉管伸长,因此是多种果树提高坐果的有效措施。苹果、梨、甜樱桃、桃、山楂等果树,盛花期前后喷 2～3 次 0.3% 左右的硼砂溶液加 0.3% 的尿素液,对提高坐果率效果明显。此外钼对坐果也有重要作用。有试验报道,富士苹果、巨峰葡萄盛花期和幼果期喷洒 0.2%～0.8% 的钼酸钠,也有提高坐果率,促进果实膨大的作用。喷施稀土微肥,也可提高果树坐果率。据济南市林业局吴春舫试验,枣初花期、盛花期施用 300 mg/L 的稀土"农乐益植素",可提高枣坐果率 26.7%。

2.注意事项

花期叶面喷施微肥时,需注意以下事项:一是肥料质量与浓度适宜。花期叶面喷肥,注意选择优质精品肥,否则或是起不到应有作用,或是产生药害。且肥料的浓度要合适,单种肥料适宜的浓度多为 0.3% 左右,如果多喷几种,总浓度一般宜≤1%。二是喷施时间要适宜。为了避免药害、利于叶片吸收,喷施时气温高于 25℃,宜在上午 10 时前、下午 4 时后喷;如气温低于 22℃,宜在中午前后喷,更利于果树吸收、效果会更好。三是喷雾器械与距离适当。忌选用高压喷雾和喷枪,避免冲击压力过大,导致花器受损,尤其杏树因花梗脆弱易折,更应注意,同时注意选择直径 0.3 mm 细孔眼的喷头,以使雾点变细,此外喷头距花果的距离不小于 20 cm。四是叶面喷肥和液体授粉相结合。在花期如遇风大、气候干燥的天气时,喷适宜的粉肥混合液,更有利于提高坐果,喷时宜选用小喷雾器点喷花的柱头即可。

三、喷布植物生长调节剂

花期正确应用植物生长调节剂,可以明显提高坐果率。如枣盛花初期喷 10～15 mg/L 的赤霉素,山楂盛花期喷 50 mg/L 的赤霉素,可促进坐果;金冠苹果盛花期喷 25 mg/L 的赤霉素,其坐果率比对照提高 8.9%;落果后 3 d 对金冠苹果喷布 500 mg/L 的细胞分裂素,可使其坐果率提高 16%。

四、花期夏剪

1.摘心

当苹果、梨等果树的果台副梢长到 10～15 cm 时,对其进行摘心,能控制其旺长,减少其对幼果争夺营养的能力,有利于坐果。据报道,四年生密植金冠苹果早期摘心比对照提高坐果率 1.3 倍。

2.环剥或环割

花期环剥或环割可阻碍剥口以上的光合产物向下运输,增加幼果的营养水平,可显著提高坐果率。在枣树、苹果、柿等果树中应用较多。环剥或环割主要用在初结果树和生长偏旺树上。

除以上技术措施外,采取相应措施预防花期自然灾害,也是保证果树坐果的重要方面。

任务 4.2　疏　花　技　术

● 任务实施

一、疏花前调查

疏花一般在坐果率较高、花期气候条件较稳定的果园应用。疏花比疏果更能节省养分,更有利于坐果及形成花芽和提高产量。

在冬季气温较低的北方地区,由于果树的花器,尤其是雌蕊容易受到冻害,因此疏花前,首先要调查花器是否受到冻害,以防完全花留的不够而导致减产。检查受冻的方法是:疏花前在全园随机布点取下整个花序进行抽查,摘除整个花序的所有花蕾的花瓣,观察有无雌蕊。仁果类果树未受害的花蕾中心有鲜绿色的 5 个柱头,核果类果树未受害的花蕾中必有一个鲜绿色的柱头,若花器受冻,花蕾的中央已成黑色的空腔。然后根据调查的花序受冻率和花朵受冻率情况决定是否采取疏花措施以及疏花的程度。

二、疏花

【技能单】4-6　果树疏花

一、实训目标
通过本次实训,知道果树疏花的时期及标准,学会果树疏花的操作方法。

二、材料用具
1.材料　盛果期苹果、梨、葡萄或桃树等。

2.用具　疏果剪、高梯等。

三、实训内容
1.仁果类果树疏花　苹果、梨等仁果类果树疏花的时期是在花序分离期至盛花期,其中最好是花序分离前期。山楂一般在花序出现后进行,愈早愈好。疏花时可用疏果剪只剪去花序上的全部花蕾,保留果台上的叶片(图 4-27)。所留花序的数量与部位根据将来的留果要求而定,一般每留一个花序就能确保该部位坐一个理想的果实。

剪去花蕾
保留叶片

图 4-27　苹果疏花序示意图

2.核果树果树疏花　核果类果树如桃、杏等,由于花芽数量较大,人工疏花技术应用的较少。但近年来,伴随着观光采摘果园的发展,市场对果品质量要求的不断提高,在管理水平较高的果园,已开始在桃、杏等核果类果树上应用花前疏花蕾技术。方法是先结合冬剪疏除一部分多余的花束状果枝,再在花蕾开始膨大期至开花前对长、中、短果枝进行疏花蕾,留花掌握的原则一般是要求留果的 1.5～2.0 倍。

3.葡萄疏花　葡萄一般在开花前进行疏花。主要是用稀果剪或用手把过密的花序整序疏除,对于留下的花序,要用手掐去副穗和小穗尖,以保证果穗大小、形状均匀一致。

4.核桃疏花　核桃疏花主要针对雄花序进行。当雄花序伸长后,用带钩的木杆钩或人工用手掰除过多的雄花序,疏除花量以 90%～95% 为宜。

疏花时,应先疏除生长弱、花小或果台叶片少而小的劣质花;先疏串花枝、花序密集枝。花仍然多时,再疏除多余的花。操作时,先疏树上,再疏树下;先疏冠内,再疏外围。一个主枝上,基部的梢头适当重疏,中部适当多留。在枝组上,要留前头、疏后头,以备回缩。一个花序内,苹果疏边花,留中心花;梨留基部先开的花,疏上部花朵。

四、实训提示
本次实训可选择当地主栽的盛果期果树,学生先制定疏除方案,然后分组进行操作。

考核项目	考核要点	等级分值				考核说明
		A	B	C	D	
态度	遵纪守时,态度积极,团结协作	20	16	12	8	1.考核方法采取现场单独考核加提问。 2.实训态度根据学生现场实际表现确定等级。
技能操作	1.留花量和部位适宜 2.疏花方法正确 3.疏花顺序正确	60	48	36	24	
理论知识	教师根据学生现场答题程度给予相应的分数	20	16	12	8	

六、实训作业

总结不同果树在疏花方法上的异同。

任务4.3 疏 果 技 术

● 任务实施

一、确定合理负载量

合理负载量的确定方法因树种、品种、树势、树龄、管理水平和气候条件而不同。如苹果、梨等常用树冠大小、树干粗度、叶芽与花芽比例等确定负载量;桃、杏、李、樱桃等按树体及结果枝的粗壮程度等确定负载量;葡萄等根据植株密度、架面大小、品种结实特性等确定芽眼量;板栗、核桃、柿等按树冠大小和结果母枝确定负载量等。确定负载量不仅要考虑树体本身,还应依托于栽培条件。目前栽培水平,富士优质丰产园每 667 m² 产量一般掌握 2 000～3 000 kg,最多不超过 4 000 kg;单果重 250～350 g,按单果重 300 g 计,约 7 000～10 000 个果。鸭梨一般掌握 3 000～4 000 kg,单果重 200 g,1.5 万～2 万个果。产量质量目标确定后再落实到各个单株。各单株适宜留果标准的参考指标主要有:干周法、叶果比和枝果比法、果实间距法、以枝定果法等。

(一)干周法

干周法是根据果树的干周来确定果树留果量的方法。此法主要应用于苹果的疏果实践中。测量树干距地面 20～30 cm 处的周长,通过公式计算单株留果量。如汪景彦于 1986 年提出了不同树势苹果树的干周留果量计算公式:

$$Y = 0.25C^2 \pm 0.125C$$

式中:Y 为单株留果量(个);C 为主干周长(cm);0.125C 为调整系数,壮树增加,弱树减少,一般树不加不减。具体应用时,先量出主干周长,代入上式中,即可计算出株产,再按平均单果重就可以计算出留果数量。

(二)叶果比和枝果比法

叶果比和枝果比法是苹果、梨等果树确定留果量的重要参考指标之一。叶果比是指果树上叶片总数与果实个数的比值。枝果比是指果树上枝梢数与果实个数的比值。用叶果比法表示时注意一般乔砧、大果型品种叶果比较大,中小果型品种可适当减少,矮化砧或短枝型品种叶片光合能力弱,叶果比应适当加大。枝果比通常有两种表示方法:一是修剪后留枝量与留果量的比值;另一种是结果当年新梢量与留果量的比值,又叫梢果比。枝果比一般比梢果比小 $1/3\sim1/4$。枝果比因树种、品种、砧木、树势以及立地条件和管理水平不同而异,在确定留果量时应综合考虑,灵活运用。苹果、梨等不同品种的叶果比和枝果比标准可参考表 4-5。

表 4-5　苹果、梨不同品种的叶果比和枝果比参考标准

树种	果实类型	代表品种	叶果比	枝果比	备注
苹果	大型果	红星、富士	$(40\sim45):1$	$(5\sim6):1$	幼树、旺树比例可适当减小
	中型果	新乔纳金、红津轻	$(30\sim40):1$	$(4\sim5):1$	
	小型果	小国光	$(20\sim30):1$	$(3\sim4):1$	
梨	大型果	黄金、圆黄、新高	$(35\sim45):1$	$(5\sim6):1$	
	中型果	鸭梨、蜜梨	$(30\sim35):1$	$(4\sim5):1$	
	小型果	南果梨、京白梨	$(20\sim30):1$	$(3\sim4):1$	

(三)果实间距法

果实间距法是在按单位面积确定留果数及分株负担的前提下,按照一定距离留果的方法,多在苹果、梨、桃、李等果树上应用。此法的最大优点是直观、便于掌握。根据树种、品种、树势和栽培条件,确定留果距离和留果量,如苹果、梨壮树壮枝间距小些,一般 20 cm 左右(图 4-28);弱树弱枝间距大些,一般 25 cm 左右,每花序应以留果为主,坐果分布不均匀的,在果少处可留双果;小型果品种以留双果为主。苹果花果间距及留果方法,其标准见表 4-6。桃树留果间距约为

图 4-28　间距留果法示意图

$10\sim15$ cm ,李树大型果(黑宝石)留果间距为 $10\sim15$ cm,中型果品种(美丽李)为 $7\sim8$ cm,小型果为 $4\sim5$ cm。

表 4-6　苹果花果间距及留果方法

项目	乔化砧树		矮化中间砧树及短枝型树	
	中型果品种	大型果品种	中型果品种	大型果品种
花果间距/cm	$15\sim25$	$20\sim30$	$15\sim20$	$20\sim25$
留果方法	留单果为主,结合留双果为辅	留单果	留单果	留单果

(四)以枝定果法

即按照结果枝的长短和果型的大小来确定适宜的留果数量。此法主要应用在桃、李、杏等

核果类果树上。不同树种、品种各种枝类的具体留果量可参考表 4-7。

表 4-7　不同树种、品种各种结果枝的留果标准　　　　　个/枝

树种	果实类型	代表品种	留果数量			
			长果枝	中果枝	短果枝	花束状果枝
桃	大型果	早凤王	(1～2)/1	1/(1～2)	1/(2～3)	1/(3～5)
	中型果	大久保	(2～3)/1	(1～2)/1	1/(1～2)	1/(2～3)
	小型果	春雷	(3～4)/1	(2～3)/1	1/(1～2)	1/(1～3)
李	大型果	皇家宝石	(1～3)/1	(1～2)/1	1/(1～2)	1/(2～3)
	中型果	黑宝石	(2～3)/1	(1～2)/1	1/(1～2)	1/(2～3)
	小型果	玉皇李	(2～4)/1	(1～2)/1	1/1	(1～2)/2
杏	大型果	凯特	(1～3)/1	(1～2)/1	1/(1～2)	1/(2～3)
	中型果	串枝红	(2～3)/1	(1～2)/1	1/(1～2)	1/(2～3)
	小型果	骆驼黄	(2～4)/1	(1～2)/1	1/1	(1～2)/2

【知识链接】

影响果实负载量的主要因子

果实产量的高低首先与果树光能利用的能力有关。一般提高光能利用率的途径有两个：一是要通过适当密植及合理修剪，改善肥水条件等措施，扩大有效光合面积，提高光合效能；二是控制营养器官的消耗，调节光合产物使之合理分配，增加经济产量比例。其次果实产量的高低还与果实本身的质量存在着矛盾和制约关系。在超负载情况下，果实产量与质量的制约现象，表现尤为突出。因此，现代果品生产中，果实适宜负载量应以保证提高优质果比例为前提。此外，果实产量的高低还与不同树种、品种对外界环境条件的要求与适应性有关。尤其是温度对果实产量影响最大，尤其是低温经常是果实负载量的一个主要限制因子。

果实负载量确定的原则

确定果实适宜负载量应遵循以下原则：一是保证不妨碍翌年必要花量的形成；二是保证当年果实数量、质量及最优的经济效益；三是保证不削弱树势和必要的贮备营养。过量负载会导致以下不良后果：一是幼果过多，树体的赤霉素水平提高，抑制花芽的形成，造成大小年结果现象；二是果实过多，造成营养生长不良，光合产物供不应求，影响果实正常发育，降低果实品质；三是结果过多，削弱果树必要的贮备营养，降低抵抗逆境的能力。因此，适宜负载量应控制在有利于提高果实品质，有利于维持树势和稳产的水平上。

二、疏果

【技能单】4-7　果树疏果

一、实训目标

通过本次实训，知道果树疏果的时期及标准，并能独立进行果树疏果。

二、材料用具

1.材料 盛果期苹果、梨、葡萄或桃树等。

2.用具 疏果剪、高梯等。

三、实训内容

(一)制定疏果标准

根据树种、品种、历年产量、树势强弱,制定出枝/果实或叶/果实的比例标准。以"看树定产"、"按枝定量"为原则。一般强树、壮枝多留;弱树、弱枝少留;树冠中下部多留,上部及外围少留。

(二)确定疏果时期

不同树种疏果时间及次数略有不同。苹果、梨等仁果类果树疏果分两次进行较好。第一次是在子房膨大时(落花后1~2周)进行,叫"间果";第二次在生理落果以后(落花后1个月左右,时间大约在6月上、中旬)进行,叫"定果"。葡萄疏果时间在花后2~4周进行。核果类果树疏果一般在硬核期结束,愈早愈好。

(三)疏果

疏果的方法有人工疏果和化学疏果两种。

1.人工疏果 最大优点是可以做到因树、因枝定果,留好果。幼果生长趋势见图4-29。

果肩平整幼果　　　　果肩不平整幼果　　　　果形不周正幼果
将长成端正大果　　　　果个长不大　　　　将长成畸形果

图4-29 不同形状幼果

疏果时先疏掉僵黄果、小果、畸形果、并生果、病虫果、伤果、果枝基部果,后疏过密果,多留侧生和向下着生的果。苹果、梨等果柄较长的树种用疏果剪剪去果柄的一部分;桃、杏等果柄较短的树种,可连同果柄一起疏除。疏果顺序按枝由上而下、由内而外的顺序进行,以防漏疏或将留下的果碰掉。

2.化学疏果 具有疏除速度快,节省劳力,降低成本等优点。在国外应用较多,欧美各国已作为果园常规技术措施之一。常用的疏果药剂有二硝基邻甲苯酚及其盐类、萘乙酸及萘乙酰胺、西维因、石硫合剂和乙烯利等。由于不同树种、品种对药剂及使用浓度敏感程度差异很大,应用效果不太稳定,因此,必须先做试验,然后才可用于生产。

在使用化学药剂疏果时应注意以下几个问题:①为提高疏除效果,可以几种疏除剂配合使用;②化学疏除效果变化大,在使用时要根据树种、品种、树龄、树势、花量、管理水平和气候条件等综合分析,选用适宜的药剂和浓度,保证安全、有效、严防疏除过度;③化学疏除剂在被树体吸收后才发挥作用,喷药时要细致,且注意不同药剂喷布部位应有侧重,如二硝基化合物、萘乙酸着重喷叶片,西维因着重喷幼果,石硫合剂着重喷花的柱头;④注意气候是影响药效的重要因子。低温高湿的气候有助于二硝基化合物的吸收,在加重或过多疏花的同时,幼芽、嫩梢叶片等也易受伤害。阴雨天气使用萘乙酸也易疏除过量。

（四）复查

疏果后，要仔细进行复查，以防止漏疏。

四、实训提示

本次实训最好结合生产进行，以便学生在实际操作中掌握技术。每3～4人一组进行疏果。

五、考核评价

考核项目	考核要点	等级分值				考核说明
		A	B	C	D	
态度	准备资料，组内同学认真讨论总结，遵纪守时，团结协作	20	16	12	8	1.考核方法采取现场单独考核加提问。
技能操作	1.能根据树种、品种和树势等情况，科学确定留果量 2.留果质量符合要求，留果量合理 3.熟练操作，在规定时间内完成任务	60	48	36	24	2.实训态度根据学生现场实际表现确定等级。
理论知识	教师根据学生现场答题程度给予相应的分数	20	16	12	8	

六、实训作业

结合操作，总结疏果技能。

任务4.4　果实套袋技术

● 任务实施

果实套袋是在果实发育期将果实套上专用果袋以保护果实、改善色泽、减少农药残留、提高果实外观品质的一项技术措施。目前果实套袋已经成为果园常规的生产技术。

一、选择果袋

果袋的类型较多，目前生产中应用较多的为纸袋，又分为双层纸袋和单层纸袋两种。此外也有塑膜袋、报纸袋等。

双层纸袋一般外层袋外面为灰、绿等颜色，里面为黑色；内层袋涂有石蜡，为红色。双层袋多用于难着色的品种或不利果实着色的地区，如富士苹果等。套双层袋的优点是果实着色好，缺点是袋内温度高，并使幼果膨大期推迟，摘袋后果实易发生日灼，且套袋果可溶性固形物含量稍低。

单层纸袋一般是用纯木浆纸加工而成，表面涂有一层石蜡，淡黄色，韧性强，抗淋洗，不易破碎。单层袋多用于较易着色的红色品种，如苹果中元帅系短枝型品种、新乔纳金、红津轻及梨和绿色苹果品种等。红色品种用单层袋时应选用内黑外灰的纸袋。

【知识链接】

果实套袋的作用

果实套袋能够减少果实叶绿素形成，促进花青苷和胡萝卜素形成，提高果实的着色速度和着色程度,从而使果面颜色美观。绿色苹果、梨套袋使果面干净、细嫩、果点浅而小。果实套袋后还可以防止果锈和裂果产生,降低农药污染和病虫危害,减轻机械伤害,延长果实的贮藏期,从而提高各种果品的优质果率和经济效益。

果袋质量的鉴别

果袋质量是套袋成功的前提,在目前种类繁多的果袋市场选购果袋,应从 7 个方面鉴别其质量。一是果袋抗湿强度要大,即果袋外层浸入水中 1~2 h 后,双手均匀用力向外轻拉,柔韧性强。二是外袋疏水性要好,即外袋上倒水后能很快流走,且不蘸水或基本上不蘸水。三是规格符合要求,双层纸袋的外袋一般宽 14.5~15.0 cm,长 17.5~19.0 cm,内袋长 16.5~17.0 cm。四是外观规范,袋面平展,黏合部位涂胶均匀,不易开胶。五是透气性好,即袋底要有透气孔。六是内袋涂蜡要均匀,可在太阳光下观察蜡质层的薄厚及均匀度。七是袋口必须有缺口,袋口一侧有铁丝。

二、确定套袋时期

多数果树在定果后进行套袋,也可在主要病虫害发生前进行。但不同树种、品种,不同的目的套袋的时间应有所不同。

1.仁果类果树

苹果套袋时黄绿色品种和早、中熟品种在谢花后 10~15 d 进行;生理落果重的红星、乔纳金等品种,可以生理落果后进行;晚熟红色品种在花后 35~40 d 完成;在辽南大约在 6 月中、下旬完成,具体可在 6 月 20 日左右。降雨量多,阴雨天多的年份应在 6 月 25~30 日进行,避免发生黑点病、日烧等。对于金冠等容易产生果锈的品种最好进行二次套袋。

梨不同品种套袋时间也略有不同,如不宜产生水锈的白梨、砀山酥梨等,秋子梨系统品种(南果梨、京白梨等)和砂梨系统的褐色品种,一般在生理落果后进行;黄金梨等一些黄色的砂梨品种,为确保果点浅小,一般应用二次套袋的方法,套小袋应在生理落果前完成,大袋可推迟到果实速长期之前;对于一些易产生水锈的梨品种(雪花梨、新世纪等)套袋时间可适当向后推迟。

2.核果类果树

桃、李、杏等核果类果树,由于生理落果严重,套袋的时间必须在生理落果后进行。

3.浆果类果树

葡萄套袋在落花后应及早进行。

三、套袋

【技能单】4-8　果实套袋

一、实训目标

通过实训,学生知道果实套袋的方法和技术要点,完成果实套袋生产任务。

二、材料用具

1.材料　苹果、梨、葡萄成龄果树,果袋、杀虫杀菌剂等。

2．用具　疏果剪、喷雾器。

三、实训内容

1．套袋前准备　果实套袋前要均匀细致地喷布一次杀虫杀菌剂,但不能喷洒污染果面的波尔多液等。套袋前,将整捆果袋放于潮湿处,即用单层报纸包住,在湿土中埋放,或于袋口处喷少许水,使之返潮、柔韧,以便使用。

2．套袋　对于果柄较长的梨以及葡萄,果实选定后,先撑开袋口,托起袋底,使两底角的通气放水口张开,使袋体膨起。手执袋口下2～3 cm处,套上果实后,从中间向两侧依次按"折扇"的方式折叠袋口,然后将捆扎丝反转90°,沿袋口旋转一周扎紧袋口。果实在袋内悬空,以防止袋体摩擦果面,套袋人员不要用力触摸果面,幼果入袋时,可手执果柄操作,防止人为造成果面出现"虎皮"。

对于果柄较短的苹果,由于果袋袋体上方的中间有一竖切口,果实选定后,将果柄放入切口内,使带捆扎丝的一端在右侧,以果柄为分界线,将右手处带有捆扎丝的一端向左旋转90°,使捆扎丝与左边的袋口重叠,捆扎丝在内,然后在袋口的0.5～1 cm处平行向内折叠,使无丝一端的带口压住捆扎丝,再将折叠后的袋口连同捆扎丝在无丝端的2 cm处向外呈45°角折叠,压紧纸袋即可。

对于果柄极短的核果类品种,由于果袋袋体上方的中间有一半圆形切口,果实置于袋内后,将半圆形切口套住果实所着生的结果枝,扎紧袋口即可。

四、实训提示

本次实训最好结合生产进行,以便学生在实际操作中掌握技术。如条件不具备时,可准备试材,在室内进行模拟演练。

五、考核评价

考核项目	考核要点	等级分值				考核说明
		A	B	C	D	
态度	资料准备,纪律,团结协作能力	20	16	12	8	1.考核方法采取现场单独考核加提问。 2.实训态度根据学生现场实际表现确定等级。
技能操作	1.套袋方法、套袋质量符合要求 2.操作熟练 3.安全、节约	60	48	36	24	
理论知识	教师根据学生现场答题程度给予相应的分数	20	16	12	8	

六、实训作业

1．调查套袋的效果。

2．果实采收时比较套袋果实与不套袋果实的差异。

【拓展学习】

果实套瓶技术

果实套瓶栽培,是21世纪初我国开始应用的一项特色果品生产新技术。在苹果和梨生产中应用最为广泛。套瓶成功与否主要取决于果实瓶体的选择是否正确。生产中应根据所套果树树种、品种的体积大小及果实生长特征来设计瓶体的大小和形状。瓶体过大,果实成熟时长不满瓶体;瓶体过小,果实不到成熟期即需要采摘,导致果实成熟度低,一旦采摘推迟,果实会长出瓶外。由于每种果实都有自己固有的形状,因此设计瓶体形状时,应尽量接近该品种的果实生长特征,瓶口直径不宜太大,以能塞进大拇指为宜。瓶子底下要留有2～4个小孔作为通风放水孔。

套瓶前,要及时疏果。华北地区一般在5月上、中旬开始套瓶。选择果形端正、易于固定瓶体的果实,苹果、梨注意选择果形较长的果实进行套瓶。为确保果实采收时果面的光滑、果点浅小、红色品种利于迅速着色,果实套瓶后要在瓶外套一层纸袋,纸袋外加套一层黑色塑料袋进行遮光,然后将纸袋和塑料袋固定在果台枝或结果母枝上即可。

果实套瓶后要以单果为单位进行精细管理,红色品种在采收前15～20 d及时脱去瓶外的纸袋和塑料袋,待果实全红后,即可采摘。

任务4.5　果实增色技术

● 任务实施

一、秋季修剪

秋季适时适度地对果树进行修剪,不仅能增加光照,而且能够提高果实的品质。主要方法是疏除树冠内的密生枝、徒长枝、直立枝、竞争枝、遮光的强旺枝和剪口下萌发的枝条等,可有效增强树冠内、树冠下光照,促进果实着色,尤其树冠内膛,效果更加明显。

二、除袋

1.确定除袋时间

适时摘除果袋也是果实套袋的关键技术之一。应根据树种、品种及果袋类型选择适宜的除袋时间。对于需着色的树种,一般早、中熟品种在采收前10～20 d除袋,晚熟品种采收前15～30 d除袋;不着色品种一般带袋采收。去袋过早,果实暴露时间过长,果皮易变粗糙,色泽较暗;去袋过晚,着色期短,虽果皮细嫩,色泽新鲜,但色调较淡,贮藏期容易褪色。除袋时应避开光线强烈的中午,一般上午解除树冠东、北部的果实,下午解除树冠西、南部的果实。

2.除袋

不同果袋类型,除袋方法略有不同。对于内袋为红色的双层纸袋,除袋时可先去外袋,过2～3 d后再除去内袋,具体时间在10时至16时进行;内袋为黑色的双层纸袋,除袋时先将外袋底口撕开,取出内袋,使外袋呈伞状罩于果实上,6～7 d后,再摘除外袋;摘除单层袋和内外层连体双层袋时,先在12时前或16时后撕开袋体底部,呈一伞形罩于果实,或背光面撕破通风,4～6 d后再摘袋。

三、摘叶

摘叶是在果实着色期摘除对果实较严重遮光的叶片。摘叶可以改善通风透光条件,促进果实着色和提高内在品质;叶片过密的植株,适当摘叶还有利于促进树冠内膛和下部的花芽分化。在苹果、葡萄上应用较普遍,已成为优质红色果品生产技术的重要环节。

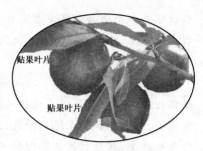

贴果叶片

贴果叶片

图4-30　贴果叶片

摘叶在果实着色期分两次进行,第一次是在果实开始着色期(套袋果在去袋后),首先摘除贴果叶(图4-30)、果台枝基部叶,适当摘除果实周围5～10 cm范围枝梢基部的遮光叶和部分老叶;第二次间隔10 d,摘除部分中、长枝下部叶片。摘叶量一般控制在总叶量的10%～30%,摘叶量过少,增色效果不佳;摘叶量过多,虽然全红果率增高,但果色不够浓红和鲜艳,还会降低可溶性固形物含量,影响花芽分化。

四、转果

转果是促进果实阴阳面转换,实现果实均匀着色的技术措施。在正常的光照条件下,果实的阳面着色较好,阴面着色较差,通过转果,可以改变果实自然着生的阴阳位置,增加阴面受光时间,达到全面着色的目的。转果时间一般是除袋后15 d左右进行,转果的方法是:用左手捏住果梗基部,右手握住果实轻轻将阴面转到阳面。必要时可夹靠在枝杈处,以防回位,如转动的果实缺乏依托,可以用透明胶布加以固定。转果后如有少部分仍未着色或着色太差,相隔4～5 d再次转果。一天中最好选在下午4时后转果,切忌在晴天中午高温下转果,以免发生日灼。

五、铺反光膜

果实开始着色期于果树行间或株间覆盖反光膜,利用其反射光以改善树冠内膛和下部光照条件,促进果实全面着色。同时反光膜还可以促进果实内淀粉的转化,含糖量明显提高,果实风味变浓,树冠下部花芽数量增加,花芽质量提高。铺膜时间一般在果实着色前期,套袋栽培时,除袋后覆盖。铺膜前要清理树冠下的枝条和杂草,然后在树冠下主干两侧顺行方向每边各铺一幅反光膜,铺膜时把膜拉紧拉平,边缘用石头或装有土的塑料袋压实。一般每667 m²铺膜300～400 m²。铺膜期间,要经常打扫膜上的树叶和尘土,保持膜干净,提高反光效果。果实采收前将反光膜收起,洗净晾干,妥善保管,翌年再用。反光膜使用寿命一般3～5年。铺反光膜的果园应注意调整树体结构,减少枝量,使生长季树冠下有30%的透光量,并配合剪梢、疏梢、摘叶等夏、秋剪工作。

六、喷肥增色

果实着色期间应控制氮肥用量,增施磷、钾肥。对于桃、苹果、葡萄等树种的红色品种,可于果实着色期,每相隔10～15 d喷施0.4%～0.5%的磷酸二氢钾,或0.3%～0.5%的硫酸钾等,连续喷施2～3次,对于促进果实膨大、提高果实的着色度均有很好的作用。

七、其他增色措施

目前可以使用一些果实增色剂和增产菌,如 TL 型着色剂、氨基酸复合微肥、光合微肥、稀土微肥、增产菌等,提高果实的着色程度。如龙口市果树站报道,在苹果、梨、葡萄等果园推广应用增产菌,全年共喷 6 次,每次成龄果园 50 g/667 m²,每次间隔 25~30 d。富士苹果喷后比对照提早着色 5~7 d,红果率增加 18.9%。

"暮喷",即在苹果着色期每天傍晚在树上或果面少量喷水,对促进果实着色有一定作用。还有果实采后增色,即选地势高燥、宽敞平坦的通风处,先在地面铺 3 cm 厚的洁净细沙,将苹果果柄朝下,单层排好,果实间稍有空隙,若摆两层,则成品字形排列,使果果见光。若天气干旱或无露水时,每天早、晚用干净喷雾器,向果面各喷一次清水,以果面布满水珠为度。太阳出来后,用草帘或牛皮纸等遮阴。3~4 d 果实着色后,翻动一次果实,使果柄向上。经 4~5 d 后整个果面可全部着色。

【知识链接】

影响果实色泽形成的因素

果实的色泽形成主要与色素有关。影响果实色泽的色素主要有叶绿素、类胡萝卜素和花青素等。其中花青素是水溶性色素,主要存在于细胞质或细胞液中,当 pH 低时呈红色、高时呈蓝紫色。随果实成熟,果实中叶绿素减退,花青素增多,果实体现品种固有的色泽。色素的形成与糖分、光照、紫外线、温度、生长调节剂及矿质元素等有关。花青素来源于糖,因此果实的糖分积累可促进着色;光照和紫外线均能促进花青素和类胡萝卜素的合成,因此山区、高原地区以及光照充足的地方,果实着色就好;温度尤其是较大的昼夜温差,有利于果实糖分和花青素的积累,可促进果实着色;植物生长调节剂中乙烯利能促进花青素和类胡萝卜素的合成,因此有利于果实着色,而赤霉素和细胞分裂素会延迟果实的叶绿素消失和抑制其他色素的积累。果实表皮花青素含量与根际速效钾含量和有机质的含量呈显著正相关。因此在一定范围内,钾含量和有机质含量越高,果实着色越好。而土壤和叶片中氮素过多,会影响果实着色。

任务 4.6　果实采收及采后处理技术

● 任务实施

一、确定适宜的采收期

采收是水果生产中的最后一个环节,也是贮藏加工开始的第一个环节。采收时期是否适宜及采收的方法是否适当,不仅直接影响到果品的采收质量,而且对保持果品品质、搞好商品化处理也是至关重要的。

1.鲜销果品

鲜销果品采收适期是在正确判断果实成熟的基础上,根据果实采收后去向、果品特性和处理方式等确定。如采收后直接就近上市,可在充分成熟时采收;采收后长期贮藏、远程运输或需要后熟的,应适当早采。短期贮藏或为了减轻虎皮病的发生,应适当晚采;山地的金冠以及早熟的苹果、梨品种，可适当晚采，以提高其贮藏性和食用品质。果品特性不同，采收时期应不同，如桃、樱桃凡是软肉、易裂果品种，宜适当早采；凡是果肉较硬、不易裂果的品种可待其充分成熟时采收。

2.加工用果品

加工用果品要根据加工目标确定采收适期。一般制罐用的苹果可早采，制汁的葡萄、制干的枣应晚采。同株树上果实成熟度不同，应注意分期分批采收。

在全国的苹果、梨、桃、杏、葡萄等主产区，人们为了抢早，获取大量经济效益，目前普遍存在早采倾向，这是影响果品质量的重要问题。随着交通、贮藏条件的改善，应在果实充分发育成熟时采收。

【知识链接】

果实的成熟度

果实成熟，指所包含的种子具有了完善的繁殖后代的能力，果实的果皮和果肉色、形、香、味都有了充分发育。成熟度，是指这些性状的发育程度。按照果实成熟的情况和用途分为三种成熟度。分别是：

可采成熟度，指果实大小已定型，但其应有的风味和香气尚未充分地表现出来，肉质硬，适于贮运和加工。一般需要长期贮藏、远地销售的果实在此期采收。

食用成熟度，指果实已经成熟，并表现出其应有的色香味，内部化学成分和营养价值已达到该品种指标。适于就地销售、制汁、制酱和制酒。短期贮运和在当地销售的果实宜在此期采收。

生理成熟度，指果实在生理上已达到充分成熟，果实肉质松绵，种子充分成熟，适于采种。采集种子或以种子为食用部位的板栗、核桃等干果，需在此期采收。

由于果树的种类很多，各个品种的生理特性各不相同，采收后的用途也各不相同，采收成熟度的要求很难一致，所以没有统一的标准，生产上可以利用离层的形成、果实底色、果皮的色泽、果实的生长期、果肉的硬度、果实的呼吸强度和乙烯浓度、果实的营养成分、种子颜色、果粉、果实形态等判断果实的成熟度。

二、采收

果树种类繁多，性状各异，采收方法多种多样，可概括为人工采收和机械采收两大类。

1.人工采收

人工采收是我国园艺产品采收的主要方法。鲜销的水果和长期贮藏的水果(包括仁果类、核果类、浆果类等)最好人工采收。人工采收便于精确地掌握成熟度，可以减少机械损伤，还便于边采、边选、分期分批采收，同时能够符合一些种类的特殊要求，如苹果、梨的带柄采收，葡萄、荔枝的带穗采收，草莓的带萼采收等。

(1)准备采收工具　采收工具的充足与否以及是否顺手，直接关系到采收时的劳动效率，必须予以重视。采收之前不仅要备足采收工具，而且要全面仔细检修，保证完好无损。采收前需准备的工具有：采果剪、采果梯、采果筐、采果袋(图4-31)、采果箱、运输车等。采收柿子、葡萄等都有特制的采果剪，圆头而刀口锋利，避免刺伤果实。采果篮是用细柳条编制或钢板制成的，篮底用帆布衬垫做成。采果袋完全是用布做成。果筐是用竹条或柳条编制，要求轻便牢固。

果箱有木箱、纸箱、塑料箱等，一般以 10～15 kg 为宜。

（2）人工采收 采收方法应根据水果的种类决定，如葡萄的果柄与枝条不易脱离，需要用采果剪剪下果穗；柿子用采果器采收；板栗、扁桃、核桃、枣等习惯用长杆击落。但板栗打收影响果实质量，应推行拾栗采收。苹果和梨成熟时，其果梗和果枝间产生离层，可以直接用手采摘，采收时用手掌将果实向上一托，果实可自然脱落（注意防止折断果梗）。桃、杏等果实成熟后果肉较嫩，为避免造成指痕，人工采摘时，应剪短指甲，小心用手掌托住果实，左右摇动使其脱落。对于果肉很软的草莓等浆果，采收时要戴手套。为不使水果遭受损伤，采用内衬帆布袋的采果篮。

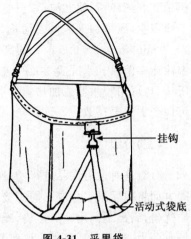

挂钩

活动式袋底

图 4-31 采果袋

采收时间应选择晴朗的天气，要避免雨天和正午采收。采收时，要按照从下而上，由外而内顺序采摘。采收还要做到有计划性，成熟度不一致的树种、品种，要注意分期分批采收。根据市场销售及出口的需要决定采收期和采收数量。采收人员应事先进行技术培训，采收时轻拿轻放，确保果实表面保护结构的完整。

2.机械采收

机械采收与人工采收相比，效率高，成本低，速度快，缺点是机械损伤较严重，通常只能进行一次性采收。机械采收主要适合果梗与果枝间易形成离层的果实，以及成熟期一致、机械作业方便的果品。主要方法有三种。

（1）强力振动机械 目前，在美国使用此类机械采收樱桃、苹果和李子。方法是用一个器械夹住树干并振动，使果实落到收集帐上，再通过传递带装入果箱。

（2）台式机械 国外应用较为普遍，人站在台式机械上靠近果实采收，采收机械可自由移动，并配有果实转移机械。

（3）地面拾果机 用机器将落在地面上的果实拾起来，多用于核桃、山核桃、榛子等有硬果壳的果品。这种机器包括两个滚筒，前面的滚筒离地面 1.7～2.54 cm，顺时针转，后面的滚筒离地面 0.46～1.77 cm，逆时针转，两个滚筒同时转，将落地果子拾起，传送到收集器里。

对作为加工原料的果品或一些干果，也可以用机械采收，但采收前一般要喷洒果实脱落剂，如柑橘采收前使用维生素 C、放线菌酮等药剂效果较好，枣树可以用 200～300 mg/L 的乙烯利作催熟剂。

三、采后处理

果实从采收后到贮藏、销售、加工前还需要经过一系列的处理，如预洗、预冷、打蜡、分级、包装等，以提高其商品价值，获得较好的经济效益。

（一）预洗

预洗是采用浸泡、冲洗、喷淋等方式水洗或用干（湿）毛巾、毛刷等清除果品表面污物，减少病菌和农药残留,使之清洁、卫生,符合商品要求和卫生标准,提高商品价值的方法。洗涤水要干净卫生,还可加入适量去污剂、杀菌剂等。常用的去污药剂有1‰稀盐酸加1‰石油,浸洗1～3 min,或0.2～0.5 g/L的高锰酸钾溶液,清洗2～10 min。杀菌防腐多用0.5 g/L甲基托布津或多菌灵。水洗后要及时进行干燥处理,除去表面水分,以免引起腐烂。干燥可用自然晾干法,也可用脱水器或加热蒸发器进行脱水。应用果实套袋方法生产的果品,由于果面洁净,可以免去洗果环节。

(二)分级

分级是对采后果品进行质量控制的手段,是根据商品规格要求,从果实的大小和外观品质等方面将采后果实分成不同等级的过程。分级的主要目的是使果品达到商品标准化,实现优质优价,满足不同用途的需要,减少浪费,减轻病虫害传播,便于包装运输与贮藏,提高果品市场竞争力,有利于开展进出口贸易。

具体的分级标准,因种类品种而易。我国一般是在果形、新鲜度、颜色、品质、病虫害和机械伤等方面符合要求的基础上,再进行大小分级。果实比较大的种类一般分三至四级。如苹果果实最大处直径为65 mm为一级;>60 mm为二级;>55 mm为三级。小型而柔软的果实,一般分为两级。日本对巨峰葡萄的质量标准是:每个果穗以400 g左右为宜,变化幅度为±100 g;各等级果粒大小必须达到如下基本标准:果实含糖量在16％以上,果皮色泽达到蓝黑色;在此基础上,凡13 g以上的大果粒果穗为特级果,12 g果粒为1级果;11 g左右的果粒为统货果品。

果实分级有人工分级和机械分级等。果实大小的分级有按果实重量标准的重量分级法和按果径大小的果径分级法。如对梨、猕猴桃等多采用重量分级法分级,而对柑橘等则以果径分级法分级。重量分级是事先用人工对果实的形状、色泽、有无伤残等外观进行分级,然后将不同级别的果实放在不同的传送带上,果实在传送带上运动,根据果实托盘弹簧承受压力不同,使其落入不同接受容器中,而分为若干级别。果实的大小分级是在带有网眼的传送带上进行的,传送带上的网眼大小是可以变化的,随着传送带的运行,网眼由小变大,这样,不同大小的果实可在不同部位落下,进行了大小分级。

(三)打蜡

打蜡(涂膜)即对采后果品在其表面人工涂上一层薄而均匀的透明薄膜,也称涂膜。它起到延缓代谢、保护组织、增加果品表面光泽、美化商品的作用。打蜡处理还可作为防腐剂的载体,抑制病原微生物的侵染,还可以减轻果品贮运中的机械损伤,提高贮藏寿命。打蜡多用于柑橘、苹果、梨、油桃、李子等。生产中应用的涂料有天然紫虫胶、棕榈蜡、植物油类、石油类、石蜡、CFW果蜡,混合涂料(日本用淀粉、蛋白质等高分子溶液,加植物油制成的)。

打蜡一般有人工打蜡和机械打蜡。国外一般使用机械打蜡,新型的喷蜡机大多与洗果、干燥、喷涂、低温干燥、分级、包装、装订成件、贮运等工序联合配套进行。我国一般仍采用手工打蜡。大量处理时,用机械喷涂工效高,效果好。

使用涂料时应注意以下问题:涂料处理是水果采后一定期限内商品化处理的一种辅助措施,只能在短期贮藏、运输或上市前进行处理,以改善产品的外观品质;涂料本身必须安全无毒,无损于人体健康;涂料成本低,使用方法简便,材料易得,便于推广;涂膜时应厚薄均匀、适当。

(四)包装

包装可以保证产品安全运输和贮藏,减少产品间的摩擦、碰撞和挤压造成的机械伤,维持果实的新鲜度,减少病虫害的蔓延和水分蒸发,使水果在流通中保持良好的稳定性,从而提高果品商品性。一般对包装的要求有:便于操作,卫生无毒、不污染环境、实用美观、成本较低、能承受一定的压力、风格明显、具有吸引力,并符合国际包装要求。包装的大小依消费者的具体需求而定。一般大包装适于远距离运输,小包装适于零售。精美的礼品包装也受人们欢迎。

(1)选择适宜的包装材料　包装一般分为外包装和内包装。外包装主要是抵抗来自外界的损害。使用材料主要有纸箱、塑料箱、果筐、木箱、泡沫箱等。目前常用的纸箱有两种,一种是用稻、麦草为原料;一种是用木材纤维为原料加工而成。冷藏、远途运输及出口者可用后者。果筐是我国传统的包装容器,成本低,但形状不规则。塑料箱,可以用多种合成材料制成,其中以较硬的高密度聚乙烯为材料的塑料箱,在满足新鲜果品流通要求方面具有较理想的技术特性。木箱美观度差,此种包装只适合于低档果品的包装。泡沫箱具有保温性能好,缓冲性能好等特点,较适合葡萄运输保鲜。

内包装用于防止包装容器内各个商品之间或商品与容器之间可能造成的相互碰撞。用于内包装的材料主要有纸、塑料、柔软的刨花、塑料网套或纤维素层等。具体种类及作用见表 4-8。

表 4-8　果品包装常用各种支撑物或衬垫物

种　类	作　用
纸	衬垫、包装及化学药剂的载体,缓冲挤压
纸或塑料托盘	分离产品及衬垫,减少碰撞
瓦楞插板	分离产品,增大支撑强度
泡沫塑料	衬垫,减少碰撞,缓冲震荡
塑料薄膜袋	控制失水和呼吸
塑料薄膜	保护产品,控制失水

(2)包装　包装应在冷凉的环境条件下进行,避免风吹日晒和雨淋。包装时先在箱底平放一层垫板,加上格套,把用纸或塑料网套包好的果实放入格套内,每格一果,放好一层后再放垫板、格套,继续装果至满。最后加垫板一块,封盖、粘严、捆好。在箱外用不易脱落的颜料写明品种、个数、产地、装箱员、发货单位等。

(五)预冷

果品采收后,采取一系列措施将果品的温度尽快降低到适于贮运低温的过程叫预冷。预冷的目的是在产品采收之后与贮运之前,降低果品的呼吸强度,散发田间热,降低果品温度至适宜运输和贮藏的低温状态,以最大限度地保持其新鲜品质,提高其耐贮运性,减少果实中的维生素 C、各种糖分和有机酸的损失,并保持其硬度;同时可减少果品入贮后制冷机械的能源消耗,缩小果品温度与库温的差别,防止结露现象的产生。

预冷的方式包括库房冷却、强制通风冷却、水冷却、冰冷却、真空冷却和运输过程冷却等。

任务 5 果树整形修剪技术

任务 5.1 幼树整形

● 任务实施

整形修剪从文字表述就可以看出它包括两层意思,即整形与修剪。整形是根据果树的生物学特性,结合果园自然条件、栽培管理技术,将树体建造成一定的形状。修剪则是按照生长结果的需要,综合运用短截、疏枝、回缩、缓放、摘心、拉枝及施用植物生长调节剂等各种技术处理果树各个器官。整形与修剪是密不可分的,良好的树形与合理的修剪,对保证果树早结果、早丰产和连年优质高产及延长经济寿命具有重要的意义。

一、确定适宜的树形

果树树形很多,生产上主要根据砧穗组合、栽植密度、立地条件和栽培技术综合表现来选择适当的树形。现将典型的常用的树形说明和评价如下:

(一)疏散分层形

疏散分层形又名主干疏层形(图 4-32)。主枝 5～7 个,在中心干上分 2～3 层排列。第一层 3 个,第二层 2～3 个,第三层 1～2 个。各层主枝间有较大的层间距,一般第一层与第二层间距 80～100 cm,第二层与第三层间距 60 cm。层内距 20～30 cm。

类似树形还有基部三主枝邻近半圆形、小冠疏层形、十字形等。为了改善树体的光照条件和限制树高,进入盛果期后多落头开心,变成两层五主枝的延迟开心形。此树形在苹果、梨、山楂、杏等树种应用较多。

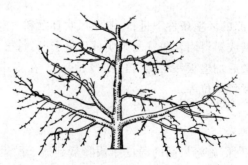

图 4-32 疏散分层形

(二)纺锤形

纺锤形又名自由纺锤形(图 4-33)。树高 2.5～3.0 m,干高 50～70 cm,冠径 3 m 左右。

中心干上按 15～20 cm 间距培养 10～15 个侧分枝,呈螺旋状上升。同向侧分枝间距不小于 50 cm。侧分枝长度 1.5～2.0 m,分枝角度 70°～90°,其上着生枝组。随树冠由下而上,侧分枝体积变小,长度变短,分枝角度变大,着生的枝组变小变少。常用于矮砧普通型、半矮砧普通型和生长势强的短枝型品种组合。适宜采用株距 2.5～3.0 m,行距 4 m 的栽植密度。在更高密度情况下,中心干上分生的侧分枝生长势相近、上下伸展幅度相差不大,分枝角度呈水平状,树形细长,侧分枝 15～20 个,称为细长纺锤形。

图 4-33　自由纺锤形

(三)自然开心形

自然开心形干高 20～30 cm,三大主枝在主干上错落着生,排列较开,开张角度 40°～50°,其先端直线延伸。主枝间距 10～15 cm,在主枝上留 2～3 个背斜侧,第一侧枝距主干 40 cm 左右;第二侧枝在第一侧枝的对侧,距第一侧枝 30 cm 左右。开张角度 70°～80°。在主侧枝上配备结果枝组。这种树形骨架坚固,负载量大,主从分明,修剪量轻,成形快,结果面积大,易丰产。自然开心形适于桃、李等核果类果树,山楂、苹果等也有采用。

(四)多主枝自然形

多主枝自然形主枝 4～6 个,小树期间主枝可多达 6 个,大树适当控制,保持 4 个左右,将多余的改为大型结果枝组。主枝直线延长,树冠适当中空,然后根据空间大小,培养若干侧枝或大型结果枝组。此树形构成容易,树冠形成快,产量高,早期特别明显,主枝不遭日灼。但由于主枝较多,要注意保持间隔,注意夏剪,并要抑制树冠上部生长,防止下部光秃。此外,树冠较高而密,管理较不便。此树形在李、杏等树种应用较多。

(五)主干形

主干形(圆柱形、高纺锤形)属小冠形(图 4-34)。适宜于株距 1.5～2 m,行距 3～4 m 的高密度果园。其基本结构是树高 2.5 m 左右,干高 50～70 cm,冠径 2 m 左右。在中心干上均匀着生 23～27 个侧分枝(大、中型结果枝组),每个侧分枝长度 55～100 cm,多数为 60～70 cm,枝轴基部的最大直径不超过 2.5 cm,多数为 1.5 cm,侧分枝开张角度为 90°～120°。中心干直立,侧分枝不分层或分层不明显,树形较高。此树形在枣、银杏、核桃等树种粗放栽培,苹果、梨的高密度栽培时应用较多。

图 4-34　主干形(来源:孙建设)

二、选择适宜的修剪手法

落叶果树修剪按照修剪时期分为休眠期修剪和生长期修剪。在各个时期采用的修剪手法略有不同。

(一)选择休眠期修剪手法

落叶果树落叶后至萌芽前进行的修剪称为休眠期修剪,又称冬季修剪。休眠期修剪的任务是调整树冠、培养结果枝组、改善光照条件、合理负载。休眠期修剪常用的手法是短截、疏枝、回缩和缓放。

1.短截

短截是剪去一年生枝条的一部分(图4-35)。生产上根据剪截枝条的长度,将短截分为轻截、中截、重截、极重截四种,还包括破顶芽、留盲节等。短截具有局部刺激作用,可促进剪口下侧芽的萌发,促进分枝,但其刺激作用与剪截强度、剪口芽质量、品种成枝力、枝条姿势等因素有关。一般剪截强度大、剪口芽饱满、品种成枝力强、枝条直立,则促进作用大。而轻短截由于保留的枝芽量较多,剪口下萌发的中短枝和花束状枝较多,有缓和树势和促进花芽形成的作用,也是培养结果枝组的修剪方法。重短截则仅留剪口下几个芽,所抽出的枝条生长较旺,成枝力强,可萌发3个左右的长枝或徒长枝。中短枝少,单枝生长量大,不利于花芽的形成,多用在老、弱树更新上。

2.疏枝

疏枝又叫疏剪,是将枝条从基部剪除(图4-36)。疏枝减少枝条数量,使树冠内光线增强,尤其是短波光增强更多。如紫外光可以使生长素钝化,同时诱导乙烯产生,从而有利于花芽分化。疏枝造成的伤口还具有局部抑前促后的作用。即对剪口上部的枝条有削弱作用,而对剪口下部的枝条有一定促进作用。疏剪对树体的影响与被疏去枝的大小、性质、生长势强弱以及数量有关。如被疏枝条生长势强、数量多,伤口间距短,而且为多年生大枝或大部分为营养枝,则削弱作用明显。通常可用疏枝来控制旺长。

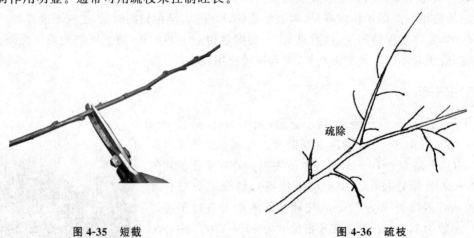

疏除

图4-35 短截 图4-36 疏枝

疏枝在生产上主要用于4个方面:一是疏除树冠内过密枝、细弱枝、交叉枝或背上直立枝,以改善通风透光条件;二是疏除竞争枝,构造合理树形;三是疏除果枝,可以调节营养生长与生殖生长的平衡。四是疏除过强骨干枝和枝组,可以平衡树势、培养和改造结果枝组。

3.回缩

回缩也叫缩剪,将多年生枝短截到分枝处(图4-37)。回缩的作用是局部刺激和枝条变向。一方面回缩与短截相似,能使剪留部分复壮和更新;另一方面回缩时选留不同的剪口枝,可改变原来多年生枝的延伸方向。回缩后的反应强弱,决定于剪口枝的强弱。剪口下留强旺枝,则生长势强,有利于恢复树势和更新复壮;剪口下留小枝或弱枝,则营养生长较弱,有利于成花;剪口下留长势中庸的枝条,则既有利于生长也有利于成花结果。回缩作用的性质和大小因修剪对象、剪掉枝的大小和性质、剪口枝的强弱和角度、伤口的大小多少等实际情况来确定,而且要逐年回缩,轮流更新,不要一次回缩过重,以免出现长势过强或过弱现象,而影响产量、效益。

图 4-37　回缩

回缩通常用在以下 4 个方面:一是平衡长势,复壮更新,调节多年生枝前后部分和上下部分之间的关系。如前强后弱时,可适当缩去前旺部分,选一角度开张的相对弱枝当头,以缓前促后,使之复壮。对势力衰弱的多年生枝应重回缩,以利更新。对延伸过长的单轴结果枝组应回缩,调节养分运送,提高果品质量。二是转主换头,改变骨干枝延长枝的角度和生长势。三是培养枝组。对萌芽率、成枝力强的品种先缓放后回缩,形成多轴枝组。四是改善光照。如整形完成后适时落头,并对一、二层主枝间的大枝适当回缩;对果园封行树交叉枝回缩;对辅养枝过大影响主枝生长的大枝回缩。

4.缓放

对一年生枝不剪,称为缓放,又叫长放,甩放。幼树缓放可增加短枝数量和加快树体成形,提高早期产量。但连年缓放的树,容易出现后部光秃和大小年结果现象,树体还容易早衰。

缓放在生产上应用在以下 3 个方面:一是对幼树和初结果期树使用缓放。它可以缓和树势使营养生长向生殖生长转化,加速成花及构造结果枝组。二是对萌芽率、成枝力强或中等的品种使用缓放。如金冠系、元帅系苹果缓放效果明显。三是对平生、斜生的中庸枝和下垂枝条使用缓放。一般对背上直立枝、强旺枝、徒长枝、延长头竞争枝、衰弱枝不宜缓放。其中前 4 类枝确需缓放时,必须结合枝条变向、枝上刻芽、环割等措施,才能收到预期的效果。否则,这 4 类枝会因生长量大、生长旺、加粗快而造成结果晚,出现树上树,抽头挡光,成花慢,严重影响产量。

【技能单】4-9　果树休眠期修剪手法的运用

一、实训目标
通过实训,学生掌握四种修剪手法运用技能。

二、材料用具
1.材料　盛果期李树。
2.用具　修枝剪、手锯等。

三、实训内容
1.短截　对发枝力强的品种应减少短截数量;对发枝力弱的品种应适当多截;弱树弱枝多短截。短截枝条的剪口下必须留有叶芽。

根据短截程度,可分为轻、中、重、极重四种短截方法,其修剪反应见表4-9。

表 4-9　主要短截方法一览表

短截类型	轻截	中截	重截	极重截
修剪方法	在枝条顶芽下至次饱满芽处短截,一般剪去枝条的 1/3 以下	在枝条的饱满芽处短截,剪去枝条的 1/3～1/2	在枝条中下部的次饱满芽处短截,一般剪去枝条的 2/3～3/4	在枝条基部留 1～2 个瘪芽短截
剪后反应	形成 1～2 个长枝,较多的中短枝	形成较多的中长枝,生长势旺,成枝力强	抽生 1～2 个旺枝和少量短枝	抽生 1～2 个中短枝,可缓和树势,降低枝位
图示				
应用	培养结果枝组、各级骨干枝延长枝的修剪	各级骨干枝延长枝的修剪、扩大枝组、复壮树势	降低高度、培养紧凑枝组,有空间的地方改造徒长枝	降低枝位、改造枝类、培养枝组

不同树种、品种,对短截的反应差异较大,实际应用中应考虑树种、品种特性和具体的修剪反应,掌握规律、灵活运用。

2.疏枝　一般用于疏除病虫枝、干枯枝、无用的徒长枝、过密的交叉枝和重叠枝,以及外围搭接的发育枝和过密的辅养枝等。

3.回缩　多用于培养改造结果枝组、控制树冠高度和树体的大小、延伸方向和角度、平衡从属关系等。回缩复壮技术的运用应视品种、树龄与树势、枝龄与枝势等灵活掌握。一般树龄或枝龄过大、树势或枝势过弱的,复壮作用较差。

4.缓放　对斜生枝、水平枝、下垂枝缓放可形成短枝、促进成花。

四、实训提示

本次实训最好结合生产进行,要求每 2 人完成一株树的修剪并进行项目考核。以便学生在实际操作中掌握技术。

五、考核评价

考核项目	考核要点	等级分值				考核说明
		A	B	C	D	
态度	遵纪守时,态度积极,团结协作	20	16	12	8	1.考核方法采取现场单独考核加提问。2.实训态度根据学生现场实际表现确定等级。
技能操作	1.短截手法运用准确 2.疏枝手法运用准确 3.回缩手法运用准确 4.缓放手法运用准确 5.剪锯口处理正确 6.爱护工具,使用正确,注意安全	60	48	36	24	
理论知识	教师根据学生现场答题程度给予相应的分数	20	16	12	8	

六、实训作业

结合操作,总结四种修剪手法的合理运用,并及时调查其修剪后反应。

(二)选择生长期修剪手法

果树从萌芽后至落叶前进行的修剪叫生长期修剪,也称夏季修剪。生长期修剪能有效地改善树体的光照条件,迅速扩大树冠,平衡树势,加速成形;有利于促进花芽形成,提早结果,达到早期丰产和稳产。主要包括抹芽、刻伤(刻芽)、疏梢、摘心、扭梢、拉枝、环割、环剥、剪梢等方法。

1.刻芽

刻芽又称刻伤、目伤,是春季萌芽前,在芽的上方(或下方)0.5～1 cm 处,用钢锯条或刻芽器横割皮层深达木质部而形成切口。芽上刻伤能促进该芽萌发,旺盛生长(图 4-38),芽下刻伤则抑制其生长。

2.摘心

摘心是摘除新梢顶端的幼嫩部分,通常只去 3～5 cm 嫩梢。摘心的作用是增加分枝,促进成花,控制生长(图 4-39)。

图 4-38　刻芽效果

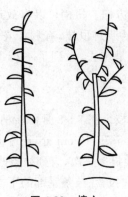

图 4-39　摘心

不同新梢摘心方法与摘心作用不同。对当年新梢在旺长时连续 2～3 次摘心,可促进成花培养枝组,控制旺长;对延长枝摘心,可加速扩大树冠;对秋梢进行基部摘心,可促进形成中、短枝,控制长梢;对竞争枝、直立枝摘心,可改造为枝组,有利于成花(图 4-40)。

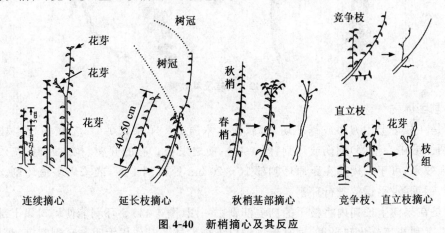

图 4-40　新梢摘心及其反应

3.剪梢

剪梢是剪去新梢先端的一部分,通常剪掉 10～20 cm,剪至半木质化部分。剪梢可以增加分枝,培养枝组,控制生长,促进成花。

剪梢通常用有以下三种情况:一是 5 月中、下旬,当竞争枝、直立枝、强旺枝长 20～30 cm 时,剪去 10～15 cm 枝叶,并去除上部 3 个芽的叶片,促发副梢,增加分枝,培养枝组。二是 6 月上、中旬,对强旺幼树骨干枝头剪去 10～15 cm 枝叶,并去除上部 3 个芽的叶片,利用副梢扩大树冠。三是秋梢停长后剪去所有新梢先端尚未木质化的部分,能改善树体的通风透光条件,提高枝条成熟度和越冬性。

4.扭梢

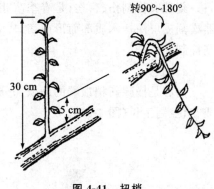

在新梢旺长期,当新梢达 30 cm 左右且基部半木质化时,将直立旺梢、竞争梢、强旺梢在基部 5～6 cm 处扭转 90°～180°,使其受伤,并平伸或下垂于母枝旁(图 4-41)。操作时,应先将被扭处沿枝条轴向水平扭动,使枝条不改变方向而受到损伤,再接着扭向两侧呈水平、斜下或下垂方向。扭梢可以有效地控制竞争枝、缓和生长势,增加早期封顶枝,有利于花芽的形成。扭梢由于是控制而不是疏去,做到了不折不扣的轻剪,有利于促进早期丰产。

图 4-41 扭梢

5.拿枝

也叫捋枝。在 7～8 月份新梢木质化时,将其从基部拿弯成水平或下垂状态。操作时,先在距枝条基部 7～10 cm 处,用手向下弯折枝条,以听到折裂声而枝梢不折为度。然后,向上退 7～10 cm 处再拿一次,直到枝条改变方向为止(图 4-42)。此外,生产上常在萌芽前对一些过粗、过强的大枝,在枝条基部的下方用锯拉出枝条直径 1/3～1/2 深的切口,以减缓其生长势,促花结果,调整枝干比,果农称之为"关阀门"。

图 4-42 拿枝及其效果

6.环割与环剥

环割是在枝干上用刀剪或锯环切 1 圈,深达木质部。苹果修剪时,常在需要生枝的部位(如主枝两侧或中心干等)刻伤或环割(图 4-43),使之发枝。有的旺树,拉一刀,促花效果不明显,为加强效果,可于一周后在距原环割部 10～20 cm 处再割 1 圈,或采用多道环割。生产上用环割器、钢锯条、手锯等进行环割。

环剥是在果树生长期内将枝干的韧皮部剥去一圈(图 4-44)。环剥能使剥口以上部分积累有机营养,有利花芽分化和坐果,同时促进剥口下部发枝。其作用大小与环剥宽度、深度、时间

图 4-43　环割

图 4-44　环剥

及枝条生长状况有关。

应用环剥技术应注意 4 点:第一,环剥的对象必须是营养生长旺盛的果树、辅养枝或枝组。如树势过旺或乔化密植树的主干、骨干枝。同时要求环剥前树体水分必须充足(刀下去后,树液随刀口很快渗出)。第二,严格掌握环剥宽度和深度。环剥深度以木质部为界,宽度一般为枝干直径的 1/10。直立旺枝可适当加宽,但不得超过 1 cm,以 20~30 d 内能愈合最好。第三,要根据修剪目的选择最佳时期。促进花芽分化,应在新梢旺长期环剥;提高坐果率则应在花期环剥。第四,环剥后注意消毒和保护环剥口,以防止腐烂病菌及害虫侵害树皮。剥后不要用手或器物去摸碰伤口,并立即用报纸将伤口包住,一般 7 d 后撕去报纸。

7.拉枝

拉枝即将较为直立枝条改变生长方向,使其角度开张(图 4-45)。拉枝缓和枝条的生长势力,使营养物质和激素分配均衡,有利于花芽形成;拉枝也可以增大分枝角度,改善光合条件,提高叶片的光合效能。拉枝主要对当年生、一年生、多年生竞争、直立、强旺枝进行。常用的拉枝方法有弯枝、别枝、撑枝、坠枝、压枝、支枝等。

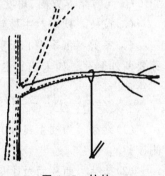

图 4-45　拉枝

拉枝时间为春末秋初,即是每年 3~4 月份、8~9 月份。拉枝主要应用于长度大于 80 cm 的长枝。中心干延长枝一般不拉,若主枝不够用时也可将其拉成主枝,并重新培养中心干延长头。过弱的树不拉枝。应避免只拉小树不拉大树,只拉下不拉上。拉枝不仅是开张角度,同时应调整其生长方位,使枝条上下不重叠,左右不拥挤,均匀分布,合理占用空间。拉枝部位,应根据实际情况选择在枝条中部。避免在枝梢段拉枝,使主枝变成弧形;避免在距主干较近位置拉枝,腰角难拉开,开角的效果不大。拉枝分开角部位软化、绑枝固定两个步骤,前者的作用尤为重要。

三、常见树形的整形

(一)疏散分层形整形过程

1.栽后第一年修剪

(1)定干　苗木定植后,在距地面 70~80 cm 处定干(图 4-46)。不够定干高度的苗应剪到

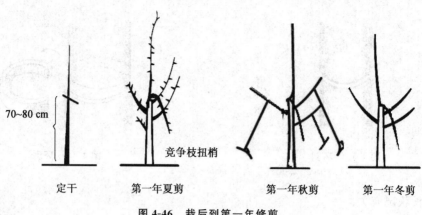

70~80 cm

竞争枝扭梢

定干　　　　第一年夏剪　　　　第一年秋剪　　　　第一年冬剪

图 4-46　栽后到第一年修剪

饱满芽处,以备下年定干。

(2)刻芽　萌芽前在整形带内选择方位合适的芽进行芽上刻伤,促使其抽梢以培养为主枝。

(3)抹芽　萌芽后,及时抹除主干上近地面 40 cm 以下的萌芽,以保证整形带内枝梢生长。

(4)扭梢　夏季选择位置居中,生长健壮的直立新梢作中心干的延长梢,对竞争梢扭梢(图 4-46)。同时培养方向、角度、长势合适的新梢,留作基部主枝用。

(5)拉枝　秋季对主枝新梢拉枝,使开张角达到 60°以上,并同时调整方位角(图 4-46)。

(6)冬剪　冬季中心干剪留 80～90 cm,各主枝剪留 40～50 cm(图 4-46)。注意剪口第一芽要留外侧芽。如未选足主枝或中心干生长过弱时,可将中心干延长枝留 30 cm 短截,以便第二年选出。

2.栽后第二年修剪

(1)刻芽　为抽生良好的侧枝,春季萌芽前,主枝上选位置合适的芽进行刻伤,以促生背斜侧枝。

(2)抹芽　萌芽后及生长期内继续抹除主干上近地面 40 cm 内的萌芽、嫩梢,并抹除主枝基部 20 cm 以内和背上的萌芽。

(3)扭梢　6 月上中旬采用扭梢、重摘心和疏枝的方法,处理各骨干枝上的竞争梢(图 4-47)。

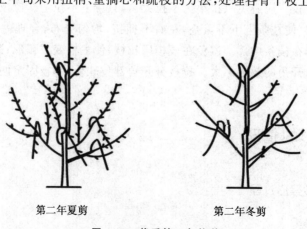

第二年夏剪　　　　　　　第二年冬剪

图 4-47　栽后第二年修剪

　　(4)拉枝　秋季按要求拉开主枝角度,拉平 70～100 cm 长的辅养枝。年生长量不足 1 m 的主枝长放不拉。

　　(5)冬剪　继续选留第二层主枝。第一层主枝层内距 20～30 cm,用拉枝、撑枝法,将基部 3 主枝方位角调整到 120°左右,第一层主枝上各配备 1～2 个下侧枝,侧枝一定选背斜方向,第一侧枝距中心干 20～40 cm,第二侧枝距第一侧枝 50 cm 左右。按奇偶相间的顺序选留侧枝。第一层至第二层主枝层间距保持 70～80 cm,期间可配备几个辅养枝或大枝组。中心干延长头剪留 50～60 cm,主枝头剪留 40～50 cm,或全长的 2/3 左右。对强主枝要在秋季和春季开张角度。

　　3.栽后第三至第四年修剪

　　四年生树,冬季修剪,中心干和主、侧枝的延长头分别剪留 50～60 cm、40～50 cm、40 cm。各辅养枝仍采取轻剪长放多留拉平的方法,多留花芽,开始结果。5 年生树,如树高达 3 m 以上,树冠大小已符合要求,第一层主枝头不短截,以延缓树冠交接的年限。继续培养第二、三层主枝,采用先放后缩法培养枝组。对主枝背上的强梢要扭梢或拉平,或用连放法,形成单轴细长枝组。为控制过旺的树势和适龄结果,仍需采用各种变向和刻剥技术,以培养枝组和改造辅养枝(图 4-48)。

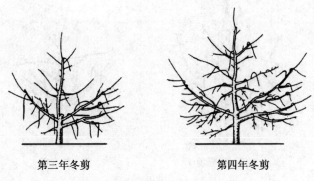

第三年冬剪　　　　　　　　第四年冬剪

图 4-48　栽后第三年和第四年冬剪

(二)自由纺锤形整形过程

1.栽后第一年修剪

　　(1)定干　定植后在距地面 60～70 cm 处定干(图 4-49 定干)。

　　(2)刻芽　萌芽前在整形带内选择方位合适的芽进行刻伤,促发新梢培养主枝。

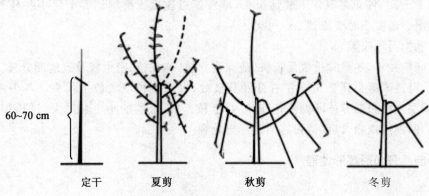

60~70 cm

定干　　　　夏剪　　　　秋剪　　　　冬剪

图 4-49　自由纺锤形栽后第一年修剪

（3）抹芽 萌芽后及时抹除主干上近地面 40 cm 以内的萌芽和嫩梢。

（4）夏剪 对旺壮竞争梢进行扭梢或重摘心控制（图 4-49 夏剪）。

（5）拉枝 秋季对各主枝新梢进行拉枝成 70°～80°（图 4-49 秋剪）。

（6）冬剪 冬季，中心干延长头剪留 50～60 cm，选 2～4 个主枝，剪留 40～50 cm，或剪去全长的 1/3。

2.栽后第二年修剪

（1）春剪 对小主枝及辅养枝刻芽或按 15～20 cm 间距进行多道环割，并及时抹除背上萌芽。

（2）夏剪 新梢旺长期疏除基部 20 cm 以内背上旺枝及过密新梢，并对其背上直立梢扭梢或摘心，控制骨干枝上的竞争梢（图 4-50 夏剪）。

（3）秋剪 秋季对中心干上发出的新梢进行拉枝。

（4）冬剪 中心干延长头剪留 40～50 cm。各主枝延长头剪留 30～40 cm。强旺小主枝长放不剪，翌春刻芽促枝（图 4-50 冬剪）。

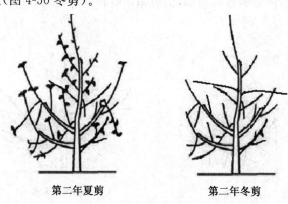

第二年夏剪　　　　　　　第二年冬剪

图 4-50 自由纺锤形栽后第二年修剪

3.栽后第三年修剪

基本同第二年，各延长枝仍需短截，剪留 40 cm 左右。

4.栽后第四年修剪

生长期修剪同前几年。秋季对中心干上部小主枝拉枝。冬剪时疏除内膛徒长枝。当株间空间只剩 1 m 时，停止短截骨干枝延长头，减缓扩冠速度。继续培养上层小主枝和下层主枝的结果枝组。角度小时要拉到 80°～90°。

5.栽后第五年修剪

夏剪同前几年，冬剪时长放延长头，疏除直立枝、徒长枝、密生枝及近地面分枝。待树势稍稳定以后，可逐渐落头到 2.5 m 左右良好分枝处，以弱主枝或大枝组代头。各小主枝头不再短截，对下层主枝和辅养枝环剥促花，疏除背上枝。中、下层的小主枝过大、过长和过密时，可酌情控制，回缩或疏除，以保持稳定的纺锤形轮廓。

（三）自然开心形整形过程

1.定干

栽后，按整形要求，对苗木进行定干。一般定干高度为 40～60 cm，整形带内有 5 个以上饱满芽。保护地栽培可以低些。要因树种、品种、地力、苗木质量而定。

2.栽后第一年修剪

抹除 30 cm 以下萌芽。在整形带内选留 4～5 个新梢。当新梢长至 30～40 cm 时,选 3 个生长健壮、相距 15 cm 左右、方位符合要求的新梢作为主枝培养。秋季修剪疏除背上直立旺长枝,延长头竞争枝。冬季修剪时,将 3 个主枝留 60～70 cm 短截。

3.栽后第二年修剪

春季修剪时将顶端外芽萌发的新梢作为主枝延长头进行培养。同时,将延长头下部方位和角度适合的新梢作为侧枝培养。秋季修剪时对主枝角度达不到 60° 的进行拉枝,疏除背上直立旺长枝、延长头竞争枝、过密枝。冬季修剪时主枝延长头剪留 50～70 cm、侧枝延长头剪留 40～50 cm。

4.栽后第三年修剪

春季修剪时继续选留主枝延长头,同时在延长头的下部、第一侧枝的对侧选择新梢作为第二侧枝培养。秋季修剪疏除背上直立旺长枝,延长头竞争枝、冠内密生枝。冬季修剪时,主枝延长头剪留 50～60 cm,侧枝延长头剪留 40 cm 左右(图 4-51)。

5.栽后第四年修剪

树形已基本建成,主枝、侧枝延长头冬剪时剪留 30 cm 左右,注意主从分明,主枝头要高、长过侧枝头。株间交接注意换头。培养的枝组在主侧枝上的分布要均衡。中下部要培养大型结果枝组,上部培养中型结果枝组,小型结果枝组分布其间。枝组斜生或背侧。

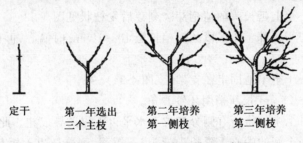

| 定干 | 第一年选出
三个主枝 | 第二年培养
第一侧枝 | 第三年培养
第二侧枝 |

图 4-51 自然开心形整形过程示意图

(四)高纺锤形整形过程

1.栽后第一年修剪

(1)定干 对生长势不强的苗木,定干高度为 90～100 cm。对生长势旺盛的苗木可不定干。

(2)刻芽 对距地面 40 cm 以上至顶部 3～4 个芽以下的芽,用刻芽器刻芽处理,以利抽生大量中、长梢。

(3)夏剪 当侧生新梢长到 15 cm 以上时,摘心同时摘除顶部 2～4 片嫩叶,仅留叶柄,可抑制该枝的加长生长,并对长枝进行拿枝。

(4)冬剪 依据树体生长量,处理方法如下:

①分枝少或没有分枝的幼树,中心干延长枝于 1.5 m 处短截;去除直径超过中心干 1/2 的分枝;如果保留的分枝不足 3 个的,则全部留马耳斜或全部疏除(图 4-52)。

冬剪前   冬剪后

图 4-52   第一年冬剪

②具有 8~15 个分枝的幼树,去除距地面不足 60 cm 的分枝;去除直径超过中心干 1/2 的分枝;保留分枝缓放不截。

2.栽后第二年修剪

(1)刻芽   将中心干上延长头酌情刻芽。刻芽后发枝状见图 4-53。

(2)摘心   对中心干顶部 1/4 区段的侧梢长至 10~12 cm 时摘心;再长至 10~12 cm 时再摘心。

(3)固定   将中心干牢牢地固定在支架上(图 4-54)。

(4)开角   将 20~25 cm 长新梢用牙签开角。

(5)拉枝   在 8 月上中旬将所有侧分枝拉至水平以下以诱导成花。此时拉枝不易冒条。

(6)冬剪   选择一个好的中心干延长头带头,不短截,侧分枝也不短截;疏除竞争枝;疏除角度很小的侧分枝;去除直径超过中心干 1/2 的侧分枝;去除长度超过 60 cm 的侧分枝。

图 4-53   第二年发枝状(来源:孙建设)

图 4-54   立架固定

3.栽后第三至第五年修剪

(1)修剪方法同前,树体达到3 m以上时,春季萌芽后,在光秃带刻芽,促其多发中、短枝,成花结果。

(2)当树体达到一定高度不再进行转主换头,自然缓放生长,枝条结果,使其弯曲;顶端弯曲后回缩至较弱的结果侧枝,以控制树高(图4-55)。

(3)去除直径超过2 cm或长度超过90 cm的侧分枝。

(4)将老的过分下垂的侧分枝回缩至弱的结果枝处。

第五年修剪时,中心干延长头压弯后进行及时更新,保证顶端优势。同时也保持各主枝头的生长优势,做到及时更新复壮。

图4-55　树体顶部
弯曲(来源:孙建设)

【知识链接】

整形修剪的原则

整形修剪必须坚持"因树修剪,随枝做形;统筹兼顾,轻重结合;长远规划、全面安排、平衡树势,主从分明"的原则。"因树修剪,随枝做形"是指在修剪中要根据修剪对象在当时当地综合条件下的生长结果状况,采取相应的整形修剪方法。不能按图索骥、生搬硬套。"统筹兼顾,轻重结合"是要正确处理生长与结果的平衡,主枝与侧枝的从属,局部与整体,以及枝条的着生位置和空间利用等,从整体着眼,从局部入手。既能建造牢固的树体骨架,又能促进提早结果,实现早果丰产,及长期优质、丰产。"长远规划、全面安排、平衡树势、主从分明",修剪上坚持"抑强扶弱,正确促控,合理用光,枝组健壮"等,既满足早果丰产的前期效益,又保证长期稳产的长远效益。

整形修剪的依据

整形修剪的依据是品种的生长结果习性、果园的立地条件、栽植密度、管理水平以及树体的修剪反应等。因为果树不同树种、品种之间在干性、分枝角度、萌芽率、成枝力、成花难易、结果枝类型以及对修剪的敏感程度等方面都存在差异,即使同一品种也由于树龄树势、果园立地条件、采用的栽培密度和管理水平等因素的不同,其生长结果习性也有不同。只有依据当地果园的上述条件确定整形修剪方案,才能收到预期修剪效果。生产上确定合理修剪的最准确依据是修剪反应。因为果树是一个很好的"自动记录器",它可以把过去修剪的效应记录下来。调查修剪反应,根据生长结果表现,明确修剪的是否得当,以准确确定整形修剪方案。

任务5.2　盛果期树的修剪

● 任务实施

一、控制树冠大小

适时控制树冠主要是控制树冠的高度和宽度,维持树势稳定和平衡,改善冠内光照条件。一是当树冠超过该树形规定的高度时,对生长势已缓和的中央领导干落头开心,剪口下留中庸的单轴细长枝作新头,以改善树冠光照和避免树势返旺。二是当行间个别大枝出现搭接时,有计划疏除、回缩行间主侧枝、大侧生分枝及大枝组,使行间保持1.0~1.5 m的通道。并分年疏缩株间交叉、密生、重叠的大枝,改善果园群体光照。三是控制树冠上强下弱,注意保持中心干优势。当树冠中上部旺枝多、角度小,出现多头领导、上大下小时,及时疏除中上部强大分枝,拉平有用的直立枝、大枝组。另外可通过对小主枝开张角度、增大结果量、疏除主干上近地面分枝等的方法保持中心干优势。

二、调整处理大枝

首先要对树冠内整形期间留下的多余辅养枝及不适当的小主枝,本着去长留短、去大留小、去粗留细、去密留稀的原则,分期、分批疏除。一般从大年开始疏除。大枝较少时,可一次性去除;大枝较多时可分三年去除。每年分别去除 60%、30% 和 10%。其次,要根据树冠内小主枝的着生位置、发展阶段及长势,及时调整其分枝角度。在小主枝延伸阶段,分枝角度为 60°~70°。在其稳定阶段,生长中庸的分枝角度调整到 80°~90°,生长旺的调整到 100°~120°。为稳定树势,防止上强下弱,主侧枝开张角度自下而上应逐渐加大。如下部为 80°左右,中部为 90°左右,上部为 100°~120°。

三、精细修剪结果枝组

枝组的修剪从幼树整形开始贯穿果树生产的始终,也是盛果期修剪的主要任务。其内容包括枝组的培养、修剪和配置。

结果枝组分小型、中型和大型三类。小型枝组有 2~5 个枝条,轴长 30 cm 以下。中型枝组有 5~15 个枝条,轴长 30~60 cm。大型枝组有 15 个以上的枝条,轴长 60 cm 以上。

1.结果枝组的培养

枝组的培养有两种方法。一种是先放后缩法,即先对枝条轻剪或缓放,形成花芽后回缩。生产上常在初结果期采用连年缓放,使枝组单轴连续延伸,形成细长松散下垂枝组,以缓和树势,成花早果。另一种是先截后放法,即先对营养枝短截,翌年去上部强枝,缓放其余枝条。生产上常采取连年短截再缓放的方法培养大中型枝组。

2.结果枝组的修剪

主要包括两方面的内容,整形和修剪。整形是根据枝组的发展阶段和培养目标控制其大小和形状。一般在枝组扩大阶段,仅对带头枝进行中截,在饱满芽处剪,用剪口芽的方位调整枝组发展方向;在枝组稳定阶段,停止短截带头枝,令其缓势、增枝、成花、结果;在枝组更新阶段,于中后部选好芽或良好分枝处进行回缩,并对带头枝重截,以恢复生长势。修剪是及时调整枝组内各类枝条的生长势和比例,留足预备枝,合理留花芽,做到交替更新、轮换结果。

3.结果枝组的配置

枝组的配置要做到数量适当,位置适中,距离适宜。枝组的适宜数量是每株每米骨干枝上平均有 8~15 个枝组。其中红富士 8~10 个,新红星 12 个左右,金冠、青香蕉 15 个左右,国光 12~15 个。中冠形树大型枝组不超过全树的 10%;枝组姿势以斜生和两侧枝组为好。大型枝组只配备于基层主枝的背下。中小枝组可配备于其他位置;各类枝组间应当高低错落、大小相间,保持必要距离,一般大枝组间距约为 60 cm,中枝组约为 40 cm,小枝组间距约为 20 cm。

【工作页】4-2 制订果树整形修剪方案

果树整形修剪方案

树种、品种	
栽植密度	
确定树形	
当年整形修剪目标	
树体生长势	
主要修剪手法	
具体修剪措施	

【工作页】4-3 调查果树修剪反应

果树修剪反应记录表

修剪手法		修剪反应	图示
短截	轻短截		
	中短截		
	重短截		
	极重短截		
回缩			
疏枝			
缓放			

【探究与讨论】

1. 调查当地典型果园采用的土壤管理制度,分析其优缺点,并提出合理化建议。

2. 果园间作有何优点? 常用的间作物都有哪些?

3. 与常规的灌溉方法相比,节水灌溉有何优点?

4. 如何合理确定果树施肥和灌水时期?

5. 基肥在什么时期施用效果最好? 常用的方法有哪些?

6. 与蜜蜂授粉相比,壁蜂授粉有何优点?

7. 简要分析套袋的优缺点? 如何鉴别果袋质量的优劣?

8. 在果树疏花疏果中,采用哪些方法可以确定适宜的留果量?

9. 以葡萄或苹果教学实习园地为对象,制订提高其果实品质的技术方案。

10. 果实采收后,通常采用哪些技术措施来提高其商品性状?

11. 以学院或周边果树基地为调查对象,分析其整形修剪过程中存在的问题,并提出解决措施。

项目五

露地果树生产综合技术

🍁 学习目标

● 知识目标：了解北方露地常见果树的生长结果习性及主要物候期；知道常见果树栽培的相关知识和基本技术；熟知露地果树生产的技术流程。

● 能力目标：能够独立制定北方常见落叶果树的周年管理作业历；学会常见露地果树的栽培管理技术，并能够根据果树的物候期，开展主要果树的露地生产管理。

🍁 教学提示

● 要根据本专业的学习计划，结合当地的主要果树树种，统筹安排相关知识的学习；要组织学生通过观察与调查，掌握露地果树的生长特性和主要技术的应用。

● 在实际生产中，要结合具体果园的实际情况灵活运用各种技术，切忌生搬硬套；同时在生产管理中注意及时总结，才能学会露地果树生产管理技术。

● 本部分内容的教学最好安排两个生产循环，便于结合现场教学。

任务1　仁果类果树生产综合技术

任务1.1　苹果生产综合技术

● 任务实施

一、春季生产综合技术

(一)休眠期修剪

修剪之前，先观察树体结构，树势强弱及花芽多少等，抓住主要问题，确定修剪量和主要的修剪方法。

1. 落头

树体高度影响到全园叶片的光合效能的高低,树冠大小,单株产量的形成。乔砧苹果幼树在树高达到 3.5 m 时落头,矮化苹果幼树在树高达到 3.0 m 时落头。7 年生乔化幼树树高一般为行距的 0.9 倍左右,6 年生矮化树树高为行距的 0.8 倍左右较为适宜。

对生长势已缓和的中心干延长头进行落头,一般可一次落到要求高度,落头部位只留中庸的单轴细长枝做新头,以利于通风透光,避免树势返旺(图 5-1)。在树冠中上部旺枝多、角度小的情况下,要疏除树冠中上部强大分枝,拉平有用的斜生枝、直立枝、大枝组,以确保中心干的优势。

2. 处理骨干枝

梢角过小或过大的骨干枝,应利用背后枝或上斜枝换头,抬高或压低其角度,若与相邻树冠或大枝交叉多,则可将其适当回缩。保证行间距 1 m,株间距 0.5 m。

去除树冠多余大枝的原则是去长留短、去大留小、去粗留细、去密留稀,分期、分批疏除。一般去除大枝应从大年开始。大枝少的,可一次性去除;大枝多的,可分 3 年去除,第一年去除 60% 左右,第二年去除 30% 左右,第三年去除 10% 左右。具体去枝多少,应根据全树枝量、花芽量和树势等情况而定。

图 5-1　落头

在调冠改形的过程中,中心干落头时要留保护桩(图 5-2)。保护桩可起到平衡树势、预防腐烂病菌的侵染。试验结果表明,保护桩留 30 cm 高度较为适宜,它对伤口愈合与预防腐烂病菌的侵染、平衡树势、具有良好的作用。

图 5-2　保护桩

3. 处理结果枝组

主枝背上枝组严重影响侧生枝组、下垂结果枝组的形成及树冠内的光照程度。试验结果表明,在 4 年内,疏除主枝背上 90% 的枝组,在主枝的先端部位留 10% 的中小枝组(平衡树势)较为适宜。然后疏去部分过密的枝组,再回缩过长的、生长势开始衰退的枝组。对弱树,要早些回缩,回缩部位应在有较大的分枝处。对于无大分枝的单轴枝组或瘦弱的小型枝组,一般应先缓放养壮之后,再行回缩。结果枝组间距 20 cm。

保持适宜枝组间距,使各类枝组高低错落、大小相间,充分利用空间、丰满而不密。每 1 m 骨干枝上平均有 8～12 个枝组,品种不同,数量略有差异。垂帘式结果枝组见图 5-3。垂帘式结果枝组由于改变了其营养运输的部位及方向,光照条件得到明显改善,使其全树的枝类比发生了明显改变,中长果枝显著增多,连续结果能力提高,树体产量及质量、抗自然灾害能力增强,效果显著。

图 5-3　垂帘式结果枝组

4.选留结果枝

为使果实萼洼朝下,果形端正,提倡多用中、长果枝或有一定枝轴长度的短果枝结果,一般不用背上直立果枝结果。对于成串成花、结果的长放枝,注意单枝上留果要适当,不轻易回缩该枝。在结果枝枝龄过大、结果能力下降后,及时更新,使全树结果枝经常处于年轻、健壮、结果有力的状态。

(二)清园

越冬休眠期是病虫害生命周期中最为薄弱、被动的时期,通过清除残枝落叶、僵果,剪除病虫枝梢,刮除老翘皮,并集中销毁,可有效减少褐斑病、轮纹病、白粉病、刺蛾、金纹细蛾、康氏粉蚧等重要病虫害的越冬基数,对控制来年病虫害的发生有重要作用。

1.刮治腐烂病和轮纹病

(1)及时刮治腐烂病　腐烂病主要为害主干、主枝,也可为害小枝,严重时还可侵害果实。病症见图 5-4、图 5-5。一般从 2 月下旬开始要对全园进行一次认真的检查,发现病斑,立即处理,做到早发现,早治疗,达到治早、治小、治了,并坚持常年刮治。

刮治的具体做法是:在树下铺一块塑料布,将病皮坏死、腐烂组织彻底刮净,并刮掉病健交界处 5～10 mm 的健康组织,深达木质部。将病斑刮成近棱形,边缘切成齐茬,刀要锋利,刀口要光滑。刮过的病斑要及时涂药消毒,杀死病部残留病菌,涂药的范围要大于伤口 1～2 cm。第一次涂药后 7～10 d,进行第二次涂药,30～35 d 后再涂一次。对于以前刮治好的老病斑,要复查涂药,以防复发。药剂涂抹可以选择 843 康复剂原液、腐必清 5 倍液、农大 120 水剂

图 5-4 腐烂病症状一

图 5-5 腐烂病症状二

10 倍液、9281 水剂 3～4 倍液等。同时刮除老翘皮、粗皮，人工剪除白粉病病芽、病梢和卷叶虫苞。注意，刮治后一定要把刮掉的带病菌组织带到园外集中烧毁或者深埋。

（2）及时刮治轮纹病　轮纹病主要为害枝干，严重时造成树势衰弱或枝干死亡，甚至果园毁灭。在春季萌芽前刮除病皮，而后涂抹腐必清 2～3 倍液，5％菌毒清水剂 30～50 倍液，843 康复剂 5～10 倍液，5°Be 石硫合剂。或者喷洒 70％甲基托布津可湿性粉剂 100 倍液，50％多菌灵可湿性粉剂 100 倍液，5％菌毒清水剂 50～100 倍液，5°Be 石硫合剂等药剂。也可于每年 3 月下旬、10 月下旬喷或涂 5°Be 石硫合剂：硅石粉剂＝100：4 药液，第 1 次用药前刮除木栓化病斑。

土壤中锰过剩也会造成粗皮病，是一种生理病害。高艳敏等试验结果表明，土壤锰 500 mg/kg 左右发生枝干粗皮病，叶片失绿，锰达 900 mg/kg 的土壤后期大部分树死亡。锰过剩引起的粗皮病初期病瘤从里向外呈块状或豆斑状，似水泡，为原皮色，光滑与皮孔处均发生；中期病瘤表皮破裂，病瘤变褐；后期多数病瘤连为一体，连片处从上向下发生纵裂，叶表现失绿（图 5-6）。在土壤酸性的果园，尤其是 pH 值＜5.5 及连降大雨后土壤中易还原锰达 350 mg/kg 以上的园地，施钙 1 000 mg/kg 左右或施硅 400 mg/kg 左右可预防生理粗皮病的发生。叶片出现黄化时，土壤施钙 1 500～2 000 mg/kg 或施硅 400 mg/kg 可有效控制粗皮病发生。枝干出现粗皮病病斑时，土壤施钙不应低于 2 500 mg/kg，才能控制生理粗皮病不再发展。

图 5-6 粗皮病后期症状

2.早春药剂防治

石灰硫黄合剂简称石硫合剂，具有杀菌、杀虫和杀螨的作用。可防治休眠期的越冬虫卵、梨圆蚧、球坚蚧和各种病菌以及防治生长期的螨类、白粉病等。可在苹果萌芽前的 4 月上、中旬，喷一次 5～7°Be 的石硫合剂。

（三）追萌芽肥

春季追肥可根据苹果树需肥规律和实际需要、土壤供肥能力与肥料效应,遵循平衡施肥的原则,确定合理追肥。常规的追肥方法是春季以根部追肥、追施化肥为主。1～2 年生苹果树,每次每株追肥 50 g 左右,3～4 年生树 50～100 g,5～6 年生树 150 g 左右,大树在 250～500 g,以氮素为主。

（四）灌水

早春果树萌芽抽枝,开花坐果,需水较多,北方地区春旱现象严重,要根据天气降水情况,及时灌水。春季萌芽前灌水,虽用水量不大,但能促进春梢生长、叶片肥大、有利于坐果,并能延迟花期 2～3 d,可以减轻倒春寒、晚霜的危害。苹果果形指数的大小,取决于花期前后的土壤湿度的大小,土壤湿度适宜,有利于幼果加速生长,能显著加大果形指数。

（五）果园生草

实行生草覆草是提高果品产量和质量的有效途径。苹果生产先进国如美国、日本、新西兰、荷兰等半个多世纪以来一直采用果园生草制,使果园土壤中有机质含量达到了 5%～7%,由此带来了果品产量、质量和效益的巨大化。苹果园生草方法及注意事项请参照项目四果树生产基本技术中任务 1 果园土壤管理技术。

（六）春季修剪

1.花前复剪

苹果花前复剪可以节省大量的营养供给开花、坐果。时间应掌握在能够辨认出花芽、叶芽,即萌动期到现蕾期,甚至到初花期。过早,花、叶芽辨认困难,无法正确修剪;过晚,会消耗大量营养,削弱生长势,效果不佳。

复剪时可疏除密生和瘦弱花芽。复剪的顺序一般是先剪老树和成龄树,后剪幼树和初结果树;先剪花量大的树,后剪花量小的树。对于生长势偏弱、花量过大的大年树,要做到因树定产,因枝定花,适当调整树体负载量。

【知识链接】

苹果树的结果枝和花芽

苹果树的结果枝可分为 3 种:枝长 5 cm 以内的称为短果枝,枝长 5～15 cm 的为中果枝,枝长 15～30 cm 的为长果枝。

苹果树的花芽是混合花芽,按其着生位置可分为顶花芽和腋花芽两种,顶花芽见图 5-7。苹果通常以顶花芽为主,也有些品种(例如红玉、迎秋、祝光、富士、寒富等)腋花芽也占一定比例。在叶腋内着生花芽的枝称为腋花芽果枝。大多数品种以短果枝结果为主,但各年龄时期,不同果枝比例有变化。初果期树,一般生长较旺,中、长果枝比例较大,达盛果期后,则多以短果枝结果为主。

图 5-7　顶花芽

2.幼旺树延迟修剪

主要目的是削弱幼旺树生长势,提高萌芽率和发枝力,使其结果。具体方法是冬剪时对各骨干枝按要求适度短截,其余旺枝一律不动,待发芽期顶端芽萌发后再进行修剪。此法对于过旺幼树,如红星、富士等效果十分显著。经延迟修剪的枝条,能够大量分生短枝,先端强旺生长势被削弱,由强转中庸后,有利于提早结果。延迟修剪对树势削弱太大,不可连年使用。

3.抹芽与除萌

在嫩芽刚露出不久,用手抹除新定植幼树整形带以下的芽和拉平枝背上萌发的芽,可减少养分消耗,有利于骨干枝的培养。除萌是将剪锯口或主干上发出的萌蘖,用手掰除或剪除,可减少营养消耗,有利于上部枝条的生长发育(图5-8)。

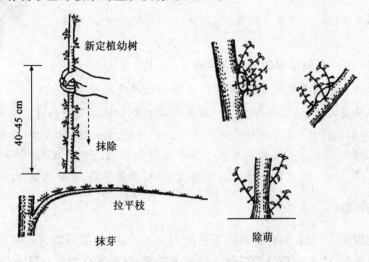

图 5-8　抹芽与除萌

4.环剥

5月下旬至6月下旬对生长强旺、结果少的辅养枝和大枝组的下部进行环剥(图5-9),可阻碍环剥口上部有机营养物质下运,从而积累营养促进成花。花后环剥,还可暂时切断有机物质的向下运输,使剥口以上部分积累光合产物,有利于坐果。其作用大小与环剥宽度、深度、时间及枝条生长状况有关。对元帅系等品种,因刀口过深或因树皮愈合能力差,常有死枝、死树现象。为此,剥后要用报纸缠包,以利愈合。

图 5-9　环剥

(七)疏花

苹果疏花在花蕾分离至开花前进行。在品种坐果率高和花期条件好时,可用人工法疏花,以花定果法。根据树势、品种、花量等,按 20～25 cm 远(果型越大、间距越远)留下 1 个位置适宜的花序,在花蕾分离期,每个花序留中心花和 1～2 朵边花。应用此法必备下列条件:园内授粉树配置合理,有足够的蜜蜂、壁蜂授粉条件或进行人工点授花粉;树势健壮,花芽饱满,花器正常,无低温伤害和病虫害;冬季细致修剪,花、叶芽比合理,枝组中庸、健壮。

在花期气候不稳定,坐果不可靠时,要留有余地,按适宜的距离适当多留花序、花蕾。

【知识链接】

图 5-10　苹果花序

苹果树的花

苹果为伞形花序,在一个花序中,中心花先开,坐果较好(图 5-10)。苹果单花的寿命为 2～6 d,一个花序有花 5～6 朵,全部开完需 6～8 d,一株树开完需 8～12 d。生产上以单株为标准,调查苹果开花的物候期。全树有 5% 的花开放为初花期,25%～75% 的花开放为盛花期。

影响苹果树开花的因素

苹果树一般从萌芽到开花需 40 d 左右。开花期的早晚除受气候(主要是温度)影响较大外,还因品种、树龄、结果枝的类型和花芽质量而异。同一地区内祝光、印度等开花较早,国光最晚,其他品种在两者之间。同地区的成龄树比幼树开花早,生长健壮树比弱树和虚旺树开花早。同树上不同果枝开花始期也不同。短果枝最早,中、长果枝较晚,而腋花芽开得最晚。同一树上,早开的花,花器质量好,坐果率高,果实发育也好。

(八)苹果树授粉

苹果开花过程中,一般花的柱头有效授粉期为 4 d 左右,而最适期为花开后 2 d。苹果授粉一般采取昆虫授粉、人工辅助授粉或化学调控等措施,以确保坐果率。昆虫传粉包括蜜蜂传粉和壁蜂授粉。一般蜜蜂的活动要求温度大于 15℃,低温对苹果花的授粉不利。壁蜂的使用,对此有所改观。它的飞行活动要求 12～14℃,早晨 7 时左右当气温达到 11.5℃ 时雌蜂即开始退出巢管,调转身体,待气温达到 12℃ 时开始一天的工作。

1.蜜蜂传粉

通常在开花前安置蜂箱,每 0.3～0.5 hm² 放 1 箱蜂。每箱蜂约有 8 000 只蜜蜂。其授粉范围为 40～80 m。蜂群间距为 100～150 m。密植园最好每行或隔几行放置。蜂种宜选用耐低温、抗逆性强的中华小蜜蜂。

2.壁蜂授粉

壁蜂授粉的前提是建园时需配置好授粉树。具体方法参考项目四果树生产基本技术中任务 4.1 提高坐果率技术。

3.人工辅助授粉

人工辅助授粉是保证苹果花期授粉最有效也最可靠的技术。人工授粉在苹果初花期到盛花盛期进行。因此首先要根据历年开花物候期和当年春季温度变化情况,预测当年花期,做出计划。然后按计划采集授粉树花朵,制备花粉。最后按时进行授粉,授粉方法有人工点授、机械喷粉和液体授粉。

生产上也可使用生长调节剂、矿质元素等化学控制技术,促进授粉受精,提高坐果率。如花期喷 0.1%～0.3% 的硼砂溶液、喷高桩素或普洛马林 500～800 倍液,中庸树、弱树花后喷 0.3% 尿素均可提高坐果率。矮壮素、PBO 亦有类似的作用。

(九)果园间作

在幼树期间,株行间空地较大,除适宜生草外,为了增加早期收入,可以合理种植间作物。幼树间作的范围主要应在行间。间作时,要留出足够的树盘或树带。树带宽度要保证一年生生树 1 m,二年生树 1.65 m,三年生树 2 m,四年生树 2.5 m 以上。一般在树冠垂直投影外 50 cm 处开始种间作物。间作果园,经营思想要以果树为主,随着树冠扩大、结果量的增加,要严加控制间作物,为果树早果丰产创造良好条件。果园间作物选择及注意事项参照项目四果树生产基本技术中任务 1 果园土壤管理技术。

也可在行间种植趋避植物,如香雪球、万寿菊、孔雀草、美国薄荷、罗勒、蓖麻和藿香蓟等。各种趋避植物对康氏粉蚧的影响表现为孔雀草＞万寿菊＞美国薄荷＞罗勒。

二、夏季生产综合技术

(一)疏果

苹果生产能力既决定于果园光能利用率、叶面积系数及纬度气候等因素,也受到提高果实品质的限制,尤其是在目前果品市场激烈竞争的条件下,限产增质、单果管理成为质量取胜、增收增效的主要技术措施。因此,疏果已成为栽培管理技术的重要操作环节。关于苹果疏果请参照项目四果树生产基本技术之任务 4.3 疏果技术。

在制定完成疏除的日期、技术要求、工作程序、用工计划等工作规程以后,便可进行疏果。疏果顺序可按元帅系、乔纳金系、王林、津轻、金冠系、富士系等品种依次进行。疏果可按枝配果,分工协作。按枝配果是首先将全树应负载的留果数,合理分配到大枝上。分配的依据是每 1 个枝的大小、花量、性质、位置等。如辅养枝、强枝和大主枝可适当多留。多人同时疏除 1 株树,应分配好每个人的疏除范围和留果数量,并有 1 人负责检查,防止漏疏。

(二)果实套袋

实施套袋技术,首先选择好果袋。富士系品种为较难着色的红色品种,要求着色面大,着色均匀,色调鲜艳,果面光洁,一般选择双层纸袋;元帅系品种可选遮光单层袋或低档双层袋。然后按照苹果的市场定位确定果袋档次,如生产高档果选外黑内红离体双层袋,同时还要根据果园的环境条件进行调整。如同样是红富士,在海拔高、温差大、光照强的地区,采用遮光单层袋或塑膜袋即可很好着色。苹果套袋方法参照项目四果树生产基本技术之任务 4.4 果实套袋技术。

套袋应选价值较高的品种,选择生长健壮或中庸偏旺、树体结构合理、自然着色较好的树。无灌溉条件及连年环剥主干的弱树所结的果不宜套袋;降雨量多,湿度大,地势低洼,土壤黏重的果园也不宜进行套袋,否则黑星病增多。套袋果园应通过合理修剪使树冠通风透光,结果部位分布均匀;在施足有机肥的基础上增施钙肥、硼肥,因为套袋富士因缺硼缺钙容易引起缩果病、苦痘病。套袋前严格进行疏花定果,并浇一次水。

套袋苹果在病虫害防治上,要采取综合防治措施,防治黑点病、红点病、苦痘病以及康氏粉蚧的危害等。除果园常规病虫害防治外,谢花后 7~10 d 喷一次保护性杀菌剂;套袋前 2~3 d 全园喷一次杀虫杀菌剂。康氏粉蚧为害严重的果园,同时加入 25%螨蚧克 1 500~2 000 倍液,要注意选择无刺激性的药剂。

不同品种摘除果袋时间略有不同。一般红色中熟及中晚熟品种,如新红星、新乔纳金采前 10~20 d 除袋,红色晚熟品种采前 20 d 左右除袋较为合适。黄绿色品种及塑膜袋可连袋采收,装箱时解袋。具体时间以阴天或多云天气为好。

(三)新梢管理

1.叶面喷肥

进入 5 月份以后,苹果树叶片大量形成,随着叶面积的增加,光合作用加强,春梢加速生长达到高峰,并由前期主要以贮藏营养逐步过渡到依靠当年新梢叶片的光合产物为主要营养源。苹果处于营养转换期,是树体全年养分最紧张的时期,花芽分化、果实膨大、多器官交替重叠生长,养分竞争激烈。适时进行叶面喷肥,可以缓解营养供求矛盾,省工省事。施肥种类及浓度见表 5-1。

表 5-1 苹果树根外追肥的浓度使用表

种类	浓度/%	时期	主要作用
尿素	0.3~0.5	开花到采果前	提高产量,促进生长发育
硫酸铵	0.1~0.2	同上	同上
过磷酸钙	1.0~3.0(浸出液)	春梢停止生长后	有利于花芽分化,提高果实质量
草木灰	2.0~3.0(浸出液)	生理落果后、采果前	同上
氯化钾	0.3~0.5	同上	同上
硫酸钾	0.3~0.5	同上	同上
磷酸二氢钾	0.3~0.5	同上	同上
硫酸锌	3~5	发芽前	防治小叶病
	0.2~0.3	发芽后	同上
硼砂	0.2~0.5	4~6 月	防缩果病
硫酸亚铁	0.1~0.4	4~9 月	防治缺铁病,提高光合能力

2.生长调节剂应用

于 5 月下旬或 8 月中旬,对生长旺盛的果树,喷布 250 倍 PBO,可抑制新梢生长,促进花芽分化。通过抑制旺长,使光合产物用于果实生长和营养积累,还有利于果实增红。

3.新梢修剪

树体严重密蔽,影响成花,冬剪时除了疏除一定的枝量,每 667 m² 留枝量达 7 万~8 万条之外,夏剪对过密新梢也要进行疏枝处理,改善光照条件。通过修剪要求做到生长季时对面讲话能见人,树底下要有斑点光,生长季节透光率为 25%~30%。对部分留下的新梢,为达到一定的修剪目的,还可采用摘心、扭梢、拿枝、环剥、拉枝等修剪方法,详见项目四果树生产基本技术中任务 5.1 幼树整形。

4.病虫害防治

目前苹果主产区主要发生的病虫害有轮纹病、腐烂病、黑红点病、蚜虫、金纹细蛾、卷叶虫、红蜘蛛、桃小食心虫等。全年打药 7～8 次,除了 4 月上中旬喷 3～5°Be 石硫合剂杀死越冬病菌外,5 月上中旬落花后 7～10 d,全树喷 70%甲基硫菌灵可湿性粉剂 1 000 倍液,或 3%多抗霉素水剂 500 倍液、乐斯本 1 500 倍、20%螨死净 2 000 倍液防治轮纹病、金纹细蛾、叶螨等;6～7 月份喷 25%的灭幼脲 2 000 倍液防治金纹细蛾,喷施敌杀死 1 500～2 500 倍防治卷叶虫,桃小食心净 1 500～2 000 倍,防治桃小食心虫。6 月中旬以后每隔 10～20 d 喷一次甲基托布津、多菌灵、退菌特等杀菌剂,防治轮纹病、炭疽病、黑红点病等。重视套袋前喷药。上述药剂应交替使用。

(四)土肥水管理

1.播种夏绿肥

幼树春季未播种绿肥的,可在 6 月份播种夏绿肥和种植豆类、薯类等间作物,以扩大覆盖率,增加果园收入。

2.追肥

在果实膨大期和花芽分化期追肥,可促进果实增大、提高产量、有利于花芽分化和枝条成熟。根据近几年实践经验,早中熟品种在 6 月中、下旬,晚熟品种在 7 月底进行为宜,过早、过晚效果都不理想。此次追肥施入全年 20%的追肥,要氮、磷、钾肥配合施用,并以钾肥为主。

3.中耕、除草

对未覆盖的果园,地面杂草过旺,要及时搞好果园中耕、除草,也可运用化学除草剂喷杀。此时还可进行翻压春播绿肥。进入 7 月份以后因长期未降水,气温较高,大气蒸发量较大,要结合天气状况进行浇水,浇水后松土,保证树体正常生长结果。

4.树盘覆盖

进入 6～7 月份以后,在旱地、坡地、瘠薄地利用麦收后的麦秸、杂草等覆盖树盘,杂草、麦秸要铡碎覆盖。覆草后要盖些碎土,注意防风、防火。草可覆于树冠下或全园覆盖。覆草厚度一般要大于 10 cm。覆草前对土壤进行深翻、中耕,时间宜在雨季之前进行,以提高蓄水、保水、保肥能力。覆草果园不再进行翻耕,以防破坏根系正常生长。

5.注意果园排涝

地下水位较高的果园,当雨季降水过多,地下水位上升到 1 m 时,即为暗涝,应注意挖沟排水。

三、秋季生产综合技术

(一)土肥水管理

进入 8 月份以后,早、中熟品种陆续进入成熟期。在土肥水管理上,继续坚持雨后除草、松土工作;雨季注意防洪排涝,山地防止暴雨冲刷,毁坏梯田埂堰,平地防止积水浸泡果树。继续做好果园覆草工作,或积草沤制、高温堆肥等工作。对高秆(茎)绿肥进行刈割掩青,培肥土壤。

为了促进果实着色，提高果实品质，在加强土肥水管理，强健树体的基础上，果树成熟期间要保持土壤干燥，控制水分，避免果实含糖量降低，影响着色；果实生长期要适当控制氮肥施用量，减少枝叶过旺生长，保证果实获取足够的同化物，以利着色。8月份喷洒0.2%～0.3%的磷酸二氢钾，可防止元帅系的红星、红冠、新红星等品种采前落果。适当增加钙肥施用量，可有效提高果实含糖量，增强果实贮藏期间的抗性。

(二)果实着色管理

在加强常规花果管理的基础上采用特殊措施，改善果实光照条件，人工促进着色，是提高果实品质和商品价值的重要途径。

1.铺反光膜

生产上常用的反光膜有银色反光塑料薄膜和GS—2型果树专用反光膜。铺膜时间在果实着色期，套袋苹果在除袋后立即进行。铺膜前5 d清除铺膜地段的残茬、硬枝、石块和杂草，打碎大土块，把地整成中心高、外围稍低的弓背形。铺膜面积限于树冠垂直投影范围。铺反光膜时，膜面拉紧、拉平，各边固定。密植果园可于树两侧各铺一长条幅反光膜，要求膜面平展，与地面贴紧，交接缝及周边盖土严实(图5-11)。果实采收后，去掉膜面上的树枝、落果、落叶等，小心揭起反光膜，卷叠起来，用清水漂洗晾干后，放入无腐蚀性室内，以备下年使用。

图5-11　铺反光膜

2.摘叶

摘叶在除袋后1～2 d开始进行。先摘除贴果叶片和果实上部、外围靠近果实的遮阴叶片，3～5 d后，再摘果实周围的遮光叶片，包括树冠内膛及下部果实周围10～20 cm以内的全部叶片。摘叶时要保留其叶柄。第一次摘除应摘叶片的60%～70%，第二次摘除应摘叶片的30%～40%，全树摘叶量应控制在14%～30%的范围内。摘叶前应通过细致秋剪疏除遮光强的背上直立枝、内膛徒长枝、外围密生枝，以改善树冠各部光照条件，增进果面着色度(图5-12)。

3.转果和垫果

转果可使果实着色指数平均增加20%左右。一般在除袋后15 d左右，即阳面上足色以后进行转果(图5-13)。具体时间以阴天或在上午10时前和晴天下午3～4时后为好，避开中午，以防日烧。方法是用手轻托果实,将其转动 90°~180°,使果实阴面转到阳面(为了防止果实再转回原位,可用透明白胶带将果固定于附近合适的枝条上)。转果时要小心顺同一方向进行,否则果柄易脱落。一次转果后,如还有少部分未着色,5~6 d 后再转其方向,使果实充分受光,果面均匀着色单果应顺同一方向转,转后将果贴于树枝上。双果应向相反方向转动。

垫果主要是为了防止果面摘袋后出现枝叶磨伤,利用泡沫胶带,把果面靠近树枝的部位垫好(图 5-14)。具体做法是将泡沫胶带裁成大小不等的小方块,粘在与果实接触的枝条上,将果实垫起来,这样就可防止大风造成果面磨伤,影响果品外观质量。这种方法辽南果区已大量采用,效果良好。

图 5-12　摘叶

图 5-13　转果

图 5-14　垫果

4.应用增色剂

目前使用的增色剂主要是以微量元素为主的肥料,如氨基酸复合微肥、光合微肥、稀土微肥等。据汪景彦报道,采前 40~20 d,喷 2~3 次增红剂 1 号 1 500~2 000 倍液,对苹果增红效果十分显著,不但着色提前 7~10 d 而且果面光洁、鲜红艳丽。PBO 也是生产上常用的增色剂,该药剂通过抑制旺长,使光合产物用于果实生长和营养积累,有利于果实增红。据孟庆刚报道(2000),在山东沂南县条件下,选 23 个红富士试验点,分别于 4 月 15 日、5 月 15 日、7 月 20 日各喷 1 次 250 倍的 PBO,结果表明(1999)果实着色期提前 20~25 d,全红果率高、果面浓红且有金属光泽。

5.采后增色

对达到一定成熟度但着色差的果实,可在采后促进着色,其适宜的环境条件是:10%左右的光照,10~20℃的温度,90%以上的空气相对湿度和早、晚果皮着露,果实增色显著。

(三)果实采收及采收处理

【技能单】5-1　苹果采收与采后处理

一、实训目标

通过实际操作,使学生学会苹果采收与采后处理的基本技能。

二、材料用具

1.材料　结果的苹果树。

2.用具　采果剪、采果筐、梯子、硬度计、手持测糖仪、纸箱、胶带、果套等。

三、实训内容

1.制订采收方案　采收方案以当年苹果市场需求为导向,以果实成熟度为主要依据,具体确定全园采收的时期、批次、技术规程以及相应的资金、人力、物资等资源的调配。首先根据市场销售价格决定采收时期。可对同一株树实行分期分批采收,有助于提高苹果产量,实现品质和商品的均一性,便于分级出售,提高售价。其次果品用途决定采收时期。用于当地鲜食销售、短期贮藏以及制果汁、果酱、果酒的苹果应在果实已表现出本品种特有的色泽和风味时采收。用于长期贮藏和罐藏加工的苹果应适当提前采收,具体采收时期根据果皮色泽、果实生长日数及生理指标等综合因素确定。如用于长期贮藏的红富士苹果适宜采收的指标是,果实生长 $175\sim180$ d,果肉硬度为 $6.36\sim7.26$ kg/cm²,可溶性固形物含量达 14.0% 以上,淀粉指数达 $1\sim2$ 级,果面由绿变为淡红、深红色。

2.采前准备 采收前做好市场考察、销售网络的建立,并在此基础上掌握市场最新信息,随时与客户保持联系;准备好采收工具、包装用品、分级包装场所及果场果库;集中培训采收人员,掌握操作规范,以减少采收损失,提高劳动效率。

3.采收 采收选择在晴天进行,被迫在雨雾天采果时,应将果实放在通风处晾干。采前,应先拾净树下落果,减少踩伤。然后,先采树冠外围和下部的果,后采上部和内膛的果,逐枝采净,采后再绕树细查一遍,防止漏采。采收中尽可能用梯、凳,少上树,以保护枝叶、果实不被碰伤、踏伤。采收人员要剪短并修圆指甲,以免刻伤果面。操作时要轻摘、轻装、轻卸,以减少碰、压伤等损失。注意保护果梗。对于红富士等果梗较长的果,要用采果剪将果梗剪到梗洼深处,以免果梗磨伤果肩和刺伤周围的果。

分批采收时,第一批先采树冠上部和外围着色好、果个大的果实。$5\sim7$ d 后同样采着色好的果实,再过 $5\sim7$ d 采收其余部分。同一株树上,也要按先外后内、由近及远的顺序进行采收。

4.采后处理 将收获的苹果,根据其形状、大小、色泽、质地、成熟度、机械损伤、病虫害及其他特性等,依据相关标准,分成若干整齐的类别,使同一类别的苹果规格、品质一致,果实均一性高,从而实现果实商品化,适应市场需求,有利于贮藏、销售和加工,达到分级销售,提高销售价格,满足不同层次的消费者的需要。分级可按 2001 年 2 月 12 日中华人民共和国农业部发布苹果外观登记标准(NY/T 439—2001),采用人工或机械方法进行。

对未套袋果实用清水采用浸泡、冲洗、喷淋等方式水洗或用毛刷等清除果实表面污物、病菌,使果面卫生、光洁。清水未能洗净的果实可用 0.1% 的盐酸溶液洗果 1 min 左右,再用 0.1% 的磷酸钠溶液中和果面的酸,后用清水漂洗。

清洗晾干后用石蜡类、天然涂被膜剂或合成涂料在果面上涂一层半透性薄膜的果蜡。数量较少时,可采用人工涂蜡法,即将果实浸蘸到配好的涂料中,取出即可,或用软刷蘸取涂料均匀抹于果面上,苹果数量较大时,采用涂蜡分级机进行,可同时完成清洗、分级、打蜡三项工作。

经过分级、清洗打蜡等处理以后就要进行苹果包装。销售包装包括普通包装和装潢包装两种,目前以前者为主。随着苹果商品化程度的提高,果园经营者应一方面注重生产技术中的品牌和诚信意识,另一方面应在外观品牌上形成鲜明的特色,精心设计包装,注重产品形象,强化市场意识,提高竞争能力。

四、实训提示

本次实训最好结合生产进行,以便学生在实际操作中掌握技术。如条件不具备时,可准备少量带柄果实,在室内进行模拟演练。

五、考核评价

考核项目	考核要点	等级分值				考核说明
		A	B	C	D	
态度	资料准备,纪律,团结协作能力	20	16	12	8	1.考核方法采取现场单独考核加提问。
技能操作	1.采收方法符合要求 2.操作熟练 3.工具使用安全	60	48	36	24	2.实训态度根据学生现场实际表现确定等级。
理论知识	教师根据学生现场答题程度给予相应的分数	20	16	12	8	

六、实训作业

调查各级果实所占的百分数,分析果实降级的原因及预防措施。

(四)树体及叶片管理

1.秋季修剪

秋季,对生长旺而枝条密的幼树或大树,在新梢停长后 20 d 左右到落叶前 30～40 d 进行的修剪叫秋季修剪。此次修剪是带叶修剪,较生长季节的其他修剪措施修剪量大,比冬季修剪的养分损失也大。但通过秋剪,疏除过密枝,可以解决光照,促进叶片后期的光合作用和蒸腾作用,使叶片延迟衰老,提高光合产物的当年效应,充实枝条和花芽,增进果实着色,提高果实品质。对旺树有整体减缓生长势的作用,一般第 2 年不会出现旺长。对内膛枝组有复壮效果,减少无效营养消耗。经过秋剪的果树,第 2 年发枝的质量有所提高,叶片大,短枝量增加。具体的秋剪内容有:疏除春、夏季未做处理的、着生在各部位的各类无效营养枝和枝组先端抽生的强旺枝条以及环剥、环割口附近的萌条。短截着生在内膛和背下部位的角度大、细弱下垂的营养枝,留用饱满芽以利明年成花。对春"戴帽"夏"光杆",连年缓放未成花的临时枝,秋剪回缩。多年生大、中型枝组和辅养枝,按空间大小进行秋季回缩,或先疏除中部分枝,削弱梢头生长势,来年回缩。对生长势衰老的结果枝组,留 2～3 个分枝回缩复壮,当年既有成花可能,来年又不致旺长。继续拉枝、剪梢。

2.杀菌保叶

在整个生长季节,叶片要保护完好无损,"青枝绿叶",其光合能力强,制造光合产物多,果实糖分含量高,花青素转化快而多,有利于果实着色。晚熟苹果采后距落叶休眠还有 1 个月的时间,此间防病保叶更至关重要。采果后要连续喷 1～2 次杀菌剂、叶面肥,通过喷施,可显著延长叶片的功能期,提高光合效率,以利果树越冬和第 2 年生长结果。秋后及时喷布 0.5% 尿素、0.3% 磷酸二氢钾,尤其幼树喷磷酸二氢钾可防抽条。

(五)秋施基肥

秋施基肥所施用的有机肥应充分腐熟,因未腐熟的有机肥施入地下后,在分解腐熟过程中,能释放出大量的热量和有毒物质,很容易造成果树伤害。另外,未腐熟的有机肥里含有大量的病菌和害虫,施入地下后易加重果树根部病虫害的发生。

秋施基肥是保证果品质量的重要措施,但人们在施用时期上还没有达到最适。具体内容见项目四果树生产基本技术之任务 2.1 果树秋施基肥。

沟施基肥的程序如下：

$$\boxed{开沟} \rightarrow \boxed{表土和心土分别堆放} \rightarrow \boxed{表土与肥料拌匀} \rightarrow \boxed{回填肥＋表土} \rightarrow \boxed{回填心土} \rightarrow \boxed{灌水}$$

(六)彻底清园,翻耕树盘

落叶后或 11 月下旬,为消灭越冬病菌害虫,一定要认真清园、刮老树皮、刮树斑、剪枯枝、病虫枝、除杂草,然后集中烧掉或挖坑深埋。对枝干有虫蛀口的,要用药泥堵塞。翻耕树盘可结合施基肥进行,果园土壤条件好的沙壤土、壤土,可在树冠下深刨 $20\sim25$ cm,翻后及时浇水保墒,保持土壤肥沃。

(七)预防自然灾害

1.预防抽条

根据各苹果品种生态要求,做到适地适栽。选择抗寒砧－穗组合,如山定子、海棠、西府海棠等抗寒性强的乔化砧木以及 B9、B118,GM256,77-34 等;从品种上选用抗寒性良好的品种;改进栽培技术,如砧木建园,就地高接;保持树势中庸健壮,对冬前大多不能自然落叶的幼树,人工去除新梢上的叶片;加强对大青叶蝉的防治;在果树落叶后到土壤结冻前,灌封冻水和春季灌解冻水;顶凌刨园、盖地膜等方法提高地温促进根系活动;营造防风林,降低风速,减少蒸发;冬前修剪,减少枝量,相对地减少了蒸发表面积。可还以应用喷布保水剂、高脂膜的办法保护枝条,效果良好。对抽条不严重的地区,应用树干涂白。还可用凡士林＋熟猪油放在锅里加热调匀于落叶至封冻前用毛刷将混合物均匀涂抹到 $1\sim2$ 年生枝上,全树涂抹更好。

【知识链接】

什么是抽条

抽条又叫生理干旱或冻旱,是指幼树越冬后枝条干缩、死亡的现象。这在华北、东北、西北部干旱、春风大的果区常有发生,而且相当严重,尤其 $2\sim3$ 年生红富士苹果树,在其栽培北界附近,常遇寒流早袭,冬季温度过低,或早春剧烈变温,常有抽条发生,轻者幼园植株参差不齐,严重者大部(地上部)死亡,全园报废。

抽条的主要原因

抽条的主要原因是水分供应失调,即早春大气干燥,风速较大,持续时间长,地上部树体蒸发量大,但此时,根际土壤尚未解冻,根系不能吸收水分上运,出现地上部与地下部水分接不上,引起枝条失水过多所致。此外,也与品种差异、根系与砧木、栽培与树势有关。不同苹果品种抽条轻重差异明显,一般说黄魁、红魁、祝光抽条较轻,国光、青香蕉、新红星居中,红富士、金冠较重。根系深广的植株抽条轻,反之则重。通常大树不抽条。很多的栽培技术也影响着抽条的发生,如修剪过重、新梢旺长、贮藏养分少,生长势过弱,连年轻剪缓放,偏施氮肥、灌水过多、过度干旱,病虫猖獗、叶片早落,阴坡、洼地或风口处,大青叶蝉为害重、杂草多的果园抽条重。

2.预防冻害

在园地的选择上,严格要按品种区划规划果园,做到适地适栽,还要注意不要在地下水位高、低洼地和风口处建园,将抗寒力差的品种栽在背风向阳、山坡中段较宜。在苹果栽培较北地区,温度低、风沙大,可在建园前先计划营造防护林或在果树栽植的同时,栽好防护林来保护幼树。在适合当地气候条件下,选择抗寒性强的砧－穗组合可避免或减轻冻害发生。选择适于当地气候条件的耐冻、耐藏、优质的苹果品种是防止冻害的重要方面。在品种确定以后,加强栽培技术措施更是防治冻害的关键,如在肥水管理上,做好前促后控,前期追氮肥为主,后期磷、钾肥为主,前期适当供水,后期控水和排水,使幼树早长、早停,增加树体贮藏营养,有利于安全越冬。适度密植,加强群体防护作用,可减轻冻害。加强四季修剪,控制过旺生长,促进成花结果。加强越冬保护,在落叶后或入冬前,树干涂白或绑草,根颈处培土(但不宜过高),冬剪伤口涂封剪油等保护剂。

【知识链接】

什么是冻害

冻害是越冬期间气温或地温低于果树某器官或某部位所能忍受的温度下限值,引起冷冻伤害或死亡的现象。冻害是北方偏北苹果产区普遍发生的严重自然灾害。果树冻害表现在枝干、芽、花、幼果、果实冻害。

冻害产生的原因

冻害的原因表现为不同的砧木对其嫁接品种抗寒性的影响有差异;不同品种其抗冻性差异较大;枝条的成熟度也影响抗寒性;各年份的低温状况,如:秋冬寒流来得早,低温既低又持续时间长,冬季气温多变、昼夜温差大,树体易受冻。倒春寒温度低,使解除休眠的树体严重受冻。另外,地势、坡向、水体和是否有防护林都影响果树冻害发生。栽培技术水平高低对苹果树抗寒性也有较大影响。如,重修剪、打头多,树势旺,秋季停长迟的树易受冻;前促后控树冻害轻;密植果园因群体密有相互防护作用,故冻害较轻;采收过晚,果实易冻在树上,同时树的贮藏营养消耗于果实上太多,自身积累少,易受冻;由于病虫害严重造成树体衰弱,叶片受损、早落叶,树体冻害严重。

3.预防霜冻

果园园址尽量避开地下水位高、低洼地、排水不良等,选择丘陵、倾斜地和阳坡地栽树,空气流通,霜冻机遇少。春季多次灌水或喷灌,可显著降低地温,延迟发芽。枝干涂白,可延迟萌芽、开花2～3 d。腋花芽比顶花芽晚开花2～4 d,若顶花芽受霜冻,可利用腋花芽结果,减少损失。萌动初期,喷0.5%氯化钙后,可延迟花期5 d左右。越冬前或萌芽前,树上喷布萘乙酸甲盐(250～500 mg/kg)溶液或顺丁烯二酸,可抑制萌动,推迟花期3～5 d。在最低温度不低于－2℃的情况下,可利用浓密烟雾防止土壤热量的辐射散发,防霜效果很好。发烟物可用硝酸铵＋锯末＋废柴油＋细煤粉配成,也可利用作物秸秆、杂草、落叶等能产生大量烟雾的易燃材料。对受冻或部分受冻的花,进行人工授粉,同时,喷0.5%蔗糖水加0.2%～0.3%的硼砂,或喷0.2%的钼肥,均有减轻霜冻危害和提高坐果率的作用。霜冻后,疏除无商品价值的幼果,多施(喷)肥料,防治病虫害,保好叶片,均衡供水,确保树势健壮,增加坐果,增大果个,夺取丰收。

【知识链接】

什么是霜冻

霜冻是指生长季里植物体表面的温度下降到使其遭到伤害或死亡的现象。霜冻也属低温导致的冻害,与冻害不同之处,在于发生于生长期里。北方苹果产区常有早霜和晚霜(秋、春)侵袭,造成不同程度的伤害,轻者减产,重者绝产,对果树威胁较大。霜冻的部位表现在萌动芽、花蕾、花以及落花后子房、幼果和叶片等器官上。霜冻的类型有平流霜冻、辐射霜冻、混合霜冻等。

影响霜冻的因素

影响霜冻的因素包括地势和地形、品种和器官、树冠高度与方位等。纬度或海拔越高,气温越低,霜冻频率就越大,越易受霜冻。洼地、谷地霜害重,山坡上部霜害轻于下部,中部最轻。靠近较大水面或河海附近,霜害较轻或不发生霜冻。品种的抗寒性也有差异,果树各器官抗霜能力也不同。据测试,苹果花期霜冻的临界低温各器官略有差异:花蕾期为−2.8~3.85℃;开花期为−1.6~2.2℃;幼果期−1.1~2.2℃。在同1朵花中,雌蕊比雄蕊不耐低温,柱头遇−1.5℃低温即受冻害。幼果的种子又较其他部分更不耐低温。树冠不同方位霜冻程度不同,据调查迎风面(北)的花朵受冻率高于背风面的受冻率。不同高度树冠的受冻情况的差异,表现在距地面越近,霜冻越重,随树冠部位的升高,冻害程度递减。在霜冻频繁的地区,适当提高树冠高度,能减轻霜冻程度。

【技能单】5-2　苹果树树体保护技术

一、实训目标
通过实训操作,使学生知道树体保护的方法,学会苹果树干涂白的基本技能。

二、材料用具
1.材料　结果的苹果树、白云灰(生石灰)、豆油、石硫合剂、盐、水。
2.用具　桶、刷子、小塑料盆、量筒、托盘天平等。

三、实训内容
1.树干涂白　10月下旬至11月上旬,土壤封冻前,即霜降前后进行枝干涂白。

(1)配制涂白剂

原料配比①生石灰:水:盐:油:石硫合剂原液

15:30:2:0.2:2

②白云灰:水:盐:油:石硫合剂原液

15:15:1:0.2:1

注:7年生苹果(梨)树参考用灰量为每95株用10 kg白云灰。

配制:①用少量的水将盐溶解,备用。②用少量的水将生石灰(或白云灰)化开,然后加入油,充分搅拌,加入剩余的水,制成石灰乳。③将石硫合剂原液和盐水加入石灰乳中,搅拌均匀,备用。

也可仅用生石灰(或白云灰)、水和少量盐制成涂白剂。

(2)涂白(涂抹方法)　在树干第一主枝分叉处从上往下涂白,刷子的走向是从下向上,纵向涂抹。要求涂抹均匀、周到,有一定的厚度,并且薄厚适中。

(3)注意事项

①涂白剂要随配随用,不得久放。不要使用铝质、铁质容器盛装。

②使用时要将涂白剂充分搅拌,以利刷匀,并使涂白剂紧贴在树干上。

③在使用涂白剂前,仔细检查,如发现树干上已有害虫蛀孔,要用棉花浸药把蛀孔堵住后

再进行涂白处理。根颈处必须涂到。

④涂抹均匀,厚度适中。

⑤涂白时,要仔细认真,不能拿着嬉戏打闹,以免溅到面部。

2.树干基部培土　对于粗矮的幼树,可在树干周围培土,埋成高20~25 cm的土堆,最好将当年的枝条培严或用编织袋装土封严。

3.双层缠裹枝条法　对于不能埋土越冬的苹果树,可用报纸或布条缠裹一年生枝条,然后再用地膜缠裹,采用双层缠裹法可减少幼树抽梢。

4.绑缚稻草　大冻到来之前,用稻草绳缠绕主干、主枝或用草捆好树干,可有效地防止寒流侵袭,翌年春季解草把时集中烧毁,既防冻又可消灭越冬的病虫。

四、实训提示

本次实训最好结合生产进行,以便学生在实际操作中掌握技术。

五、考核评价

考核项目	考核要点	等级分值				考核说明
		A	B	C	D	
态度	资料准备,纪律,团结协作能力	20	16	12	8	1.考核方法采取现场单独考核加提问。
技能操作	1.原料称取准确 2.配制方法正确 3.涂白位置、厚度适中	60	48	36	24	2.实训态度根据学生现场实际表现确定等级。
理论知识	教师根据学生现场答题程度给予相应的分数	20	16	12	8	

六、实训作业

结合操作,总结树干涂白技术的要点和操作步骤。

典型案例5-1　红富士苹果大树调冠改形技术

目前生产上有很多盛果期的红富士苹果园采用乔化砧木,进行中等密度栽培,结果后表现为:主枝过多、枝组过大,树冠郁闭、光照不良,严重影响苹果的产量和质量。为了改变目前生产现状,辽宁省果树所在大连瓦房店市驼山乡进行了红富士苹果乔砧中密盛果期树调冠改形试验,将原树形逐渐改为三主枝小冠开心形和四主枝"X"开心形,取得很好效果。具体做法如下。

1.三主枝小冠开心形

(1)树体基本结构与特点　干高1.4 m,树高3.0 m,冠高2.7 m,冠径3.5 m,主枝3个,主枝均匀分布,角度为60°~80°,第一主枝着生在主干南部,第二、第三主枝在东北和西北部。每个主枝上着生2~3个大型立体下垂枝组,并呈"垂帘状"。667 m²枝量7.0万个左右,中心干留30 cm平衡桩。确定了主干、主枝、结果枝组三级构建模式,形成了骨架结构的单层平面化立体结果体系。解决了个体与群体之间的光照矛盾,树高与行间之间的比例适宜。光照良好,管理作业方便。

(2)改形修剪技术

①提干与降高:干高由原来的0.6~0.8 m,通过2~3次提高到1.4 m。树冠高度原来的4.0~5.0 m,通过2次降至2.7 m左右为宜,落头时留30 cm的保护桩,缓和顶端枝条的生

长势。

②主枝减量整合：主枝减量是随着"提干"与"降高"进行的，主枝减量遵循 2-3-3-1 的原则，在 4 年内完成。即第一年减 2 个主枝、第二年减 3 个主枝、第三年减 3 个主枝、第四年减 1 个主枝，最后保留 3 个主枝。主枝要培养坚固适度，长度适宜的主枝轴，以提高主枝的尖削度。因此主枝确定以后，对主枝头在 2～3 年内进行短截，促进分枝。以后要轻剪或缓放，使主枝头平稳或下垂生长。

③回缩裙枝：在主枝确定以后，可留临时性辅养枝 1～2 年，对这类枝，要进行"缩裙"，回缩部位在 2～3 年生枝基部的轮痕处，并且有大量花芽的结果枝，疏除枝上部的强旺枝条，减缓生长势，暂留的临时性辅养枝在影响光照时要及时疏除。回缩裙枝，有利花芽形成，保证树体产量。

④调控适宜的枝量：枝量调整的原则主要依据全园单位面积内总枝量的大小与全园覆盖率、光照状况等，与其他改形技术同步进行，在 4 年内完成。在全园 667 m^2 枝量 12 万的基础上，第一年枝量减少 2.0 万个、占 16.67%，第二年减少 1.8 万个、占 15.0%，第三年减少 1.0 万个，占 8.3%，第四年减少 0.2 万个，占 1.67%，改形后 667 m^2 枝量保留 7.0 万个左右，但要根据树龄、树势、树冠大小及地下管理水平来确定。在枝量调控的同时，要对各类枝及花芽进行相应调整，长中短枝的比例在原来的 2：1：7 的基础上调整为 2：3：5，适当加大中枝比例，为培养中果枝结果打下良好基础。花叶芽比控制在 1：3.5 较为适宜。

⑤垂帘式结果枝组的培养与利用：主枝上结果枝组的配置要求做到大、中、小搭配合理，高、中、低错落有序，形成通风透光条件良好的立体枝组体系。对背上的大型结果枝组在 1～2 年内疏除，培养平斜及下垂结果枝组，大型结果枝组的间距为 80 cm 左右，中型结果枝组间距为 50 cm 左右，小型结果枝组间距为 20～30 cm，形成"垂帘状"或"松散形"。下垂结果枝组群，由于改变了其营养运输的部位和方向，光照条件得到明显改善，会因生长势的不同而生长出不同状态的枝或芽。在其更新复壮时要选择壮枝或壮芽，生长势较弱的要疏除，一般在枝组 6～7 年生后进行枝组回缩。如果生长势过强，要进行疏剪，减缓生长势。

⑥夏季修剪：主要是对一些直立生长势较强的枝进行强拉枝，对一些斜生较旺的枝进行环割、拿枝和及早抹除一些生长位置不好的芽。疏除生长势较旺的徒长枝、直立枝。对于一些光秃带较长的枝进行刻芽，以促发枝芽。对生长势较强的树要进行主枝环割，促进花芽。

2. 四主枝 X 开心形

(1)树体基本结构与特点　干高 1.6 m 左右，树高 3.5 m，冠高 2.9 m，冠径 3.5 m 左右，中心干上着生 4 个主枝，错落排列，均匀分布，主枝与主干角度为 90°，分布方向为第 1 主枝着生在主干东南部，第 2 主枝着生在西南部，第 3、4 主枝着生在东北部及西北部，呈 X 形。第 1、第 2 主枝上各着生 2～3 个侧枝，第 3、第 4 主枝上各着生 1～2 个侧枝，第 1 侧枝距中心干 80～100 cm，第 2 侧枝距第 1 侧枝 60～80 cm。主枝与侧枝的粗度比为 1：(0.5～0.6)为宜。每个主枝上面着生大量自然下垂的结果枝组群，叶幕厚度为 1.4 m 左右，667 m^2 枝量 7.5 万个左右，中心干上留 30 cm 平衡桩，解决了原树形低干、高冠、主枝多、辅养枝多、树体内光照不良、主枝上部结果枝组过大、上部及斜射光受阻等诸多问题，确定了主干、主枝、侧枝、枝组四级构建模式，具有"波浪式"的叶幕层次，松散的结果枝群布满了树冠的空间，达到立体结果。

(2)改形修剪技术

①主枝选留：在主干 1.6 m 高度左右选留 4 个主枝，错落着生，呈"X"形排列，主枝选留遵

循2-3-2-1的原则,即第一年减2个主枝、第二年减3个主枝、第三年减2个主枝、第四年减1个主枝,最后保留4个主枝。在主枝选留过程中要重点加强保留主枝的培养,疏除主枝上直立枝、徒长枝,对侧枝头及主枝头进行轻短截,疏除竞争枝,保持先端优势。

②提升主干:干高由原来的0.6~0.8 m,通过四年提高到1.6 m左右,改变低干、基部优势明显、枝干比例失调、营养分配不均、冠下光照条件差等现状。

③落头开心:根据树体高度,通过两次落头,冠高由原来的4.0~5.0 m左右控制在2.9 m左右,落头时留30 cm保护桩,改变树体过高、树冠内部光照条件恶化,形成花芽质量差等问题。

④枝量调控:枝量是构成产量的重要因素,质量调控要遵循循序渐进的原则。一般情况下,第一年667 m^{2}枝量减少2.0万个,占1.67%,第二年减少1.5万个,占15.0%,第三年减少0.8万个,占6.67%,第四年减少0.2万个,占1.67%,改形后总枝量保留7.5万个左右。长、中、短枝比例由原来的2:1:7调整到2:3:5。

⑤枝组配置:按照主枝及侧枝的级次合理配置结果枝组,同时要按树冠空间合理配置大、中、小结果枝组(枝群),达到高、中、低错落有序,空间较大时,要配置大型下垂结果枝组群,空间较小时,要配置中、小型结果枝组群。结果枝组要保持纵向生长,减少横向生长。大型结果枝组距离在80 cm左右,长度在0.5~1.3 m,形成"龙爪槐"状的下垂结果枝群。结果枝组群在5年前多采用疏剪的方法,利用果台副梢结果。5年后多采用交替更新,轮流结果的修剪法,提高结果枝组的生产能力。

⑥夏季修剪:春季及时抹除剪锯口及背上萌发的无用枝,减少营养消耗。对生长较旺的树进行主枝环割,以缓和树势、促进成花。对于一些生长角度较直立、斜生旺长的枝在4月上旬进行拉枝,以缓和树势,促进萌芽,增加质量和花量。

典型案例5-2　宝鸡地区苹果矮化密植栽培技术

通过多年实践,在宝鸡苹果主产县区(属渭北旱塬苹果产区)应用推广矮化苹果高效栽培技术,取得了每667 m^{2}产优质果2 000 kg的喜人成绩,现就有关技术总结如下。

1.建园

(1)砧穗组合　主栽品种选用富士优系(长富2号、岩富10号、玉华早富、短枝富士、凉香、昂林),授粉品种为嘎拉、津轻、元帅系;主栽品种为嘎拉优系(丽嘎、陕嘎、秦阳),授粉品种为美国8号、富士系、津轻、藤牧1号、粉红女士。基砧选用八棱海棠、西府海棠、花叶海棠、楸子、新疆野苹果。矮化中间砧选用M$_{26}$或M$_9$自根砧苗木。

(2)大苗建园

①苗木选择:选用符合国家苹果苗木标准的2~3年生无病毒苗木,侧根数量5条以上,侧根基部粗0.45 cm以上,侧根长度20 cm以上,侧根分布均匀舒展;中间砧长度20~35 cm,整形带内留8个饱满芽,砧穗结合部愈合良好。

②栽植时间:秋栽(落叶后至土壤封冻前),宝鸡地区在10月中下旬到11月下旬,秋季栽植的果园必须做好越冬保护工作;春栽(土壤解冻后发芽前),在3月上旬至3月下旬。旱地栽植时中间砧露出地面5 cm左右;在水浇地,中间砧露出地面10 cm左右。生长势强旺品种在以上基础上可再多露3~4 cm,生长势弱的品种在以上基础上可再少露3~4 cm。授粉树比例为15%~20%。

③宽行密植:栽植密度由品种长势、砧木长势及土壤肥力来决定。长势强的品种(富士、乔

纳金等)或土质条件较好及平地,采用较大的株行距栽植;长势弱的品种(嘎拉、美国 8 号、蜜脆等)或土质条件差及坡地,采用较小的株行距栽植。一般平地株行距采用 2.5 m×4 m,每 667 m² 栽 66 株,坡地株行距采用 2 m×4 m,每 667 m² 栽 83 株。双矮苗木,株行距采用 2 m×(3.5~4) m,每 667 m² 栽 95~83 株。株、行距的比例为 1:(2~3)为宜,达到宽行密植栽培。

(3)建造立架　矮化中间砧易出现偏斜吹劈现象,最好的办法是立架栽培,即顺行设立水泥柱。一般 10 m 左右立一个 2.5 m 长的水泥桩,分别在 1 m 和 2 m 处各拉一道 12 号钢丝,扶直中央领导干。幼树期也可以在每株树旁立一个廉价的竹竿做立柱,扶直中干,将中央领导干延长头固定在竹竿或架上。

2.整形修剪

(1)高纺锤形树形结构　树高 3~3.2 m,干高 0.8~1 m;中央领导干与同部位主枝粗度之比(5~7):1,主枝粗度基部直径最大不超过 2.5 cm;主干上配备小主枝 25~35 个,主枝水平长度最长不超过 1.2 m;主枝角度 110°(较粗主枝角度可达 130°),其上着生结果枝,采用一级结果,不留大型结果枝组,整个树呈纺锤形;成龄后的树冠幅小,枝量充足,结果能力强,无大主枝存在。

(2)整形要点

①第 1 年:春季萌芽前在 90~100 cm 处定干,抹除剪口下第 2 芽。冬剪时,疏除所有 1 年生枝,中央领导干延长枝轻短截。

②第 2 年:冬剪选留生长势中庸、角度大、分布合理的 1 年生枝条作主枝,不打头或剪除顶芽,疏除过旺的 1 年生枝,并对中央领导干延长头轻短截。

③第 3 年:秋季将中央领导干上的新梢拉至 110°~120°;冬剪选留生长势中庸、角度大的 1 年生枝条作主枝,不打头;对 2 年生主枝延长头不打头;中央领导干延长枝轻短截。

④第 4~5 年:树高在 3 m 左右可让少量结果,如果树势较弱,春季疏除花芽,推迟结果一年。秋季将中干上的新梢拉至 110°~120°,1 年生枝上的新梢采用多道环贴、扭梢定枝、掰除顶芽、拉枝等方法,缓和树势;对 2 年生以上的主枝延长头也不打头,将其上的粗壮枝条疏除使其单轴延伸;树高在 3 m 左右的中央领导干延长枝不短截。

随着树龄增长,及时去除树体上部所有过长的大枝,不再回缩,每年彻底去除顶部 1~2 条竞争枝。为了保证枝条更新,去除大侧枝时应留小桩,小桩下会发出平生的弱小枝,不短截,结果后自然下垂。

3.沃土养根

(1)增施有机肥　基肥以农家肥(包括鸡粪、猪粪、羊粪、牛粪、秸秆等)为主,要完全腐熟,遵循"熟、早、饱、全、匀"的技术要求,尽早施入。时间为 9~10 月份,越早越好。施肥量按照每生产 100 kg 苹果需 N(氮)肥 1~1.2 kg,P(磷)肥 0.6 kg,K(钾)肥 1~1.2 kg 施入,初果期树 667 m² 施有机肥 1 500~2 000 kg,盛果期树 667 m² 施有机肥 3 000~5 000 kg。施用方法采取条沟法或穴施。

(2)果园生草　采用行间生草株间覆盖,草种以豆科植物(如三叶草)为主。每当草长到 20~30 cm 时刈割,留草高度为 8 cm 左右,667 m² 年产鲜草可达 2 000~4 000 kg,鲜草可覆盖树盘,形成果、草、畜、沼生态果园,每年提高土壤有机质含量 0.1%。

(3)叶面喷肥　结合喷药,补充中、微量元素。$N:P_2O_5:K_2O$ 施用量比例为 20:11:18,具体应用时可根据土壤测试结果调整。

4.果实套袋

(1)果袋选择　按照《陕西苹果育果袋》标准要求,选择质量合格的双层纸袋。红色品种选择双层三色纸袋,一般外袋外面灰褐(黄)色,里面为黑色,内袋为红色蜡质纸袋。黄色品种选用黄色单层纸袋。选用的果袋应抗日晒和雨水冲刷,透气性好,有较好防虫、防菌作用。

(2)套袋时间　不同品系在不同区域套袋时间有所差异。套袋越早,红色品种褪绿效果越好,但套袋时间过早,会影响果个的大小和果实风味。因此无论套袋时间早晚,果实在袋内应最少保留100～120 d。一般情况下,在花后30～40 d立即套袋。黄色品种宜在花后15～20 d内套袋,红色晚熟品种宜在花后45 d套袋。

(3)技术要求　操作时应使果袋鼓起,果实置于袋中央,袋口尽量束紧,但不能伤及果柄,袋与果柄之间不留缝隙,以防药水、雨水及害虫进入袋内。

(4)摘袋　摘袋时间根据气候条件和市场需求而定。对红富士苹果而言,采前11～13 d开始摘除外袋,除袋应在上午10时前或下午4时后进行,双层袋分2次除袋,一般外袋除去4～5 d后,可去内袋(内袋除去后立即喷布1次杀菌剂),内袋去除后7～9 d为最佳采收期。

(5)套袋注意问题　套袋前要认真做好定果工作,套袋前1～3 d,喷1次保护性的杀菌剂、杀虫剂(忌用乳油剂)和补钙微肥。

5.病虫害防控

开展物理、生物防治,重点防治套袋苹果红黑点病、早期落叶病、富士苹果霉心病、红蜘蛛、金纹细蛾等病虫害。在果树落叶至萌芽前(11月份及翌年2～3月份),清除枯枝落叶,将其深埋或烧毁。结合冬剪剪除病虫枝梢、病僵果,翻树盘及刮除老粗翘皮、病瘤、病斑等。喷布腐必清、农抗120、菌毒清或3～5°Be石硫合剂,兼治越冬态的叶螨和蚜类;萌芽至开花前(3月下旬至4月份),继续刮除病斑和病瘤,并涂腐必清或农抗120等消毒,对大病疤及时桥接复壮,喷布多菌灵或甲基托布津加10%吡虫啉、福星等;谢花后至幼果套袋前(4月下旬至5月下旬),喷多菌灵、大生M-45、扑海因、福星、波尔多液等,每15 d左右交替喷1次;在果实膨大秋梢停长期(8～9月份),喷布扑海因或多氧霉素和波尔多液;果实采收前后至落叶休眠期(10～12月份),及时刮除主干、主枝、枝杈等部位的老翘皮,集中烧毁,并涂抹2%农抗120或10%果康宝5倍液或45%施纳宁100倍液防治腐烂病。

6.管理目标

成龄园667 m²留枝量6万～7万条(生长季8～9月份),长、中、短枝比例1:3:6,叶面积系数2.5～3.0,枝果比约3:1,叶果比(25～30):1,花芽和叶芽比例1:3。每667 m²留花量1.4万～1.5万个,果园覆盖率70%左右。

任务1.2　梨生产综合技术

● 任务实施

一、春季生产综合技术

(一)休眠期修剪

进入盛果期的梨树,枝条分枝级次增多,总生长量急剧增加,光照条件开始变差,生长与结果矛盾突出。修剪的主要任务是:控制树冠,改善光照条件;稳定树势,精细修剪枝组。

1.落头降冠

秋子梨系统的品种,生长量大,成枝力强,幼树成花困难,但成龄后成花容易。如修剪轻,易造成树冠郁闭,花芽量过多;修剪重,易使树体生长转旺,大枝过多过大,花芽减少。因此在丰产期达到树体高度后,要分几次进行落头。沙梨和白梨系统的品种,成花容易,成枝力弱,枝组易早衰。修剪上可通过一次落头来控制顶端优势,加强树冠中下部枝条生长,保持生长势,稳定产量。

2.疏枝透光

梨树成形后,由于环境影响或管理不当,容易使主枝和大的辅养枝生长过旺,大枝数量过多,影响树冠通风透光。特别是成枝力强的品种,更容易在结果少时,枝条生长转旺而增加大枝数量。修剪时,要疏去多余的大枝,做到"大枝亮堂堂,小枝闹攘攘"。在保持树形固有大枝数量的基础上,稳定主枝角度,控制产量,防止坐果过多造成主枝下垂,对下垂主枝采用回缩的方法,留上位枝做延长枝,恢复主枝角度。对角度小的主枝,继续进行拉枝处理,分枝角度以70°~80°为宜。

管理粗放的梨园,采用疏去下垂主枝,回缩直立大枝,疏除层间大枝,打开光路,保留方位和角度合适的主枝,经过2~3年修剪,可以恢复产量。

3.修剪枝组

幼树修剪以培养枝组为主导,树体成形时,以稳定枝组为修剪的首要任务。秋子梨系统的品种,枝组较大,要注意缓放的枝条留有空间,一般枝条预留2~3年的生长空间。对以后没有空间的枝条,提早疏去,保持枝组之间的空隙,以利于通风透光。白梨和沙梨系统的品种,成花量大,修剪短枝群,每年应破除1/3的花芽,控制产量的稳定。

立架栽培的梨树,修剪枝组应按照距离,安排中小枝组分布于架线上。对直立枝组采用回缩的方法,保留平斜枝条。

【知识链接】

梨树的生长特点

梨树为高大乔木,寿命很长。梨干性强,树冠层性明显,顶端优势比苹果更强,易出现上强下弱现象,幼树枝条直立,生长旺盛,新梢年生长量可达80~150 cm,树冠呈圆锥形。进入盛果期后,枝条生长减弱,新梢年生长量20 cm左右,加之梨树的骨干枝尖削度比较小,结果后主枝逐渐开张,树冠呈自然半圆形。

在我国北方,自然条件下大多数梨树新梢只有春季一次加长生长,少数有夏梢生长,无明显秋梢或者秋梢很短且成熟不好。但是经过修剪等处理,可以萌发二次枝,形成较多的中短枝。新梢停止生长比苹果早,多数能在7月中旬以前封顶。

图5-15 梨树的芽

梨芽在外观上表现为鳞片数量多、体积大、离生(图5-15)。梨萌芽力强,成枝力常因种类、品种不同而有差异。一般秋子梨、西洋梨系统成枝力强,白梨系统居中,砂梨较低。梨树芽的异质性不明显,除下部有少数瘪芽外,全是饱满芽。枝条侧芽芽鳞中常有副芽存在,萌芽抽梢后,鳞片脱落,副芽在枝条基部成为隐芽。梨树隐芽多而寿命长,有利于更新复壮。

梨树的修剪理论

(1)芽异质性的利用　剪口下需要萌发壮枝时,可在饱满芽处短截;需要削弱枝势时,可在春、秋梢交接处或基部瘪芽处短截。

(2)芽早熟性的利用　具有芽早熟性的树种,利用其一年能发生二次副梢的特点,可通过夏季修剪加速整形,增加枝量和早果丰产。

(3)芽的潜伏力与更新　芽的潜伏力强,有利于修剪发挥更新复壮作用,如梨树利用潜伏芽进行大枝更新,剪锯口可以萌发4~6个新枝。

(4)萌芽率和成枝力与修剪　萌芽率和成枝力强的树种和品种,长枝多,整形选枝容易,但树冠易郁闭,修剪多采用疏剪、缓放。萌芽率高和成枝力弱的,容易形成大量中、短枝和早结果。修剪中应注意适度短截,有利于增加长枝数量。萌芽率低的,应通过拉枝、刻芽等措施,增加萌芽数量。修剪对萌芽率和成枝力有一定的调节作用。

【拓展学习】

梨树的棚架栽培

棚架栽培是日本最传统、最普遍的砂梨栽培方式,其主要作用是防止台风的危害。如今棚架栽培已成为促进早果优质,方便田间作业的必要方式。棚架一般以0.3~0.4 hm²为一基本单位,高1.8~2.0 m,棚面用8号和12号镀锌铅丝结成0.5 m×0.5 m的方格。栽植密度为(2.5~3) m×(2.5~4) m,随树冠的扩大,经间伐最终达到(8~10) m×(10~12) m。整形方式主要有四种,水平形(主干高1.6~1.8 m,主枝水平分布在棚面上)、漏斗形(主干高0.5~0.6 m,主枝按一定的角度倾斜至棚面再水平绑缚)、改良形(主干高1 m,主枝基角40°)、船底形(主干高0.6~0.7 m,主枝按45°~50°倾斜伸长至棚面)。主枝2~4个/株,侧枝2~3个/主枝,第一侧枝距主干1 m,短果枝结果为主的品种侧枝间距0.6 m,长果枝结果为主的品种侧枝间距2 m。枝在棚面上的分布要均匀,不交叉、不重叠,使长枝间间距等于叶柄加上叶片的长度。通过抹芽、扭梢、拉枝绑缚控制枝梢密度和长势。

(二)土肥水管理

1.刨树盘

3月中旬以后地表开始化冻,将树冠下树盘土壤浅刨一次,深10~15 cm,楼平,打碎土块,浅刨范围超出树盘越大越好。

2.春施基肥

秋季没有施肥的果园,可于4月下旬土壤化冻40 cm左右时,顶浆施农家肥,结果树每株施150~250 kg,采用环状沟或放射沟施肥。

3.其他管理

在春季刨树盘的基础上,5月中旬以后,进行播种绿肥、行间生草、覆盖等管理,具体方法可参照苹果生产综合技术相关内容进行。进入温度高的季节,控制杂草高度。

春季比较干旱地区,灌水1~2次。

【知识链接】

梨树根系的生长特点

梨为深根性果树,根系分布的深广度和稀密状况,受砧木、种类、品种、土质、土层深浅和结构、地下水位、地势、栽培管理等的影响很大。梨垂直根的生长一般比苹果粗壮发达，侧根则较少。一般情况下，梨树根系的垂直分布可深入地下2~4 m，在肥水较好的土壤中，以20~60 cm深的土层中根的分布最多，80 cm以下则很少；根的水平分布较广，约为冠幅的2倍，少数可达4~5倍，越靠近主干根系越密集。梨根系生长每年有两个生长高峰：第一次生长高峰出现在6月份新梢停止生长时，第二次高峰出现在9~10月份。梨根系伤断后恢复较慢。

(三)春季修剪

1.花前复剪

花前复剪可以调整花芽量，避免冬季修剪时分辨不清花芽质量而不能正确的预留花芽量。花前复剪的时间在花芽萌动至初花期，疏除多余的花芽，按照树体生长情况确定结果量。

对幼旺树延迟修剪，削弱生长势，促进萌发短枝。

2.抹芽与除萌

春季梨树萌芽与新梢开始生长期，针对剪锯口萌发的不定芽进行抹除，对多余的萌芽也一并抹除。

3.新梢管理

对开张角度小的枝条，采用支、拉等方法加大开张角度，对骨干枝、背上直立枝，当长到10~12片叶时，留4~6片叶摘心以控制生长，于5月下旬对辅养枝进行环剥和环割，促进成花早结果。梨树新梢比苹果新梢脆，扭梢容易折断，一般不进行扭梢。

(四)疏花疏果

在确定适宜负载量的基础上疏花疏果，可以调整果实与花芽及果实之间的矛盾，有利于稳产稳势，达到优质增值的栽培效果。确定适宜负载量要考虑品种、树龄、树势、栽培条件及梨园环境条件。坐果率低的品种、大树、树势强的树、栽培条件好或气候环境较差的果园可适当多留。具体可通过叶果比、枝果比、干截面积等来确定。采用叶果比时，一般中小果为15~20：1，大果为(25~30)：1，西洋梨因叶片较小，为50：1。枝果比一般为2.0~6.0。生产上较为实用的方法是利用干截面积留果数（如库尔勒香梨为2~4个果/cm^2）计算全树留果数，再用间距法具体留果。

图5-16　梨树开花

1.疏花

梨树疏花从花序分离时开始，直到落瓣时结束。疏花方法可参照任务1.1苹果生产综合技术相关内容。但由于梨树开花时边花先开，中心花后开（图5-16），因此疏花时注意每花序保留2~3朵边花，去除中心花和其余边花。

2.疏果

疏果从落瓣起便可开始，生理落果后定果。根据品种，大中型果20~25 cm留1个果；中小型果20 cm留1~2个果。如金花梨、雪花梨每25 cm留1个果，酥梨、早酥梨每20 cm留1个果，鸭梨、栖霞梨等每15 cm留1个果。按照去劣留优的疏果原则，在留果时，尽可能保留边花结的，果柄粗长、果形细长、萼端紧闭而突出的果。同时应留大果、端正果、健康果、光洁果和分布均匀的果。树冠中不同部位留果情况也不相同,一般后部多留,枝梢先端少留,侧生背下果多留,背上果少留。

(五)果实套袋

梨果套袋通常于落花后 15～35 d 进行,在疏果后越早越好。若个别品种实施二次套袋,应在落花坐果后先套小袋,30 d 后再套大袋。套袋前喷 1～2 次 80% 的代森锰锌可湿性粉剂800 倍液加 1.8% 阿维菌素 3 000～5 000 倍液。药液干后立即实施套袋。梨树果柄较长,在套袋的操作中,注意不要扭伤果柄,袋口包扎要严密,防止害虫进入袋中危害。梨树套袋后,影响树体光照,应该减少枝叶密度,合理留果。

着色品种应于采收前 30 d 除袋,以保证果实着色。其他品种可在果实采收前 15～20 d 除袋,或采收时连同果袋一同摘下。

二、夏季生产综合技术

(一)土肥水管理

根据果树产量,在此期追施花芽分化肥和果实膨大肥,主要以磷、钾肥为主。

中耕、除草与树盘覆盖,梨园使用除草剂以草甘膦类为好,生长季使用 2～3 次能够控制杂草生长。

注意果园排涝,梨树耐旱、耐涝性均强于苹果,但树种间有较大差异,砂梨需水量最多,较耐涝。白梨和西洋梨比砂梨需水量少,秋子梨需水量最少,较耐旱。一年中以新梢旺盛生长期和果实迅速膨大期需水最多。夏季温度高,流动水浸泡梨树 1 周,不流动水浸泡 3 d 梨树即受害。

(二)新梢管理

夏季梨树新梢生长旺盛,特别是结果少的旺树和幼树,控制新梢生长,增加通风透光,有利于花芽分化和果实生长,对提高果实品质,生产优质果有明显效果。技术措施有疏梢、剪梢和拉枝开角。

三、秋季生产综合技术

(一)树体及叶片保护

秋季果实成熟和采收,保护叶片,延长叶片功能期,使树体积累养分,有利于越冬和为下一年树体健壮打下基础。

果实成熟期容易受到鸟害和金龟子等害虫危害,不能使用化学药剂,一般采用套袋的措施预防。金龟子等害虫还可以进行诱杀,鸟类危害多数利用假人恐吓、声音驱赶、反光条和光盘驱赶等措施,棚架梨园也可以覆盖防鸟网。

(二)秋施基肥

秋季施用有机肥,有利于肥料分解,树体吸收,树体积累养分,对越冬和树体健壮效果明显好于其他季节施肥。一般在秋季采收后,结合深翻改土进行。施用量应达到全年用量的50%,幼树每株施有机肥 25～50 kg,初结果树按每生产 1 kg 梨果施有机肥 1.5～2.0 kg 的比例施用,盛果期梨园每 667 m² 施 3 000 kg 以上,并施入少量的速效氮肥和全年所需磷肥。方法是在树冠投影范围内挖放射状沟或在树冠外围挖环状沟,沟深 40～60 cm。

结合翻耕树盘,清洁果园,将落叶和病虫果集中处理,可以减少下一年病虫害。

典型案例 5-3   辽宁省鞍山市南果梨优质高效生产技术

1.建园

选用优质壮苗,栽植株行距为 3 m×5 m。定植前挖 1 m×1 m×0.8 m 的定植穴,底土分2 份,1 份拌入 15 kg 农家肥。回填时,先铺入 20 cm 秸秆,然后将表土填入穴内,再将拌好农家肥的底土填在中间,最后将另 1 份底土覆在表面。起土台,踩实,栽苗,使根部高于地面,沉实后根颈与地面相平。栽后灌水、定干,然后覆盖地膜和树干套袋,既防虫又促进侧芽萌发,提高成活率。萌芽展叶时撤袋,夏季及时除草、防治病虫害。南果梨自花不结实,需要按 1:(3～5)的比例配置授粉树,选红宵梨、苹香梨、红金秋等抗寒性较强、授粉亲和力好、花粉量大且花期相近的品种作为授粉树。

新植树保证水分供应。当新梢长至 5～10 cm 时,将栽植时的土堆散开,修成内径为0.8 m 的树盘,以备旱时浇水。南果梨当年新梢 6 月中下旬就停止生长,在新梢停止生长前对树苗进行 2～3 次叶面喷肥,以氮肥为主。加强草害控制和除萌,20 cm 以下的萌蘖及时除掉。

2.加强肥水管理

(1)施肥   增施有机肥,每年 8～9 月份,通过深翻改土,配施优质有机肥,力争达到"斤果斤肥"。追肥一般在花前、花后和果实膨大期进行,追施氮、磷、钾复合肥。前期以氮、磷为主,后期以磷、钾为主。施肥量根据每生产 100 kg 梨果,追施纯氮 0.6～0.7 kg、纯磷 0.3～0.35 kg、纯钾 0.3～0.35 kg。此外,根据生长结果情况,每 667 m² 配合施用过磷酸钙 15～20 kg、硫酸亚铁和硫酸锌各 3～5 kg,防止缺素症的产生。

结合病虫害防治,萌芽前、花后和果实膨大期喷施氨基酸液肥 1 000 倍液或 0.3% 磷酸二氢钾,增强树势,提高果实品质。

(2)水分管理   每次施肥后均要及时灌水,此外,花前或花后、果实膨大期也应及时灌水,保证土壤水分的供应。雨季及时排水、秋季严格控水。

3.整形修剪

树形采用纺锤形。干高 80～100 cm,有 1 个中心干,在中心干上直接着生 10～15 个主枝,向四周错落延伸,主枝间距为 20 cm 左右,主枝开张角度为 70°～90°,主枝长度小于株行距的 1/2,尽量避免树与树交接与交叉。在主枝上直接着生结果枝组,主枝在培养方法上没有一定模式,也可以看作是一个大型结果枝组。落头后树高控制在 3 m 左右。

苗木栽植以后,定干高度 80～100 cm,剪口下要留 3～4 个饱满芽。1～3 年中心干的延长枝短截,每年剪留长度为 40～50 cm。4～5 年树体基本成形,中心干的延长枝可适当短截或不截。当主枝选留数量达到需要数量,上层主枝具有一定长势以后,可以落头,保持树冠高度3 m 左右。上弱下强时选择强枝当头;上强下弱时选择弱枝当头。主干上着生的主枝要及时拉开角度。基本原则是保证中心干的绝对优势。

4.生长季修剪

生长季修剪包括刻芽、拉枝、戴帽修剪、环剥和除萌等，以促生侧枝和平斜枝，缓和树势，抑制营养生长，促进生殖生长，有利于南果梨花芽的形成和提高果品质量。

(1)刻芽 对1~4年生树，萌芽前在中心干上选适当部位进行刻芽，促发分枝，以备选留主枝。

(2)拉枝 拉枝时适当疏除过密新梢，对中庸新梢可在基部留5~6片叶剪除。采用此法，有20%的新梢可以当年形成花芽，并能控制背上枝徒长。

(3)生长季戴帽修剪 在7月中下旬，对主枝背上的直立中庸枝，在1~2年生交接处进行戴活帽短截，可控制其徒长并促使下部形成花芽。

(4)环剥 对生长势过强的幼树结果树，采用主干、主枝环剥。环剥时间在5~6月份，环剥宽度为主干粗度的1/10,割的深度达木质部。环剥后25~28 d完全愈合。

(5)除萌 抹去栽植当年主干上20 cm以下的萌蘖。第2年以后，除去主枝顶芽下面的侧芽，主枝基部的新梢，短枝已封顶的保留；除去中心干上过多的新梢和主枝背上过多的萌蘖。

5.花果管理

(1)预防花期霜害 南果梨花期较早，一般年份4月下旬开花，在寒冷地区易发生晚霜危害。采用冬季树盘覆盖延缓果园土壤解冻期的方法延迟花期，减少霜害的影响；在花期寒潮来临时采用熏烟的方法预防霜冻。

(2)人工辅助授粉 采用花期人工辅助授粉、花期放蜂和高接授粉枝的方法提高坐果率。花期放蜂一般每6 667 m²1箱蜂；人工授粉可采集雪花梨、白梨、棠梨、红梨、酥梨等的花粉。当南果梨全树中心花有60%~70%开放时进行人工点授、液体授粉或放蜂，以提高坐果率。通过高接换头、嫁接花期相遇、花粉量大的金香水、苹香梨、红金秋等梨品种，也可有效提高坐果率和果品质量。此外，在开花前后叶面喷施0.2%~0.3%尿素液、0.3%磷酸二氢钾液或加有0.1%硼砂混合液，也能提高坐果率和果品质量。

(3)合理调整树体负载量 疏花疏果直接影响当年果品质量和树势，每花序留1~3朵花。当梨树结果过多时要注意疏果，疏果在花后2周进行，采用"3个1"方式定果，即每30~40片叶留1个果，每个花序留1个果，每15~20 cm选方位好的留1个果。通过人工授粉和疏花疏果，花序坐果率平均达到65%以上，优质果率达到85%。

(4)促进果实着色措施 除增施有机肥，合理修剪外，于果实成熟前35~40 d将果实梗注及果面处遮阴严重的叶片摘除；待果实一面着色后，用手握住果实顺时针方向转动，使果实阴面转向阳面。

(5)综合防治病虫害 以防治梨大食心虫、梨木虱、梨象鼻虫和梨黑星病为主，兼治梨小食心虫、梨茎蜂、腐烂病、轮纹病等其他病虫害，控制病虫果率在0.5%以下。防治为害较重的梨大食心虫，在越冬幼虫转芽初期和转果期喷布2.5%敌杀死乳油1 500~2 000倍液或2.5%功夫乳油3 000倍液；对梨木虱抓住梨花芽膨大露白时，越冬成虫出蛰末期，尚未大量产卵时和落花90%时，大部分若虫尚未分泌黏液时，喷1.8%阿维菌素乳油4 000倍液或10%吡虫啉可湿性粉剂2 000倍液进行防治。梨象鼻虫在成虫出土期和产卵期，喷20%速灭杀丁1 500~2 000倍或2.5%溴氰菊酯乳油1 500~2 000倍液进行防治。梨黑星病在开花前花序分离期和谢花70%左右两个关键时期，各喷药1次，选择50%甲基托布津可湿性粉剂800倍液、40%多锰锌可湿性粉剂1 000倍液、40%福星乳油10 000倍液等药剂交替使用，均取得较好的防治效果。

任务2 核果类果树生产综合技术

任务2.1 桃生产综合技术

● 任务实施

一、春季生产综合技术

(一)休眠期修剪

桃树常用的树形主要有自然开心形、二主枝开心形两种类型,进行高密度栽培或设施栽培的桃树也可采用纺锤形整形。休眠期修剪是成龄桃树早春管理的重要技术措施,主要任务是骨干枝、结果枝、结果枝组的培养及更新等。时期可在春节过后的2~3月份进行。

【技能单】5-3 成龄桃树休眠期修剪技术

一、实训目标

通过实训,使学生学会桃成龄树休眠期修剪技术,并能合作完成桃休眠期修剪任务。

二、材料用具

1. 材料 桃树结果树。

2. 用具 修枝剪、手锯、保护剂。

三、实训内容

1. 修剪骨干枝 主枝延长枝进入盛果期后一般剪留30 cm左右。侧枝延长枝的剪留长度为主枝延长枝的2/3~3/4。当树冠达到应有大小的时候,通过缩放延长枝头的方法进行控制树冠大小和树势强弱。骨干枝的角度可通过生长季拉枝、用副梢换原头等方法进行调整。侧枝可根据空间大小培养和控制,调节好主、侧枝的主从关系。

2. 修剪结果枝组 结果枝组在主枝上的分布要均衡,一般小型枝组间距20~30 cm,中型枝组间距30~50 cm,大型枝组间距50~60 cm。结果枝组的配置以排列在骨干枝两侧向上斜生为主,背下也可安排大型枝组。主枝中下部培养大中型枝组,上部培养中型枝组,小型枝组分布其间。结果枝组形状以圆锥形为好,优点是光照良好,结果部位外移慢,生长结果平衡。

枝组的培养方法主要是1年生健壮枝通过短截,促进分枝,培养中小型枝组。也可将强壮枝通过先放后截方法,培养大中型枝组,如图5-17。

枝组更新的方法是缩弱、放壮,放缩结合,维持结果空间。具体更新方法有单枝更新和双枝更新两种基本形式。单枝更新即在同一枝条上"长出去剪回来",每年利用比较靠近母枝基部的枝条更新(图5-18)。双枝更新即在一个部位留2个结枝,修剪时上位枝长留,以结果为主;下位枝适当短留,以培养预备枝为主(图5-19)。在大、中型枝组更新修剪上可以综合采用

| 一年生 | 二年生枝修剪前 | 二年生枝修剪后 | 三年生枝修剪前 | 三年生枝组修剪后 |

图 5-17 桃结果枝组培养过程示意图

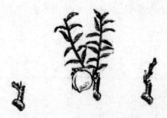

图 5-18 单枝更新示意图

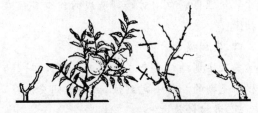

图 5-19 双枝更新示意图

单、双枝更新修剪的方法,有效地控制结果部位外移速度,延长结果枝组的寿命。

长期应用双枝更新,由于预备枝处于下部位置,光照不良,生长上不占优势,经过 2～3 年后,预备枝只能长出细弱的中短枝,导致产量下降。因此,生产上常采用长留结果枝方法,培养预备枝。即上部结果枝尽量长留,开花时疏掉基部的花,让中上部结果,这样结果枝在结果后压弯而下垂,使预备枝处于顶端位置,可以发育成健壮结果枝(图 5-20)。

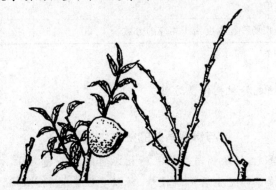

图 5-20 长留结果枝、培养预备枝

3.修剪结果枝 初结果树结果枝以长、中果枝居多,花芽着生节位偏高偏少,对结果枝应适当长留、多留,以缓和树势,也可利用副梢结果。

盛果期树结果枝的修剪主要是短截修剪。北方品种群以轻短截为主,长果枝或花芽节位高的枝,剪留 7～10 节或更长,中果枝 5～7 节,短果枝不剪。南方品种群结果枝一般以中短截为主,长果枝剪留 5~7 节,中果枝 4~5 节,短果枝不剪或疏剪。留枝数量以果枝间距 10~15 cm 为宜,伸展方向互相错开。也可采用长放修剪(亦称长梢修剪技术),一种基本不使用短截,仅采用疏枝、回缩和长放的修剪技术。即在骨干枝和大型枝组上每 15~20 cm 留一个结果枝,结果枝剪留长度为 45~70 cm,总枝量为短截修剪的 50%~60%。更新方式为单枝更新,果实与叶片使枝条下垂,极性部位转移至枝条基部,使枝条基部发生 1~2 个较长的新梢,作预备枝培养,冬剪时把已结果的母枝回缩至基部的预备枝处。另外,对于大果型但梗洼较深的品种,如早凤王、丰白等品种,以中、短果枝结果为好。因此,冬剪以轻剪为主,通过长放、夏季多次摘心等促发中、短果枝。长梢修剪技术可应用于以长果枝结果为主的品种、易裂果的品种,对中、短果枝结果的品种,可先利用长果枝长放,促使其生长出中、短果枝,再利用中、短果枝结果。采用长梢修剪时,应及时进行夏剪,疏除过密枝条和徒长枝,并对内膛多年生枝上长出的新梢进行摘心,实现内膛枝组的更新复壮。

4.处理剪锯口 对修剪造成的伤口直径在 1 cm 以上的要涂抹保护剂,防止剪锯口处枝、芽抽干。

四、实训提示

本次实训结合生产在基地以小组或单人为单位进行,教师指导学生完成生产任务。实训过程中先期的指导一定到位,做好组间交流。

五、考核评价

考核项目	考核要点	等级分值				考核说明
		A	B	C	D	
态度	资料准备,纪律,团结协作能力	20	16	12	8	1.考核方法采取现场单独考核加提问。 2.实训态度根据学生现场实际表现确定等级。
技能操作	1.树体结构调整 2.调整骨干枝枝头角度和长势 3.结果枝组更新 4.结果枝的修剪	60	48	36	24	
理论知识	教师根据学生现场答题程度给予相应的分数	20	16	12	8	

六、实训作业

结合基地操作,总结成龄桃树修剪方案。

【知识链接】

与修剪有关的桃树生长特性

桃树干性弱、又极喜光,故桃树与其他果树相比宜采用小冠、开心树形。桃萌芽率高,潜伏芽少且寿命短,多年生枝下部光秃后更新较难,所以要注意树冠内部的通风透光及下部枝组的更新复壮。桃成枝力强,成形快,结果早,容易造成树冠郁闭,必须加强生长季修剪。桃树耐修剪性强,无论是休眠期,还是生长期,修剪量都比较大,可以通过修剪控制树冠的大小。

桃树不同品种群的修剪特点

(1)北方品种群的修剪 北方品种群树冠比较直立,主枝开张角度小,下部枝条易枯死而造成光秃,结果部位外移较快。因此,在整形上要注意开张主侧枝的角度,延长枝的修剪要做到轻剪缓放,待后部生长变弱时再回缩促后。北方品种群以短果枝和花束状果枝结果为主,其次是中果枝。因此,长果枝短截要轻,缓和修剪,培育短枝,以利结果。北方品种群的结果枝单花芽较多,短截时要注意剪口下留叶芽。

(2)南方品种群的修剪 南方品种群树冠比较开张,整形时主侧枝延长枝可适当长留,开张角度不宜过大,到后期还要注意抬高角度。南方品种群生长势一般不如北方品种群强旺,以中、长枝结果为主。修剪上可以稍重,促发较多的中长果枝。南方品种群结果枝复花芽多,坐果率高,结果枝修剪可适当短留和少留,以免结果过多,使树体衰弱。

【拓展学习】

山东地区桃树一边倒栽培的整形技术

近几年来,山东等部分地区在桃设施栽培和露地密植栽培中,采用了桃树一边倒栽培技术,产量达到亩产万斤以上,取得了较好的效果。具体的整形技术为:苗木发芽后立即抹去砧木芽,其余芽不抹。每株留先端一个最旺盛的新梢作为树干的延长头,延长头上再发的芽也不抹。除树干延长头外,其于新梢长到 30 cm 即将平,将平的新梢缓和了长势,不再与树干延长头竞争营养,树干延长头会更加旺长,这就加速了树体成形。所有新梢都不摘心,以免发生过多无用的小弱枝;更不能将树干延长头摘心,以免影响树干伸展。树高 2 m 左右时,在树干两边插上小竹竿,把将平的枝都引到行向上来,使树体看上去就像竖着的扇面或竖着的鱼骨。7月份,将树干拉倒变成"主枝"。露地栽植第 1 年倾斜 20°左右,第 2 年倾斜角度达到 45°左右;保护地第一年一次成形,棚边因较矮倾斜角度要大,其余植株倾斜角 45°左右。南北行向西倒,东西行向南倒。不要把"主枝"拉成弓形,"主枝"还是直的,只是斜生。树干拉倒后,及时将背上直立旺枝将平。冬剪时本着"满、透、平"的要求改造直立枝,重叠枝,过密枝和交叉枝。让每个方位都有枝,以占满空间,此即为"满";让每个部位枝都见光,此即为"透";除"主枝"抬头外,让其余所有枝保持水平、斜向上或斜向下,此即为"平"。如此露地栽培 2 年内成形,保护地栽培 1 年成形。再结合综合性的土肥水管理、病虫害防治及成花技术,即进入盛果期。

(二)土肥水管理

1.追肥灌水

萌芽前后追施一次速效肥,补充树体贮藏营养的不足,促进根系生长,提高坐果率。追肥以氮肥为主,未进行秋施基肥也可补施基肥和磷肥。追肥主要针对大树,以产量和树势强弱确定施肥量,一般施肥量为 0.5～1 kg/株。追肥后灌一次透水,灌水量以能渗入土中 60～80 cm深为宜,灌水后及时中耕树盘 8～10 cm,以提高地温和保持土壤水分。

2.播种生草

对土壤水分条件较好的桃园可以实行生草法,目前采用比较多的是行间生草,树盘清耕方法。应用最广泛的草种是白三叶草,可在 3～4 月份播种,播种量以每 667 m² 用种 0.5～0.75 kg 为宜。

(三)树体保护与清园

盛果期大树应在萌芽前刮除主干和主枝的老翘皮,以消灭越冬害虫。一般天敌开始活动的时间早于害虫,为了保护同在老树皮中越冬的天敌,应适当晚些刮树皮。同时要及时清理果园中病虫枝、老翘皮及枯枝落叶,集中烧毁或深埋。然后在芽萌动前喷布 3～5°Be 的石硫合剂以消灭越冬病虫,防治红蜘蛛、蚜虫、褐腐病、白粉病、炭疽病等。对介壳虫发生较重的个别植株和枝干,可人工用洗衣粉水刷除。采取埋土防寒或绑草防寒的幼树要在春季温度回升后及时撤除。

(四)花前复剪及除萌

从节省养分的角度讲,进行花前复剪,调节花量,可减少营养消耗,提高坐果率,增大果个,保证桃树稳产、高产、优质。花前复剪主要是剪除无叶花枝,冬剪时短截留得过长的长、中果枝。对于长势较弱的枝条,要通过花前复剪调节留芽量,适当疏除,减少开花时的养分消耗。

除萌是桃树在芽萌发后,及时抹去背上多余的徒长枝、剪锯口下的竞争芽、丛生芽、主干基部抽生的萌蘖等。在叶簇期,一般对双芽可去一留一,即根据需要选位置、角度、长势合适的枝留下,不合适的枝去掉(图5-21)。对于幼树延长枝要去弱留强,背上枝要去强留弱。除萌可以减少无用的枝梢,节省养分,改善光照条件,使留下的新梢健壮生长,并可减少因冬剪疏枝而造成的伤口。

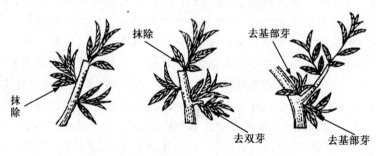

图 5-21　抹芽、除萌

(五)疏花和辅助授粉

1.人工疏花

在大花蕾期至初花期进行。疏花时首先疏除早开的花、畸形花、瘦小花、朝天花和梢头花。再按长果枝留 6～8 个花蕾,中果枝留 4～5 个花蕾,短果枝或花束状果枝留 2～3 个花蕾,预备枝不留花蕾处理。长、中果枝疏花时,宜疏除结果枝基部的花,留枝条中上部的花,中上部的复花芽可双花留一,并保持花间距离合理均匀,疏花量一般为总花量的1/3。

2.利用蜜蜂传粉

一般 6 000 m^2 桃园放置 1 箱蜜蜂可满足授粉需要。

3.人工授粉

采集授粉品种的花粉,在主栽品种初花期至盛花期进行人工点授、喷粉或装入纱布袋内在树上抖动,一般进行两次即可。

4.花期喷硼

在花期喷 0.3% 的硼砂,能促进花粉萌发与花粉管伸长,可提高桃坐果率。

【知识链接】

桃树的花

桃多数品种为完全花,既有正常的雌蕊,又有正常的雄蕊(图5-22)。有的品种也会出现少量的雌蕊退化,有的品种出现花粉败育,即为雌能花,如五月鲜、六月白、砂子早生等。桃花为虫媒花。桃为自花结实率较高的树种,但异花授粉可显著提高坐果率,而雌能花品种必须配置授粉树。所以,一般果园以互配授粉树为好。

图 5-22　桃树的花

桃树花芽膨大后,经过露萼期、露瓣期、初开期到盛开期。桃树为一芽一花,当天开的花,花瓣浅红色,随后逐渐变为桃红色。当日平均温度大于10℃,桃树开始开花;最适宜温度为12~14℃。同一品种花期延续时间快则3~4 d,慢则7~10 d。

二、夏季生产综合技术

(一)疏果及定果

【技能单】5-4　桃树疏果及定果

一、实训目标

通过实际操作,使学生学会桃树疏果及定果的基本技能。

二、材料用具

1.材料　盛果期桃树。

2.用具　筐或塑料袋。

三、实训内容

1.选择疏果时期　桃疏果一般分两次进行。第一次疏果一般在落花后能分辨大果和小果,幼果直径在0.5~0.7 cm时开始进行初疏,时间大约是花后两周;第二次疏果(定果)在落花后4~6周(硬核期前)结束(图5-23)。

图 5-23　疏果时期

2.确定留果量　疏果前先根据树龄、树势和品种特点确定当年留果量,一般通过整形修剪、疏花疏果等措施,将每667 m² 产量控制在1 250~2 500 kg。然后将产量分解到每株树上,再根据该品种的果型大小确定出单株留果数,最后将留果数分解到各主枝和结果枝上。

各种类型结果枝的留果量可参考表5-2。

表 5-2　不同类型结果枝留果参考标准　　　　　　　　　　　个

果枝类型	大型果	中型果	小型果
长果枝	1~3	2~4	3~4
中果枝	1~2	1~3	2~3
短果枝	1	1	1~2
花束状果枝	不留果	2~3个枝留1果	1~2个枝留1果

疏果时还应考虑结果部位和生长势,一般树冠外围及上部多留果,内膛及下部少留果。树势强的多留果,树势弱的少留果;壮枝多留果,弱枝少留果。留果量也可根据叶果比来确定,30~50片叶可留1个果。也可根据果间距进行留果的,小型果5~7 cm留1个果,大型果8~12 cm留1个果。

3.疏果 疏果时,先疏除萎黄果、畸形果、并生果、病虫果,再去小密果、圆形果和朝天果(图5-24)。选留部位以果枝两侧、向下生长的果为好。长枝留中、上部果,中、短枝以先端坐果较为可靠,尽量留单果、留长形果,可保证果个(图5-25)。

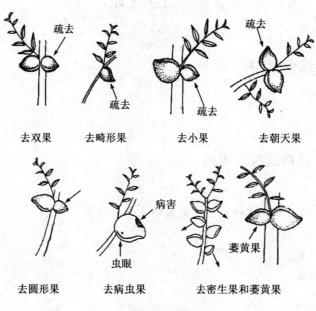

图 5-24 疏除果类型

图 5-25 留果类型

四、实训提示

本次实训分2次进行,可采取以组定树的方法进行,以便学生掌握疏果及定果技术。

五、考核评价

考核项目	考核要点	等级分值				考核说明
		A	B	C	D	
态度	资料准备,纪律,团结协作能力	20	16	12	8	1.考核方法采取现场单独考核加提问。
技能操作	1.疏果、定果操作规范 2.定果数量适当、分布均匀 3.地面清理干净	60	48	36	24	2.实训态度根据学生现场实际表现确定等级。
理论知识	教师根据学生现场答题程度给予相应的分数	20	16	12	8	

六、实训作业

结合生产,定期调查记载新梢和果实生长情况,总结疏果及定果的最佳时期和方法。

(二)果实套袋

套袋可明显提高果品质量,减轻裂果,降低农药残留。对鲜食品种套袋,可改善果面色泽,果肉白嫩,纤维减少;对罐藏加工桃果套袋,可减少果肉中纤维和果肉红色素,使果实成熟均匀,为加工提供优质原料。套袋时期要在定果后,生理落果基本停止,桃蛀螟等产卵高峰之前进行。一般中、晚熟品种和易裂果的品种宜套袋。如燕红、华光、瑞光3号等。

套袋前喷洒一次杀虫杀菌剂,待药液干后,用专用果袋将桃果套住,通过袋口的铁丝将袋扎在结果枝上。

(三)夏季修剪

修剪主要内容包括摘心、疏梢、剪梢、疏枝、拉枝及选留、调整骨干枝延长梢等。

(1)第1次夏季修剪　在新梢迅速生长期进行,对主侧枝进行摘心或剪梢,留副梢,缓和生长势,开张或抬高枝头角度。对营养枝进行不同程度的摘心,可产生不同的成花效果(图5-26)。为使结果枝组紧凑,对未坐果的空果枝进行回缩,对有果枝可疏去上部空枝、密枝、不定芽枝、顶部直立旺梢强梢、副梢基部双梢等(图5-27)。对有空间的强壮新梢可摘心处理,促发分枝培养结果枝组。其他枝条凡长到30～40 cm的都要摘心,使营养集中到果实生长发育,防止6月落果。对冬剪时长留的结果枝,前部未结果的回缩到有果部位;未坐果的果枝疏除或回缩成预备枝。

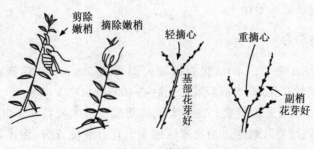

图5-26　桃摘心

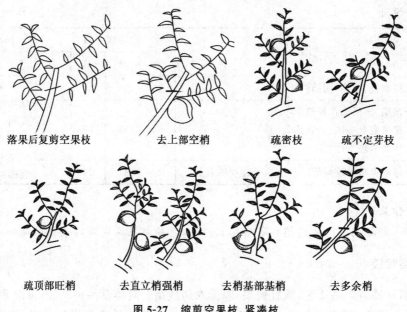

落果后复剪空果枝　　去上部空梢　　疏密枝　　疏不定芽枝

疏顶部旺梢　　去直立梢强梢　　去梢基部基梢　　去多余梢

图 5-27　缩剪空果枝、紧凑枝

(2)第 2 次夏季修剪　主要是控制旺枝生长,对竞争枝、徒长枝,在上次修剪的基础上,继续改造培养枝组。如过密则疏除,改善光照条件。对树姿直立或角度较小的主枝进行拉枝开角,对不同枝龄和树龄的主枝,拉枝的时间略有不同,主枝拉枝的角度以 80°为好。同时对负载大的主枝和枝组进行吊枝或撑枝,防止果枝压折。由于已经进入生长中后期,修剪不宜过重。

(四)土肥水管理

中耕除草,保持树盘内清洁无杂草。花后追施壮果肥,可提高坐果率,保证幼果生长、新梢生长和根系生长对营养的需要。一般在谢花后 1 周施入,以速效氮肥为主,施肥后灌水。

进入硬核期以后应浅耕,约 5 cm,注意尽量少伤新根。雨季前将草除尽,雨季只除草,不松土。在硬核期进行一次追肥,对提高坐果、保证果实发育和花芽分化作用明显。这次追肥应氮磷钾配合施用,以磷钾肥为主。这期间可喷 0.3%尿素和 0.2%磷酸二氢钾 2~3 次。出现缺素症状时,及时补充喷施相应的微量元素,如缺铁可喷施 1 000~1 500 mg/kg 的硝基黄腐酸铁,每隔 7~10 d 一次,接连喷 3 次。出现缺镁症状可喷施 0.2%~0.3%的硫酸镁,效果较好。在进入雨季后应注意桃园排水。

(五)病虫害综合防治

展叶后每 10~15 d 喷 1 次 70%代森锰锌可湿粉剂 500~600 倍液或 70%甲基托布津1 500 倍液,防治细菌性穿孔病、炭疽病等。花后喷 10%吡虫啉 4 000~5 000 倍液,或 0.3%苦参碱水剂 800~1 000 倍液防治蚜虫。在果实硬核期喷布杀脲灵乳油 8 000~10 000 倍液,防治食心虫、介壳虫、椿象、卷叶蛾等。当发现桃树皮出现有瘤皮开裂,溢出树脂,病部表面散生小黑点,多年生枝干受害产生"水泡状"隆起,可诊断为桃树侵染性流胶病。应及时刮除流胶及病皮,并用石硫合剂等涂刷病斑防治。

进入果实膨大期,可每 10~15 d 喷 1 次杀菌剂,防治褐腐病、黑星病、炭疽病等。对山楂叶螨和二斑叶螨可喷1‰阿维菌素乳油5 000倍液防治。

三、秋季生产综合技术

(一)秋季修剪

秋季修剪时疏除过密枝、病虫枝、徒长枝。对摘心后形成的顶生丛状副梢,把上部副梢"抠心"剪掉,留下部1～2个副梢,改善光照条件,促进花芽分化和营养的积累。疏除双副梢、强梢,对有分枝的徒长枝可改造剪除至分枝处。利用疏枝调整骨干枝的角度、方位和长势(图5-28)。对尚未停长的新梢进行摘心或剪梢,促进下部枝梢成熟,使枝条充实,提高抗寒力。

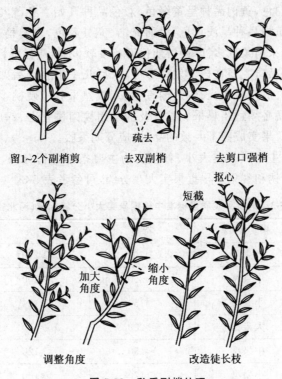

图5-28　秋季副梢处理

(二)促进果实着色

套袋的鲜食果实应于采收前10～20 d将袋撕开,使果实先接受散射光,再于采收前3～5 d逐渐将袋体摘掉。不易着色的品种应提早摘袋,如中华寿桃宜在采收前2周左右摘袋。果实成熟期雨水集中的地区、裂果严重的品种也可不摘袋。罐藏桃果采前可不摘袋,采收时连同果袋一起摘下,但注意不要将未熟果采下。

果实着色期间可疏除部分过密背上枝和内膛徒长枝,改善树冠内光照条件,促进果实着色。也可将果实附近叶片摘掉,使果面均匀着色。在果树行间地面上铺反光膜可促进果实着色,每667 m² 需反光膜300～400 m²。

(三)土肥水管理

在果实成熟前 20～30 d,追施催果肥,以钾肥为主,配合氮肥,提高果实品质和花芽分化质量。可追施磷酸二氢钾或草木灰,也可叶面喷施。为提高鲜果的耐贮性,可在采收前 1 个月喷施 2 次 1.5% 的醋酸钙溶液。但距果实采收期 20 d 停止叶面追肥。也不宜灌大水,以免造成裂果。

(四)果实采收与分级

桃果(普通桃)的成熟度判断在生产上分以下等级:七成熟,果实充分发育,果面基本平整,果皮底色开始由绿色转黄绿或白色,茸毛较厚,果实硬度大。八成熟,果皮绿色大部褪去,茸毛减少,白肉品种底色绿白色,黄肉品种呈黄绿色,彩色品种开始着色。九成熟,绿色全部褪掉,白肉品种底色乳白色,黄肉品种呈浅黄色,果面光洁、允分着色,果肉稍有弹性,有芳香味。十成熟,果实变软,溶质桃果肉柔软多汁,硬溶质桃开始发软,不溶质桃弹性减小。

桃果的色、香、味等品质主要在树上发育形成,采后几乎不会因后熟而增加,应适时采收。一般就地鲜销果宜八、九成熟采收,长途运输宜七、八成熟采收。硬桃、不溶质桃可适当晚采,溶质桃,尤其是软溶质桃必须适当早采。贮藏及加工用硬肉桃宜七、八成熟采收,加工用不溶质桃可八、九成熟采收。果实成熟不一致的品种,应分期采收。

鲜桃果实质量标准主要以果实大小、着色度为主要指标进行分级,基本要求是不允许有碰、压伤、磨伤、日灼、果锈和裂果。根据果实大小分级,可参考表 5-3。

表 5-3 鲜桃果实质量标准中依据果实大小分级标准(河北省)   g

品种类型	果实类型	特等	一级	二级
普通桃	大果型	≥300	≥250	≥200
	中果型	≥250	≥200	≥150
	小果型	≥150	≥120	≥120
油桃和蟠桃	大果型	≥200	≥150	≥120
	中果型	≥150	≥120	≥100
	小果型	≥120	≥100	≥90

(五)病虫害防治

进入果实成熟期一般不宜采取化学防治方法,以免造成果实农药残留超标。可采用黑光灯诱杀、糖醋液诱杀和性外激素诱杀方法,防治桃蛀螟、卷叶蛾、桃小食心虫、桃潜叶蛾等害虫。对红颈天牛可人工捕捉,并挖除其幼虫。

(六)采收后管理

这一时期是从果实采收后各类新梢的加长生长基本停止、枝条自下而上开始成熟,到落叶前后。此期为树体营养积累期,花芽继续分化发育,后期叶片自下而上开始衰老,功能逐渐减退。主要管理任务有:

1. 树体及叶片保护

果实采收后,要重点保护好叶片,否则将影响花芽的形成。可喷施 26％扑虱灵可湿性粉剂 1 500～2 000 倍液,防治大青叶蝉和椿象。用 25％灭幼脲悬浮剂 2 000 倍液防治桃潜叶蛾。喷施 0.3％～0.4％的尿素可提高叶片的光合功能,延长叶片寿命,有利于树体营养积累。在主干和主枝上绑草绳或草把诱集害虫,晚秋或早春取下烧毁。

2. 秋施基肥

在果实采收后,提倡早秋施基肥,一般不宜晚于 9 月份,早熟品种可在 8 月下旬进行。基肥以腐熟的农家肥为主,每 667 m^2 施入 4 000～5 000 kg,过磷酸钙 150 kg。可根据树体营养状态,同时加入适量的速效化肥以及微量元素肥料,如尿素 10～15 kg,硫酸亚铁 2～3 kg 等。可采用环状沟施、放射沟施、条沟施和全园撒施等。秋施基肥后要灌 1 次水,特别是在秋旱的情况下,以免造成早期落叶。

3. 越冬管理

落叶后及时清扫果园,清除枯枝落叶和病虫果。入冬前灌封冻水,时间以田间能完全渗透下去,不在地表结冰为宜。所有桃树进行枝干涂白。幼树在秋季落叶后及时将树干埋土防寒或用稻草捆绑树干防寒。也可喷布保护剂,如纤维素高脂膜等,以防止抽条。

【拓展学习】

各地成年桃树经验施肥量

地点	单位	施肥种类和数量/kg
北京平谷	667 m^2 施肥量	农家肥 5 000 kg,过磷酸钙 150 kg。桃树专用肥 84～140 kg(氮、磷、钾含量分别为 10％、10％和 15％)。喷施 0.4％尿素和 0.3％磷酸二氢钾各 1 次
辽宁营口	667 m^2 施肥量	有机肥 3 000～5 000 kg,尿素 22～24 kg,磷酸二铵 23～25 kg,硫酸钾 23～27 kg。全年叶面喷施 4～5 次,各浓度为:尿素 0.3％～0.5％、磷酸二氢钾 0.2％～0.3％、硼砂 0.1％～0.3％
山东肥城	每株施肥量	有机肥 100～200 kg,豆饼 2.5～7 kg(或人粪尿 50 kg)
江苏	每株施肥量	饼肥 5 kg 或猪粪 60 kg,磷矿粉 5 kg,尿素 1.5 kg

【工作页】5-1　总结桃园主要管理技术

桃园主要管理技术单

时期	地下管理	地上管理
休眠期		
萌芽开花期		
新梢生长期 与坐果期		
果实成熟期		
果实采收后		
果树越冬防寒		

任务 2.2　李、杏生产综合技术

● 任务实施

一、春季生产综合技术

(一)休眠期修剪

1.李、杏树初果期修剪

李、杏初果期树长势很旺,生长量大,生长期长。此期的修剪任务主要是尽快扩大树冠,培养全树固定骨架,形成大量的结果枝,为进入结果盛期获得丰产做好准备。李树休眠期修剪以轻剪缓放为主,疏除少量影响骨干枝生长的枝条,对于骨干枝适度轻截,促进分枝,以便培养侧枝和枝组,扩冠生长。李子树一般延长枝先端发出 2～3 个发育枝或长果枝,以下则为短枝、短果枝和花束状果枝;直立枝和斜生枝多而壮,有适当的外芽枝可换头开张角度。

杏树休眠期修剪任务主要是短截主、侧枝的延长枝,一般剪去 1 年生枝的 1/4～1/3 为宜。少疏枝条,多用拉枝、缓放方法促生结果枝,待大量结果枝形成后再分期回缩,培养成结果枝组,修剪量宜轻不宜重。在核果类果树中,杏萌芽率和成枝率较低。一般剪口下仅能抽生 1～2 个长枝,3～7 个中短枝,萌芽率在 30%～70%,成枝率在 15%～60%。杏幼树生长强壮,发育枝长可达 2 m,直立,不易抽生副梢,多呈单枝延长。发育枝短截过重,易发粗枝,造成生长势过旺,无效生长量过大;短截过轻,剪留枝下部芽不易萌发,会形成下部光秃现象。因此,杏初果期树的延长枝短截应以夏剪为主,通过生长期人工摘心或剪截可促发副梢,加快成形。

2.李、杏树盛果期修剪

盛果期的李树,因结果量逐年增加,枝条生长量逐年减少,树势已趋稳定,修剪的目的是平衡树势,复壮枝组,延长结果年限。盛果期骨干枝修剪要放缩结合,维持生长势。上层和外围枝疏、放、缩结合。加大外围枝间距,以保持 40～50 cm 为宜。对树冠内枝组疏弱留强,去老留新,并分批回缩复壮。

盛果期杏树产量逐年上升,树势中等,生长势逐渐减弱。修剪的主要任务是调整生长与结果的关系,平衡树势,防止大小年的发生,延长盛果期的年限,实现高产、稳产、优质。主要任务有:延长枝剪去 1/3～1/2,疏除部分花束状结果枝。对生长势减弱的枝组回缩到抬头枝处,恢复生长势,改善光照条件。骨干枝衰老后,可按照粗枝长留,细枝短留原则,剪留 1/3～1/2。此期的杏树,树冠内包括徒长枝在内的新梢,几乎都能着生花芽而成为结果枝,花量大,修剪时应根据预期产量、败育花率、坐果率、单果重等,在留足花芽的前提下,通过疏截过多的果枝,控制留花量,以减少养分浪费。

【知识链接】

李树的主要结果枝

李树的主要结果枝类型根据种类和品种不同而异,树龄和树势也影响李树结果枝类的组成。中国李以短果枝和花束状果枝结果为主,而欧洲李和美洲李主要以中、短果枝结果为主。

幼树抽生长果枝多,至初果期则形成较多的短果枝和少量的中、长果枝。随着树龄的增长,长、中果枝逐渐减少,短果枝、花束状果枝数量逐渐增多。花束状果枝为中国李盛果期树的重要结果部位,担负90％以上的产量。李树花束状果枝结果当年其顶芽向前延伸很短,并形成新的花束状果枝连年结果,因此,李树的结果部位外移较慢,并且,在正常的管理条件下不易发生隔年结果现象。花束状果枝结果4～5年后,当其生长势缓和时,基部的潜伏芽萌发,形成多年生的花束状果枝群大量结果,这也是李树的丰产性状之一。李树花束状果枝寿命很长,连续结果能力很强,但以2年生以上枝条上的花束状果枝结果最好,5年生以上的坐果率明显下降。

杏树的主要结果枝

杏树长果枝一般花芽不太充实(尤其是幼树初结果期),因长势较旺,坐果率较低,不宜留作结果用,可用其扩大树冠或短截后改造成枝组。中果枝生长中庸,坐果率高,是初果期树的主要结果部位。短果枝生长较细,但坐果率最高,它和中果枝构成盛果期杏树的主要结果部位。花束状果枝的寿命较短,一般连续结果2～3年后便枯死。

(二)土肥水管理

1.土壤管理

李树、杏树定植后3～4年、树冠尚未覆盖全园时,可以间作一年生豆科作物、蔬菜、草莓、块根与块茎作物、药用植物等矮秆作物。成龄园多进行覆盖或种植绿肥及生草。覆盖有机物后,使表层土壤的温度变化减小,早春上升缓慢且偏低,有利于推迟花期,避免李、杏遭受晚霜危害。

2.追肥

李树、杏树追肥时期为萌芽前后、果实硬核期、果实迅速膨大期和采收后,后两次可合为一次。生长前期以氮肥为主,生长中后期以磷钾肥为主。氮磷钾比例为1：0.5：1,土壤及品种不同,比例有所差异。追肥量可按每667 m² 施尿素25～30 kg、钾肥20～30 kg、磷肥40～60 kg 的量,分次进行。

除土壤追肥外,也可进行叶面喷施。如萌芽前结合喷药喷施3％～5％的尿素水溶液,可迅速被树体吸收。谢花2/3后叶面喷0.3％磷酸二氢钾＋0.2％硼砂,对花粉萌发和花粉管生长具有显著的促进作用。

3.灌水

我国李、杏栽培区多干旱,冬春旱尤为严重,对萌芽、开花、坐果极为不利。为了果园丰产、优质,早春李园、杏园必须及时灌水。春季花前灌水会使花芽充实饱满,为充分授粉和提高坐果率打好基础。早春灌水量不宜过大,以水渗透根系集中分布层,保持土壤最大持水量的70％～80％为宜。花前灌水可结合追肥同时进行。树盘漫灌费水,沟灌、穴灌、喷灌、滴灌相对节水,可酌情采用。

(三)春季修剪

1.花前复剪

4月初到开花前进行复剪,主要任务是调整花芽留量。初果期树按叶芽：花芽＝(4～5)：1留花芽,盛果期花芽比率达到25％即可。复剪时,应先去掉梢头上的花芽、瘪小花芽及过多的花芽。

2.刻芽

在李、杏幼树整形时,对缺少骨干枝的部位要进行刻芽。刻芽时应注意时间宜早(3月上旬),割口离芽距离要小于1 mm且深达木质部。为保证刻芽处发出长枝,可在刻芽后的萌芽期,于芽端涂以抽枝宝、发枝素等。

3.抹芽、疏梢

从4月中旬开始,对萌发过多的嫩梢进行抹除。幼树主干上第一主枝以下萌发的芽要全部抹掉,主枝上的竞争枝和直立向上的枝以及剪、锯口下发出的过密枝和向内膛延伸的徒长枝要及时抹除,以节省营养、改善光照,同时使内膛的小枝生长健壮,形成良好的花芽。

4.摘心、剪梢、拉枝、扭梢

李树、杏树新梢上的芽当年可以萌发,连续形成二次梢或三次梢,这种具有早熟性芽的树种树体枝量大,进入结果期早。利用这种特性,通过在生长期对新梢进行摘心、剪梢,可促生分枝,培养主、侧枝,加快整形进度,能使幼树迅速增加分枝级数。再通过拉枝、扭梢等措施开张角度,达到提早成形,促进早开花早结果的目的。在定植后的1～2年内,通过拉枝,可使主枝分布均匀。

(四)提高坐果率

李树及杏树的自然坐果率较低,为了保证授粉效果,除合理配置授粉树外,还可以采用人工授粉和果园放蜂的办法加以弥补。大面积授粉时可采用液体喷雾等方法授粉。此外,在盛花期喷布0.3%硼砂、0.3%磷酸二氢钾、50 mg/L赤霉素、1 200倍稀土,可提高坐果率。大石早生李以花期喷0.3%硼砂和 50 mg/L赤霉素提高坐果率效果显著;骆驼黄杏以花期喷50 mg/L赤霉素和1200倍稀土提高坐果率效果显著;串枝红杏以花期喷50 mg/L赤霉素、1 200倍稀土、0.3%磷酸二氢钾和0.3%硼砂提高坐果率效果显著;丰仁杏、国仁杏均以花期喷0.3%磷酸二氢钾和0.3%硼砂提高坐果率效果显著。

【知识链接】

李、杏授粉品种配置

中国李和美洲李大多数品种自花不实,欧洲李品种可分为自花结实和自花不结实两类,大多数杏品种的自花授粉结实率都很低或不结实,建园栽培时必须配置一定数量的授粉品种。一个果园宜选2～3个品种作为授粉树,这样可以提高果实坐果率。一般授粉品种与主栽品种的比例以1:(4～5)为宜。部分李、杏品种授粉品种见表5-4。

表5-4 部分李、杏品种的授粉品种配置

李主栽品种	授粉品种	杏主栽品种	授粉品种
大石早生	美丽李、香蕉李、芙蓉李、圣玫瑰	凯特	金太阳、玛瑙
美丽李	大石早生、北京晚红、蜜斯李、澳李14号	金太阳	凯特、红丰
蜜斯李	美丽李、黑宝石、大石早生、红肉李	红丰	金太阳、凯特
黑宝石	蜜斯李、圣玫瑰、大石早生、澳李14号、美丽李	串枝红	骆驼黄、红玉杏、水白杏
澳李14号	美丽李、蜜斯李、先锋、圣玫瑰	新世纪	金太阳、红丰、凯特
晚红李	小核李、离核	骆驼黄	串枝红、红玉杏、红荷包
金沙李	玫瑰李、朱砂李	仰韶黄杏	银香白、张公园、大接杏

(五)疏花疏果

李树、杏树花量大,坐果多,往往结果超载。适当疏花疏果可以提高坐果率,增大果个,提高质量,维持树势健壮。疏花越早越好,一般在初花期就要疏花。疏花时先疏去枝基部花,留枝中部花。强树壮枝多留花,弱树弱枝少留花。

1.李树疏果

在花后 15～20 d 进行,但早期生理落果严重的品种,应在花后 25～30 d,确认已经坐住果后进行。一般进行两次,第一次先疏掉各类不良果和过于密集的果,10 d 以后进行定果。生产上可根据果实大小、果枝类型和距离留果。小型果品种,一般花束状果枝和短果枝留 1～2 个果,果实间距 4～5 cm;中型果品种每个短果枝留 1 个果,果实间距 6～8 cm;大型果品种,每个短果枝留 1 个果,果实间距 10～15 cm。中果枝留 3～4 个果,长果枝留 5～6 个果。要根据树冠大小、树势强弱和品种特性,确定单位合理产量,如大石早生李盛果期树产量应控制在 1 500～2 000 kg/667 m²,黑宝石李盛果期树产量应控制在 3 000～4 000 kg/667 m²。

2.杏树疏果

杏树疏果宜早不宜迟,在花后 15～25 d 进行,最迟在硬核前完成,以利果实膨大,避免营养浪费。一般短枝留 1 个果,中枝留 2～3 个果,长枝留 4～5 个果。也可按距离进行,即小型果间距 3～5 cm,中型果间距 5～8 cm,大型果间距 10～15 cm,保证全树 20 片叶以上留 1 个果。鲜食杏的产量控制在 1 000～1 500 kg/667 m² 为宜。

疏果时要注意疏去小果、病虫果、发育不正常果、双果中直立向上果、过大过小、果形不正及有伤的果。

(六)病虫害防治

早春对园内外进行大清除,包括刮树皮,刷除枝干上的介壳虫,清扫杂草、落叶,摘除病枝、病叶、病果及果核残体等,并将其集中销毁或深埋。同时,对园外越冬寄主进行彻底清除,集中烧毁,以大幅度降低越冬病菌和越冬害虫数量。早春及时进行翻树盘,也可以有效减少虫源。发芽前树体喷布 5°Be 石硫合剂或 5％的柴油乳剂,杀灭树上越冬的病菌虫体,降低病虫越冬基数,为全年防治打好基础。4 月底坐果后,喷 50％氯溴异氰尿酸粉剂 1 000 倍液或 75％百菌清可湿性粉剂 600 倍液,同时混合 3％啶虫脒乳油 2 000 倍液或 5％吡虫啉乳油 3 000 倍液,主要防治疮痂病、细菌性穿孔病以及梨小食心虫等。5 月上旬花后 20 d,喷 4.5％高效氯氰菊酯乳油 1 500 倍液或 50％辛硫磷乳油 2 000 倍液,同时混合 72％农用链霉素可溶性粉剂 2 000 倍液或 50％甲基硫菌灵可湿性粉剂 600 倍液,防治梨小食心虫、细菌性穿孔病及其他病虫害。对流胶病、干腐病等树干病害严重的果园,可在树干上刷 1 遍 10％有机铜涂抹剂,或刷 1 000 倍硫酸锌液或腐殖酸钠。

在每年 4 月下旬,在园内悬挂食心虫等诱芯、迷向丝及诱捕器,对诱捕食心虫第 1 代成虫效果非常好。此外,还可以设黑光灯、黏虫板和糖醋液等诱杀多种害虫的成虫。有条件的园可以使用频振式杀虫灯诱杀天幕毛虫、梨小食心虫、金纹细蛾等多种果树害虫,而且对天敌影响不大。

【知识链接】

李树、杏树蛀干害虫的防治

可于 4 月开始检查苗木,发现蛀虫的洞口后,用镊子夹住一个棉球,将棉球浸入辛硫磷药液内(1 份 50％辛硫磷,加 3 份水后搅匀),待棉球吸足药液后塞入虫洞。用湿泥把虫洞填满,最后把洞口外的湿泥抹平。当蛀干性害虫的幼虫感觉到洞口被封闭后,它就会蠕动到洞口附近,用头部或尾部去顶这些异物。当害虫接触到带辛硫磷的棉球时,就会中毒死亡。

(七)防止霜冻

李树、杏树开花较早,易遭受春季晚霜危害,因此要采取措施及时预防。常用防霜措施有:熏烟法、喷水法以及芽膨大期喷布青鲜素等。熏烟可在清晨2时气温将达到0℃时,在园内放烟,通过烟粒吸收湿气,使水汽凝成液体而放出热量,对提高气温有一定作用。在芽膨大期喷布青鲜素(又叫抑芽丹)500~2 000 mg/L溶液,可推迟开花4~6 d。在花芽露白期喷石灰浆(生石灰与水比例为1:5),减少对太阳辐射热的吸收,也可推迟花期。另外,采用早春灌水降低地温的措施也可以延迟花期。

二、夏季生产综合技术

(一)夏季修剪

1.疏枝
疏除过密枝、竞争枝、徒长枝,保持园内有良好的通透性。对有空间的直立枝,背上枝进行扭梢;对无空间的直立枝、背上枝和过密枝一律疏除。

2.摘心
对幼树延长枝(主、侧枝)长至40~50 cm时进行摘心,增加分枝,使之迅速扩大树冠。盛果期树在有空间处,新梢长到30 cm时连续摘心,使之形成枝组,增加结果部位。一年内可摘心两次,但不要晚于7月下旬,以免发出的新梢不充实。

3.开张角度
在幼树和初果期树应用最多。开张角度的方法有:拉枝、拿枝、撑枝,最佳的时间在5月上中旬至6月上中旬。幼树通过拉枝,可使主枝分布均匀。

(二)果实套袋

套袋主要针对中晚熟品种。定果后尽早套袋。套前2~3 d全园喷一次杀虫剂和杀菌剂。选择非雨天进行套袋,按照先上后下、先内后外的顺序,将果袋绑扎于结果枝上,不能伤果柄。白色及黄色品种果实成熟前不用去袋,采收时连袋采收;红色品种可在采前10 d去袋。如日照过强,可自袋底先撕开袋体,逐渐去袋。

(三)肥水管理

1.追肥
5月中下旬,株施硫酸钾复合肥350 g,可促进果实膨大上色。在幼果期和果实膨大期是叶面施肥的最好时期,在幼果期(5月间)进行叶面喷肥可有效防止落果。落花后40 d开始喷腐殖酸钙,每20 d喷1次,连喷3次,可以预防干枝和裂果病。

生长季多次喷布0.3%的尿素水溶液及0.3%的磷酸二氢钾水溶液或400倍的光合微肥水溶液,有利于改善叶片质量,提高光合效能。

2. 灌排水

幼果膨大期正是果树需水的临界期,这个阶段水分不足,不仅抑制新梢生长,而且影响果实发育,甚至引起落果。最适灌水量是使根系分布范围的土壤持水量达到田间最大持水量的一半,当然灌水量的多少应根据树龄、树势、土质、土壤温度、灌水方法具体而定。

夏季多雨,而李树、杏树抗涝差,如果积水过多,会造成根缺氧窒息,醇类物质积累,使蛋白质凝固,最后导致根腐而死亡。果园若是处在地势低洼或地下水位过高处,在阴雨季节很容易积涝。当沙壤土的最大持水量为 30%,壤土的最大持水量为 50%,黏壤土的最大持水量为 60% 时就应及时排水。

(四)病虫害防治

6 月初,可选择喷施 10% 吡虫啉 3 000～5 000 倍液、50% 辛硫磷乳油 1 500 倍液、40% 杀扑磷乳油 3 000 倍液、1.8% 阿维菌素乳油 4 000～6 000 倍液等杀虫剂,80% 代森锰锌可湿性粉剂 800 倍液、50% 氯溴异氰尿酸粉剂 1 500 倍液、72% 农用链霉素 3 000 倍液等杀虫杀菌剂,主要防治梨小食心虫、介壳虫、蚜虫(主要是桃蚜)、桃蛀螟、红蜘蛛和细菌性穿孔病、杏疮痂病等。

进入夏秋高温高湿季节,褐斑落叶病易大发生时,可用多菌灵 500～800 倍液、百菌清 600～800 倍液、甲基硫菌灵 600～800 倍液等防治。最后一次施药距采收期相隔应在 20 d 以上。

(五)果实采收

杏、李果实的发育期为 55～155 d。采收期因品种、栽植地域不同而有差异,也取决于果实用途、市场状况。如果远地运销和当地加工,或用于贮藏,可提前采收;若是鲜食,可待充分成熟前采收。采收时要控制好采收成熟度,鲜食外运以七八分熟为宜。制作糖水罐头和果脯的,应在绿色褪尽、果肉尚硬,即八分熟时采收。由于采收的时节正是高温多雨的季节,微生物活动频繁,极易造成烂果,因此采收时应尽量保持果品完整不受伤,尽量避免在雨天、大风天、高温时采收,阴雨、露水未干或浓雾时采收也会使果皮细胞膨胀,容易受伤。同一树上的果实成熟期不一致,必须分批采收。

三、秋季生产综合技术

(一)土肥水管理

1. 土壤管理

李树、杏树虽然对干旱、瘠薄有较强的适应能力,但必须有一定的肥水保证才能丰产。我国李园、杏园多建在黏土、山坡、河滩地等处,在定植前一般都未进行全园深翻改土,土壤结构及保水保肥力差,必须通过扩穴深翻、掺足有机肥或秸秆等改良土壤。扩穴深翻深度一般要求达到 50 cm 以上。扩穴可逐年或隔年分批进行。成龄树每年结合施肥、灌水及春秋耕翻修整树盘一次。据调查,连年整修树盘的成龄杏园,10～40 cm 土层内的新根数量比无树盘的可增加 2.5 倍,新梢生长量也大。

深翻最好在秋季落叶前进行,并结合深翻施入有机肥并灌水。

【知识链接】

李、杏根系分布特点

李、杏根系发达与否决定于砧木及土壤环境等。李树以桃、李、杏为砧木时，抗性强，根系发达，以毛樱桃作砧木时，根系分布较浅。在疏松、肥沃、土层深厚的土壤中，李树根系分布较深，在土层薄、地下水位高的地方则分布较浅。总的来看，李树吸收根主要分布在 20～40 cm 深的土层中，水平根分布范围通常比树冠大 1～2 倍，垂直根的分布因立地条件和砧木不同而异。杏树的根系一般较发达，根系集中分布区域分别为 20～60 cm，不同的土壤质地，对杏根系的发育及其在土壤中的分布有显著影响。

2.肥水管理

果实采收后及时追一次肥，以含氮量高的复合肥为主，每株 0.25 kg，以利恢复树势。同时，秋季叶面喷一遍高浓度的叶面肥，如 1％尿素加 1％磷酸二氢钾等，可增加树体储藏营养。

基肥一般在落叶前后和萌动前施用，秋施比春施好，可结合扩穴深翻进行，一年一次，以有机肥为主，也可配合适量的氮、磷、钾无机肥。过磷酸钙需深施，应与有机肥混用，作基肥施用。基肥用量应占全年施肥量的 70％～80％。一般每 667 m^2 施有机肥 3 000～5 000 kg，磷酸二铵 30 kg，硫酸钾 25 kg 左右为宜。施肥量一般应随树龄的增长而逐渐增加。

8月进入雨季，既要防旱，又要防雨涝，天旱时浇水，雨后要及时排水，防止田间积水。

(二)秋季修剪

将后期生长旺盛的枝条上部组织不充实的部分剪去，要注意多保留功能叶片。

(三)树体保护

秋冬季常用涂白、包草和根颈培土等方法，减轻或避免因变温或低温而引起的树体伤害。对修剪、采果等造成的伤口，要及时涂抹杀菌剂、油漆或包扎薄膜进行伤口保护。每年冬季进行树干涂白。

(四)病虫害防治

1.农业防治

在树干光滑处捆绑草把，阻止叶螨进入树皮裂缝或土层中越冬，诱集桃蛀螟越冬幼虫。

冬季结合修剪对园内外进行一次大清除，包括刮树皮，刷除枝干上的介壳虫，清扫杂草、落叶，摘除病枝、病叶、病果及果核残体等。同时，对园外越冬寄主(如玉米堆秆)进行彻底清除，集中烧毁，以大幅度降低越冬病菌和越冬害虫数量。

秋季深翻、深耕可以使虫卵、虫蛹暴露出来，便于鸟类啄食。在 2 月土壤解冻前，于树干基部堆土并压实，可阻止在土层中越冬的成虫上树为害。

2.化学防治

针对红蜘蛛，可喷 1.8％阿维菌素 3 000 倍液；针对李小食心虫、吸果夜蛾等可用 2.5％溴氰菊酯或 20％杀灭菊酯 1 500 倍液。针对蚜虫和刺蛾类可喷 25％灭幼脲 3 号 1 500 倍液。针对星毛虫、铜绿金龟子、李实蜂、螨类等，可喷施氯氰菊酯 1 000～1 500 倍液。针对褐斑病类可用 40％氟硅唑乳油 6 000 倍液，75％百菌清 600 倍液等。防枝枯病可用 843 康复剂 5～10 倍液涂抹枝干。

任务 2.3　樱桃生产综合技术

● 任务实施

一、春季生产综合技术

(一)休眠期修剪

大樱桃常用树形大致可分为小冠疏层形、自然开心形、纺锤形、圆柱形、V 形等。大樱桃不耐寒,休眠期修剪的最佳时期是早春萌芽前,若修剪过早,伤口流水干枯,春季容易流胶,影响新梢的生长。休眠期修剪常用的方法有短截、甩放、回缩、疏枝等。休眠期修剪宜轻不宜重,除对各级骨干枝进行轻短截外,其他枝多行缓放,待结果转弱之后,再及时回缩复壮。疏枝多用于除去病枝、断枝、枯枝等。在具体操作时,要综合考虑品种的生物学特性、树龄、树势、栽植密度和栽植方式等因素。

1.幼树期修剪

幼树期要根据树形的要求选配各级骨干枝。中心干剪留长度 50 cm 左右,主枝剪留长度 40~50 cm,侧枝短于主枝,纺锤形留 50 cm 短截或缓放。注意骨干枝的平衡与主次关系。严格防止上强,用撑枝、拉枝等方法调整骨干枝的角度。树冠中其他枝条,斜生、中庸的可行缓放或轻短截,旺枝、竞争枝可视情况疏除或进行重短截。

2.初果期树修剪

除继续完成整形外,初果期还要注意结果枝组的培养。树形基本完成时,要注意控制骨干枝先端旺长,适当缩剪或疏除辅养枝,对结果部位外移较快的疏散型枝组和单轴延伸的枝组,在其分枝处适当轻回缩,更新复壮。

3.盛果期树修剪

盛果期树休眠期修剪主要是调整树体结构,改善冠内通风透光条件,维持和复壮骨干枝长势及结果枝组生长结果能力。一是骨干枝和枝组带头枝,在其基部腋花芽以上的 2~3 个叶芽处短截;二是经常在骨干枝先端 2~3 年生枝段进行轻回缩,促使花束状果枝向中、长枝转化,复壮势力。对结果多年的结果枝组,也要在枝组先端的 2~3 年生枝段缩剪,复壮枝组的生长结果能力。

4.衰老期修剪

盛果后期骨干枝开始衰弱时,及时在其中后部缩剪至强壮分枝处。进入衰老期,骨干枝要根据情况在 2~3 年内分批缩剪更新。

不同的樱桃品种,修剪上的主要差异是在结果枝类型上。以短果枝结果为主的品种,中、长果枝结果较少,此类品种以那翁为代表,在修剪上应采取有利于短果枝发育的甩放修剪,增加短枝数量。树势较弱时,适当回缩,使短果枝抽生发育枝。短果枝结果比例较少的品种,如大紫,为促进中、长果枝的发育,应有截有放,放缩结合。如果不进行短截,中长果枝会明显减少。

【知识链接】

大樱桃与修剪相关的特性及修剪要求

大樱桃幼树顶端优势强,生长快,萌芽和成枝力都很强,树冠扩大很快。

大樱桃旺盛枝条生长直立,顶端优势明显。表现在外围长枝不论短截与否,顶部易再抽生出多个长枝,形成二杈枝、三杈枝甚至四杈枝以至更多的轮生长枝,而下部则大多数为短枝。自然生长则易形成强枝和弱枝的两极分化,强枝不断向高处生长,争夺阳光和养分,下部2～3年生短枝会迅速死亡,呈现下部光秃的局面,而这些短枝正是最容易转化为结果枝的枝条。

大樱桃是侧生纯花芽,顶芽是叶芽。根据大樱桃长、中、短及花束状结果枝上芽的着生特性,在修剪结果枝时,剪口芽不能留在花芽上,而应留在花芽段以上2～3个叶芽上。否则,剪截后留下的部分结果以后死亡,变成干桩,造成结果枝数量的减少,影响产量。所以大樱桃的中、短及花束状结果枝不能短截。

大樱桃幼树长枝的角度小,易形成夹皮枝,在人工撑拉或负载过大时,容易从分叉点劈裂,引起流胶,削弱枝势,甚至引起大枝死亡。这种夹皮枝应尽量开角,注意不要选用夹皮枝作为骨干枝。

樱桃伤口愈合时间长,同时容易流胶,引起伤口溃烂,修剪时不宜大拉大砍,以免形成大伤口,同时,剪锯口要涂猪大油或白乳胶进行保护。樱桃枝条组织松软、导管粗,剪口容易失水,形成干桩,使剪口留的芽枯死。所以,除幼树需要缠塑料条的地方要早剪外,其他冬季不抽条的地区要晚剪,一般在芽萌发以前进行修剪,剪口不会干缩,剪口芽能很快萌发。另外,要及时利用摘心来代替冬季短截,注重夏季修剪,减少冬季修剪量。

(二)土肥水管理

大樱桃最宜在土层深厚、土质疏松、保水力较强的沙壤土上栽培,对土肥水有较高的要求。

1.土壤管理

樱桃的土壤管理主要包括土壤深翻扩穴、中耕松土、果园间作、水土保持、树盘覆草、树干培土等,具体做法要根据当地的具体情况,因地制宜地进行。

(1)覆草 覆草在春季施肥、灌水后进行。覆盖材料可以用麦秸、麦糠、玉米秸、干草等。把覆盖物覆盖在树冠下,厚度10～15 cm,上面压少量土,连覆3～4年后浅翻一次。树盘覆盖最适宜山地果园。土质黏重的平地果园及涝洼地不提倡覆草,因为覆草后雨季容易积水,引起涝害。

(2)种植绿肥和行间生草 大樱桃园生草可采用全园生草、行间生草和株间生草等模式,一般春季3～4月份播种,草被可在6～7月份果园草荒发生前形成。具体生草模式应根据果园立地条件、管理条件而定。土层深厚、肥沃、根系分布深的果园,可全园生草,反之,土层浅而瘠薄、年降水量少于500 mm、无灌溉条件的果园,不宜进行生草栽培。

2.合理施肥

大樱桃施肥按其年龄时期有所不同。3年生以下,为幼树扩冠期,以施速效氮肥为主,辅之适量磷肥,促进树冠早形成;4～6年生,为初结果期,以施有机肥和复合肥为主,做到控氮、增磷、补钾,主要抓好花前追肥;7年以上为结果盛期,花前追肥防止树体结果过多而早衰。

(1)土壤追肥 开花前主要采用土壤追肥并以氮肥为主,一般每株结果树施腐熟的豆饼水2.5～5 kg,或腐熟人粪尿30 kg,或尿素1 kg,或硫酸铵2～2.5 kg,幼树酌减。施肥后即刻灌水,使其肥效充分发挥。花期追施豆饼水的大樱桃比追施尿素的在果实色泽、风味、固形物含量、含糖量方面有明显提高(赵改荣,2000)。

(2)根外追肥 春季萌芽前,对枝干喷施 2%～3% 的尿素液,可弥补树体贮藏营养的不足,促进萌芽、开花和新梢生长。展叶后,喷施 0.2% 尿素加 0.2% 磷酸二氢钾或其他配方复合肥溶液(每 10 d 喷一次,连喷 2～3 次),对扩大叶片面积和增加叶片厚度,都有较明显的促进作用,有利于幼旺树尽早成花。在花期喷洒 0.3% 的尿素及磷酸二氢钾 600 倍液和 0.3% 硼砂溶液,可明显提高坐果率,促进果实发育。

3.浇水

为了满足发芽、展叶、开花对水分的需求,在发芽后开花前(3 月中、下旬)灌一次水。此时灌水还有降低地温,延迟花期,防止晚霜危害的作用。谢花后第 1 d 浇水,可保住谢花时原果量的 80% 左右,浇水每延迟 1 d,坐果量下降 10%～15%。因此,生产中还可根据目标产量,选择谢花后浇水日期来调整树体坐果量(张福兴,2013)。灌水一般采用畦灌或树盘灌。在有条件的地方,还可采用喷灌、微喷灌和滴灌。在晚霜危害时,利用微灌对树体间歇喷水,可减轻霜冻。

(三)春季修剪

1.刻芽

萌芽前,在侧芽以上 0.2～0.3 cm 处刻芽,深度达木质部,促进下位芽萌发。研究表明,刻芽比不刻芽长枝数减少 26.8%,花束状果枝数增加 21.6%;刻芽配合拉枝长枝数减少 36.7%,花束状果枝数增加 30.6%。

2.除萌、抹芽

对疏枝后产生的隐芽枝、徒长枝以及有碍各级骨干枝生长的过密萌枝,应及时除去。对于背上萌发的直立生长的芽、内向萌芽等有碍各级主枝生长的过多萌芽,以及树干基部萌发的砧木芽,都应在萌芽期及时抹去。

3.拉枝

在树液流动以后进行,以春夏季为好,可用绳、铁丝等拉枝,拉枝角度在 70°～120°。主干形幼树,主干上发出的新梢长至 5～10 cm 时,用牙签、小衣夹等将新梢开角。开角一定要早,过晚效果不好。

4.花前复剪

在开花前进行复剪,可对延长枝留芽方向、枝组长度以及花芽数量进行调整。对花量大的树及时进行复剪,可调整花叶芽比例,疏掉过密过弱花、畸形花。

另外,通过拧枝、拧枝、拉枝等方式,可培养芽眼饱满、枝条充实、缓势生长的发育枝,为翌年形成优质叶丛花枝打好基础。

(四)花果管理

1.提高坐果率

大樱桃多数品种自花结实率很低,需要异花授粉才可正常结果。大樱桃开花较早,花期常遇低温、霜冻等不良天气,对樱桃的当年产量影响很大。通过人工辅助授粉和昆虫授粉对提高樱桃授粉坐果率十分有效。樱桃柱头接受花粉的时间只有 4～5 d,因此人工授粉愈早愈好,在花开 20%～30%即开始授粉,3～4 d 完成授粉。

花期叶面喷施 0.3%尿素+0.2%硼砂+600 倍磷酸二氢钾,以满足开花期间的营养需要和促进花粉管的伸长,提高坐果率。此外,大樱桃初花期喷施 30 mg/L GA3+20 mg/L 6BA+10 mg/L PCPA(对苯氧乙酸钠盐),坐果率比自然坐果率高出 28.1%。

2.疏花疏果

(1)疏花芽 大樱桃进入盛果期后,花束状结果枝数量剧增,营养枝减少,如果结果过多就会造成树势偏弱,而樱桃树一旦树势变弱很难恢复。一般的成年樱桃树,有 25%～40%的花授粉受精即可保证当年的产量。疏花芽于冬剪时完成,通过疏花芽可完成大部分的疏花疏果任务量。在花芽发育差的情况下,冬剪时可多留一些花芽,花芽质量好时则少留些,以免造成养分浪费过大。一般疏除发育不良、芽体瘦小、不饱满的花芽,每个花束状果枝可保留 3～4 个生长健康饱满的花芽。

(2)疏花 疏花蕾一般在开花前进行,主要是疏除细弱果枝上的小花和畸形花。每花束状果枝上保留 4～5 个饱满花蕾,短果枝留 8～10 个花蕾。

疏花时期以花序伸出到初花时为宜,越早越好。如树势强、花量大、花期条件好、坐果可靠,可先疏蕾和疏花,最后定果;反之,少疏或不疏花,而在坐果后尽早疏果。疏花时要先疏晚花、弱花,要疏弱留壮,疏长(中、长果枝的花)留短(短果枝花),疏腋花芽花留顶花芽花,疏密留稀,疏外留内,疏下留上,以果控冠。

(3)疏果 疏果时期在生理落果后,一般在谢花 1 周后开始,并在 3～4 d 之内完成。幼果在授粉后 10 d 左右才能判定是否真正坐果。为了避免养分消耗,促进果实生长发育,疏果时间越早越好。一个花束状果枝留 3～4 个果实。叶片不足 5 片的弱花束状果枝不宜留果。疏果要疏除小果、双子果、畸形果和细弱枝上过多的果实,留果个大、果形正、发育好、无病虫危害的幼果。

(五)病虫害防治

萌芽前,喷 3～5°Be 石硫合剂,可兼防病和虫,对介壳虫、吉丁虫、天牛、落叶病、干腐病等均有较好的防治效果。介壳虫严重的果园还可用含油量 5%的柴油乳剂进行防治。

对金龟子发生较重的果园,可利用其假死性,早晚用震落法捕杀成虫。也可利用其有趋光性,用黑光灯诱杀。药剂防治参照其他果树的防治方法。

细菌性穿孔病的防治。控制施氮,增强树势,提高树体的抗病能力是其防治的关键。药剂防治参照桃树的防治方法。

果实腐烂病的防治。可于地面施用熟石灰 68 kg/667 m^2。化学防治方法参照其他果树。

(六)其他管理

1.刮老皮、翘皮及清园

树龄较大的树要刮老皮、翘皮。修剪结束后,要及时对果园进行集中清理,将落叶深埋树下,既可减少病虫源,又可将落叶逐步转化为肥料,培肥地力;将剪下的枝条、刮下的老翘皮带出园外予以烧毁。

2.解除防寒物

堆土防寒的樱桃园,开春化冻时,分两次除去培土,第 1 次除去一半,第 2 次全部去除。整株树体埋土的先去除一些土,将植株扶起,以后再全部去除主干基部的土。

用稻草绳缠绕果树主干、主枝的园地,春季先解除外层草绳并将其集中焚烧,过几天再解除内层薄膜或缠纸等。对缠绕塑料条防抽条的,到春季芽萌动时,将塑料条解开。

3.预防霜冻

可采用早春灌水、树体喷5％石灰水、萌芽前喷布0.8％～1.5％食盐水或200倍高脂膜延迟花期,避开霜冻。也可以在霜冻来临前进行熏烟。

二、夏季生产综合技术

(一)夏季修剪

1.摘心

樱桃的芽和其他核果类果树相似,具早熟性,在生长季节摘心、剪梢可促发新枝。幼树期,骨干枝延长枝长至40～50 cm时进行摘心,促使侧芽萌发抽枝,其余新梢长到15 cm左右摘心,樱桃一年中可连续摘心2～3次。大樱桃摘心可使花枝占到枝条总数的91.4％,其中叶丛枝占22.2％,大大促进了大樱桃树体枝条结构的优化,有利于大樱桃的提早结果和产量提高。而不摘心的一次长枝,其花枝率仅为7.4％,难以形成有效产量。

2.扭梢

在5～6月份扭梢有利于形成花芽,尤其幼果期扭梢,可以抑制新梢生长,将养分及时供给果实满足其膨大需要。对背上枝、内向枝进行扭梢,能有效地削弱生长势,增加小枝数量。

3.拿枝

拿枝在5～8月份皆可进行。拿枝有较好的缓势促花作用,还可利用其调整分枝基角,效果较好。

4.捋梢及拧梢

6月份新梢长至80 cm左右时,捋梢并按压新梢,使之呈下垂状态。7月上旬对侧生新梢的上翘生长部分进行拧梢,拧梢过程中听到木质部发出响声时停止。每梢拧2～3次,分段进行,使新梢上翘部分呈下垂状态,控制冠径,保持枝条充实。

5.环剥(割)

对大樱桃进行环剥(割),可促进花芽形成,提高花朵坐果率和果实品质,对果肉硬度和糖度的提高效果尤为明显。但大樱桃枝条环剥以后,伤口愈合较慢,且容易出现流胶现象,因此应慎用。

6.疏枝

果实采收后和8月中旬,及时疏除遮光的发育枝、密挤大枝、三叉头或五叉头枝等,确保叶丛花枝的光照,培育贮藏营养充足的优质叶丛枝。

(二)花果管理

1.果实增色

(1)摘叶　短果枝上的果实容易被簇生叶遮盖,为了促进果实着色,从果实开始着色时开始,应把遮盖果实受光的叶片摘除。摘叶程度以摘除遮光叶片的1/3以内为宜。另外对遮光的新梢要及时进行摘心和拧枝。

（2）铺设反光膜　从着色始期至果实采收前,在树冠下铺设银白色反光薄膜,利用薄膜的反射光,增加内膛果实的受光量,促进果实着色。

（3）叶面喷肥　大樱桃成熟前1周叶面喷施磷酸二氢钾或促进着色的微肥促进果实着色。

2.预防裂果

成熟前的裂果也是降低樱桃商品性的一大灾害,成熟越晚的品种愈容易遭骤雨天气,发生裂果。在容易发生裂果的地区要选择硬肉、抗裂果品种,如雷尼尔、拉宾斯、萨米脱、斯坦勒等。同时根据当地历年的雨季日期,选择早熟或晚熟品种,使成熟期提前或拖后,以避开雨季。

通过水分管理,防止果实发育后期土壤水分含量的急剧变化,要浇小水浇勤水,稳定大樱桃园10～30 cm深的土壤含水量。有条件的地区,要尽可能采用微喷灌技术。后期雨水多的地区,要加强果园排水。也可在大樱桃着色开始采用避雨棚临时遮雨,采收后再撤棚。

另外,花后20 d喷10 mg/L赤霉素,可减少裂果;采收前25 d喷12 mg/L赤霉素＋0.3%氯化钙水溶液,每周喷一次,可大量减少裂果。

3.采收及采后处理

果实的用途不同,对成熟度的要求也不一样。作为鲜食品种,樱桃应在果实充分表现出本品种特征时采收,过早、过晚采收都会影响果个和品质。果实成熟前1周是樱桃膨大果个、增加甜度最明显的时期,早采导致果个小、口味差、偏酸,达不到品种固有的大小和风味。采收过晚,果实体积虽然较大,但风味变淡,质地变软,口味差。

大樱桃的早熟品种从盛花后到果实成熟需30～35 d,中熟品种需40～50 d,晚熟品种需50～60 d。黄色品种宜在底色退绿、由白变黄、着红晕时采收;红色或紫色品种宜在果面全面红色或紫色时采收。同一株树上,一般树冠上部和外围的果实比内膛的早成熟,花束状果枝上的果实先成熟。同一个品种的收获期一般持续10 d左右。采收以晴天的傍晚为好,采收后的果实应及时摊开,以散去果实内的热量,防止闷捂高温致其变质腐烂。中午高温、雨天、露水未干时切忌采收。

大樱桃采摘时要轻采轻放,手握果柄,用食指顶住果柄基部,轻轻掀起即可采下。采收时果实上必须带果柄,不带果柄的果实易腐烂。在采摘过程中,要尽量避免折断果枝,以免影响翌年产量。一般熟练工每小时可采收2 000个樱桃。

（三）土肥水管理

1.土壤管理

果园生长季节降雨或灌水后,要及时中耕松土。中耕除草主要在树盘内进行,行间的草只将高于30 cm的拔除,其余不除,利于保墒和创造良好的果园小气候。中耕深度5～10 cm,以利调温保墒。

在干旱高温年份,覆草可降低高温对表层根的伤害,起到保根的作用。但覆草可吸引并诱集病菌虫卵,要注意经常喷药消灭。覆草还易使樱桃根系上移变浅,根系易受损伤并影响樱桃的固地性,应结合树盘培土进行克服。

2.施肥

在硬核后的果实迅速膨大期,结合浇水,每667 m^{2}果园撒施碳酸氢铵30 kg＋硝酸钾10 kg,连施2次。采果后补肥一般在果实采收后6月中、下旬至7月上旬进行。人粪尿每株可施 60～70 kg 或猪粪尿 100 kg 或豆饼水 2.5～3.5 kg 或复合肥 1.5～2.0 kg。施肥后随即浇水。

果实着色期喷 0.3％磷酸二氢钾 2～3 次；采果后及时喷 0.3％～0.5％的尿素 1～2 次（可与病虫害防治相结合）。

3.灌水

樱桃夏季主要有促果水、采前水、采后水等几次关键灌水。但要视降雨情况灵活掌握。

硬核期在果实生长的中期，是果实生长发育最旺盛的时期，此时果实膨大尚较缓慢，灌水后不会产生裂果，并能促进之后的果实迅速膨大，对提高产量和品质十分重要。采收前 10～15 d 是樱桃果实膨大最快的时期，此时若土壤干旱缺水，则果实发育不良，不仅产量低，而且品质亦差，还会造成采收期延迟、果实成熟不整齐等问题。但此期灌水必须是在前几次连续灌水的基础上进行，否则若长期干旱突然在采前浇大水，反而容易引起裂果。此期浇水应采取少量多次的原则。果实采收后花芽分化较集中。采后立即追肥浇水，可尽快恢复树势，保证花芽分化的正常进行。但灌水量不宜太大，以水湿过地皮为好，浇水后短期的干旱，有利于花芽的形成。

(四)病虫害防治

果实采收后，要喷 2～3 次杀菌剂、杀虫剂，如戊唑醇或苯菌灵加马拉硫磷或螨蛾灵等，预防叶斑病、穿孔病等，防止提早落叶，兼防蚜虫、叶螨、卷叶虫等。

流胶病一般从 6 月份开始发生，要增施有机肥料，健壮树势，防止旱、涝、冻害，预防日灼。加强蛀干害虫的防治。修剪时尽量少造伤口，避免机械损伤。对已发病的枝干及时、彻底刮治，伤口用生石灰 10 份、石硫合剂 1 份、食盐 2 份、植物油 0.3 份加水调制成的保护剂涂抹。

6～7 月份，天牛和金缘吉丁虫对樱桃树体危害相当大，可人工捉拿成虫、挖除幼虫。化学防治方法参照其他果树。

【知识链接】

大樱桃根癌病

根癌病为细菌性病害，病原菌及病瘤存活在土壤中或寄主瘤状物表面，随病组织残体在土壤中可存活 1 年以上。灌溉水、雨水、嫁接、修剪、其他作业、农具及地下害虫均可传播病原细菌。6～8 月份为病害的高发期。土壤黏重，排水不良的果园发病较重。防治方法：选用马哈利樱桃、中国樱桃和酸樱桃等作嫁接砧木，发病较轻；定植前对苗木进行严格消毒，最好用石灰乳(石灰∶水＝1∶5)蘸根或用 1％硫酸铜液或 3～5°Be 石硫合剂或根癌灵(K84)生物农药 30 倍液浸根 5～10 min，再用水洗净，栽植；挖除重病和病死株，及时烧毁；药剂防治时，先将樱桃根部土壤扒开，切除病瘤(注意病瘤要烧毁)，晾干伤口，用 5％农用链霉素可湿性粉剂 500 倍液或用 20％噻菌酮(龙克菌)可湿性粉剂 600 倍液或 5％硫酸铜液灌根，然后覆土，覆土最好选用客土。

(五)防止鸟害

大樱桃成熟时节常有鸟类取食，造成很大经济损失。防止鸟类取食樱桃，可采用以下措施：在树体周围架设防鸟网，保护果园(图 5-29)；设置稻草人来吓鸟；用扩音器播出有害鸟惨叫声的录音磁带把害鸟吓跑；用高频警报装置干扰鸟类的听觉系统；在树的前后左右挂黑线，鸟由于不能看见黑线，接触时便受惊飞去等。

图 5-29　架设防鸟网

三、秋季生产综合技术

(一)施肥灌水

1.施肥

新梢停长前,土壤增施有机肥,尤其是生物有机肥,不仅能增加土壤有机质含量,而且能显著降低樱桃根癌病的发生。基肥以有机肥为主,结合土壤深翻或在行间开沟深施,沟深 50 cm 左右。幼树扩冠期一般施人粪尿 30~50 kg/株,(施用时兑 1~2 倍的水),或猪圈粪与农家肥 50 kg/株,或饼肥 10~15 kg/株,或纯鸡粪 5~8 kg/株,为促进树冠早日形成,可加施氮肥 150 g/株;初结果期树可适量添加复合肥,做到控氮、增磷、补钾;盛果期树一般施人粪尿 60~80 kg/株,或猪圈粪与农家肥 100~120 kg/株,或饼肥 20~30 kg/株,或纯鸡粪 20~30 kg/株。基肥施入量约占全年施肥量的 70%。

在秋季(9~10 月份),根外喷施 0.5% 尿素液(每 10 d 喷 1 次,连喷 2~3 次),有利于防止叶片过早衰老,增强后期光合功能,提高树体的贮藏养分水平。

2.灌水

秋季施基肥后浇一次透水,浇后要搞好保墒。该次水可促使基肥尽快腐化,促进施肥时造成的根系伤口尽快愈合,促发新根;有利吸收营养,增强树体的营养水平;可使土壤温度下降变慢,提高越冬抗寒力。在土壤封冻前灌一次封冻水对樱桃安全越冬,减少根系、枝条和花芽冻害,以及开春的生长发育有重要意义。

【拓展学习】

大樱桃配方施肥与穴贮肥水

(1)配方施肥　根据陈洪强的研究,在四川汉源县清溪乡 7 年生红灯樱桃的基肥配比方案中,株施干鸡粪 3.75 kg+过磷酸钙 1.5 kg+尿素 1 kg 对大樱桃单果重、可溶性固形物及有机酸的影响效果最好,生产成本最低。

(2)穴贮肥水　先将秸秆切成 30~35 cm 长,捆成直径 15~25 cm 草把,放在水中浸泡 1 d,充分吸收水,挖穴 35~40 cm 深,穴位在树冠垂直投影下稍偏里,将草把垂直放于穴中,再把肥料与土混合均匀填入草把周围,踏实浮土1 cm,然后覆盖地膜,并捅一孔,作为今后浇水和施肥的进口,地膜孔用土块盖好,地膜要每年更换一次。

按照干鸡粪3.75 kg+过磷酸钙1.5 kg+尿素1 kg的基肥量,在各种施肥方式及生草和覆盖处理中,以穴贮肥水+地膜覆盖方式效果最好,物候期提前4～7 d,花序坐果率高达71.6%、平均单果重达11.5 g、总可溶性固形物(TSS)达17.9%、裂果率也在5%以下,且单位费用最低。可减少灌水1～3次,节约灌水4 125 kg/667 m²,节水达51%,节约用肥成本60元/667 m²,节肥23.1%。

(二)秋季修剪

疏枝在采果后进行,疏除过密枝、过强枝、紊乱树冠严重影响光照的多年生大枝,以及后部光秃、结果部位外移的大枝,改善树冠内部的风光条件。高级次大枝以疏剪为主,低级次大枝、特别是骨干枝以缩剪为主。采果后疏大枝,效果往往好于冬季,伤口容易愈合,不至于削弱树势。

(三)预防自然灾害

樱桃引种失败的主要原因之一是不能安全越冬。在秋季控制氮肥、增施磷钾肥、控制果树旺长等综合管理的基础上,要注意加强防范冻害、抽条。

1.预防冻害

为有效预防冻害,除要在适宜区域栽植外,还要选择抗寒性较强的品种,同时加强树体管理,提高树体营养水平,增加树体抗性。针对不同树龄、树势,可采取以下措施防冻:当年新栽果树,可用塑料袋从树顶套到基部,且在上部和中部扎紧,下边袋口铺在树下,取根系外的土压在上面,土厚15 cm左右(图5-30);对3年生以上大树在树干基部培土50 cm以上,注意取土应离树根远些,在土堆上洒洗鱼水可防野兔啃咬,对2年生以下的幼树,除在基部培土堆外,还可将整株树体埋上;设挡风障(对3年生以下的果树,每隔2～3行树,可用高粱、玉米秸秆等设置风障);用稻草绳缠绕果树主干、主枝;剪锯口涂油漆保护;喷5倍石蜡乳化液或150倍羧甲基纤维素等保护防冻剂2～3次;结合深秋清园对果树树干、主枝普遍刷1层白色保护剂(可用生石灰、硫黄粉、食盐、植物油、清水配制,其配比为100∶10∶10∶1∶2 000);在果树周围1 m

图5-30　新栽树防寒

范围内覆盖地膜,提高地温,也可用薄膜等覆盖树盘;在果树行间或全园覆盖农作物秸秆、干草等 10～15 cm;大雪过后及时摇落树上积雪,及时把树盘以外的积雪培在果树周围,冬季可以保温,翌年春天可防旱;冬季最寒冷的夜晚,在果园上风口熏烟。

2.预防抽条

预防抽条的措施有以下几项:一是缠塑料条。在冬季修剪后,立即将主干、大枝缠上塑料条,并把所有剪口都用塑料条包严,防止水分蒸发。二是涂凡士林。凡士林能明显地减少水分蒸发。涂凡士林时,可以戴上手套,将凡士林涂在手套中间,而后抓住枝条由下而上涂抹。涂凡士林时要求涂抹均匀而薄,在芽上不能堆积凡士林。涂凡士林要到 12 月份气温低时进行。三是地膜覆盖。地膜覆盖可以保持土壤水分,可以提高地温,在枝条水分蒸腾量很大的时期可以补充地上部分水分的消耗,有效地防治抽条。地膜覆盖方法是,秋冬施肥灌水后,在幼树的两边各铺一条宽约 1 m 的地膜,四周用土压住即可。

3.防止兽害

冬季,常有野兔、鼠类等啃咬树皮或树根,损伤越冬树体。可在树干周围设置有刺植物,主干涂石灰混合剂,用毒饵诱杀鼠类等方法预防。

任务 2.4　枣生产综合技术

● 任务实施

一、春季生产综合技术

(一)休眠期修剪

枣树常用树形主要有主干疏层形、自由纺锤形、自然半圆头形和开心形。我国北方地区,冬春少雨干旱多风,容易造成剪口干旱失水,从而影响剪口芽萌发,故每年春季 3～4 月份进行休眠期的修剪。盛果期枣树修剪以培养或更新结果枝组为重点,延长盛果期的年限,长期维持较高的产量,可采用疏枝、短截、衰老骨干枝回缩相结合的方法。具体修剪方法参照项目四果树生产基本技术之任务 5 果树整形修剪技术。

需要注意的是,枣树对修剪反应不敏感,对枣头一次枝短截的同时,还要对其下的二次枝进行修剪才能促使主芽萌发枣头,即"一剪子赌,两剪子促"的两剪子修剪法(图 5-31)。枣树隐芽多并且寿命长,修剪刺激后极易萌发新枣头,所以枣树更新复壮相对其他果树容易。

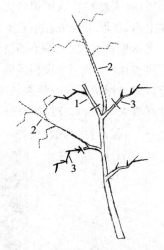

图 5-31　枣树"两剪子"修剪法
1.截掉的枣头一次枝　2.萌生的新枣头　3.短截的二次枝

【知识链接】

枣树的芽

枣树的芽为复芽,分为主芽和副芽两种类型,着生在同一节位上。主芽着生在枣头、枣股的顶端及枣头一次枝、二次枝的叶腋间。着生在枣头顶端的主芽分化完善,萌发力强;枣股顶端的主芽,萌发后生长很弱;侧生于枣头一次枝上的主芽,分化迟缓,发育不良,多呈潜伏状态;而侧生于结果基枝(二次枝)上的主芽,第二年大多萌发为枣股。枣树的潜伏芽寿命很长,因此容易更新复壮。副芽为早熟性芽,着生在主芽的侧上方,当年萌发。枣头一次枝上的副芽萌发后形成结果基枝(永久性二次枝)或枣吊(脱落性二次枝)。二次枝上的副芽、枣股上的副芽,萌发后形成枣吊。

枣树的枝条

枣树的枝条分为枣头(发育枝)、枣股(结果母枝)和枣吊(结果枝)3 种类型(图 5-32)。

(1)枣头　枣头为枣的发育枝,由主芽萌发形成,生长能力很强,可连续延伸多年,是形成树体骨架和着生结果枝的枝条。枣头中间的枝轴称枣头一次枝,当年生枣头的一次枝各节位上的副芽随着萌发形成二次枝,最下面的几个二次枝常发育较差,当年冬季脱落,称为脱落性二次枝(枣吊),其余各节的二次枝形成永久性二次枝。永久性二次枝呈"之"字形生长,其上着生的枣股占全树的 $80\% \sim 90\%$,故又称为结果基枝,健壮枣头一般可形成 10~20 个结果基枝,每个结果基枝有 5~10 节。结果基枝当年停止生长后不形成顶芽,以后不再延长生长,也很少加粗生长。

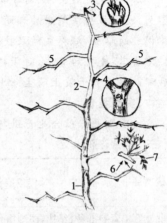

图 5-32　枣头及主芽形态
1.二年生枣头枝　2.一年生枣头枝
3.枣头顶生主芽　4.枣头侧生主芽
5.永久性二次枝　6.枣股　7.枣吊

(2)枣股　枣股是一种短缩结果母枝,由枣头上的一次枝和结果基枝上的主芽萌发而成,是枣树十分稳定的主要结果部位。一般枣头一次枝上的枣股寿命长,结果基枝上枣股的比例大,结果能力强,尤其以中部生长健壮的枣股结果能力更强。枣股的寿命和结果能力强弱,因品种、树龄、树势以及着生部位等有差异,寿命一般 6~15 年,以 3~7 年生以及光照良好部位的枣股,抽生枣吊数量最多,结实能力最强。

(3)枣吊　枣吊为枣树的结果枝,由副芽萌发而成,着生在枣头一次枝基部的枣吊为脱落性二次枝,而着生在新生枣头永久性二次枝上的枣吊为三次枝。因枝条细软,结果后下垂,秋季脱落,故称"枣吊"或"脱落性枝"。枣树上大部分叶片着生在枣吊上,因此,枣吊同时具有结果和光合作用的双重作用。

【技能单】5-5　盛果期枣树休眠期修剪技术

一、实训目标

通过实际操作,使学生学会枣成龄树修剪技术

二、材料用具

1.材料　枣树结果树。

2.用具　修枝剪、手锯、高梯、高枝剪、保护剂。

三、实训内容

1.疏枝透光　将重叠枝、交叉枝、竞争枝、轮生枝、并生枝、徒长枝、枯死枝、病虫枝、细弱枝从基部疏除,以改善通风透光条件、节约树体营养。

2.调整骨干枝　进入盛果期后,随着结果量的增加,骨干枝前端会下垂,影响树体通风透

光,骨干枝逐渐变弱,负载量下降。应及时回缩更新,回缩的部位选在强壮的枣股处,每次回缩长度为30～50 cm,以抬高枝条角度,促进健壮枣头,增强生长势。如果骨干枝后端已经萌发出新健壮的发育枝,可直接回缩至发育枝处,代替原来的枣头。

3.更新结果枝组　一般枣树品种3～6年枝龄的枣股结果能力最强,此后结果率逐年下降,所以要维持高产稳产,就要有计划地不断对结果枝组进行更新复壮。

方法一:先养后去法,对于树势较强、容易发枝的树,在衰老枝组后部或附近骨干枝上选一新枣头,或用目伤法刺激后部萌生新枣头,对于小枝组也可先回缩小枝上着生的二次枝,集中营养促进新枣头,培养成结果枝组,当新枝组长到相当长度后逐渐回缩去掉原枝组。

方法二:先去后养法,对于树势和枝势较弱、发枝较少的树,对已衰老的枝组直接回缩,刺激后部或附近骨干枝上萌生新枣头,培养新枝组。

四、实训提示

本次实训最好结合生产进行,以便学生在实际操作中掌握技术。

五、考核评价

考核项目	考核要点	等级分值				考核说明
		A	B	C	D	
态度	资料准备,纪律,团结协作能力	20	16	12	8	1.考核方法采取现场单独考核加提问。
技能操作	1.合理调整骨干枝 2.结果枝组更新 3.工具使用安全	60	48	36	24	2.实训态度根据学生现场实际表现确定等级。
理论知识	教师根据学生现场答题程度给予相应的分数	20	16	12	8	

六、实训作业

结合当地枣园品种,制订盛果期树修剪方案。

(二)土肥水管理

春季土壤解冻后、枣树萌芽前进行追肥,目的是促进早萌芽,保证萌芽所需营养,提高花芽分化质量。此次追肥以氮肥为主,每株追施纯氮肥0.4 kg,锌铁肥0.25～0.75 kg,施肥后及时灌透水。灌水后根据土壤墒情及时翻耕,保持土壤疏松,促进根系生长,提高根系吸收肥水能力。

(三)抹芽与摘心

萌芽后,当芽长到5 cm时,及时抹去无用芽、方向不合适的芽,目的是防止嫩芽萌发形成大量的枣头,节省养分,促进枣树健壮生长和结果。摘心是摘除枣头新梢上幼嫩的梢尖。枣头一次枝摘心为摘顶心,二次枝摘心为摘边心。新梢生长期摘心可削弱顶端优势,促进二次枝生长,形成健壮结果枝组。

(四)防治病虫害

生产无公害枣的病虫害防治应以"预防为主,综合防治"。物理、生物防治为主,科学使用化学防治技术,严格遵守无公害果品农药使用标准。

在萌芽前清理枣园,除病虫死枝,清扫枯枝落叶,并集中烧毁,以消灭越冬叶螨、枣黏虫、绿刺蛾、枣绮夜蛾、枣豹蠹蛾等害虫及枣锈病、枣炭疽病、枣叶斑点病等越冬病原菌;同时要刮去树干上的粗皮、翘皮,刮下的树皮集中烧毁或深埋,防治枣黏虫等成虫上树产卵。萌芽前,全园喷布 3~5°Be 石硫合剂,然后给枣树树干缠塑料带、绑药环。进入盛果期的大树,早春树下地膜覆盖,使枣尺蠖、枣灰象甲、枣芽蛆的成虫无法出土。

4 月中下旬,萌芽后喷毒死蜱 1 500 倍液加灭幼脲 3 号 2 000 倍液,防治绿盲椿象、食芽象甲、枣粉蚧、枣瘿蚊、枣步曲、红蜘蛛、枣黏虫等食芽、食叶害虫;4 月下旬在距树干 1 m 范围树盘内撒辛硫磷颗粒并浅锄,杀死出土的枣瘿蚊、枣芽象甲。5 月上旬,抽枝展叶期喷灭幼脲 3 号 2 000 倍加蚧死净 800 倍液,防治枣瘿蚊、红蜘蛛、舞毒蛾、龟蜡蚧,可间隔 10 d 连续喷 2 次。同时用黑光灯诱杀黏虫成虫。

(五)果园覆草

4 月下旬至 5 月上旬密植枣园可全园覆草,枣粮间作园可在树行内进行覆草,普通枣园可在树盘覆草。枣园覆草可减少地面 60% 的蒸发量,提高土壤含水量 10% 左右,同时长期覆草,由于覆草后经过雨季一般会烂掉,因而可有效地增加土壤有机质的含量。主要以麦秸、杂草和树叶为主,每 667 m² 用量 1 500~2 000 kg。覆草厚度一般在 15~20 cm 为宜,覆盖后在草上面盖一层薄土,防止火灾。

典型案例 5-4　枣麦间作技术

枣麦间作是山西中南部地区广泛采用的间作模式,可以提高枣粮产量。枣树发芽晚,落叶早,叶片小,枝叶稀疏,生长期相对于其他树种短,根系稀少,与间作物争肥争水矛盾不突出,是优良的农林间作树种。在冬小麦主产区枣麦间作是一种很好的间作模式。

枣树与间作物小麦之间物候期不重叠,春季枣树萌芽前,正是小麦旺盛生长期,对小麦影响很小,当枣树旺盛生长时,小麦已到灌浆和收获期;秋季枣树果实采收时小麦开始播种,落叶时正值小麦出苗分蘖期,这样枣树与小麦避免了对养分和水分的争夺,将互相影响减少到最低限度。枣树品种选用鲜干兼用的品种,例如骏枣、壶瓶枣、团枣等;小麦选用大穗矮干品种,例如中麦 9 号等。

栽植时栽植密度以不影响农作物的生长为前提,枣树行距要大些,主要考虑间作作业以及间作物光照,行距为 8~12 m,南北向株距为 3~4 m,行间栽种小麦。这种模式枣树定植当年定干高度为 50~60 cm,萌发 3~4 个枣头。第 3 年以后每年在休眠期要重剪地上部分,仅留 0.5~1 m 长的主枝 2~3 条,5 月上旬枣头开始萌发,每株有 10 个枣头,其余都剪除,5 月下旬到 6 月上旬枣头长到 0.5~0.8 m 时小麦开始收割,枣麦交叉生育期仅 30~40 d,6 月上中旬枣进入盛花期要及时进行枣头摘心,控制生长。

二、夏季生产综合技术

(一)保花保果技术

枣树开花期为春末夏初,即 5 月下旬到 6 上旬,特点是花期长、开花量大、落花落果严重、自然坐果率低,枣树和其他果树不一样,花芽当年形成当年分化,枝条生长、花芽分化、开花坐果、幼果发育同时进行,物候期严重重叠,各个器官对养分竞争十分激烈,造成落花落果现象严重。

1.喷生长调节剂和微肥

赤霉素、萘乙酸、2,4-D、吲哚乙酸等都有保花保果的显著作用,生产上以赤霉素应用最为普遍,在盛花期喷布 10~15 mg/kg 的赤霉素可提高坐果率 150%~500%,增产 30%~120%。赤霉素有两种类型,一种是白色晶体,一种是乳剂。白色晶体不溶于水,必须用酒精或高浓度白酒溶解后再兑水;乳剂可直接兑水,用 1.5 g 赤霉素兑水 100 kg 即可制成 15 mg/kg 的赤霉素溶液,一般需要喷布两次,间隔 3~5 d。

此外,花期喷布硼酸钠、高锰酸钾、硫酸亚铁、硫酸钾等 300 倍液也有明显效果。硼酸钠和硼酸难溶于水,使用时先用 50~60℃的温水化开,然后再兑凉水。

无论是喷生长调节剂还是肥料,都应选择晴朗无风的天气,在上午 9 时前或下午 4 时以后均匀全面喷洒,直到树上往下滴水为止,喷后 24 h 若遇雨要及时补喷。

2.枣园放蜂

枣花是虫媒花,也是很好的蜜源植物,在枣园开花期大量放蜂,不仅能获取蜂蜜,还有利于授粉受精提高枣的坐果率。据调查,枣园放蜂可提高坐果率 80%~200%。

3.旱天喷水

枣树授粉受精要求较高的空气湿度,北方春旱严重,初花和盛花期干旱时,可少量灌水,如干旱期长,10~15 d 后可再灌 1 次,同时在傍晚或清晨喷水,增加空气湿度,有利于授粉受精,提高坐果率。

(二)疏果技术

7 月上旬进行疏果,一般大果型枣,如梨枣,强壮树每个枣吊留 2 个果,中庸树每枣吊留 1 个果,弱树 2 个枣吊留 1 个果;小果型枣,如金丝小枣,强壮树每个枣吊留 2~3 个果,中庸树每个枣吊留 1~2 个果,弱树每个枣吊留 1 个果。留枣吊上部的果,留的枣要大小近似。

【知识链接】

枣树的花芽分化与果实发育

枣的花芽分化一般是从枣吊或枣头的萌发开始进行分化,随着枣吊的生长由下而上不断分化,一直到枣吊生长停止而结束。一朵花完成形态分化需 5~8 d,一个花序 8~20 d,一个枣吊可持续 1 个月左右,单株分化期可长达 2~3 个月。具有当年分化,多次分化,分化速度快,单花分化期短,持续时间长等特点。

枣的花序为不完全聚伞花序,着生在枣吊的叶腋间。每一花序有花 3~15 朵,一般 3~4朵。枣树属于虫媒花,但一般能自花授粉,正常结实,如配置授粉树或人工辅助授粉可提高坐果率。若花期低温、干旱、多风、阴雨则影响授粉受精。

枣果发育可分为迅速增长期、缓慢增长期和熟前增长期 3 个时期。枣的自然坐果率仅为1%左右,落花落果十分严重,且集中在盛花期后,幼果迅速生长初期,占到脱落总量的 60%以上,以后逐渐减少。

(三)夏季修剪技术

夏季修剪时期为萌芽后到果实采收前,通过摘心、拿枝、扭梢、环剥等修剪方法,达到减少养分浪费,促进花芽分化和坐果的目的。

【技能单】5-6 枣树夏季修剪技术

一、实训目标

通过实际操作,使学生学会枣树夏季修剪的方法。

二、材料用具

1.材料 枣树结果树。

2.用具 修枝剪、手锯、高梯、高枝剪、环剥刀。

三、实训内容

1.摘心

(1)枣头摘心 当新梢枣头长到 35 cm 左右时,进行摘心。

(2)结果基枝摘心 密植枣园,结果枝组一般无须生长过长,为了早期丰产,对于非骨干枝枣头在末花期摘心,结果基枝长到 8 节左右时摘心,终止其延长生长,集中营养供应花,可以显著提高坐果率。

2.开甲

(1)开甲时期 开甲一般在树冠基本形成后进行,普通稀植枣园要求树龄 13～14 年,胸径达到 10 cm 以上,密植枣园要求树龄在 5～6 年后进行。一年中适宜开甲的时期是盛花期,但枣树品种不同而有差异,落花严重的品种适宜在盛花初期进行,落花轻而落果重的品种以盛花末期为好。

(2)开甲部位 在枣树主干处开甲,增产效果显著。另外,对于辅养枝和一些长势过强、结果少的骨干枝根据具体情况进行环剥,不仅可以提高坐果率,还能起到幼树早期丰产的作用。

(3)开甲方法 主干第一次开甲在离地面 25 cm 处,每年 1 次,每隔 4～5 cm,当接近第一主枝时再由下而上重复进行。开甲时先用镰刀刮去宽约 1 cm 的一圈老皮,露出粉红色韧皮部,然后平行切割 2 圈,深达木质部,然后将切口间的韧皮部仔细全部剥掉。下刀时,上刀口垂直切入,下刀口斜上切入,宽度 3～7 mm,根据树势、树龄、枝干粗度灵活掌握,伤口最好能在 1 个月内完全愈合,不能过窄或过宽(图 5-33)。

图 5-33 枣树开甲

(4)开甲后保护措施 开甲后要注意伤口保护,以减少伤疤、避免感染病虫害。当虫害严重时,可用 25% 久效磷或 25% 西维因等涂抹伤口数次,每 6～7 d 一次。在环剥 20 d 后,用泥巴将环剥口抹平,可使伤口愈合平滑无伤痕。

3.拉枝 对一些临时枝、旺枝和角度不好的枝条,通过拉枝改变其生长方向,可改善树体结果和通风透光条件,缓和枝势,提高坐果率。

四、实训提示

本次实训最好结合生产在实训基地进行,3～4个同学为一个小组,教师指导学生完成生产任务。

五、考核评价

考核项目	考核要点	等级分值				考核说明
		A	B	C	D	
态度	资料准备,纪律,团结协作能力	20	16	12	8	1.考核方法采取现场单独考核加提问。
技能操作	1.摘心 2.开甲 3.拉枝	60	48	36	24	2.实训态度根据学生现场实际表现确定等级。
理论知识	教师根据学生现场答题程度给予相应的分数	20	16	12	8	

六、实训作业

总结夏季修剪方法,调查枣树的修剪反应。

(四)土肥水管理

5月下旬花期追肥常采取根外追肥的方式。当枣花开放30％时,喷施0.3％的尿素,隔一周再喷一次,干旱年份喷施三次,可显著提高坐果率。枣树是抗旱性比较强的树种,北方地区开花坐果期,干旱比较严重,常引起落花落果,及时灌水,同时在傍晚或清晨喷水,增加空气湿度,有利于授粉受精,提高坐果率。

疏果后根据具体情况追施枣果生长所需的氮、磷、钾、铁、硼、钙、锌等元素,此次追肥以钾肥为主,磷肥为辅,不施或少施氮肥,一般每株可追施磷酸二铵0.5～1.0 kg,硫酸钾2 kg。干旱时及时浇水,预防裂果;喷0.3％氨基酸钙防止裂果。

果实膨大期是全年枣树需肥量最关键的时期,此时施肥以钾肥为主、磷肥为辅,不施氮肥。根据品种生长期在8月下旬至9月上旬,结合浇水每株施硫酸钾2 kg,磷酸二铵1 kg,施肥后及时浇水,进行中耕除草,可以促进果实膨大,提高果实品质与产量。果实膨大期进行2～3次叶面喷肥,用0.3％的磷酸二氢钾和含磷钾钙锌的叶面肥进行叶面喷洒。

(五)病虫害防治

5月下旬,开花前期喷1.8％齐螨素3 000～4 000倍液加灭幼脲3号2 000倍液,防治枣壁虱、红蜘蛛、枣黏虫;树盘1 m范围内撒辛硫磷颗粒杀死桃小食心虫。开花期喷50％溴螨酯乳油1 000倍液加代森锰锌600倍液,防治桃小食心虫、枣黏虫、红蜘蛛、龟蜡蚧、炭疽病、锈病、枣叶斑点病等。

7月初喷25％灭幼脲3号2 000倍液或1.8％阿维菌素5 000～8 000倍液,防治桃小食心虫,兼治龟蜡蚧若虫,同时用黑光灯诱杀豹蠹蛾成虫。7月中、下旬喷40.7％毒死蜱1 500倍液加甲基托布津800倍液,防治棉铃虫、枣锈病、枣叶斑点病、炭疽病等。7月下旬喷1:2:200波尔多液加2.5％溴氰菊酯乳油4 000倍液,防治枣锈病、枣叶斑点病、黄斑蝽、炭疽病。

8月初喷1次1∶2∶200波尔多液；8月上旬结合喷杀菌剂加喷100～140 IU的农用链霉素，防治缩果病；8月中旬喷1‰中生菌素200～300倍液，防治斑点病等早期落叶病及果实病害；9月份喷多菌灵600倍液加140 IU农用链霉素加1.8％阿维菌素5 000～8 000倍液，防治枣锈病、炭疽病、缩果病、桃小食心虫、龟蜡蚧等；结合病虫害防治，喷施0.3％磷酸二氢钾，或0.3％的尿素，提高叶片光合能力；喷800倍氨钙宝防止裂果；9月上旬在树干、大枝基部绑草把，诱集害虫，并集中烧毁。

三、秋季生产综合技术

(一)采收枣果

一般采用手工采摘、竹竿震落、乙烯利催落等方法。手工采摘适用于矮化枣园和一些商品价值高的鲜食品种，如冬枣、梨枣。采收时用手托起果实，连果柄一起摘下，轻拿轻放，防止碰伤和落地，此法不伤树、不伤果，果实宜贮藏，但费工费力。竹竿震落法容易损伤枝条和果实，影响翌年产量。所以用竿子打枣时，要尽量避免打折枝条、打落树叶，树下用一些柔软的东西接住，避免摔伤果实。乙烯利催落法适用于用作加工品种或晚熟皮厚的鲜食品种，可在采收前6～7 d用200～300 mg/kg的40％乙烯利水溶液，在气温较高时喷布树冠，喷后3～5 d，采收时轻摇树体，枣果可全部脱落，此法工效高，但使用时要严格控制喷药浓度，先做试验再大面积使用。

【知识链接】

枣果采收时期

枣果成熟过程可分为3个时期：白熟期、脆熟期和完熟期，根据果品用途不同，采收时期也不同，加工蜜枣的品种宜在白熟期采收，此期果实体积不再增大，皮薄质松汁少，含糖量低，最宜加工蜜枣。鲜食的品种宜在脆熟期采收，如晋枣、梨枣和冬枣等，此期果皮变红，果肉脆甜多汁，含糖量高，风味最好。制干品种宜在完熟期采收，如金丝小枣、鸡心枣和灰枣等，此期果实已完全成熟，果肉开始变软，含水量降低，含糖量增加，制成的红枣耐贮运，品质最佳。

(二)秋施基肥

果实全部采收后，为了增强树势，补充营养，为来年丰产打下基础，要立即施基肥。大约在9月份，根据树龄、树势，每株施50～100 kg腐熟的有机肥，加磷酸二铵或果树专用肥0.5～1 kg，或掺入磷酸二氢钾，可采用全园撒施、放射沟施、环状沟施、穴状施和条施等。施基肥后灌一次水；同时结合施肥，进行枣园翻耕，深度为10～30 cm；10月底土壤封冻前灌冻水。

(三)病虫害防治

落叶后剪除病虫死枝，捡拾病虫果，清扫枯枝落叶集中烧毁，以消灭越冬叶螨、枣黏虫、绿刺蛾、枣绮夜蛾、枣豹蠹蛾等害虫及枣锈病、枣炭疽病、枣叶斑点病等越冬病原菌；在越冬前浅翻树盘，捡拾虫茧、虫蛹，消灭在土中越冬的枣步曲、桃小食心虫、桃天蛾、枣刺蛾等害虫。

(四)树体保护

1.伤口处理

因病虫、开甲、风折及修剪造成的伤口,应加以保护和治疗。方法是用利刀将树体伤口削平,如已腐烂,应将腐烂部分刮干净,使之露出新茬,茬口平滑、边缘呈弧形,用赤霉素或吲哚乙酸等加农药进行涂抹,然后立即抹泥,1～2次伤口即可愈合。

2.补树洞

有些伤口已腐烂或形成空洞,应将洞口腐木刮除干净,尽量使切口平整,用3～5°Be石硫合剂进行消毒,再用碎石与水泥3∶1的比例拌和,填补树洞,填时要紧实,勿留空隙,以防积水及病虫潜伏。

3.刮翘皮

随着年龄增长,枣树树皮老化龟裂翘起,既妨碍枝干加粗生长,又为许多病虫提供越冬场所。刮皮深度一般以刮掉粗裂皮层而不伤嫩皮为度,刮下的树皮集中烧毁,刮后涂白或喷石硫合剂。

4.涂白

涂白剂可由3份优质生石灰加0.5份石硫合剂,再加0.5份食盐和少许油脂,兑水配制成乳状,用其涂抹于主干上,可减轻冻伤、日灼和病虫害。

 ## 任务3 浆果类果树生产综合技术

任务3.1 葡萄生产综合技术

● 任务实施

一、春季生产综合技术

(一)出土上架前管理

1.维修农机具、准备生产资料

上架前,对各种农机具进行维修,购置工具、农药、化肥、农膜、绑缚材料和日常用品,并熬制石硫合剂。

2.修整架面

出土上架之前,要及时完成架面修整工作,为上架做好准备。主要工作有:扶正、埋实已经倾斜、松动的立柱,补换缺损的立柱;紧固松了的铁丝,及时更换锈断的铁丝,并重新拉紧,防止葡萄生长期因负载量增加或风雨引起葡萄架面坍塌;彻底清除前一年的绑缚材料。

【拓展学习】

石硫合剂的熬制

石硫合剂是石灰硫黄合剂的简称,是由生石灰、硫黄加水熬制而成的一种深棕红色(酱油色)透明液体,主要成分是多硫化钙。它是一种既能杀菌又能杀虫、杀螨的无机硫制剂,对果树安全可靠、无残留,不污染环境,病虫不易产生抗性,因此常作为果园清园的药剂。石硫合剂具有强烈的臭鸡蛋气味,呈强碱性,性质不很稳定,遇酸易分解。一般来说,石硫合剂不耐长期贮存。

熬制石硫合剂常用的配料比是:优质生石灰∶细硫黄粉∶水=1∶2∶13(加全部水时,在中间熬制过程中不用再加水)。熬制方法是:先将规定用水量在生铁锅中烧热至烫手(水温40~50℃),立即把生石灰投入热水锅内,石灰遇水后消解放热成石灰浆。烧开后把事先用少量温水(水从锅里取)调成糨糊状的硫黄粉慢慢倒入石灰浆锅中,边倒边搅,边煮边搅,使之充分混匀,记下水位线。别忘了加几块小石头,防止沸腾溢锅。用大火加热熬制,煮沸后开始计时,保持沸腾40~60 min,待锅中药液由黄白色逐渐变为红褐色,再由红褐色变为深棕红色(酱油色)时立即停火。熬制好的原浆冷却后,用双层纱布滤除渣滓,滤液即为石硫合剂原(母)液。原液呈强碱性,腐蚀金属,宜倒入瓷缸或塑料桶中保存。

熬制过程中应注意如下问题:①熬煮时一定要用瓦锅或生铁锅,不可用铜锅或铝锅,锅要足够大。②熬制石硫合剂要抓好原料质量环节,尤以生石灰质量好坏对原液质量影响最大。所用的生石灰要选用新烧制的,洁白手感轻、块状无杂质,不可采用杂质过多的生石灰及粉末状的消石灰。硫黄粉要黄、要细。③熬煮时要大火猛攻且火力均匀,一气熬成。要注意掌握好火候,时间过长往往有损有效成分(多硫化钙),反之,时间过短同样降低药效。④熬制好的药液呈深棕红色透明,有臭鸡蛋气味,渣滓黄带绿色。若原料上乘且熬制技法得当,一般可达到21~28°Be。

(二)出土上架

1.确定出土上架时期

在埋土防寒地区,春季当土壤化冻、气温达10℃,葡萄根系层土温稳定在8℃时,葡萄树液开始流动到芽眼膨大之前应及时出土,并修好葡萄栽植畦面,将葡萄枝蔓引缚上架。早春气温升降变化大,加上干旱多风,故出土时期不宜过早,否则根系尚未开始活动,树体容易受晚霜危害,枝芽易被抽干;出土过晚,芽在土中萌发,出土上架时容易碰伤、碰断,或因芽已发黄,出土上架后易受风吹日灼之害,造成"瞎眼"及树体损伤,影响产量。一般以当地的山杏开花、栽培杏露瓣时出土为宜。

2.出土上架

【技能单】5-7 葡萄出土上架

一、实训目标

通过实训,学生学会葡萄出土上架技能,能够团结协作完成出土上架任务。

二、材料用具

1.材料 埋土防寒的葡萄。

2.用具 铁锹、耙子、绑缚材料等。

三、实训内容

1.撤土　撤土分为人工撤土(图5-34)和机械撤土两种。人工撤土时先用铁锹撤去覆盖的表土,并把土向两侧沟内均匀回填,然后再把畦子内、主蔓基部的松土清理干净,最后对行间进行平整。用草苫覆盖的地区,应先把草苫上的土清理干净,把草苫晾干后,堆放整齐。葡萄出土最好一次完成,否则,枝蔓上面留有很薄土层或草等覆盖物,容易引起芽眼提前萌发,上架时易被碰掉。但在有晚霜危害的地区应分两次撤除防寒物。出土时要求尽量少伤枝蔓,否则会流出伤流液,影响树体生长发育。

2.上架　盛果期树,为避免上架过晚芽眼萌发碰掉芽体,撤土后应抓紧时间上架;而幼树,为了促使芽眼萌发整齐,出土后可将枝蔓在地上先放几天,等芽眼开始萌动时再把枝蔓上架,否则,上架过早易形成上强下弱,甚至造成中下部光秃(图5-35),使整形和产量受到影响。方法是将葡萄枝蔓按上一年的方向和倾斜度上架,并使枝蔓在棚面上均匀分布。上架时要轻拿轻放,以免损伤芽眼。棚架由于枝蔓较长,上架时2～3人一组,逐蔓放到棚面上。注意不要弄断多年生老蔓,一旦折断,不仅影响产量,更新也困难。

图 5-34　葡萄撤土

图 5-35　幼树上架过早,中下部光秃

3.绑缚　葡萄上架后要及时对枝蔓进行绑缚。绑蔓的对象是主、侧蔓和结果母枝。主、侧蔓应按树形要求进行绑缚,注意将各主蔓尽量按原来生长方向拉直,相互不要交错纠缠,并在关键部位绑缚于架上。扇形的主、侧蔓均以倾斜绑缚呈扇形为主;龙干形的各龙干间距50～60 cm,尽量使其平行向前延伸;对采用中、长梢修剪的结果母蔓可适当绑缚,一般可采用倾斜引缚、水平引缚或弧形引缚,以缓和枝条的生长极性,平衡各新梢的生长,促进基部芽眼萌发。

葡萄枝蔓绑缚时要注意要牢固而不伤枝蔓。通常采用"8"字形或马蹄形引缚,使枝条不直接紧靠铁丝,又防止新梢与铁丝接触。绑缚材料要求柔软,经风、雨侵蚀在1年内不断为好。目前,多以塑料绳、马蔺、稻草、麻绳或地膜等材料绑缚。

四、实训提示

1.各地可以根据当地的实际情况选择合适的出土上架时间。

2.实训时,学生以小组为单位合作完成葡萄出土上架任务。

五、考核评价

考核项目	考核要点	等级分值				考核说明
		A	B	C	D	
态度	遵守时间及实训要求,团结协作能力,注意安全及实训质量	20	16	12	8	1.考核方法采取现场单独考核加提问。 2.实训态度根据学生现场实际表现确定等级。
技能操作	1.按任务完成出土上架的数量和质量要求 2.撤土方法正确、土壤回填均匀,行间平整 3.上架方法正确,枝蔓的损伤率<1% 4.能按要求对枝蔓进行绑缚;绑缚严紧而不伤枝蔓	60	48	36	24	
理论知识	教师根据学生现场答题程度给予相应的分数	20	16	12	8	

六、实训作业

1.说明为什么在葡萄出土时强调要不伤枝蔓及芽眼?

2.通过实际操作,简要说明葡萄出土上架过程中需注意的事项。

【知识链接】

葡萄的伤流

早春当土壤温度稳定在6~10℃时,树液就开始流动,根的吸收作用逐渐增强,这时枝蔓上若有新的伤口,就会流出透明的树液,这种现象称为伤流(图5-36)。冬芽萌发后,伤流随即停止。整个伤流期的长短,随当年气候条件和品种而定,一般为7~10 d。据分析,每升伤流液中含干物质1~2 g,其中60%左右是糖和氮等化合物,还含有钾、钙、磷等矿物质。大量的伤流会明显地削弱树势,降低光合效能,影响花芽的继续分化和当年的产量。

图5-36 葡萄的伤流

(三)生长期修剪

萌芽后,新梢生长迅速,为扩大营养面积,提高花果质量,合理利用养分,控制早期病虫害,要及时进行生长期修剪。主要任务有抹芽定枝、疏花序与花序整形、摘心、去卷须及副梢处理等。

【技能单】5-8 葡萄生长期修剪

一、实训目标

通过实训,使学生知道生长期修剪的时期,学会葡萄生长期修剪的方法。

二、材料用具

1. 材料 选择已进入成年期的葡萄树。

2. 用具 修枝剪、绑扎材料。

三、实训内容

1. 抹芽与定枝 抹芽是在芽已经萌动但尚未展叶时,对萌芽进行选择去留。定枝是当新梢长到 15～20 cm 时,已经能辨别出有无花序时,对新梢进行选择去留。

抹芽与定枝是在葡萄冬季修剪的基础上对留枝量的一种调整,是决定果实品质和产量的一项重要作业。目的是调整新梢生长方向和植株体内营养分配,以达到减少营养消耗,使树体发芽整齐、生长健壮、花序发育完全、新梢生长一致、枝条分布合理、架面通风透光。

抹芽与定枝的依据有四:一是根据架面空间大小进行抹芽与定枝。稀处多留、密处少留、弱芽不留。欧洲种适当多留,欧美种适当少留。二是根据树势强弱进行抹芽与定枝。树势强的抹芽宜晚,抹芽数量要少,以分散养分,削弱树势;树势弱的抹芽宜早,抹芽数量宜多,以集中养分。三是根据修剪方式进行抹芽与定枝。短梢和极短梢修剪的树,抹芽宜少,长梢修剪的树可多抹芽和多疏枝。四是根据物候期进展、芽的质量、芽的位置等进行抹芽与定枝。在规定的留梢量上,留早不留晚;留肥不留瘦;留下不留上;留花不留空;留顺不留夹。

抹芽一般分两次进行。第一次在萌芽初期进行,10 d 以后进行第二次。定枝一般在展叶后 20 d 左右,新梢 15～20 cm 时,已经能辨别出有无花序时进行。

抹芽时,主要抹除主干、主蔓基部的潜伏芽和着生方向、部位不当的芽,三生芽、双生芽中的副芽,以及过弱、过密的芽等(图 5-37),如棚架整形抹除距地面 50 cm 以下的芽,篱架整形抹除距地表 30 cm 以下的芽,使每个节位上只保留 1 个健壮主芽。

图 5-37 抹芽

定枝时,疏除徒长枝、过密枝、过强枝、过弱枝、下垂枝、病虫枝等(图 5-38)。对巨峰、峰后、藤稔等坐果率低的大叶型品种,新梢应适当少留,对红提、晚无核等坐果率高的小叶型品种新梢应适当多留。

疏枝前

疏枝后

图 5-38 疏枝

生长势强的品种,棚架每平方米架面留梢8～10个,篱架每平方米架面留梢10～13个;生长势中庸品种,棚架每平方米架面留梢10～15个,篱架每平方米架面留梢15～20个;生长弱的品种每平方米架面留梢20～25个。强结果母枝上可多留新梢,弱结果母枝则少留,有空间处多留。一般中长母枝上留2～3个新梢,中短母枝上留1～2个新梢。定梢还应考虑到果园负载量,定梢定果后及时引绑固定,防止风折。

2.疏花序与花序整形 疏花序与花序整形可以使树体营养集中,负载量合理,果穗顺直,穗形美观,坐果率提高,果穗紧凑,果个增大,果粒大小均匀,着色一致。

(1)疏花序 一般品种在新梢达20 cm以上时,花序露出后开始疏花序,到始花期完成。树势强,花序较大、花序多、又容易落花落果的品种,如巨峰系品种,为节约树体营养,疏花序的时期可适当提前。而树势弱、花序小、坐果较好的欧亚种葡萄如晚红等,为避免增强树势,疏花序的时期可以适当推后。

疏花序时,对大穗大粒型的品种原则上壮枝留1～2个花序,中庸枝留1个花序,延长枝及细弱枝不留花序(图5-39);对小穗品种可适当多留。一般疏除小而松散、发育不良、穗梗纤细的劣质花序,保留的花序要大而充实。疏花序时先疏弱树、弱枝,后疏旺树、旺枝,弱者多疏少留,强者少疏多留。

疏花序前　　　疏花序后

图5-39 疏花序

(2)花序整形 葡萄的花在形成过程中,发育质量不一致,中间的发育好,外围及下部的发育较差,为了减少花间的养分竞争,使花期一致、坐果率提高、使果穗紧凑,果粒大小均匀,穗形较整齐一致,且便于包装、分级,应对花序进行整形。

花序整形一般在花前5～7 d与疏花序同时进行。主要内容有去副穗、掐穗尖等。对果穗较大、副穗明显的品种,应将过大的副穗剪去。对大中型花序的品种,如无核白鸡心、晚红、黑大粒、里扎马特、秋红、森田尼无核等,要掐去花序全长的1/5～1/4,过长的分枝也要将尖端掐去一部分,同时将花序基部的1～3个小穗轴剪去,使果穗自上至下呈圆锥形或圆柱形,穗轴长度保持在15～20 cm,均匀分布10～15个小穗轴(图5-40)。对小型花序品种应根据花序情况适当掐去部分穗尖,保留花序中间的部分,但一般不用去除小穗轴。

3.摘心 摘心是把生长的新梢嫩尖连同数片幼叶一起摘除的一项作业。目的是暂时终止枝条的延长生长,减少新梢对养分、水分的消耗;促进留下的叶片迅速增大并加强同化作用。分为结果枝摘心、营养枝摘心和延长枝摘心。

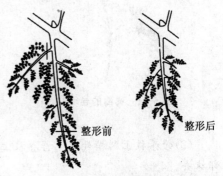

整形前　　　整形后

图5-40 花序整形

(1)结果枝摘心 摘心的程度,常以花序以上保留的叶片数为标准。对于落花落果严重、坐果率低的品种如玫瑰香、巨峰系品种等,实行早摘心少留叶,一般在开花前4～7 d开始至初花期进行,在花序以上保留3～5片叶。对于坐果率高的品种如无核白鸡心、晚红、瑞必尔、黑大粒、藤稔、金星无核等品种实行晚摘心多留叶,一般在开花后即落果期进行,在花序以上保留5～7片叶。此外结果枝摘心还要考虑枝条的生长势,结果枝生长势强时多留叶,反之则少留叶。

(2)营养枝摘心　营养枝摘心程度根据不同地区生长期的长短而不同,具体可参考表5-5。此外,营养枝摘心还要考虑品种特点、架面空间大小、新梢密度等因素。

表5-5　营养枝摘心程度一览表

生长期	摘心程度
少于150 d的地区	细弱枝留6～7片叶摘心、中庸枝留8～10片叶摘心、强旺枝留10～12片叶摘心
在150～180 d的地区 大于180 d,干旱少雨的地区	细弱枝留8～10片叶摘心、中庸枝留10～12片叶摘心、强旺枝留12～14片叶摘心
生长期大于180 d,多雨的地区	细弱枝留10～12片叶摘心、中庸枝留12～14片叶摘心、强旺枝留14～16片叶摘心

(3)延长枝摘心　用于继续扩大树冠的延长枝,可根据当年预计的冬剪剪留长度和生长期的长短适时进行摘心。生长期较短的北方地区应在8月上旬以前摘心。摘心的适宜时期要使新梢在进入休眠之前能够充分成熟。

4.去卷须　卷须与花序是同源器官,一般着生在叶的对面(图5-41)。在栽培条件下,卷须是无用器官,容易造成树体紊乱,影响枝蔓和果穗的生长,给栽培管理带来不便,同时卷须在生长过程中,也消耗养分和水分,因此,应在每次夏季枝梢处理时随手除去所有的卷须,以节约营养、便于管理。

5.副梢处理

(1)结果枝上副梢处理　花序以下的副梢全抹去;花序以上顶端的1～2个副梢留3～4片叶反复摘心(图5-42),其余副梢可进行"单叶绝后摘心"。

图5-41　葡萄的卷须

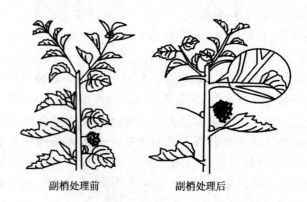

副梢处理前　　　　副梢处理后

图5-42　结果枝上副梢处理

(2)营养枝上副梢处理　营养枝上顶端的副梢留3～4片叶反复摘心,其余副梢从基部全部抹去。

(3)延长枝上副梢处理　延长枝上副梢可留5～6片叶摘心,用来培养结果母枝,其上发生的二次副梢,可留1～2片叶反复摘心。

无论采用哪种方法,原则上都必须保证结果枝具有足够的叶面积,以保证浆果产量与质量。一般认为,每个结果枝上需保持 14～20 片正常大小的叶片。

四、实训提示

1.本实训可在葡萄萌芽至果实成熟期安排 3～5 次进行(每次保证 2 学时以上),若受时间限制,可结合生产加强训练。

2.教师先现场示范讲解,待学生能准确识别后,以小组为单位进行研讨,然后 2 人一组分别在架的两边相互配合进行操作。

五、考核评价

考核项目	考核要点	等级分值				考核说明
		A	B	C	D	
态度	遵守时间及实训要求,团结协作能力,注意安全	20	16	12	8	1.考核方法采取现场单独考核。 2.实训态度根据学生现场实际表现确定等级。
技能操作	1.抹芽疏枝 2.摘心 3.副梢处理 4.疏花序与掐穗尖 5.除卷须	60	48	36	24	
结果	教师根据学生基地管理阶段成果给予相应的分数	20	16	12	8	

六、实训作业

根据所进行的夏季修剪项目,总结技术要点。

【知识链接】

葡萄的芽

葡萄新梢的每一个叶腋内有两种芽,即冬芽和夏芽(图 5-43)。冬芽外被鳞片,正中央有一个主芽,周围有 2～8 个副芽(预备芽),其中 2～3 个副芽发育较好(图 5-44),故又称为芽眼。冬芽内的主芽比副芽分化深,发育好。大多数品种,春季冬芽内的主芽先萌发,副芽则很少萌发。当主芽受到损伤或冻害后,副芽也萌发。在一个冬芽内,主芽和 1～2 个副芽同时萌发,形成双芽、三芽并生。生产上为了集中养分保证主芽新梢的生长,应及时抹去副芽萌发的新梢。冬芽在形成的当年一般不萌发,但在主梢摘心过重、副梢全部抹去、芽眼附近伤口较大时也可当年萌发,影响下年正常生长。

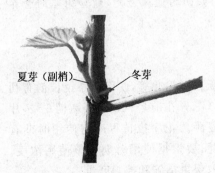

图 5-43 葡萄的冬芽与夏芽

夏芽(副梢)　　冬芽

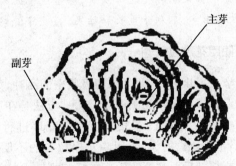

图 5-44 葡萄的冬芽纵剖面

主芽　　副芽

夏芽为裸芽,紧靠冬芽旁边,不能越冬。随着新梢的加长生长,逐渐成熟,一般当年萌发抽生夏芽副梢。有些品种如玫瑰香、巨峰等的夏芽副梢结实力较强,在气候适宜,生长期较长的地区,可以利用夏芽副梢进行二次或三次结果,借以补充一次果的不足和延长葡萄的供应期。夏芽抽生的副梢每节也都能形成冬芽和夏芽,副梢上的夏芽也同样能萌发成二次副梢,二次副梢上又能抽生三次副梢,这是葡萄枝梢一年可以多次生长多次结果的原因。

葡萄冬芽内的主芽或副芽第二年不萌发,便潜伏在枝蔓内,形成潜伏芽。葡萄潜伏芽的寿命长,有利于枝蔓更新。

葡萄的花芽与花

葡萄的花芽一般着生于结果母枝的第2～12节,以5～7节最多。花芽萌发后抽生结果枝,每个结果枝着生1～3个花序,花序多数位于第3～7节(图5-45)。葡萄的花序为复总状花序或圆锥花序,花序由花序梗、花序轴和花蕾组成。花序的形成与营养条件有关,肥水充足时花序发育完全,花蕾多;肥水差时花序发育不完全,花序小,花蕾少,有的带有卷须。发育完全的花序由200～1 500朵花组成。每朵花由花梗、花托、萼片、花冠、雄蕊和雌蕊组成。花冠呈帽状。

图5-45 葡萄花序着生节位

葡萄有三种花,分别为完全花、雌能花和雄能花。绝大多数葡萄栽培品种为两性花,通过自花授粉可以正常受精与坐果。雌能花的雌蕊发育正常,但雄蕊退化,需配置授粉品种,如花叶白鸡心等。雄能花仅有雄蕊而无雌蕊或雌蕊退化不结实,为雄雌异株的野生种所特有,如山葡萄和河岸葡萄等。

葡萄副梢的利用

副梢是指叶腋中的夏芽萌发的新枝,是葡萄植株的重要组成部分。副梢处理得当,可以加速树体的生长和整形,增补主梢叶片数量不足,调节树势,增加光合产物积累,促进花芽形成等。对于生长势强旺的品种,采取提前摘心和分次摘心的方法,利用副梢可以培养结果母枝;对于副梢结实率高的早、中熟品种,可以利用副梢进行二次结果;此外,在生长期超过180 d的地区,对生长势较强,易发副梢的品种,如巨峰、京亚、京优等,可利用副梢进行压条繁殖等。

生长期中如果副梢处理不及时,会造成架面郁蔽,影响架面的通风透光,增加树体的营养消耗,引发病虫害,不利于生长和结果,乃至降低浆果品质。

(四)使用花序拉长剂

对于坐果率比较高,并且果穗极紧密的品种,如晚红,无核白鸡心等,使用花序拉长剂有利于花序整形并减少疏果用工(图5-46)。方法是在萌芽后20 d,开花前7～15 d,当新梢6～7片叶时,用5 mg/L的GA3或美国奇宝对花序进行喷施或浸蘸。花序拉长程度与使用时期有关,使用早花序拉长的大,使用晚花序拉长的不明显。因此,要根据使用时期调整使用浓度。使用花序拉长剂后要注意防治灰霉病和穗轴褐枯病,并采取保果措施和控制产量。

喷施拉长剂　　　　　　　　　拉长后效果

图 5-46　使用花序拉长剂

(五)土肥水管理

1.土壤管理

从萌芽到开花期间,一般不进行全园翻耕,结合追肥局部挖施肥沟、施肥穴对土壤进行翻土。根据当地气候条件、灌水、杂草生长情况进行中耕,中耕深度一般为 5～10 cm,尽量避免伤害根系。在杂草出苗期和结籽前进行除草效果更好。

2.施肥

为促进芽眼的正常萌发和新梢的迅速生长,芽眼萌动前追施速效性化肥。盛果期树一般每 667 m² 施入尿素 20～25 kg 或碳铵 35～40 kg,配合少量的磷、钾肥,使用量占全年的 10%～15%,采用沟施或穴施均可,深度为 10～15 cm。施肥后覆土盖严,并浇一遍萌芽水(图 5-47)。

图 5-47　施肥

在幼叶展开、新梢迅速生长时,为缓和营养生长与生殖生长的矛盾,可根据树势情况开沟追施 1～2 次复合肥和氮肥。但对树势旺的植株,不再追氮肥。幼叶展开后可每隔 7～10 d 叶面喷肥 1 次,缺锌或缺硼严重的果园,在花前 2～3 周喷数次锌肥或硼肥。常用 0.2%磷酸二氢钾加 0.2%硼酸或 0.2%～0.3%尿素加 0.2%硼酸,以利正常开花受精和幼果发育。

3.灌水

灌水一般结合追肥进行。当新梢 10 cm 以上即可进行灌溉,以利于加速新梢生长和花器发育,增大叶面积,增强光合作用。以后视天气状况,干旱时每隔 10～20 d 浇一次小水。

(六)病虫害防治

1.扒老皮、清园

出土上架后,及时扒除枝蔓老皮,彻底清除地边、果园、沟内的杂草,清理僵果、残枝、穗梗、落叶等,并带出园外深埋或集中烧掉,以消灭越冬病原和虫卵。

2.喷药保护

出土上架后至萌芽前,及时喷施5°Be石硫合剂,加0.3%洗衣粉或0.3%五氯酚钠溶液,或95%精品索利巴尔150～200倍液,或800倍多菌灵等,防治各种越冬病虫。

葡萄萌芽期,喷20%氰戊菊酯1 500倍液加20%吡虫啉2 000倍液,防治绿盲蝽(图5-48)。根据绿盲蝽的生活习性,防治时要大面积集中用药统一防治,喷药时间最好在傍晚,以取得较好的防治效果。同时,利用其成虫的趋光性,可在成虫发生期统一采用黑光灯诱杀成虫,以减少卵的基数。

图5-48 绿盲蝽危害状(破烂叶)

新梢生长至开花前后,尤其在疏花序与花序整形后及时喷药保护伤口,防治穗轴褐枯病、黑痘病、白腐病、灰霉病、霜霉病等病菌侵染,可喷施多菌灵800倍液,80%大生M-45可湿性粉剂800倍液,甲基托布津、甲霜灵1 000倍液。

二、夏季生产综合技术

(一)加强生长期树体管理

夏季葡萄进入开花坐果期和果实发育期,新梢和副梢生长旺盛,要继续进行定枝、摘心、去卷须、副梢处理等工作,以控制营养生长。继续进行疏花序、花序整形,以调节营养生长和生殖生长的关系。当新梢长到40～50 cm时及时进行绑缚,使其均匀分布于架面,改善架面通风透光条件,促进枝蔓生长和成熟。

果实转色后营养生长过旺,会夺取果实的养分,进一步影响品质,这一时期要摘掉衰老叶片,以促进果实着色。对于日灼严重的品种,应在果穗附近多留叶片防止日灼。

【知识链接】

果实日灼

葡萄果实在夏季高温期直接暴露于烈日下,果粒表面局部温度过高,水分失调而至灼伤,或由于渗透压高的叶片向渗透压低的果实夺取水分,而使果粒局部失水,再受高温灼伤所致。另外,环境条件对日灼病的发生也有很大的关系。一般篱架比棚架发生重;地下水位高、排水不良的果实发病较重;施氮肥过多的植株,叶面积大,蒸腾量大,发生日灼病也较重。

日灼病自幼果膨大期即开始发病,发病部位主要在果穗向阳面或果穗周围裸露处,果穗内部果粒一般不发病。果实受害初期,果实的下表皮及果肉组织变为浅白色,出现较小的凹陷斑且凹陷轻微,随着温度升高,受伤害部位果皮颜色开始变白、变褐,剥去果皮可见褐色纤维状病变组织,病斑多呈椭圆形,病疤表面粗糙不平,而后果粒皱缩或凹陷,形成褐色干疤,严重时

图5-49 葡萄日灼病

向果梗、穗轴部位蔓延,最后青枯、皱缩的果粒逐渐发展成为褐色干枯果(图5-49)。

日灼病的防治方法有以下几点:一是避免暴晒。要多注意架面管理,夏季修剪时,在果穗附近要适当留下叶片遮阴,以免果穗直接暴晒于烈日强光下。其他部位过多的叶片要适当除去,以免向果实夺取过多水分。二是果穗套袋,也能降低日灼的发生。三是注意排水。地势低洼的果园要注意雨后排水,降低地下水位。四是增施有机肥。适量增施优质有机肥,避免过多施用速效氮肥。

(二)果实管理

1.使用保果剂

葡萄生理落果前使用低浓度 GA_3、CPPU 等处理果穗可以有效减少落果。保果剂使用时期为早开花的花序已经开始生理落果时,未进入生理落果期不宜使用。使用太早坐果多,增加疏果工作量,太晚起不到保果的作用。使用方法为花穗浸蘸或微喷雾。使用保果剂后必须进行疏果。

2.使用果实膨大剂

葡萄膨大剂是一种新型、高效的植物生长调节剂,能有效促进坐果和果实膨大,尤其是对无核葡萄膨大效果更加明显。处理时间一般在盛花后 5～7 d,以阴天或晴天下午4 时以后为宜。方法是按照说明书将药液配成一定的浓度后,放入容器中,浸蘸果穗 3～4 s,然后抖落果穗上的多余药液,以免形成畸形果(图5-50)。由于不同的膨大剂对不同品种的处理效果不同,因此一定要按照说明书进行用药,注意使用时期、使用浓度和使用次数,以防造成果梗硬化导致落果。

图5-50　葡萄使用果实膨大剂

3.葡萄无核化

葡萄无核化处理就是通过良好的栽培技术和无核剂处理相结合,使原来有籽(种子)葡萄果实内种子软化或败育,使之达到大粒、早熟、无籽、丰产、优质、高效的目的。无核化处理是目前葡萄生产上应用较普遍的一项技术。

无核剂应提倡在壮树、壮枝上使用,并以良好的土肥水管理和树体管理为基础,果穗应整理成果粒紧密程度适当的穗形。目前使用的无核剂主要成分是赤霉素,其无核效果与药剂浓度及使用时期关系较大,且不同品种间敏感差异度很大。根据各地的试验结果,使用时期为开花前 15 d 到花后 15 d,分两次处理。具体时间选晴朗无风天气用药,为了便于吸收和使药剂浓度稳定,最好在清晨 8～10 时或下午 3～4 时喷药、蘸药。若使用后 4 h 内下雨,雨后应补施一次。药剂浓度范围较大,为 10～200 mg/kg。

【技能单】5-9　葡萄无核化技术

一、实训目标

会进行常见植物生长调节剂的配制,能够独立进行葡萄无核化处理。

二、材料用具

1.材料　选择当地生长正常的 1～3 个葡萄品种,每个品种 3～5 株。赤霉素或膨大剂或无核剂等药剂 2～3 种。

2. 用具　记号笔、塑料挂牌、量筒、烧杯、天平、记载表或记录本等。

三、实训内容

1. 制订试验方案　根据所采用的生长调节剂种类数和葡萄品种株数,以学习小组为单位讨论制订试验方案。各种生长调节剂的使用浓度和时间,可参考有关资料。可单株小区,每个小区处理 3 穗,且同一区组内各处理小区的果穗大小基本一致,各植株生长势和果穗负载量基本一致。试验重复数不少于 3 次。各区组内处理小区随机排列。也可全班一个试验方案,以学习小组为单位负责一个区组的试验处理。

2. 配制药剂　使用前仔细阅读产品说明书,并先进行小型试验再大面积应用,避免出现穗轴拉长,穗梗硬化,脱粒,裂果等现象,造成不应有的损失;赤霉素不溶于水,需先用 70% 酒精或 60° 左右的白酒溶解再兑水稀释;通常采用浸蘸或喷布花序的方法。

葡萄无核化试验记载表

品种:　　　处理植株及果穗编号:　　　处理药剂:　　　记载日期:

处理次数	处理浓度	处理时间	每穗花数	每穗坐果数	坐果率	单粒重	果粒大小	穗重	含糖量	含酸量	无籽粒数	有籽粒数	无籽率
第一次													
第二次													
第三次													
对照													

备注:1. 果粒变化测定时随机抽查 30 粒;2. 物候期记载;3. 说明试剂来源及配制方法。

四、实训提示

1. 教师要指导并修订学生制订的试验方案,生长调节剂的配制在教师示范、指导下进行,试剂配制要标准化。然后分给各小组进行实际操作。

2. 选择参试的试剂应当具有前沿性和适用性;主体之间的差异小。

3. 观察记载指标统一。

4. 本试验延续时间长,可利用课外活动时间进行。

五、考核评价

考核项目	考核要点	等级分值				考核说明
		A	B	C	D	
态度	遵守时间及实训要求,团结协作能力,注意安全	20	16	12	8	1. 考核方法采取现场以小组为单位考核。 2. 实训态度根据学生现场实际表现确定等级。
技能操作	1. 试验方案合理、操作性强 2. 药剂配制准确 3. 处理方法正确	60	48	36	24	
调查结果	调查记载翔实、可靠,记录规范	20	16	12	8	

六、实训作业

完成试验总结报告,并对试验数据进行随机区组方差分析,对不同的方案比较,总结提出最佳处理方案以及在生产中应用时应注意的事项。

4.抖穗与顺穗

在落花后1周左右,疏果前对每个果穗进行一次抖穗,用手指捏住穗轴,左右摇动果穗,使花冠、未授粉受精、发育不良的果粒等抖落,以免病菌感染。

为便于整穗形、疏粒、药剂处理、套袋和果粒、果穗生长,应将朝天穗、夹在枝条、叶柄、绳索及铁丝之间的果穗,全部顺到架面下,使其呈自然下垂状。

5.定果穗

在疏花序的基础上进行定果穗,以达到减少营养消耗、控制产量、提高品质、增强抗病力、促进枝条发育的目的。定果穗应根据品种特性、目标产量、负载能力、栽培管理技术等来决定。

定果穗一般在坐果后(果粒如绿豆大小时)进行,越早越好。花后定穗一般要进行1~2次。考虑到各种损失,葡萄单位面积的果穗数=单位面积的产量÷平均穗重×1.2。一般品种产量指标每667 m² 控制在1 500~2 000 kg。每株留穗量=单位面积的果穗数÷单位面积株数。在保证预定留穗数的前提下,保留坐果好的大果穗,疏去坐果松散、穗形较差的果穗。

6.疏粒

疏粒是在花序整形的基础上调节结果的又一项重要措施。其目的是控制每个果穗的大小和果粒数,使果穗外形整齐一致、松紧适度,果粒在穗轴上排布均匀,果实着色、成熟一致,防止裂果、落粒,提高果实品质,便于果穗分级、包装、贮运。

疏粒一般进行两次。第一次是在果实绿豆大小时进行,坐住果(果粒达黄豆粒大小时)后,进行第二次疏粒(定量)。但对于一些易形成无核小果的品种应在能分辨小果、无核果时进行。生产上根据品种特性、品种成熟时的标准穗重、穗形等进行疏粒。一般小穗重500 g左右,保留40~50粒;中穗750 g左右,保留50~80粒;大穗1 000 g左右,保留80~100粒。为了防止意外风险,如病虫果、裂果、缩果等损失,还需增加20%~30%的果粒备用。

疏粒时,首先,疏除受精不良果、畸形果、病虫果、日灼、有伤果。其次,疏去外部离轴过远向外突出的果。然后,疏除过小、过大、过密、过紧、相互挤压及无种子的果,留下果粒发育正常、果柄粗长、大小均匀一致、色泽鲜绿的果粒。最后,将果穗摆顺。疏果粒时要细心,防止剪刀损伤留下的果粒或果穗。

图5-51 抠烂粒

7.抠烂粒

果实生长期如果夏剪不及时,果园郁闷、通风透光不良、管理不当或遇到气候潮湿、雨水过多、土壤和空气相对湿度过大时,常会使葡萄果粒遭受病菌侵染或裂果导致腐烂,如果不及时抠除烂粒就会加速病害的传染和蔓延。因此,在整个果实生长期要密切观察果穗上有无烂粒,发现后立即抠除(图5-51)。

8.果实套袋、摘袋与转果

果实需要适时套袋,防止早期病菌侵染和日灼,还需要适时摘袋与转果。

【技能单】5-10 葡萄套袋

一、实训目标

了解葡萄套袋的目的、果袋的规格、套袋时期,学会葡萄套袋的方法。

二、材料用具

1. 材料 葡萄的结果树。

2. 用具 疏果剪、果袋、杀虫杀菌剂、喷壶。

三、实训内容

1. 选择果袋 葡萄果袋的规格要根据穗形大小来选用,一般有 175 mm×245 mm、190 mm×265 mm、203 mm×290 mm 等几种类型,袋的上口侧附有一条长约 65 mm 的细铁丝做封口用,底部两角各有一个气孔。

2. 确定套袋时间 葡萄套袋一般在谢花后 2 周,果实坐果稳定、整穗及疏粒结束后(幼果黄豆大小)及时进行,越早越好,以防早期病菌侵染和日灼。

3. 套袋前的准备 在疏粒结束后,套袋之前,果园应全面喷布一遍杀虫、杀菌剂,可喷复方多菌灵、退菌特、百菌清、甲基托布津、代森锰锌。防止病虫在袋内危害,重点喷布果穗,待药液晾干后即可开始套袋。喷药后 2 d 内应套完,间隔时间过长果穗容易感病。

4. 套袋 先将袋口端 6～7 cm 浸入水中,使其湿润柔软,便于收缩袋口,提高套袋效率。套袋时,先用手将纸袋撑开,使纸袋鼓起,并打开袋底两端的气孔,以防积水和不透气。然后由下往上将整个果穗全部套入袋中,再将袋口从两边向中间折叠收缩到穗柄上,使果穗悬空在袋中,用封口丝将袋口扎紧扎严,防止害虫及雨水进入袋内。在铁丝以上要留有 1～1.5 cm 的纸袋,套袋时严禁用手揉搓果穗。套袋的劳动量一般为 1 000～2 000 个/(人·d)。

5. 套袋后的管理 葡萄套袋后要定期检查套袋情况,解开袋口检查病虫果情况,及时采取补救措施。重点是防治好叶片病虫害,如叶蝉、黑痘病、炭疽病、霜霉病等。对康氏粉蚧、茶黄蓟马等容易入袋危害的害虫要密切观察,为害严重时可以解袋喷药。

四、实训提示

1. 根据园地套袋数量的多少,教师布置生产任务,明确技能要求与注意事项,使学生熟练掌握该项技能。以小组为单位进行喷施杀虫、杀菌剂,药液晾干后再开始套袋。

2. 可以组织各小组间进行套袋比赛,以提高学生学习的兴趣。

3. 实训结束后,教师对各小组及个人从完成质量、完成速度等方面进行总体绩效评估。

五、考核评价

考核项目	考核要点	等级分值				考核说明
		A	B	C	D	
态度	是否按照操作规程进行,团结协作能力 20	16	12	8		1. 药剂喷施以小组为单位考核。 2. 实训态度根据学生现场实际表现确定等级。 3. 套袋质量以个人为单位,教师现场进行评定
技能操作	1. 药剂喷施均匀、细致 2. 套袋方法正确 3. 套袋质量	60	48	36	24	
套袋速度	同样的数量,在规定的时间内按完成的先后顺序进行评定	20	16	12	8	

六、实训作业

总结葡萄套袋的技术要点。

(三)土肥水管理

1. 土壤管理

开花坐果期不对土壤进行大范围的翻耕。进入果实发育期后,应根据土壤及杂草生长情况及时进行中耕,保持土壤通气良好、增加土壤有机质。通常灌溉后和大雨后要中耕,深度3~4 cm,里浅外深。也可以在葡萄行间种苜蓿、草木樨、三叶草等,在适当的时间进行刈割,割下的草对果园进行覆盖。

2. 施肥

为促进花粉管伸长、提高坐果率,花期可以叶面喷施 0.3% 的硼砂和磷酸二氢钾。果实发育期是植株需肥最大的时期,从坐果到果实着色前一般需追肥 2~3 次。

花后肥:落花后 1 周,每株追施尿素 0.1~0.2 kg,硫酸钾型复合肥 0.1~0.3 kg,施后浇水。

果实膨大肥:在果实迅速膨大期注意 N、P、K 肥的配合,有条件的可配施腐熟的饼肥。

叶面喷肥:坐果后,每 10 d 喷一次 0.2%~0.3% 的磷酸二氢钾,连续喷施 3~4 次,对提高果实品质有明显作用。还可喷钙、锰、锌等叶面微肥。叶面喷肥的次数可根据植株需肥情况而定。

3. 灌水

开花坐果期禁止灌水。幼果膨大期,葡萄植株的生理机能最旺盛,是葡萄的需水临界期。应每隔 10~15 d 灌水一次,如果降雨较多,可以不灌或者少灌。保持田间持水量 70%~80%,可避免裂果。浆果着色初期正值浆果第二次膨大期,在无充分降雨的情况下应灌一次透水,最好能维持到果实采收前不再灌水。

(四)病虫害防治

葡萄进入果实发育期后,要重点防治黑痘病、白腐病、炭疽病、霜霉病、褐斑病、白粉病、螨类、叶蝉、十星叶甲、透翅蛾等。于落花后、坐果后、套袋前各喷 1 次杀菌剂,果实套袋后,每12~15 d 喷 1 次杀菌剂,保护叶片。坐果后可使用波尔多液等保护剂预防,每 12~15 d 1 次,共喷 2~4 次。发病后可使用多菌灵、百菌清、退菌特、代森锰锌、粉锈宁、甲基托布津、杜邦克露、杜邦福星、杜邦抑快净、烯酰吗啉、烯酰·锰锌、阿维菌素、高效氯氟氰菊酯等防治。以上药剂应交替使用。

三、秋季生产综合技术

进入秋季以后,果实和新梢逐渐进入成熟,至 10 月下旬,葡萄开始落叶,植株进入休眠。

(一)果实管理

1. 除袋增色

一般着色品种在采收前 10~15 d 去袋,以增加果实受光,促进果实上色成熟,也可以通过分批去袋的方法来达到分期采收的目的。无色品种套袋后可带袋采收。葡萄去袋时,不要将果袋一次性摘除,应先把袋底打开,撑起呈伞状(图 5-52),过几天后再全部摘去,以防日灼。

葡萄去袋后一般不必再喷药,但须注意防止金龟子等虫危害。去袋后可剪除果穗附近遮光的衰老叶片和架面上的过密枝蔓,以改善架面的通风透光条件,减少病虫危害,促进果实着色,但需注意摘叶不可过多、过早。一般以架下有直射光为宜。摘叶不要与去袋同时进行,而应分期分批进行,以防止发生日灼。摘袋后根据果穗着色情况对果穗转动一两次,以使果穗着色均匀,果粒全面着色。

图 5-52 葡萄除袋

2.催熟与防落

在葡萄果实开始上色时用 250～300 mL/L 的乙烯利喷布果穗,可以促进葡萄提早 1 周成熟。此外,对盛果期葡萄,也可对植株进行环剥,达到提早成熟的目的。

在葡萄采收前 7 d 喷施 NAA、2,4,5-TP[2～(2,4,5-三氯苯氧)丙酸]或 4～CPA,可防止形成离层,减少落粒的发生。

3.果实采收

采收是控制葡萄质量、提高生产效益的重要环节,合理采收应做到时期适宜,方法适当。

(1)采收前的准备 葡萄采收前,必须做好各项准备工作,如劳动力的安排,采收工具、包装用品、运输机械的检查与维修,调查全园各区品种生长成熟期、估产、市场调研、广告宣传、销售、贮藏保鲜等。

(2)确定采收时期 葡萄的采收时期应根据用途、品种、气候条件等来确定。果实成熟度可以根据果皮的颜色、果肉硬度、果实糖酸含量、肉质风味等判断。鲜食品种应该达到该品种特有的色、香、味等。酿造品种一般根据不同酒类所要求的含糖量采收,当该品种果实达到酿酒所需要的含糖指标、色泽风味呈现该品种固有特性时即可采收;制汁、制干品种要求含糖量达到最高时采收。采收应在晴朗的早晨露水干后或傍晚进行,避开雨后或炎热天气下采收。

(3)采收方法 采收时一手捏住穗梗,一手用疏果剪紧靠枝条将果穗剪下。采下的葡萄要轻拿轻放,尽量不擦掉果粉,避免碰伤,并用疏果剪去掉病、虫、小、青、烂、残、畸形果等。随即装入果筐,然后分级包装。采下的葡萄放在荫凉通风处,切忌日光下暴晒。整个采收工作要突出"快、准、轻、稳"。"快"就是采收、装箱、分选、包装等环节要迅速,尽量保持葡萄的新鲜度。"准"就是下剪位置、剔除病虫果粒、分级等要准确无误。"轻"就是轻拿轻放,尽量保持果穗完整无损。"稳"就是采收时果穗要拿稳,装箱时要放稳,运输、贮藏时果箱要摞稳。

【知识链接】

果实成熟期及落叶期特点

果实成熟期一般是指从有色品种开始着色、无色品种开始变软起到果实完全成熟为止。浆果成熟时期及其所需的天数,因地区和品种不同。我国北方葡萄成熟期为 7 月下旬至 10 月下旬,一般品种为 8～9 月份。通常浆果从着色开始到完全成熟需 20～30 d。

此期特点是:果粒不再明显增大,浆果变得柔软,富有弹性,而且有光泽,白色品种果皮逐渐变成透明,并表现出本品种固有色泽,如金黄色或白绿色,有色品种开始着色。营养物质迅速积累和转化,果实糖分积累增加,酸度减少,芳香物质形成增多,风味形成。中晚熟品种在成熟期前后新梢逐渐木质化,花芽继续分化,植株地上部分的有机营养物质开始向根部运输。

果实采收以后,叶片的光合作用仍在继续,新梢自下而上不断充实并木质化,根系进入第二次生长高峰。随着气温的下降,叶片的光合作用逐渐转弱直到停止;叶色由绿转黄,叶柄产生离层,相继脱落,为越冬做准备。这一时期管理的好坏直接影响葡萄枝蔓的成熟度、越冬抗寒性、花芽分化质量、营养物质贮藏的多少以及翌年的长势、开花结果、产量和品质等,进而影响生产。

葡萄休眠期的特点

葡萄一般是从 9 月份枝条开始成熟时就逐渐进入休眠,10~11 月份休眠最深,一直持续到第二年的 1 月下旬。随着气温下降,叶片变成橙黄色,叶片脱落,此时达到正常生理休眠期,但其生命活动还在微弱地进行着。一般是在气温 0~5℃时,经 30~45 d 就可以满足生理休眠要求。以后如气温上升达 10℃以上就随时可以萌发生长。但在北方地区因外界条件不适宜生长,还需要继续休眠,因此,把前期休眠称为生理休眠,后期称为被迫休眠。而葡萄在热带或秋冬气温较高的地区没有明显的休眠期,植株在经历一个短暂的营养生长调节期后休息 15~25 d,即可再次萌发,并可以一年多收。

葡萄的根系没有休眠期,只要条件适宜随时可以生长。

(二)肥水管理

1.施肥

从着色期到果实成熟期,浆果进入第二生长高峰,这一时期要控制氮肥,增施磷、钾肥。可在开始着色期每 667 m² 施磷肥 50 kg、钾肥 30 kg,浅沟或穴施均可,施肥后覆土灌水。果实成熟期喷 2~3 次 0.2%~0.3%的磷酸二氢钾或 1%~3%过磷酸钙溶液以提高品质,连续喷 2~3 次氨基酸钙以提高耐贮运性。

葡萄采果后,可结合防治病虫害喷施叶面肥恢复树势,增强叶片的光合能力。如每 10 d 左右喷施 1 次 0.2%的尿素＋0.2%的磷酸二氢钾等叶面肥,连喷 2~3 次。

在葡萄果实采收后及早施入基肥,通常用腐熟的有机肥,如厩肥、堆肥等作为基肥,每 667 m² 施有机肥约 2 000 kg 以上,混入尿素 15 kg,过磷酸钙 20 kg,硫酸钾 20 kg 等。基肥施用量占全年总施肥量的 50%~60%。施基肥时,幼树可采用环状沟,即在植株 50 cm 以外挖深 30~40 cm、宽 30 cm 左右的环状沟施入肥料。成龄果园多用条状沟施肥,根据树龄和行距在距植株 50~120 cm 处挖深 40~60 cm,宽 40~50 cm,且与葡萄行平行的沟。随着树龄的增加、根系的扩大,施肥沟与植株的距离逐年加大,直到全园贯通,施肥深度也由浅而深,逐年增加。

【拓展学习】

葡萄的施肥量

葡萄施肥量的确定是一个十分复杂的问题,它与产量、土壤养分含量、肥料种类及其利用率等因素有关。目前国内外通行的葡萄施肥量计算方法是"以产定肥",即每生产 100 kg 果实所需氮、磷、钾三要素的数量。

根据无公害食品鲜食葡萄生产技术规程农业行业标准(NY 5086—2002),葡萄施肥量参照每生产 100 kg 浆果 1 年需施纯氮(N)0.25~0.75 kg、磷(P_2O_5)0.25~0.75 kg、钾(K_2O)0.35~1.1 kg 的标准,进行平衡施肥。

2.水分管理

浆果进入全面着色后,为提高果实品质,一般不再进行灌水,但在降雨很少、土壤含水量很低时,也应适量灌水。

结合施基肥,灌水一次,以促进肥料分解,提高树体养分积累。雨水多时要及时排水。结合秋施基肥也可以进行深翻改土。

为提高葡萄的抗寒力,在土壤封冻前,灌一次封冻水。

(三)病虫害防治

从果粒着色开始,白腐病、炭疽病、霜霉病、褐斑病可能同时发生,应密切注意,特别注意下部果穗发生白腐病。对4种病害均有效的药剂有代森锰锌600～800倍液。对白腐病、炭疽病有效的有福美双600～800倍液,50%退菌特600～800倍液。对白腐病、炭疽病、霜霉病有效的药剂有瑞毒霉、瑞毒锰锌、百菌清、多菌灵等的600～800倍液,及甲基托布津800～1 000倍液。以上杀菌剂应交替使用。

葡萄采收结束后,应将修剪下来的枝条、病果、病穗、病叶和病枝以及园中的杂草等清除出园,并进行深埋或烧毁,有利于降低园内病虫越冬基数,减少第二年病虫害发生概率。此外,仍要继续抓好对霜霉病、白粉病、白腐病、褐斑病等多种病害的防治,防止叶片早期脱落,促进树体养分的积累。

(四)休眠期修剪

葡萄的休眠期修剪又称为冬季修剪。其目的是调整树体结构、调节生长与结果、防止结果部位外移,保持树势生长健壮,促进葡萄优质、丰产、稳产、高效。

休眠期修剪的时期一般从葡萄落叶后开始,到第二年春季伤流期之前的整个休眠期均可进行。我国北方地区冬季葡萄需要埋土防寒,休眠期修剪通常在落叶后到土壤封冻之前。

【技能单】5-11 葡萄休眠期修剪

一、实训目标

通过实训,使学生学会不同品种葡萄休眠期修剪方法,并能完成葡萄休眠期修剪任务。

二、材料用具

1.材料 当地主栽的盛果期葡萄树。

2.用具 修枝剪、磨石、手锯等。

三、实训内容

1.修剪结果母枝

(1)选择结果母枝 修剪时,一般应选留枝蔓生长健壮、成熟良好、部位合适、枝条直径0.8～1.2 cm,无病虫、无残伤的枝作为结果母枝。

(2)结果母枝的留枝数 休眠期修剪时,保留结果母枝的多少与下一年植株的产量、品质及生长有密切关系。保留母枝数过多,负载量大,枝蔓光照不良,营养不良,易引起落花落果,且果穗果粒变小,使产量与品质均下降,并导致枝条生长瘦弱,成熟不良;留母枝数过少,翌年果枝少,亦影响产量。生产上常通过调节结果母枝的数量来控制葡萄产量。

单位面积留结果母枝数=单位面积计划产量(kg)/[每个结果母枝平均果枝数×每果枝

平均果穗数×每果穗平均重量(kg)〕。

考虑到意外损伤,单株结果母枝数可参考以下公式计算:

单株留结果母枝数＝单位面积留结果母枝数×1.2/单位面积株数

(3)修剪结果母枝　结果母枝的剪留长度应根据品种特性、架式、整枝方式、环境条件、栽培技术、树势、枝条质量等因素来决定。

棚架龙干形整枝常采用短梢修剪为主,中、长梢修剪为辅的修剪方法;篱架常采用长、中、短梢混合修剪。容易成花、成花节位低的品种,以中、短梢修剪为主;不容易成花、成花节位高的品种,以中、长梢修剪为主。干旱和土壤贫瘠的地方,以短梢修剪为主;土肥水条件较好的地区,宜采用短梢为主的混合修剪。枝条粗、生长势强、成熟度好的适当长剪;枝条细、成熟不好、生长势弱的可以适当短留。用作扩大树冠的延长枝可采用中、长梢修剪,预备枝宜短梢修剪。枝蔓稀疏、架面有空间的地方可以适当长留;对于夏季修剪较严格的可以短剪,对放任生长的新梢宜长留。

2.修剪结果枝组　结果枝组是具有2个及2个以上结果母枝的结果单位。结果枝组在同一骨干蔓上的距离,在短梢修剪情况下应保持20～30 cm,在中、长梢修剪情况下应扩大到30～40 cm。小枝组可以近些,大枝组远些,从而使枝组间和枝组内都能保证通风透光。

(1)枝组内的更新　枝组内更新修剪分单枝更新和双枝更新。

①单枝更新:休眠期修剪时不留预备枝,只留结果母枝。在结果母枝上同时考虑结果和更新。第二年休眠期修剪时再从基部选择发育好的当年枝短截作为下一年的结果母枝,其余的枝全部去掉(图5-53)。

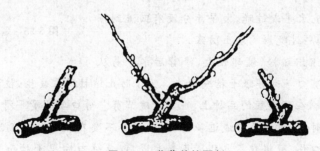

图5-53　葡萄单枝更新

②双枝更新:在一个枝组上通常由一个结果母枝和一个预备枝组成。上部枝作结果母枝,适当长留,采用中、长梢修剪,留4～8个芽;下部枝作预备枝,适当短留,采用短梢修剪,留2～3个芽。第2年冬剪时,去掉原来的结果母枝,预备枝留下2条枝蔓,继续进行一长一短修剪,循环往复(图5-54)。这样可以减缓结果部位外移,使植株保持健壮生长和较强的结果能力。采用此种方法培养更新枝比较可靠,能保证每年获得质量较好的结果母枝。适用于发枝力弱的品种。

(2)结果枝组的更新　随着结果枝组年龄的增长和每年的修剪,结果部位逐渐外移,剪口增多,枝组老化,结实力下降,甚至失去结果能力。这时应对枝组进行更新。具体做法是:逐渐有计划地回缩老结果枝组上的结果母枝,或者将老枝组从基部疏除,刺激主、侧蔓上或枝组基部潜伏芽萌发,从潜伏芽发出的新梢中选择位置合适的进行培养枝组。

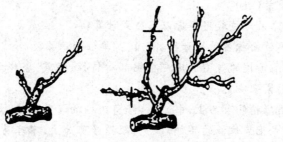

图 5-54　葡萄双枝更新

以龙干形为例,巨峰葡萄采取极短梢修剪,即结果母枝保留 2 个芽,且采取单枝更新法;晚红葡萄采取中梢修剪,结果母枝保留 4～6 个芽,采取双枝更新法,即处于下位的枝进行 2 芽短截,作预备枝,处于上位的枝进行中梢修剪,并对枝组进行部分更新。对于生长势弱及已经枯死的延长头可换头,用下部较强旺的枝条来代替;对于不需换头的延长头可在饱满芽带短截。

3.修剪主蔓延长梢　当主蔓延长梢生长势较弱或其长度已达到最上一道铁丝时,冬剪时需要对延长枝进行换头更新,即将先端的延长枝剪除,在后部相邻位置选择生长势较好的枝条适当长留,以代替延长枝,这种方法称为换头修剪(图 5-55)。

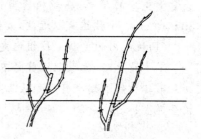

图 5-55　延长梢换头修剪

4.休眠期修剪注意事项

(1)修剪时间不宜太早或过晚,太早养分没有回流到根部主蔓,影响来年树势;过晚影响埋土防寒。

(2)葡萄的枝蔓组织疏松,髓部较大,修剪后水分易从剪口流失,常常引起剪口下部芽眼干枯或受冻。为了防止这种现象发生,枝梢修剪时应在剪口芽上 3～4 cm 处剪截,在节间短的品种上,可实行破节剪。剪口要尽量平滑,否则不易愈合。

(3)疏枝或回缩时,尽量避免造成过多的伤口,尤其不要在枝干的同侧造成连续的多个伤口,还要避免造成对口伤;剪锯口不要距离基部太近,以免伤口向里干枯而影响母枝养分的疏导,残桩不要留得太长,待残桩干枯后,再从基部将其剪去。

(4)修剪中,要尽量避免人为造成过多的意外伤口,避免伤害树体,伤害预留主蔓和预备枝条。

(5)休眠期修剪和清园相结合。通过修剪,去除枯死的残桩、病虫枝、穗梗、卷须、无用的二次枝及徒长枝等。还要去掉当年绑扎新梢留在铁丝上的布条、绳子等。并将这些修剪下来的病、残物带出葡萄园地,集中烧毁或深埋。

四、实训提示

1.不同地区可选择当地有代表性的品种进行修剪,根据整形方式采用适宜的修剪方法。

2.实训时,教师先现场示范讲解,待学生能准确识别后,再以小组为单位进行操作,注意培养学生的团结协作能力。

五、考核评价

考核项目	考核要点	等级分值				考核说明
		A	B	C	D	
态度	遵守时间及实训要求,团结协作能力,注意安全	20	16	12	8	1.考核方法采取现场以个人为单位考核。2.实训态度根据学生现场实际表现确定等级。
技能操作	1.枝组更新方法合理 2.结果母枝修剪方法正确 3.延长枝处理方法适宜	60	48	36	24	
理论知识	现场提问,考核学生对不同品种、不同树龄葡萄休眠期修剪掌握的程度	20	16	12	8	

六、实训作业

结合所学知识,说明巨峰葡萄和红提葡萄在休眠期修剪上的差异。

【知识链接】

葡萄的基本修剪方法

葡萄休眠期修剪常用的基本方法主要有短截、疏枝和回缩。

(1)短截　是指把1年生枝剪去一部分。根据留芽的多少可分为极短梢修剪(留1～2芽)、短梢修剪(留3～4芽)、中梢修剪(留5～7芽)、长梢修剪(留8～12芽)、超长梢修剪(留13个芽以上)。短截时剪口下枝条的粗度一般应在0.6 cm以上,剪口要平滑,距离剪口下芽眼3～4 cm,以防剪口风干影响芽眼萌发。

(2)疏枝　是指把整个枝蔓(包括1年和多年生蔓)从基部剪除。当葡萄枝蔓的密度过大、枝条受到伤害、枝条位置方向不适合时,就要考虑疏除一部分。去留的原则可概括为"六去六留",即去远留近,去双留单,去弱留强,去老留新,去病残留健全,去徒长留壮实。疏枝应从基部彻底除掉,伤口不要过大,不留桩。多年生枝疏剪一般较少应用,只有在更换骨干枝和骨干枝太多时才会应用。

(3)回缩　是将2年以上的枝蔓剪去一部分的方法。一般多用于成龄树和老龄树,主要是用来防止结果部位外移、更新、调节树势和解决光照。多年生弱枝回缩修剪时,应在剪口下留强枝,起到更新复壮的作用。多年生强枝回缩修剪时,可在剪口下留中庸枝,并适当疏去留下部分的超强分枝,以均衡枝势,削弱营养生长,促进成花结果。回缩同时也具有改善架面通风透光条件的功能。回缩特别是当骨干枝受到损伤,结果过多,株间过密时应用较多。

(五)葡萄下架、埋土防寒

我国北方冬季严寒地区,一些常规措施难以抵御严寒,所以必须下架并埋土防寒。

1.葡萄下架

葡萄休眠期修剪之后,将园内枯枝落叶等清扫干净。然后将葡萄枝蔓顺着行向朝一个方向下架(边际葡萄株倒向相反),下架时葡萄枝蔓尽量拉直,不得有散乱的枝条,一株压一株,把枝蔓平放于地面、顺直、捆扎。弯曲大的或跷高的,应因势利导,尽可能使其压平固定,并在下部(包括根颈处)垫枕土,防止压断。要求下架高度适中、捆绑结实。

2.埋土防寒

葡萄植株根系抗寒力比较低,欧亚种葡萄是－5℃,欧美杂交种是－6℃,埋土防寒既保护了根系,也保护了枝蔓。据严大义等调查认为防寒土堆的规格是某一地区历年地温能稳定在−5℃的土层深度可作为防寒土堆的厚度,而防寒土堆的宽度为 1 m 加上 2 倍的土堆厚度。如某地冬季土壤 40 cm 深处温度为−5℃以上,则防寒土堆的厚度为 40 cm,防寒土堆的宽度为 180 cm。同时还要根据土壤质地等其他条件进行调整。如沙土导热性强,可在原标准的基础上增加 20%。

在当地土壤封冻前 15 d 开始埋土,华北地区 11 月上中旬土壤稍冻结时为适宜的埋土时期。埋土过早,一方面,植株得不到充分的抗寒锻炼,容易遭受冻害;另一方面,地温尚高,湿度也大,微生物活跃,芽眼易腐烂。埋土过晚,土壤上冻后取土困难,也埋不严实,影响防寒效果;而且过晚易使植株遭受冻害。

埋土防寒方法:先在枝蔓上盖一层草苫和一层塑料薄膜等覆盖物,使葡萄位于覆盖物中间。然后将枝蔓两侧用土挤紧,防止覆盖物滑动。最后上方覆土,边覆土边拍实,覆盖要严实,防止漏风(图 5-56)。取土部位,要远离根系,取土沟的内壁距离防寒土堆外沿 50 cm 以上,防止根系受冻。要求取土后形成的沟要直,深浅一致。

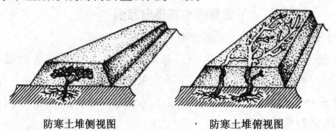

防寒土堆侧视图　　　　　　防寒土堆俯视图

图 5-56　葡萄的埋土防寒

【知识链接】

葡萄对低温的要求

葡萄是耐寒力相对较强的果树,但冬季气温和地温降至其耐受极限时,极易发生冻害。葡萄主要器官的耐寒力依次为:根<芽<形成层<木质部。结果母枝各部分的耐寒力为:主芽<副芽<髓<韧皮部<形成层<木质部。在休眠期内,不同种类的葡萄耐受低温的能力不同,如成熟枝蔓耐受低温的能力为:欧洲种−16～−18℃、美洲种−20～−22℃、山葡萄−40～−50℃;根系耐受低温的能力为:欧洲种−5～−7℃、美洲种−11～−12℃、山葡萄−14～−16℃。不同葡萄品种耐寒性强弱差异也很大,如山葡萄、贝达、北醇等品种抗寒性很强,在华北地区不埋土也可以露地越冬;而大部分欧亚种和欧美杂交种葡萄品种抗寒性均较差。一般认为,冬季绝对低温低于−15℃的地区即需要埋土越冬,其中低于−21℃的地区应加覆盖物后再埋土或加大埋土的厚度。冬季 50 cm 深土层地温在−5℃以下的地区,最好选用抗寒砧木栽培。

【拓展学习】

葡萄园的架式与设立

葡萄是多年生藤本植物,枝蔓比较柔软,栽培时需要搭架才能使植株形成良好的树体结构和叶幕结构,有利于充分利用光能、保持良好的通风透光条件和减少病虫害的发生,同时便于在园内进行一系列的管理和操作。目前,生产上应用较多的是篱架和棚架两大类。

（1）篱架　篱架是指架面与地面垂直或略为倾斜,葡萄枝蔓分布在上面形成篱壁状,这种架式一般采用南北行向栽植,适宜栽培生长势较缓和的品种,是当前国内外密植栽培采用最为广泛的架式,适用于平地大型葡萄园。篱架主要类型有单篱架、双篱架、T形架等,这里主要介绍前两种。

①单篱架结构特点及搭建技术。沿葡萄栽植行向设一排立柱,立柱距葡萄栽植行30～40 cm,架面与地面垂直。架高因行距而定,一般架高150～180 cm。架上横拉2～4道铁丝。具体应用时其架高和铁丝的道数应依据品种、树形、气候、土壤等情况而定。建架时,行内每600 cm设一支柱(采用钢管、水泥柱等)。边柱埋入土中70 cm,在其内侧用支柱加固或者边柱稍向外倾斜,并在其外侧用锚石固定(图5-57)。中柱埋入土中50 cm,然后用8号镀锌铁丝按要求连接支柱,最下面第一道铁丝距离地面50～60 cm,以上间距40～50 cm。铁丝用紧线器拉紧,然后用U形钉或其他方法将铁丝固定在各个支柱上。在每行两端的铁丝上安放一个紧线装置,以便随时拉紧铁丝。

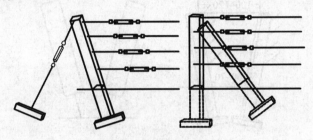

图5-57　葡萄架边柱的加固

采用单篱架时,葡萄植株单行栽植,枝蔓向上均匀引缚在架面上。叶幕呈直立长方形(图5-58)。单篱架的优点是:适宜密植和埋土时上、下架作业,田间管理方便,适于机械化作业(耕作、喷药、埋土、出土、采收等);架面通风透光好,整形快,结果早,早期丰产性能好,果实品质佳;支架容易,架材较省。缺点是:有效架面相对较小,行间漏光量大;架面垂直受光不均匀,架面上部顶端优势强,易造成上强下弱,结果部位容易上移,日灼较严重;架面下部受光差、受光时间短,果穗距离地面较近,易感染病害和受泥土污染,果实品质差;后期树体老化、产量低、质量差。

单篱架适合冬季比较温暖,葡萄不下架防寒或埋土比较少的地区和生长势较弱的品种,

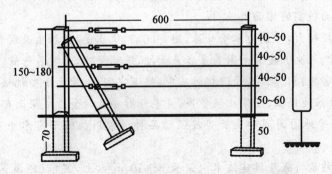

图5-58　单篱架及叶幕结构示意图(单位:cm)

常用的树形有扇形、龙干形、单臂水平形、双臂水平形等。

②双篱架结构特点及搭建技术。沿葡萄栽植行向设两排立柱,垂直于地面或略向外倾斜,并用钢筋或铁丝相连接。两排立柱基部相距60~70 cm,顶部相距100~120 cm,呈倒梯形。一般架高150~180 cm。2行立柱上同样横拉2~4道铁丝。建造时可用双排支柱,也可用单排支柱,而每柱上加3~4道横木梁。边柱及中柱的设置方法参考单篱架中设置方法。

葡萄植株定植在两壁当中或采用带状双行栽植(宽窄行相间)。枝蔓向两侧均匀引缚在两个架面上,也可以交替向一壁分布。叶幕呈U形或开张V形(图5-59)。双篱架的主要优点是:单位土地面积上有效架面比单篱架增加,光能利用率提高,单位面积产量较高。缺点是:通风透光条件不如单篱架,易发生病虫害,对肥水和植株管理要求较高;上架、下架埋土防寒、管理和机械化操作不方便;工作量较大,架材投资大;双篱架在与单篱架同样高度时,行距应适当扩大。

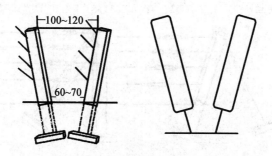

图5-59 双篱架及叶幕结构示意图(单位:cm)

双篱架适合光照、肥水管理条件较好的园地和生长势较弱的品种。常用的树形有扇形、水平形、龙干形等。

(2)棚架 架面与地面平行或略倾斜,葡萄枝蔓均匀分布于架面上形成棚面,常用的棚架类型主要有水平棚架、倾斜大棚架、倾斜小棚架、篱棚架等。

①水平棚架结构特点及搭建技术。水平棚架即把一个连片的栽植区整体搭成一个水平的棚架。一般架高180~220 cm,每隔4~5 m设一立柱,呈长方形或方形排列,四周边柱用锚石和紧线器把骨干线拉紧固定,周边的骨干线和内部通过立柱的骨干线用比较粗的钢绞线,骨干线之间的载蔓线用12号铁丝,纵横牵引成50 cm见方的网格,形成一个水平的棚面。枝蔓水平均匀分布在距地面较高的棚面上。

植株栽植株行距较大,叶幕为水平叶幕(图5-60)。优点是:植株生长缓和,通风良好,光照分布均匀;枝、芽、叶、果生长发育平衡关系容易调控,果穗整齐,果实着色好、日灼轻,果品质量高,产量稳定,病虫害轻;土、肥、水管理相对集中;架下空间大,便于小型机械作业。缺点是:前期产量较低;埋土防寒地区上、下架比较费事,夏季修剪不及时会造成架面郁蔽和病害加重。

水平棚架适合平地葡萄园和生长势较强的品种。常用的树形有水平龙干形、H形和X形等。

②倾斜大棚架结构特点及搭建技术。架长8~10 m以上,架根(距离葡萄栽植行最近的第一排立柱)高1.0 m,前柱(距离葡萄栽植行最远的一排立柱)高2~2.5 m,架根和前柱中间每隔4 m左右设立一根中柱,中柱高度从架根向前柱逐渐升高,在架根和前柱上设横杆,在横

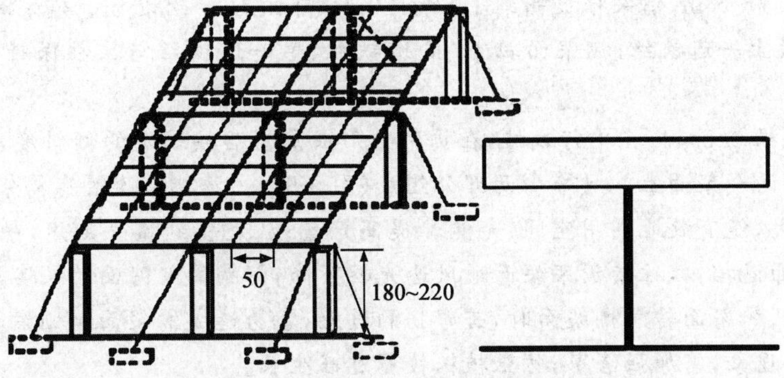

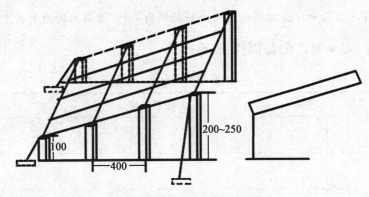

图 5-60 水平棚架及叶幕结构示意图(单位:cm)

杆上沿行向每隔 50 cm 拉一道铁丝,形成倾斜式架面。搭建时先将边柱和边横梁固定好,然后整好所有的支柱和横梁,最后固定铁丝。

植株距离架根 0.5~1 m 单行栽植,枝蔓倾斜均匀分布在架面上。叶幕与地面稍有倾斜,近树侧较低,远树侧较高(图 5-61)。优点是:单位面积植株栽植少,覆盖面积大;便于土、肥、水集中管理,通风透光;架面离地较高,能有效控制病虫害。缺点:栽植密度小,树冠成形慢,早期丰产性差;棚面过大,单株负载量大,对肥水和整形修剪要求较高,管理不当容易出现枝蔓前后长势不均衡,结果部位前移,后部光秃,主蔓恢复和更新较难;棚架较矮或低矮的倾斜部分,机械化作业比较困难。

图 5-61 倾斜大棚架及叶幕结构示意图(单位:cm)

倾斜大棚架适合埋土防寒地区、地形复杂的山坡地和生长势比较强的品种,常用的树形有龙干形、扇形等。

③倾斜小棚架结构特点及搭建技术。架形结构与大棚架大同小异。架长 4~6 m,架高比倾斜大棚架有所降低。小棚架弥补了大棚架的缺点,优点是:可以增加单位面积的栽植株数,有利于早期丰产;主蔓较短,便于下架防寒和出土上架,前后生长均衡,容易调节树势,产量稳定,通过及时整形可以丰产、稳产,更新容易。

适合我国北方埋土防寒地区、丘陵坡地、地形不整齐的地块和生长势中等的品种,常用的树形有龙干形、扇形等。

④篱棚架结构特点及搭建技术。篱棚架是一种兼有篱架和棚架的架式,其基本结构与小

棚架相同。架长4～6 m,但架根提高到1.5～1.6 m,前柱高2～2.2 m。建架时篱架面拉2～3道铁丝,去掉最上一道铁丝;棚架面拉4～6道铁丝,第一道铁丝与立柱保持30～40 cm的距离。

植株距离架根0.5～1 m单行栽植,在篱架上形成篱壁后按一定的倾斜度向棚架上生长,枝蔓均匀分布于两个架面上。叶幕由两部分组成(图5-62)。篱棚架除兼有篱架和棚架的优点之外,架面比较大,能有效地利用空间、光能和提高产量;从定植到盛果期短,早期丰产。缺点是:由于棚架架面遮挡,往往使篱架架面通风透光性下降,影响篱架架面的果实产量和质量;此外,植株的主蔓从篱架面转向棚架面时,若弯拐的过死,容易造成篱架面和棚架面生长不均衡,出现上强下弱的现象,需加强修剪,防止植株枝蔓过旺生长。

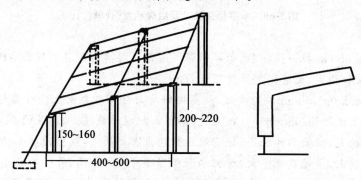

图5-62　篱棚架及叶幕结构示意图(单位:cm)

篱棚架适合我国北方埋土防寒地区生长势较强的品种,常用的树形有龙干形、扇形等。

【工作页】5-2　制订葡萄园作业历

葡萄园作业历

日期	物候期	主要工作	备注

任务 3.2　蓝莓生产综合技术

● 任务实施

一、春季生产综合技术

(一)撤防寒土

适时撤除防寒土能促使蓝莓适时萌动发芽,生长健壮。由于各地气候条件不同,撤除防寒物的时间也有所差异。一般在当地山杏花含苞待放时,就可撤土。防寒物不能撤除过早,也不能过晚。过早根系尚未活动,枝、芽易被风抽干;过晚,因春季地温上升变化快,土堆内温度升高、湿度大,会使花、叶芽在土内萌发,甚至会造成嫩芽嫩枝的黄化现象,出土后幼嫩的茎叶经不起风吹日晒,有的在土中发霉变坏使新芽死亡。

(二)整形修剪

1.高丛蓝莓修剪

(1)幼树修剪　幼树期的主要目的是促进根系发育、扩大树冠、增加枝条,因此,幼树期修剪以去花芽为主。定植后第二年、第三年春,疏除弱小枝条。

(2)成年树修剪　成年树修剪主要是控制树高,改善光照条件。修剪以疏枝为主,疏除过密枝、细弱枝、病虫枝,以及根系产生的分蘖。生长势较开张的树,主要疏去弱枝留强枝,直立品种去中心干、开天窗,并留中庸枝。大枝结果最佳的结果年龄为5～6年,超过时要回缩更新。弱小枝可采用抹花芽方法修剪,使其转壮。成年树花芽量大,常采用剪花芽的方法去掉一部分花芽,一般每个壮枝剪留2～3个花芽。

(3)老树更新　蓝莓地上部衰老后应全树更新,即紧贴地面用圆盘锯将其全部锯掉,一般不留桩,若留桩时,最高不超过2.5 cm,这样从基部重新萌发新枝。全树更新后当年不结果,但第三年产量可比未更新树提高5倍。

兔眼蓝莓的修剪与高丛蓝莓基本相同,但注意控制树高,避免树冠过高不利于管理及果实采收。

2.矮丛蓝莓修剪

(1)烧剪　即在休眠期将地上部全部烧掉,使地下茎萌发新枝,当年形成花芽,第二年开花结果,以后每两年烧剪1次,以便始终维持壮树结果。烧剪的时间宜在萌芽以前的早春进行。烧剪时,田间可放秸秆、树叶、稻草等助燃,国外常用油或气烧剪。烧剪时需注意两个问题,一是要防止火灾,在林区栽培时不宜采用此法;二是将一个果园划分为两片,一片烧剪,另一片不烧剪,轮回进行,保证每年都有产量。

(2)平茬修剪　平茬修剪的时间为早春萌芽前。平茬修剪原理同烧剪一样,从基部将地上部全部锯掉。关键是留桩高度,留桩高对生长结果不利,所以平茬时应紧贴地面进行。平茬修剪后地上部留在果园内,可起到土壤覆盖作用,而且腐烂分解后可提高土壤有机质含量,改善土壤结构,有利于根系和根状茎生长。

(三)土肥水管理

1.土壤管理

由于蓝莓喜酸性土壤,所以每年要对土壤有机质和 pH 值进行检测:有机质含量不足,要及时补充松针土或草炭土;pH 值不达标,可用硫黄粉进行调节。

蓝莓园生长季及时进行树盘中耕除草,保持表层土壤疏松,减少水分蒸发,改善土壤通气条件。对于行间可采用生草制,当草长超过 30 cm 左右,就进行收割。

2.追肥

蓝莓施肥以撒施为主,高丛蓝莓和兔眼蓝莓可采用沟施,即在树冠外缘挖数条线沟,深 10～15 cm,撒上肥料后覆土并灌水沉实。土壤追肥的时期一般在早春萌芽前进行,如果分 2 次施入,第一次在萌芽期,以氮肥为主;第二次在 4 周后,以氮、磷、钾复合肥为主。实践证明,蓝莓施肥分两次以上施入比一次施入能明显增加产量和单果重,值得推荐。施肥量为每次每 667 m^2 施入 30～50 kg。

除土壤追肥外,还可以进行叶面喷肥。自蓝莓展叶期到果实膨大期,可以喷施 0.3％～0.5％的尿素。为提高坐果率,在花期可喷施 0.1％～0.3％的硼砂。

3.灌水

春季多大风干燥,撒土以后正值蓝莓萌芽返青的关键阶段,要及时浇灌返青水,保证蓝莓正常萌发且枝芽充实,也可防止蓝莓枝条抽干。

判断灌水与否可根据田间经验判断,用土铲取一定深度土样,然后放入手中进行挤压,如果土壤出水则证明水分合适,如果挤压不出水,则说明已经干旱。取样土壤中的土球如果挤压容易破碎,说明已经干旱。根据生长季内每月的降雨量与蓝莓生长所需降水比较也可做出粗略判断。当降雨量低于正常降雨量 2.5～5 mm 时,即可能引起蓝莓干旱,需要灌水。

【知识链接】

蓝莓对土壤条件的要求

蓝莓喜欢湿润的土壤,但又不能积水。干旱初期叶片变红,随着进一步干旱,枝条生长细弱,坐果率降低,易早期落叶,生长季严重干旱时,导致枯枝甚至整株死亡。

蓝莓生长要求强酸性土壤条件,高丛蓝莓和矮丛蓝莓土壤 pH 值 4.0～5.5 为适宜范围,最适为 4.3～4.8;兔眼蓝莓土壤 pH 值适宜范围较宽,为 3.9～6.1,最适为 4.5～5.3。pH 值过高,常造成蓝莓缺铁失绿,生长不良,植株死亡率增加。土壤 pH 值过低,由于重金属元素供应过量,造成重金属中毒,使蓝莓生长不良,产量降低,甚至死亡。

(四)病虫害防治

早春清理田园中枯枝落叶,集中烧毁,减少病虫源。全园喷施石硫合剂。

喷施 50％尿素,可以控制僵果病的最初发病阶段,开花前喷施 20％嗪胺灵可以控制僵果病的第一次和第二次侵染。

(五)保花保果

蓝莓的花开放时为悬垂状,花柱高于花冠,如果没有昆虫媒介,授粉则很困难(图 5-63)。可以通过配备授粉树和果园放蜂等综合措施促进授粉。无法充分保证授粉时,可以喷施赤霉素提高坐果率。常用的赤霉素是 GA$_3$。据报道,用 150～200 mg/kg 的 GA$_3$ 处理坐果率最高,可以在花后 5 d 和 12 d 各喷 1 次。植株对 GA$_3$ 的吸收在喷后 1～4 h 基本完成,此后如遇雨也无太大的影响。但用 GA$_3$ 处理后会推迟成熟期。

图 5-63　蓝莓的花

(六)疏花疏果

蓝莓的花量较大,通过适当的疏花疏果,可以避免营养的浪费,保证留存果实的正常生长发育,提高果实品质。可以通过疏除或短截结果枝或短截过长的花芽串或花果串进行疏花疏果。

【拓展学习】

蓝莓园的土壤改良方法

建蓝莓园时,要选择土壤疏松,有机质含量 3% 以上的土壤或沙壤土,pH 要求 4.5～5.5,如果土壤不达标则要对其进行改良。

栽植前平整土地并挖栽植沟。定植行南北走向,定植沟宽、深各 40～50 cm,长度根据地块而定。挖沟时地表土与底土分开堆放。回填时先把一部分表土回填到沟底,然后施入厩肥,一般每亩施入腐熟农家肥 4 000 kg 以上,再往定植沟中放入草炭土或松针土,每亩 300～500 kg 以上,同时加入硫黄粉每亩 30～50 kg,最后回填底土,然后进行上下搅拌均匀,再用水浇灌,将土沉实。

二、夏季生产综合技术

(一)修剪

成年树修剪主要是控制树高,以摘心、短截、疏枝为主,改善通风透光条件。修剪量不宜过重。果实采收后要及时对树体进行修剪,主要方法是疏除过密枝、衰弱枝、病虫枝以及根系产生的基生枝。生长势较开张的树,疏枝时去弱枝留强枝,直立品种去强枝,留中庸枝。对已经衰弱的结果枝组要适时回缩更新。

(二)采收果实

高丛蓝莓同一树种、同一植株、同一果穗成熟期不一致(图 5-64),一般采收持续 3～4 周,所以采收要分批进行,一般每隔 2～3 d 采收 1 次。果实作为生食鲜销时,采用人工采摘方法。采收后放入塑料食品盒中,再放入浅盘中,运到市场销售,应尽量避免挤压、暴晒、风吹雨淋等。一般一名成年劳动力每天约采收 40 kg。人工采摘时,可根据果实大小、成熟度直接分级,然后市场鲜销。

果实采收要适时,不能过早,也不能过晚。过早采收时

图 5-64　蓝莓果实分批成熟

果实小,风味差,影响果实品质。过晚采收,尤其是鲜果远销,会降低耐贮运性能。蓝莓果实成熟时正是盛夏,注意不要在雨天或雨后马上采收,以免造成霉烂。果实采收后要进行预冷处理。

(三)其他管理

1.防鸟害

蓝莓成熟时,果实蓝紫色,对一些鸟特别有吸引力,常常招鸟食果。大的鸟类常吞食浆果,小的鸟类则将浆果啄破后啄食,有的鸟还将大量果实啄落在地,落地的果实鸟并不食用,而是继续啄落果实,很多未成熟的果实也被大量啄落。据调查,鸟害可造成10%～15%的产量损失。

防止鸟害的最有效方法是张挂防鸟网,但成本也相当可观。也有用稻草人、电驱鸟器、鞭炮等驱赶鸟类的,但效果不太理想。用录音机播放鸟类遇到危险时发出的声音比较有效,但效果也不会很持久,而且预防的面积有限。

2.施肥

果实成熟期及花芽分化期,可以叶面喷施1～2次0.3%～0.5%的磷酸二氢钾。果实采收结束后,对树体也要进行施肥,但施肥量不宜过大,最好分次施入。

三、秋季生产综合技术

(一)秋季修剪

秋剪在秋分后进行,主要方法是短截新梢,剪除未成熟的嫩梢,促使剪口下枝条形成花芽。

(二)施基肥

蓝莓施基肥的最适宜时间是秋季叶片变色前至落叶之前,早施效果好于晚施。此时正值地上部养分积累时期,地温尚高,施肥时所造成的根的伤口容易愈合,并能发生新根,起到根系修剪的作用。另外,秋施基肥能有充分时间使肥料进一步腐熟并分解,供蓝莓翌春吸收利用。落叶后和春季施基肥,肥效发挥慢,对春季开花坐果和新梢生长作用小。

一般施用腐熟的菜籽饼(粕),或菜籽饼与豆饼混合,或羊粪、鹿粪、兔粪与饼肥类混合后施用,同时加入少量的铵态氮肥料。施肥量及施肥方法:施肥量占全年施肥量的70%～80%,依树龄、树体大小和产量综合而定,株施腐熟菜籽饼300～1 200 g。通过土壤养分、叶片营养元素含量测定和计算结果对养分的需要量而确定具体的施肥量。施肥方法多为条状沟施和树盘撒施交替进行。

(三)埋土防寒

尽管矮丛蓝莓和半高丛蓝莓抗寒力较强,但由于各地不适宜的低温,仍有冻害发生,其中最主要的两个冻害是越冬抽条和花芽冻害,在特殊的年份可使地上部全部冻死。因此,在寒冷地区栽培蓝莓,越冬保护也是提高产量的重要措施。

在北方寒冷地区,冬季雪大而厚,可以利用这一天然优势进行人工堆雪,来确保树体安全越冬。与其他方法如盖树叶、稻草相比,堆雪防寒具有取材方便、省工省时、费用少等特点,而且堆雪后可以保持树体水分充足,使蓝莓的产量比不防寒的大大提高。人工堆雪防寒时厚度应该适当,一般以覆盖树体的 2/3 为佳。

在蓝莓栽培中也可以使用埋土防寒方法。具体方法是:进入 11 月上中旬,灌完封冻水后,首先在株丛基部堆培枕土(防止压倒及埋土使树条基部折断),然后将枝条顺一个方向压倒,细致绑缚,使枝条尽量紧贴地面,最后在行间取土掩埋,达到枝条不外露,埋土要细,厚度均匀,避免透风(图 5-65)。另外对树体覆盖稻草、树叶、塑料地膜、麻袋片、稻草编织袋等都可起到越冬保护的作用。

图 5-65　蓝莓防寒

任务4　坚果类果树生产综合技术

任务 4.1 核桃生产综合技术

● 任务实施

一、春季生产综合技术

(一)土肥水管理

土壤解冻后,对全园进行一次全面的浅翻,深度为 10～20 cm,以松土保墒,并有利于消灭土壤越冬害虫。

根据核桃品种和土壤状况进行施肥,一般早实核桃在雌花开放前、晚实核桃在展叶初期追施一次速效肥,此期是决定核桃开花坐果、新梢生长量的关键时期,主要作用是促进开花、坐果,有利于新梢生长发育。追肥以速效氮肥为主,可采用环状沟或放射沟追施硫酸铵、硝酸铵、尿素、果树专用复合肥等,追肥量为全年追肥量的 50%,施肥后进行灌水。

北方地区核桃萌动前后正是春旱时期,此期灌水一次,有利于核桃芽的萌动、展叶及开花,同时可预防晚霜的危害。

(二)疏雄、疏果与辅助授粉

1.疏雄

核桃雄花序量非常大,特别是老弱树上,有大量的雄花枝,疏雄可以减少树体水分和营养消耗,可显著提高核桃产量和品质,坐果率可提高 15%～20%,产量可以增加 12%～37%。对于栽植分散和雄花芽较少的植株,可不进行疏雄。

疏雄时期原则上以早疏为宜,一般在春天雄花芽未萌动前的 20 d 内进行。疏雄量为总量的 90%～95%。具体方法是人工用手或工具抹掉雄花芽,或结合修剪疏除部分雄花枝。疏雄时多疏细短花序,多留粗长花序。

2.疏果

对于坐果率高的早实核桃或挂果多的幼树要进行疏果。疏果时先疏除弱树或细弱枝上的幼果,也可连同弱枝一同剪掉;每个花序有 3 个以上幼果时,根据结果枝强弱留果 2～3 个;坐果部位在树冠内要分布均匀,树冠内部郁闭的果实要多疏。

3.人工授粉

核桃存在雌雄异熟现象,某些品种同一株树上,雌雄花期可相距 20 多天,授粉不良,严重影响坐果率,因此,为了提高授粉受精和坐果率,必须要对核桃进行人工辅助授粉。做法是采集授粉品种将要散粉的雄花序,放在干燥空间晾干,花粉散出后,将花粉收集在瓶中并封口,当雌花柱头开裂呈羊角状倒“八”字形时进行授粉。矮小的早实核桃树用授粉器或喷粉器授粉,也可人工用毛笔点授;成年树或高大的晚实核桃树,可将花粉装入纱布袋置于树冠上风面进行授粉。

【知识链接】

核 桃 的 花

核桃花为单性花,多雌雄同株异花。雌花序为总状花序,顶生,单生或 2～3 朵簇生,早实核桃还有呈葡萄状或串状着生的。雌花当子房长达 5～8 mm 时、柱头反曲、其表面呈明显羽状突起、分泌物增多、光泽明显时为盛开期,是最佳授粉期,持续时间大约 5 d。雄花序为葇荑花序,有小花 100～170 朵,基部花大于顶部花,散粉也早,散粉期 2 d 左右。核桃花存在雌雄异熟现象,因此栽培品种分为雌先型品种和雄先型品种两大类,建园时,为保证雌雄成熟期一致,注意合理搭配品种。核桃为风媒花,花粉生活力较低。

(三)病虫害防治

核桃病虫害危害较轻,主要是核桃举肢蛾危害。采取喷施 1:0.5:200 波尔多液,0.3～0.5°Be 石硫合剂,用毒膏堵虫孔,剪除病虫枝,人工摘除虫叶,人工捕捉枝干害虫等措施防治核桃举肢蛾、黑斑病、炭疽病、云斑天牛、草履蚧等;4 月上旬刨树盘,喷洒 25% 辛硫磷微胶囊水悬浮剂 200～300 倍液,用以杀死刚复苏的核桃举肢蛾越冬幼虫;.把机油、氯氰菊酯乳油按 1:1 的比例搅匀,在树干基部涂约 10 cm 宽的粘虫带,杀死上树的小若虫。5 月中旬,结合深翻树盘,杀死越冬虫茧。

(四)预防晚霜

核桃越冬期可抵抗 −28～−20℃ 的低温,早春萌芽后,树液流动加快,当外界温度降到 0℃ 以下时会损伤核桃正在萌动的幼芽和花穗,因此花期要预防晚霜危害。

1.灌水

早春萌芽前,对核桃树进行灌水,降低土温,推迟萌芽,避过早春霜害。

2.树干涂白

早春对全园核桃树干涂白,减缓树体温度上升,推迟萌芽和开花期,避免早春霜害。树干涂白还有杀灭虫卵、防日灼的作用。涂白剂的配制为生石灰 6 kg、食盐 0.5 kg、水 15 kg,加入适量的豆汁和石硫合剂混匀。

3.熏烟增温法

对于核桃丰产园,将易燃的秸秆、杂草和潮湿的落叶等交错堆积,用土覆盖,留出点火口和出烟口,每 667 m² 核桃园至少设置 3~4 个燃烧点,根据气象部门预报的霜冻时间点火,以暗火浓烟为宜,提高气温 3~4℃,增强核桃抗寒能力,避免核桃园受到冻害损害。

4.覆盖树体

霜冻来临之前用秸秆将核桃幼树覆盖或绑缚,抵抗外来寒气侵袭,保护树体。

二、夏季生产综合技术

(一)土肥水管理

1.土壤管理

核桃树树龄不同土壤管理方法也不同,多采用清耕制,提倡生草制和覆盖制。幼龄树应及时除草及松土,每年除草 3~4 次,控制杂草生长,松土深度为 10~15 cm,切莫过深,以免伤害根系。成龄树进行浅翻法,以树干为中心,在 2~3 m 半径范围内进行浅翻土壤,深度 20~30 cm,不宜伤根过多,尤其是粗度在 1 cm 以上的根。

2.追肥

5~6 月份以后,进入果实生长发育期,花芽开始分化,果实迅速生长,此时追肥以氮肥为主,可以施尿素和氮、磷、钾复合肥,追肥量占全年总施肥量的 30%。7 月初果实硬核期,采取环状沟追肥,肥料要以磷、钾肥为主,结果树可株施草木灰 2~3 kg,或过磷酸钙 1 kg,硫酸钾 0.5 kg,或果树专用复合肥 1~1.5 kg,然后灌水。同时可进行叶面喷肥。

3.灌水

到 6 月下旬,雌花芽开始分化,这段时期需要大量的养分和水分供应,应灌 1 次透水,以确保核仁饱满。7 月初果实硬核期结合追肥进行灌水。8 月份雨水多,对低洼地容易积水的地方,应挖排水沟进行排水。

(二)夏季修剪

5 月上中旬,选留新的萌芽,培养新的骨干枝及结果枝组;疏除直立枝、交叉枝、过密枝、病虫枝、细弱枝,去弱留强,有利于核桃树通风透光。5 月下旬到 6 月上旬,对枝干上萌发的新梢进行选留,对 50 cm 以上的营养枝剪去顶部 2~3 芽,促进侧芽分化和枝条充实,对于强枝在顶端第二芽下边用手扭梢,抑制旺长,疏除过密枝,回缩下垂枝条。

【知识链接】

核桃树的芽和枝条的分类

依形态结构和发育特点不同,核桃的芽分为混合芽(雌花芽)、雄花芽、叶芽(营养芽)、潜伏芽四种类型。混合芽多着生于结果母枝顶端及其下 1~3 节,单生或与叶芽、雄花芽叠生于叶腋间,萌发后抽生结果枝,在结果枝顶端着生雌花序开花结实。雄花芽多单生或与叶芽叠生在顶芽以下 2~10 节,萌发后抽生葇荑花序(雄花序),开花后自行脱落。叶芽着生于营养枝条顶端及叶腋或结果母枝混合花芽以下节位的叶腋间，单生或与雄花芽叠生。叶芽有顶叶芽和侧叶芽两种。顶叶芽的芽体肥大，鳞片疏松，芽顶尖，呈卵圆或圆锥形。侧叶芽小，鳞片紧包，呈圆形。叶芽萌发后多抽生中庸、健壮发育枝。潜伏芽多着生在枝条基部或近基部，随枝干加粗被埋于树皮中，受到刺激易萌发，利于枝条的更新复壮。

核桃的枝条分为结果母枝、结果枝、雄花枝和营养枝四种类型。结果母枝一般长 20～25 cm，顶端及其下 2～3 芽多为混合芽(早实核桃混合芽数量较多)，以直径 1 cm、长 15 cm 左右的抽生结果枝最好。结果枝顶端着生雌花序，健壮的结果枝可再抽生短枝，多数当年可形成混合芽，早实核桃还可当年萌发，二次开花结果。雄花枝生长细弱，节间极短，树冠内膛或衰弱树上较多，开花后变成光秃枝，其顶芽是叶芽，侧芽均为雄花芽。营养枝分为两种：一种是长度小于 50 cm，生长中庸健壮的发育枝，它是扩大树冠和形成结果枝的基础。另一种由树冠内膛的潜伏芽萌发而成的虚旺徒长枝，长度 50 cm 左右，节间较长，组织不充实，应通过夏剪控制或利用。

(三)病虫害防治

夏季进入高温、高湿的季节，是各种病虫害的高发期，应及时进行病虫害防治。此期以防治黑斑病、炭疽病、举肢蛾为重点。5 月下旬至 6 月上旬，用黑光灯诱杀或人工捕捉木橑尺蠖、云斑天牛成虫；6 月上旬均匀喷施 50％辛硫磷乳油 1 500 倍液，杀死核桃举肢蛾羽化成虫；7～8 月份是核桃害虫的盛发阶段，硬核开始后，每隔 10～15 d，喷施扑虱蚜 2 000 倍液加菊·杀 2 000 倍液等杀虫剂，共喷 2～3 次；及时摘、捡拾虫果和病果，并深埋或焚烧；8 月中下旬，为诱集越冬害虫，可在主干上绑草把或在树下堆积石块瓦片，以集中捕杀。每隔 20 d 喷一次波尔多液。发病期可喷施 50％甲基托布津可湿性粉剂 1 000～1 500 倍液或 80％退菌特可湿性粉剂 800～1 000 倍液。

三、秋季生产综合技术

(一)果实采收

1.采收时期

核桃果实的成熟期因种植区域不同、品种不同而有差异。一般北方地区核桃成熟期在 9 月上旬至中旬，早熟核桃最早于 8 月上旬即可成熟。核桃果实成熟标志是青果皮由深绿变为淡黄，部分青皮出现裂缝容易剥离，个别果实脱落，此时为采收适期。

2.采收方法

核桃采收方法分人工采收法和机械振动法两种，人工采收是在果实成熟时，为了减少机械损伤，提高果实品质，手工采摘，轻采、轻拿、轻放。在国外，常使用机械振动采收核桃，是在采收前 10～20 d，在树上喷布 500～2 000 mg/kg 乙烯利溶液催熟，采收时用机械震动树干，使果实落到地面。

(二)采后果实处理

【技能单】5-12　核桃采后处理技术

一、实训目标

通过实际操作,使学生学会核桃采后脱青皮、漂洗处理的基本技能。

二、材料用具

1.材料　结果的核桃树。

2.用具　纸箱、麻袋、干草、塑料袋、硬毛刷、乙烯利。

三、实训内容

1.脱青皮技术

(1)堆积脱皮　此法是我国传统的核桃脱青皮方法。将采收的核桃果实堆积在阴凉处或室内,堆积厚度为 50 cm 左右,上面盖湿麻袋或盖厚 10 cm 左右的干草、树叶,保持堆内温湿度、促进后熟。3～4 d 后,当青皮离壳或开裂达 50% 以上时,摊开用木棍敲打,可脱去青皮。

(2)乙烯利处理　将采后的青果在 3 000～5 000 mg/kg 乙烯利溶液中浸蘸约 30 s,然后堆放成 50 cm 左右的厚度,用塑料袋密封,放置在气温 30℃、相对湿度 80%～95% 的阴凉处,3～5 d 后离皮率达 95%。

(3)机械脱青皮　将核桃青果加入核桃青皮剥离机后,可快速剥离青皮并能清洗核桃。此法不伤核桃果壳,剥离率高,核桃破损率低,提高了核桃品质,减少青核桃汁污染核桃仁。

2.清洗　脱青皮后果实表面常残存有烂皮等杂物,可用硬毛刷清理沟纹里的杂质,用清水冲洗干净,每次冲洗时间不超过 5 min,清洗 3～5 次。

3.漂白　出口外销的核桃清洗后要进行漂白。先将次氯酸钠溶于 4～6 倍的清水中制成漂白液,再将清洗过的坚果倒入缸内,使漂白液淹没坚果,搅拌 5～8 min,当壳面变白时,立即捞出并用清水冲洗。

4.晾晒　将坚果放在阴凉干燥处摊开阴干,严禁置于阳光下暴晒,防止壳皮开裂、核仁变质。

四、实训提示

本次实训最好结合生产进行,以便学生在实际操作中掌握技术。

五、考核评价

考核项目	考核要点	等级分值				考核说明
		A	B	C	D	
态度	资料准备,纪律,团结协作能力	20	16	12	8	1.考核方法采取现场单独考核加提问。2.职业素养根据学生现场实际表现确定等级。
技能操作	1.采后处理方法符合要求 2.操作熟练 3.工具使用安全	60	48	36	24	
理论知识	教师根据学生现场答题程度给予相应的分数	20	16	12	8	

六、实训作业

完成实训报告,总结核桃采后处理技术。

(三)土肥水管理

1.土壤管理

果实采收后至落叶前对果园进行深翻,深翻深度 60～80 cm,丘陵山地整理修缮梯田、堰坝。

2.秋施基肥

秋季施肥以有机肥为主,采收后每 667 m² 施 4 000～5 000 kg 有机肥,过磷酸钙 75 kg,碳酸氢铵 25 kg。结合施基肥进行一次灌水。

(四)秋季修剪技术

由于核桃休眠期有"伤流"现象,修剪时期与其他果树不同。适宜的时期是采果后到叶片变黄前和春天展叶后,春季修剪损失营养较多,且易碰伤枝叶,故结果树以秋季修剪为宜。

【技能单】5-13　核桃秋季修剪技术

一、实训目标

通过实际操作,使学生学会核桃秋季修剪方法。

二、材料用具

1.材料　结果期核桃树。

2.用具　修枝剪、手锯、梯子。

三、实训内容

1.培养和更新结果枝组　进入结果初期后,采用截、放相结合的方法培养结果枝组,缓放的枝条在结果后逐渐回缩以稳定结果部位。幼树期所留的辅养枝,有空间并已结果、不影响骨干枝生长时予以保留;影响骨干枝生长、空间较小时应回缩,给骨干枝让路;无空间时疏除。保留的辅养枝逐步改造成大中结果枝组。结果枝组要分布均匀,距离适中、大小相间。不培养背后枝作结果枝组。

盛果期后结果枝组开始衰弱,应及时回缩到有分枝或有分枝能力处,进行更新复壮。特别是早实品种,结果多,结果母枝衰弱死亡快,幼、旺树在结果母枝死亡后,常从基部萌生徒长枝,但这些徒长枝当年均可形成花芽,翌年开花结果,可对其通过短截培养为结果枝组,用于更新衰弱的结果枝组。

2.培养和调整骨干枝　当骨干枝衰弱下垂时,利用上枝上芽抬高角度。注意利用和控制好背后枝,背后枝旺长影响骨干枝时,及时疏除、回缩加以控制;角度小的主枝可选理想的背后枝换头,原主枝头也可回缩培养成结果枝组。

3.处理下垂枝和无效枝　核桃容易出现结果部位外移现象,外围枝条密挤,开花结果后下垂,应及时加以处理,否则不仅易衰弱,并且影响内膛光照。修剪中要疏除一部分下垂枝,打开光路。保留的外围枝,已衰弱则回缩更新复壮;中庸枝则抬高角度;强旺者疏除其上分枝,削弱长势。

疏除重叠枝、交叉枝、密挤枝、枯死枝、病虫枝、部分雄花枝和早实核桃品种过多的二次枝。

核桃早实品种和晚实品种修剪有差异,早实品种要控制和利用好二次枝,主要是采用疏、截和夏季摘心相结合的方法,防止结果部位外移。成枝力弱的晚实品种则要注意对部分发育枝进行短截或夏季摘心,促进增加分枝,培养更多结果枝组。

四、实训提示

本次实训3~4个人一组,结合生产进行,以便学生在实际操作中掌握技术。

五、考核评价

考核项目	考核要点	等级分值				考核说明
		A	B	C	D	
态度	资料准备,纪律,团结协作能力	20	16	12	8	1. 考核方法采取现场单独考核加提问。 2. 实训态度根据学生现场实际表现确定等级。
技能操作	1. 修剪技术符合要求 2. 结果枝组更新方法合理 3. 骨干枝处理适宜	60	48	36	24	
理论知识	教师根据学生现场答题程度给予相应的分数	20	16	12	8	

六、实训作业

完成实训任务,总结核桃秋季修剪方法。

(五)病虫害防治

采收后至叶片刚变黄时进行修剪,同时结合修剪剪除病虫枝,以消灭病源,喷杀虫剂防治虫害。清扫落叶及地上的病枝、病果,深埋或集中烧毁。树干涂白,防冻抗虫。

(六)越冬保护技术

北方地区冬季寒冷,早春多风地区,核桃幼树常发生"抽条"现象,防治抽条的主要措施是加强肥水管理和树体管理、防治病虫害,提高树体自身的抗冻性和抗抽条能力。冬季可用动物油脂、涂白剂、聚乙烯醇等涂抹树干,可减少枝条水分损失,确保安全越冬。幼树还可以采取埋土防寒、培土防寒、双层缠裹枝条或压倒埋土等方法,缺点是太费工。

埋土防寒方法:在冬季土壤封冻前,把幼树轻轻弯倒,使顶部接触地面,然后用土埋好,埋土的厚度依据当地的气候条件确定,一般为20~40 cm,到第二年春季土壤解冻后,及时撤去防寒土,把幼树扶正。

培土防寒方法:对于粗矮的幼树,弯倒有困难时,可在树干周围培土,最好将当年的枝条培严或用编织袋装土封严(图5-66)。

双层缠裹枝条方法:3~4年生的核桃树已不能埋土越冬,可用报纸或布条缠裹一年生枝条,然后再用地膜缠裹,采用双层缠裹法可减少幼树抽梢。

图5-66　核桃树培土防寒

【拓展学习】

核桃的高接换优技术

目前,我国结果期的核桃园中大部分核桃树结果少、品质差,可采用高接换优技术迅速改劣质品种为优良品种,从而增产增值并提高果实品质。

（1）砧木选择 砧木应该选择树龄为5～15年生，立地条件较好，树势旺盛并无病虫害的健壮树。对于立地条件较差，树势较弱的低产树，应先扩穴改土，加厚土层，树势由弱转强后再进行改接，否则在改接后由于产量提高较快，树体得不到必要的营养补充，会造成早衰或死亡。高接部位因树制宜，可在主干上单头高接，也可在主、侧枝上多头高接。并根据接口直径大小插入1～3个接穗。

（2）接穗的采集、贮运 具体内容见项目二培育果树苗木中任务2.2培育嫁接苗。

（3）嫁接时间 嫁接最适宜的时间是春季萌芽后至末花期（北方约为4月上中旬至5月初）。不同地区可根据当地的物候期等情况确定适宜高接时期。

（4）插皮舌接法 嫁接前12 h内，在主干上螺旋状环割放水。锯断砧木枝条，削平锯口，选择光滑的砧木断面下一侧，由上至下削去老皮5～7 cm、宽1 cm的长条形，露出活组织。将接穗削成6～8 cm长的大斜面，刀口切削时要稍立，深入到髓心后转平削，保证斜面平滑且薄，用手指捏开削面背后的皮层，使之与木质部分离，将接穗的木质部插入砧木削面的木质部与皮层之间，使接穗的皮层盖在砧木皮层的削面上。插好接穗后，用塑料条或果树伤口专用胶带将接口绑缚严密（图5-67）。绑扎好后，用一块方形或圆形湿报纸，盖住砧木断面和露白部分，再用另一废报纸卷个筒套扎在接口上，纸筒下部用塑料绳绑牢，在纸筒上填充湿土，湿土要将接穗全部埋没，最后纸筒外再套上塑料袋，塑料袋上部距离土面3～5 cm，排掉空气，用塑料绳将基部扎紧。插皮舌接后的核桃树成活率达95%以上。

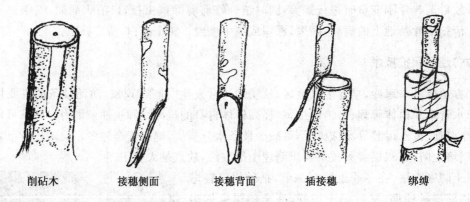

削砧木　　　接穗侧面　　　接穗背面　　　插接穗　　　绑缚

图5-67 核桃插皮舌接法

（5）接后管理 嫁接20 d后，接穗开始萌芽，当新梢长到袋顶部时，可将袋顶部撕一小口（直径1 cm），让嫩梢顶端自然升出，随着新梢继续生长，逐渐将口撕大放梢，当新梢长到30 cm左右时，应在接口处绑1.5 m长的支棍固定新梢，并及时摘心，以防风折和下垂。接后2个月，当接口愈伤组织生长良好后及时除去绑缚物，以免阻碍接穗的加粗生长。

嫁接成活后，根据接穗成活后新梢长势选留枝条，疏去多余枝，留下的枝一部分可提早摘心促分二次枝，为第二年整形修剪打下基础。8月底对全部枝条进行摘心，摘心长度为3～5 cm。

（6）注意事项 改接必须有相应较好的土肥水管理条件，否则会造成树体早衰或死亡。立地条件好、集约管理时可选早实品种，干旱丘陵区、管理粗放时宜选用晚实品种。

典型案例 5-5 美国山核桃无公害栽培技术

美国山核桃壳薄、仁厚、香酥可口、营养丰富,是优良的保健食品。树体高大,树形美观,寿命长,病虫害少,生长速度快,是优良的核桃品种。美国山核桃无公害栽培技术要点有以下几点。

1.建园

种植园选在气候温和湿润、夏季凉爽的底山丘陵,宜选择海拔 800～1 600 m,土壤深厚肥沃、疏松、排水良好、容重小、质地为沙壤和黑油沙土,pH 5.3～7.5。不宜在气候干热、土壤瘠薄、黏性大或地下水位高并且排水不良和土层浅薄的干梁子上的地块种植。提倡块状混交,保留山顶植被。

美国山核桃定植密度为 5 m×4 m,即行距 5 m,株距 4 m,每片丰产林内应至少配置 2～3个品种,以利授粉坐果。品种配置原则为各品种之间的花期基本吻合,品种可分行配置或混杂配置。

2.土肥水管理

根据园地杂草生长状况,每年在施肥前进行 2 次中耕除草,通常用人工伏耕和松土措施使树干周围 1.8 m 范围内无杂草,要慎用除草剂。

根据美国山核桃树对养分的需求特点和土壤肥力状况科学配方施肥,以有机肥为主,配合施用化肥和微生物肥,以不对环境和产品造成污染为原则。

幼龄树采用环状沟施入,以氮肥为主,配合磷、钾肥,促其加速生长,生长季后期要停止施氮。结果期核桃树采用放射状沟施法,每年在萌芽期、花期、幼果膨大期进行追肥。

施肥后及时灌水,雨水季节要开沟排涝。施肥要遵守 GB 394—2000 绿色食品肥料使用准则。

3.幼树整形修剪

美国山核桃树形宜采用疏散分层形或自然开心形。疏散分层形中心干明显,上下层次多,枝条多,树冠较大,适宜深厚肥沃的土壤。进行嫁接后,幼树产生较多分枝,选留其中垂直的主枝作为主干,其余枝全部疏除。然后对主干进行短截,定干高度 1～1.5 m,对选留的主枝、侧枝,采用撑、拉、绑的方法,形成良好的树形。自然开心形无中心干,一般为三主枝结构,每主枝上留 3 个侧枝,土质好的种植园,每个侧枝上再选留 1～2 个二级侧枝,幼树主要是整形,不宜过多短截。

不做骨干枝的其他枝条不要轻易疏除。直立旺枝发芽前拉平缓放,增加枝量,促使尽快成花,中庸枝直接缓放,也可短截一部分中庸枝,促进分枝,加快培养结果枝组,周围不缺枝时,背后枝一般要疏除,如果用背后枝培养结果枝组时,必须加以短截,控制其长势,如果原骨干枝角度过小,可用背后枝换头,以开张角度。

4.病虫害防治

贯彻"预防为主、科学防控、依法治理、促进健康"的方针。依据不同有害生物发生实际对症用药,因防治对象、农药性能以及抗药性程度不同而选择合适的低毒、低残留农药品种。按照 LY/T 1329—1999 规定做好病虫发生及危害程度调查。根据病虫害的发生发展动态及时发布预报并开展防治。严禁使用国家禁止使用农药;有限制地使用低毒、低残农药并按GB 4285、GB/T 832(所有部分)的要求控制使用量和安全间隔期。

主要病害有核桃霜点病、炭疽病、细菌性黑斑病、白粉病、核桃枝枯病等可喷 40％退菌特可湿性粉剂 800 倍液,或用 70％的甲基托布津可湿性粉剂 1 500 倍液。主要虫害有金龟子、樟蚕、天牛、刺蛾等可用人工捕杀,晚间灯光诱杀,在幼虫发生期间,用青虫菌粉 800～1 000 倍液喷叶片,或用 1.8％阿维菌素乳油 3 000～4 000 倍液,或 0.3％苦参碱可溶性液剂 1 000～1 500 倍液,或用 1.2％苦烟乳油植物杀虫剂 800～1 000 倍液喷雾防治。

5.果实采收、包装及贮运

果实采收后进行脱青皮,用清水漂洗、晾晒,按照 LY/T 1329—1999 的核桃等级划分及检验规定执行。

采用全新无污染的编织袋或麻袋包装。运输工具必须清洁、无污染物,不得与有毒、有害物品混运。存贮场所应荫凉、干燥、通风、防雨防晒、无毒、无污染源。贮存的坚果(仁)含水率不得超过 7％。最好贮存在 0～1℃ 的低温冷库中。

任务 4.2　板栗生产综合技术

● 任务实施

一、春季生产综合技术

春季板栗树体主要进行萌芽和新梢生长,春季栗园的管理任务主要有:

(一)土肥水管理

1.土壤管理

春季追肥灌水后,要进行春季耕翻,深度 10 cm 左右。雨后要及时中耕除草,一般掌握在 5 cm 左右。同时可在行间或树盘覆盖作物秸秆。

对于北方很多没有灌水条件的果园,建议采用覆草和清耕相结合的土壤管理模式。具体做法为:连续覆草 3～4 年后清耕 1～2 年,如此循环往复轮换使用。这种方法在保水的同时还增加了土壤肥力。有灌水条件的幼龄果园可采用间作法,可在板栗行间间作矮秆的作物,如地瓜、花生等。间作的时间不能太长,一般 2～3 年。

2.肥水管理

早春解冻后萌芽前,浇水追肥一次。每 667 m² 施纯氮肥 12 kg,促进花的发育,施肥后灌水。没有灌水条件的果园要在土壤含水量高的时候施肥。

枝条基部叶在刚展开由黄变绿时,根外喷施 0.3％尿素加 0.1％磷酸二氢钾加 0.1％硼砂混合液,新梢生长期喷 50 mg/kg 赤霉素促进雌花发育形成。

开花前追肥,每 667 m² 折合纯氮、磷、钾分别为 6 kg、8 kg、5 kg,追肥后浇水;据毛立仁试验,初花期喷一次 1 500 倍稀土加 0.5％尿素液,可明显提高着果率,增加产量,一般至少增产 10％以上。

(二)病虫害防治

3 月份进行人工刮除栗大蚜卵块、栗绛蚧雌蚧等工作;春季萌芽前喷 3～5°Be 石硫合剂,防治栗大蚜、红蜘蛛等栗树病害。

萌芽后剪除虫瘿、虫枝,地面喷施50％辛硫磷乳油1 500倍液防治金龟子,树上喷施50％杀螟硫磷乳油1 000倍液防治栗瘿蜂。新梢旺长期喷施48％毒死蜱乳油1 000～2 000倍液加50倍机油乳剂防治栗链蚧,剪除病梢或喷0.3°Be石硫合剂防治栗白粉病等。

从4月下旬开始,每2 hm²栗园设置1个频振式黑光灯,诱杀栗皮夜蛾、板栗透翅蛾、桃蛀螟、金龟子、卷叶蛾等趋光性害虫成虫。用黄板加粘虫胶诱杀蚜虫,把农药加入到糖、酒、醋液中诱杀栗皮夜蛾、桃蛀螟、卷叶蛾等

(三)修剪及其他管理

芽萌动时抹除母枝多余的芽,短截摘心轮痕处;生长季随时疏除过密无生长空间的新梢。幼树在新梢长至20～30 cm时,摘除先端3～5 cm长的嫩梢。

5月中上旬,除保留新梢最顶端4～5个雄花序外,其余全部疏除。采用化学疏雄能显著提高效率,方法是在混合花序2 cm时喷一次板栗疏雄醇。

【知识链接】

板栗的芽

板栗枝条顶端有自枯性,无真正的顶芽,其顶芽实际上是顶端的第一个腋芽,又叫伪顶芽。

按芽的性质、作用和结构可分为混合芽(花芽)、叶芽和休眠芽(图5-68)。从芽体大小和形态上区分,混合芽最大,叶芽次之,休眠芽最小。

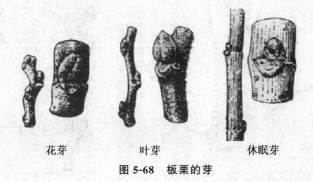

花芽　　　　　叶芽　　　　　休眠芽

图5-68　板栗的芽

混合芽可分为完全混合花芽和不完全混合花芽。完全混合花芽着生于枝条顶端及其以下2～3节,芽体肥大、饱满,芽体圆钝,茸毛较少,外部鳞片较大,可包住整个芽体,萌芽后抽生的结果枝既有雄花序又有雌花。不完全混合芽着生在完全混合花芽的下部或较弱枝顶端及下部,芽体较完全混合花芽略小,萌发后抽生的枝条仅有雄花序,称为雄花枝。

幼旺树的叶芽多着生在旺盛枝条的顶端及其中下部,进入结果期的树,叶芽多着生在各类枝条的中下部。叶芽呈三角形,外层的鳞片覆盖程度差,内层鳞片常露出一半左右。萌芽后抽生各类发育枝。

板栗的枝条

板栗的枝条分为发育枝、结果母枝、结果枝和雄花枝(图5-69)。

(1)发育枝　由叶芽或隐芽萌发形成的枝条,根据其生长势又可分徒长枝、普通发育枝和细弱枝三类(图5-70)。徒长枝一般由枝、干上的休眠芽受到刺激萌发而成的直立强旺枝,节间

长,组织不充实,芽小,一般长 50 cm,甚至可达 1～2 m 以上,徒长枝是老树更新和缺枝补空的主要枝条,也可培养为结果枝组(需 3～4 年)。普通发育枝由叶芽萌发而成,生长健壮,是扩大树冠和结果的基础。生长充实的健壮发育枝可转化为结果母枝,次年抽梢结果。营养不良的发育枝则只抽发雄花枝。叶芽所处部位不好或营养不良,就形成细弱枝,按其着生形状群众俗称为鸡爪码、鱼刺码两种。这两种枝条长势很弱,纤细而短,很难转化为壮枝结果,一般 1～3 年后即干枯死亡。

图 5-69　板栗的枝条

(2)结果枝　多着生在上年生枝条的前端,由完全混合花芽发育而成,故又称为混合花枝,枝上生有雄花序和雌雄混合花序,能开花结果。结果枝大体又可分为 4 部分(图 5-71)。基部 1～4 节仅着生叶片,叶片脱落后在叶腋间着生一小芽。从基部第 2～4 节起,至 9～10 节的每个叶腋间均着生雄花序,脱落后成为无芽的"空节",又称"盲节"。盲节前面的枝条上中部 1～3 节着生混合花序,授粉受精后,混合花序上部的雄花序脱落,混合花序基部的雌花簇发育成刺苞,果实采收以后,此 1～3 节留有果柄的疤痕,即果痕。果痕处无芽。果痕前端的这段枝条称为"果前梢"或"尾枝",尾枝的叶腋间都有芽,这些芽来年将有一部分发育成为完全混合花芽而开花结果,尾枝上花芽的多少及大小与结果枝本身的强弱有着密切的关系。

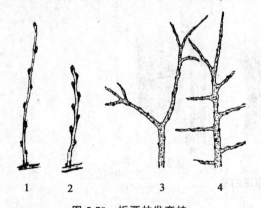

图 5-70　板栗的发育枝

1.徒长枝　2.普通发育枝　3.鸡爪码　4.鱼刺码

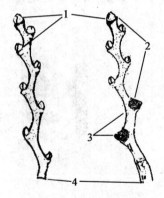

图 5-71　板栗的结果枝

1.完全混合花芽枝　2.尾枝
3.果痕　4.基部

(3)雄花枝　雄花枝是由较弱的不完全混合花芽发育而成的,枝条上只有雄花序和叶片。雄花枝大多数比较细弱,由基部至顶端大致可分三段,第一段是基部 1～6 节叶腋间只有小芽;第二段是中部 4～12 节着生雄花序,花序脱落后成为盲节,第三段是盲节前一至数片叶腋间着生芽,这些芽一般都较瘦小,次年不能抽生结果枝,但也有极少数芽较大,在养分充足时,翌年可以抽生结果枝结果。

(4)结果母枝　抽生结果枝的二年生枝条叫做结果母枝。结果母枝大多是上一年生的结果枝,少数是上一年生生长健壮的发育枝,极少数是上一年生的比较充实的雄花枝。顶芽及其下 2～4 个芽为完全混合花芽。结果母枝抽生结果枝的多少与果树的年龄时期、结果母枝的强弱关系密切一般初果期和盛果期的树抽生结果枝率高,衰老期的树则低。强壮结果母枝可形成3～5个完全混合花芽,抽生的结果枝也多,一般可抽生3～4个果枝,果枝连续结果能力也强,多数可连续结果4～5年,而弱的结果母枝抽生的果枝少,结实力差,果枝连续结果能力弱甚至不能连续结果。所以形成较多强壮而稳定的结果母枝是丰产的基础。

二、夏季生产综合技术

板栗树体夏季主要进行开花坐果、果实发育、花芽分化等生长发育,此期主要的管理任务如下所述。

(一)土肥水管理

1.土壤管理

清耕果园要根据杂草的生长情况中耕除草。山地丘陵梯田果园,要注意砍除梯壁上长得过高的杂草、灌木,砍掉的杂草、灌木覆盖在树盘。覆草果园要注意雨季随时补充覆盖物,或在多雨时节翻草入土。生草果园要注意及时割草,覆盖在树盘。

2.施肥

雄花序约5 cm长时喷施0.2%尿素加0.2%磷酸二氢钾加0.2%硼酸混合液,对防止空苞、落苞有一定效果,空苞严重的栗园可以连续喷3次。

早春若施肥不足,落花后要及时追肥。7月下旬至8月上旬果实迅速膨大期施增重肥,每667 m² 折合纯氮、磷、钾分别为5 kg、6 kg、20 kg。7月下旬至8月下旬每隔半月喷一次6 500倍植宝素加1 500倍稀土加0.5%尿素。

3.排灌水

6月上中旬如遇干旱要浇开花水。夏季其他时间根据需要补充水分,特别是8月份,是板栗需水的关键时期,8月份如果土壤干旱,会极大影响当年的产量。没有灌水条件的果园一定要采取覆草等保水方式,以提高土壤水分。

雨季注意排水。板栗抗旱怕涝,要严防涝害。

(二)病虫害防治

在栗园周围零星种植玉米、向日葵等作物,诱集桃蛀螟成虫产卵后,将葵盘和秸秆烧毁。也可以应用性激素诱杀或喷施50%杀螟硫磷乳油1 000倍液防治桃蛀螟。在6月中旬至7月上旬栗瘿蜂成虫出瘿期喷药防治。结合喷药,喷0.3%～0.5%的尿素。7月上旬树干绑诱虫草把,7月中旬开始捕杀云斑天牛成虫,并及时锤杀树干上其圆形产卵痕下的卵;喷5%氯氰菊酯3 000倍、40.7%毒死蜱1 000倍液防治栗瘿蜂、栗苞蚜。清除栗园中的栎类植物,可减轻栗实象甲的发生。7月中旬开始,用50%多菌灵或50%苯菌灵2 500倍液防治炭疽病,连喷2～3次。8月上旬至8月下旬喷施25%灭幼脲3号1 500倍液、25%氯杀威1 000～1 500倍液,或2.5%功夫2 000倍液防治栗实蛾、栗实象甲等。喷药时加0.3%～0.5%的磷酸二氢钾。

对一些虫体较大的害虫,如天牛可进行人工捕捉;栗瘿蜂在新虫瘿形成期及时摘除虫瘿,并且摘除虫瘿的时间越早越好,摘除的虫瘿集中用药剂处理或用水煮、烧毁等方式处理;利用成虫的假死习性在发生期振摇栗树,虫落地后捕杀,如栗实象甲、金龟子成虫期可于傍晚人工振落捕杀;田间挖杀板栗透翅蛾幼虫,经常检查树体,发现枝干上有隆肿鼓疤时,用利刀挖除受害组织,杀死幼虫,并涂上保护剂保护伤口。

(三)花果管理及其他管理

1.花果管理

花期采用人工点授或纱布袋抖撒法或喷粉法进行辅助授粉;一个结果枝留 1~3 个雌花序,其余疏除。结果树进行果前梢摘心,即当结果新梢最先端的混合花序前长出 6 个芽以上时,在果蓬前保留 4~6 个芽摘心。

及早疏除病虫、过密、瘦小的幼蓬。一般每个节上只保留 1 个蓬,30 cm 的结果枝可以保留 2~3 个蓬,20 cm 的结果枝可以保留 1~2 个蓬。对坐苞过多的树进行人工疏果。疏果留苞标准:大型果每个结果母枝保留 5~6 个,中型果保留 8~9 个;每个果枝保留 1~3 个;每个花序留 1 个果苞。

2.其他管理

幼、旺树在新梢快速生长季节注意控长。可在新梢生长期喷 2~3 次 500~1 000 mg/L 的多效唑,以抑制新梢生长、提高坐果率、增大果实、改善品质,进而提高板栗的产量与商品性。

【知识链接】

板栗开花坐果与花芽分化

板栗发芽后约 1 个月,即在 5 月中下旬进入开花期。雄花序先开放,几天后两性花序开放。北京地区雌花于 6 月初出现,6 月中旬为雌花开放盛期,雌花期近一个月。

板栗为雌雄同株异花果树,雄花序为穗状花序,较雌花序为多。雄花数为雌花的 1 000 倍左右。板栗的混合芽萌发后先长出枝叶,而后长出几个到十几个雄花序。在近顶端前的雄花序的基部又能产生被有总苞的雌花簇(也叫雌花序)(图 5-72)。具有雌花和雄花的花序又称混合花序。

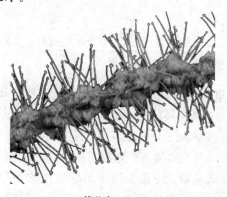
雄花序

雌花序

图 5-72　板栗开花

板栗的授粉主要是风媒传粉,可以自花结实,但自花结实率较低。生产上应配置授粉结实率较高的优良品种作为授粉树。

雄花序在新梢生长后期由基部 3~4 节自下而上开始分化,分化期长而缓慢。雄花序原基分化的盛期集中于 6 月下旬到 8 月中旬,在果实采收前处于停滞状态。果实采收后至落叶前又继续分化。

雌花的分化是在雄花序分化的基础上于冬季休眠后开始的,至萌芽后抽梢初期迅速完成。

三、秋季生产综合技术

秋季板栗果实进入发育后期,并逐步成熟;随着温度的降低,树体开始落叶并进入休眠。秋季栗园的管理任务有:

(一)肥水管理

采收前 1 个月左右,间隔 10~15 d 喷 2 次 0.1% 的磷酸二氢钾。采收前后如土壤干旱,要适时补充土壤水分。

采收后立即进行叶面喷肥,可选用植宝素 6 500 倍液,稀土 1 000 倍液,尿素 1%~4%,以上 3 种同时混合喷施,效果更好。

9 月中下旬到 10 月上旬施基肥,每 667 m^2 施土杂肥 3 000 kg 加纯氮 5 kg。对于空苞严重的果园可同时土施硼肥,方法是沿树冠外围每隔 2 m 挖深 25 cm,长、宽各 40 cm 的坑,按大树每株 0.75 kg 的量;将硼砂均匀施入穴内,与表土混拌,浇入少量水溶解,然后施入有机肥,再覆土灌水。对于连续覆草 3~4 年的栗园,基肥的施用量可略少。

【知识链接】

板栗的根

板栗属深根性树种,根系发达,垂直分布,可达 1.2~1.5 m 以上;水平分布范围较大,一般为树冠的 3~5 倍,集中分布区为树冠外缘,山地生长的板栗树,向下坡生长的根系最多,伸展最远,可达 22 m,向上坡近距离分布根系较多。板栗根系深广,表现出很强的适应性。

板栗根系再生能力弱,大根断伤后,皮层与木质部容易分离,愈合和再生能力较差。因此移栽,施肥或土壤改良等管理过程中切意伤根过多,以免影响树体的正常生长。细根的再生能力较大根强,断根后能增加须根数量,适当断根有利于根系更新。

板栗根系有共生的外生菌根。土壤疏松,有机肥充足,菌根形成多。

(二)果实采收及处理

1.采收时期

板栗的果实忌讳早采,必须当栗蓬由绿变黄,再由黄变为黄褐色,中央开裂,栗果由褐色完全变为深栗色,一触即落,才可采收。

2.采收方法

采前要清除地面杂草或铺塑料膜,然后振动树体,将落下的栗实、栗苞全部拣拾干净。每天早、晚各一次,随拾随贮藏。也可采用分批打落栗苞然后拣拾的方法采收,即每隔 2~3 d 按照从树冠外围向内的顺序,用竹竿敲打小枝振落栗苞,然后将栗苞、栗实拣拾干净。

3.采后处理

采收后及时对栗苞进行"发汗"处理,以降低栗果呼吸强度,防止霉烂。方法是选择背阴冷凉通风的地方,将栗苞薄薄摊开,厚度以 20~30 cm 为宜,每天泼水翻动,降温"发汗"处理 2~

3 d后,进行人工脱粒。

(三)病虫害防治

采收前10～30 d禁止使用使用化学合成的农药;尽量使用矿物源农药,如硫制剂(石硫合剂)、铜制剂(波尔多液);可以使用低毒、低残留的农药如生物源农药防治板栗害虫。采收后及时清理蓬皮及栗实堆积场所,捕杀老熟幼虫及蛹。11月上旬清理栗园落叶、残枝、落地栗蓬及树干上捆绑的草把,刮除枝干粗皮、老翘皮及树干缝隙,集中烧毁。

(四)休眠期修剪

我国中部地区一般冬季进行修剪。北方冬季寒冷,有些地方在春季萌发前10～30 d进行冬季修剪。不同年龄时期的树,整形修剪的重点不一样。

板栗幼树采用的树形一般为自然开心形或主干疏层形,生产上以采用自然开心形居多。整形时要注意冬夏结合。夏季要使用拉枝等方法以达到树体快速成型。

成年树修剪注重结果枝组的整理与更新。一般采用"实膛修剪"或"清膛修剪",生产上以"实膛修剪"修剪为主。"清膛修剪"即将树膛内的雄花枝、发育枝全部疏去,仅留下树冠外围的结果枝。清膛修剪虽然能使养分集中到结果枝上,但易使树冠内通风透光不良,树冠表面一层结果,树体容易衰老。

实膛修剪措施:一是对以前采用"清膛"修剪的树,首先要疏去一部分外围的大枝或枝组,改善冠内通风透光条件;其次对枝端离主干太远,且后部光秃的主枝和侧枝,在有强壮发育枝和徒长枝(旺枝)的地方回缩,以缩小树冠;在内膛空隙处留下部分旺枝作内膛结果的预备枝,逐渐培养成结果枝组。二是巧剪旺枝成枝组。对生长不过旺的旺枝,一般不短截,翌年便可成花结果。对生长强旺的旺枝,如长度在30 cm以上,留15～20 cm短截,促进分枝,缓和长势,下年再去强留弱,回缩直立枝,保留水平或斜生的侧枝,2～3年后,便可成花结果。三是疏去内膛的纤弱枝、交叉枝、重叠枝、病虫枝等无用枝,打开光路。四是对树冠外围的一年生枝,如树势强壮时多保留粗壮的结果母枝;如树势较弱时,则少留结果母枝,并利用旺枝作更新枝,回缩衰弱及结果差的枝组;如枝组过多,使内膛拥挤郁闭,可采用隔一去一的原则疏除部分枝组,改善树冠通透条件。

(五)预防冻害

对于易发生冻害的地区,采取幼树埋土、树干涂白、树体喷石蜡乳化液或羧甲基纤维素或石灰水。清园后,有条件的果园灌一次封冻水,促使果树顺利越冬。

【拓展学习】

板栗的空苞原因及预防

板栗落果较轻,但存在着严重的空苞现象,即刺苞中没有栗果,称为空蓬、哑苞、哑巴栗子。主要原因有以下几点:

(1)授粉受精不良 由于没有完成授粉、受精,子房不发育,刺苞早期发育后期停止,生产上常通过配置授粉树、人工授粉来解决这一问题。

(2)营养不良 总苞中子房内胚珠开始膨大后十几天又萎缩,坚果不发育,形成空苞,与土壤肥水、树体营养状况有关。合理施肥、灌水、修剪、疏雄都可减少空苞。

（3）品种特性和气候条件　有些实生树品种严重，且年年严重。

（4）缺硼　近年的研究表明，板栗空蓬的主要原因是缺硼。缺硼不能正常受精，导致胚胎早期败育，引起空蓬。花期喷硼可以明显减少空蓬，或7～9月份（雨季）土施硼肥，促进胚胎发育。

典型案例5-6　信阳市浉河区板栗优质高效栽培技术

1.因地制宜选择优良品种

选择艾思油栗、豫罗红、豫栗王、罗山689、光山2号、新县10号、栗园1号、世纪红等优良品种。新建的栗园配置适宜的授粉树；配置的比例为（4～8）∶1，主栽品种与授粉品种在田间采用行列式种植。

2.土、肥、水管理

（1）选择合适的土壤管理模式　幼龄栗园采用间作方式，间作的农作物选择花生、绿豆等矮小的豆科作物。成年栗园采用生草法、覆草法和清耕法轮换使用。平地栗园采用生草和清耕相结合的耕作制度，山地丘陵栗园采用覆草和清耕相结合的耕作制度。

对树盘进行全部覆盖，覆盖材料可用麦秸、玉米秸、稻草及田间杂草等；3～4年后结合秋施基肥或深翻树盘埋掉覆盖物。或者培土加高树盘，培土高度以与根颈部等高为宜。

（2）合理施肥灌水

①重施基肥　基肥以有机肥为主，如腐熟人粪尿、堆肥、厩肥、饼肥等。在9月上中旬前后深施足够的有机肥，配合适量的磷肥。施肥方法可采用开挖环状沟或放射沟、肥料施入沟中再覆盖的方法；进入盛果期的栗园每年施磷肥1 500～3 000 kg/hm²，另加有机肥15～30 t/hm²。

②合理追肥　花前（4月）追肥以速效氮肥为主，板栗结果树株施尿素0.5～1.0 kg或叶面喷布5 g/L的尿素溶液。若上年栗园空蓬发生普遍，则株施含硼量较高的菜子饼1 kg，或按树冠投影面积均匀撒施硼砂1～2 g/m²；板栗花期于树冠喷布2 g/L硼砂＋2 g/L磷酸二氢钾＋3 g/L尿素混合液2～3次。7月下旬至8月下旬，宜追施磷、钾为主的速效性肥料作为壮果肥，板栗结果树株施磷酸二氢钾50～100 g（或过磷酸钙1～2 kg浸出液＋氯化钾0.5～1.0 kg）、尿素0.2～0.5 kg（或腐熟人粪尿50～100 kg）。

③水分管理　板栗萌芽前、开花前、坐果后、果实迅速膨大期和封冻前，如果土壤缺水需要灌溉。早春在雨季来临前做好全园清沟（排水支沟与围渠相通）工作，降雨集中季节应及时排除栗园积水。在4～9月份的板栗花芽分化、新梢生长、果实发育等生长发育关键时期进行适时适量的灌溉可有效提高产量，特别是每年的7～8月份。

3.整形修剪

信阳地区板栗树采用自然开心形或主干延迟开心形。修剪要全年结合。

春季对生长旺盛的板栗幼树进行刻芽、抹芽处理，萌芽后将冬季疏枝处的萌蘖全部疏除，做好控梢和抹梢工作，尽早剪除过密过弱的雄花花序，有雌花的结果枝可在雌花花序以上3～4节处短截或摘心。春、夏之交开始，及时疏除长势过旺的延长枝和密集的细弱枝，使树体内膛通风透光；夏季对幼树新梢进行摘心处理，留30～35 cm的新梢作为骨干枝培养；秋季以摘心、疏梢、拉枝开角为主；夏、秋季节在新梢生长期喷2～3次500～1 000 mg/L的PP333，以控制落花落果、抑制新（副）梢生长、提高坐果率、增大果实、改善品质，进而提高板栗的产量与商品性。

冬季进行板栗树的疏枝、短截、回缩等处理，通常板栗树树冠外围每个二年生枝上可留2～3个结果母枝，余下的瘦弱枝适当疏除；树冠外围长20～30 cm的中长结果母枝通常有3～

4个饱满芽,抽生的结果枝当年结果后长势变弱,不易形成新的结果母枝,对这类结果母枝除适量疏剪外,还应短截部分枝条,使之抽生新的结果母枝;长5~10 cm的弱结果母枝疏剪或回缩,以促生新枝。对于板栗成年树上各级骨干枝发生的徒长枝,生长不旺的徒长枝一般不需短截,而生长旺盛的徒长枝除注意冬季修剪外应在夏季进行多次摘心,也可通过拉枝削弱顶端优势、控制生长,促使其成花结果。衰弱板栗树上主枝基部发生的徒长枝应保留作为更新枝培养,枝组经过多年结果后,及时回缩,使其更新复壮;若结果枝组基部无徒长枝,则可留3~5 cm长的短桩回缩枝,促使基部的休眠芽萌发为新梢,再培养成新的枝组。盛果期大树的枝量和枝类繁多,修剪时注意疏剪和回缩这类大枝,使之都留有一定的空间。对于树冠上的纤细枝、交叉枝、重叠枝和病虫枝一律疏除。

4.花果管理

(1)去雄 在保证授粉的前提下,适时疏除大量雄花。由于板栗树体高大,人工疏雄费时费工,因此现在生产上多采用化学疏雄的方法;在信阳市,当板栗混合花序大约长1 cm、基部1~4个叶片已经长到成龄叶时,喷施1 000倍的疏雄稀释液可有效提高产量。

(2)防空蓬 施基肥时幼树株施0.30 kg、大树株施0.75 kg硼肥;也可在花期叶面喷施2 g/L硼砂+2 g/L磷酸二氢钾+3 g/L尿素混合液,隔5~7 d喷1次,连续3次。喷时先用60~70 ℃的热水化开硼砂,然后加入磷酸二氢钾和尿素,再用凉开水稀释至喷施浓度,喷施时间宜在一天中10:00前或16:00后,肥料混合液随配随用,当天用完,不可隔天再用。

(3)适时采收 早熟品种约在8月下旬至9月上旬,晚熟品种约在10月中、下旬。注意切莫过早采。采收应选择晴天进行,采收方法有拾栗法和打栗法2种。

任务4.3 榛子生产综合技术

● 任务实施

一、春季生产综合技术

(一)休眠期修剪

杂交榛子一般在2月下旬至3月中旬进行休眠期修剪。常用的树形有单干形、少干丛状形等。对于盛果期树,在树冠有伸展空间时,短截主、侧枝上的延长枝,一般剪去枝条的1/3~1/2;当株间树冠即将交接,达到标准高度时,延长枝不再短截,采用放缩结合,控制树冠高度和幅度,保持树冠间不交叉;疏除树冠内的过密枝,短截一部分营养枝和中庸枝,培养新生结果母枝;回缩多年生衰弱枝,以增强树势,改善通风透光条件,保证每年都有足够的结果母枝。

平榛一般在冬季进行平茬处理,沿等高线进行带状平茬,伐除带和保留带宽度比为1:(1~3)。平榛冬季以疏枝控制密度,保证通风透光和植株生长良好,一般二年生榛林保留20~30株/m²;三年生榛林保留15~20株/m²。

(二)防止抽条和霜冻

2月未或3月初,树冠喷布防冻液,或150~200倍液羧甲基纤维素,或10%的石灰水,间隔半月再喷一次,以防止抽条。

榛子是风媒花,一般3月下旬即进入开花期,此期常有短期降温和霜冻出现。可通过喷水或灌水、枝干涂白、熏烟等预防霜冻。

(三)人工辅助授粉

为避免或减轻榛树出现落花落果和空粒瘪仁现象,榛园也要采取人工授粉。方法是当榛子雄花序伸长但尚未散粉时,采摘花序,放入干净无风有阳光的室内,摊在纸上干燥,待花粉散出时收集于瓶中,置于冰箱保存备用。当雌花柱头全部伸出时,进行人工点授。

平榛多采用人工振动花枝的方法进行人工辅助授粉。

【知识链接】

榛子的花

榛树的花为雌雄同株异花。雄花为莱荑花序,着生于新梢中上部的节位上。雌花为头状花序或单生,着生于一年生枝的中上部和顶端的混合芽中。榛树的雌、雄花先叶开放,雄花开放是雄花序松软、伸长,花药散粉时为开花盛期;雌花开放时是以雌花芽顶端微露出红色或粉红色柱头为开花始期,当雌花柱头全部伸出时,柱头向四周展开为盛花期,此时是授粉的最佳时期(图5-73)。

结果母枝上的雌花序授粉后,萌发形成一个短枝,即为结果枝,一般5～7节,其顶端有一果序。果序坐果的多少,与品种和授粉受精、营养状况有关,有的品种每个果序坐果1～2个,有的品种每果序则坐果3～5个。榛树的果实为坚果,由果壳、果仁组成。果仁即种子,为可食部分。在坚果外有绿色的果苞包裹(图5-74)。

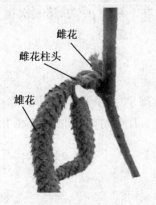

图 5-73　榛树的花

图 5-74　榛树的果苞

(四)其他管理

4月上旬发芽前后,采用树盘内或带状灌溉法灌水,浸润土壤深度40 cm为宜。

萌芽后如果发生天幕毛虫危害,可喷2.5%敌杀死2 000倍液防治;黑绒金龟子及苹毛金龟子发生严重时,树冠下喷25%辛硫磷微胶囊剂200～300倍液,或40%毒死蜱450倍液,待成虫下树入土时杀死。

二、夏季生产综合技术

(一)土肥水管理

平欧杂交榛采用环状沟或放射状沟追肥。幼树施氮、磷、钾三元复合肥,初盛果期(第6～9年)按每667 m² 施纯 N 8～11 kg,P_2O_5 16～22 kg,K_2O 16～22 kg;盛果期(10年生以上)按每667 m² 施纯 N10～14 kg,P_2O_5 20～28 kg,K_2O 20～28 kg 的标准,分两次施入,第一次在5月下旬至6月上旬。5月中、下旬结果树处于幼果膨大和新梢生长旺盛期,进行第二次灌水。对结果树7月上、中旬进行第二次追肥,有利于促进果实膨大和花芽分化。果壳硬化期注意控制杂草。

平榛主要是防除杂草,保持通风透光,根据结果情况确定追肥次数和施肥量。

榛树怕水涝,雨季要及时排除园内田间的积水。幼树园及时铲除树盘内的杂草。大树园可采用生草的办法,当杂草长到30～50 cm高时进行刈割,将割下的杂草覆盖于树冠下。采取生草制的榛园,最好每年每667 m² 补施5～10 kg硫酸铵。果壳硬化后,山地榛园预防松鼠、花鼠危害,主要措施有清除榛园内杂树,利用鞭炮恐吓等。

(二)修剪

榛树易产生根蘖和萌蘖,在不育苗的情况下,一定要及时把所有的根蘖和萌蘖从基部剪除。全年剪除三次,第一次在5月下旬到6月上旬,第二次在7月上、中旬,第三次在8月下旬至9月上旬进行。

(三)病虫害防治

5～6月份是榛树病虫害防治的关键时期。5月上旬喷施70％甲基硫菌灵800～1 000倍液,或20％三唑酮乳油800倍液,防治白粉病。5月下旬到7月上旬用20％氯杀威1 000倍液或2.5％功夫2 000倍液防治榛实象鼻虫。

三、秋季生产综合技术

(一)果实采收及采后处理

当榛果的果苞和果顶的颜色由白变黄,果苞基部出现一圈黄褐色,俗称"黄绕",果苞内的坚果,用手一触即可脱苞时,为采收适期。采收时把成熟的果苞连同果序一起摘下,或等坚果成熟落地后捡拾,每隔一天捡果一次。采后将带苞叶的果实集中堆积1～2 d,厚度40～50 cm,上面覆盖草帘或其他覆盖物,待其发酵后用木棒敲击果苞,果粒即可脱出。脱苞后的果粒经过去杂、水洗后,采用晾晒或自然通风等方法进行干燥处理,使其含水量下降至6％～7.5％,即可进行贮藏或出售。采收时要分期分批分品种采收。

（二）肥水管理

果实采收后至土壤封冻前进行秋施基肥,时间以适当提早为好。肥料以有机肥为主,可适当配合部分氮、磷、钾复合肥。山地榛园根据园地坡度情况修筑水平梯田或复式梯田,或等高撩壕,或鱼鳞坑,以减少水土流失,提高土壤肥力。低涝平地榛园要修筑台田,挖好排水沟。干旱地区在土壤临近结冻时全园灌一次封冻水。

【知识链接】

榛子的根系

杂交榛树多为无性繁殖,因此主根不明显,须根较发达。根系分布浅,一般在地表以下5～80 cm的土层中均有分布,但集中分布在5～40 cm的土层内。榛树可产生根状茎,根状茎上的不定芽可以萌发,形成根蘖。生产中可以利用根蘖苗进行苗木繁殖。

平榛多为实生繁殖,有明显的主根,但在山地栽培条件下,土层较薄,根系分布也较浅。

（三）其他管理

平欧杂交榛在8月下旬至9月上旬进行第三次除萌蘖。幼树(1～5年生)在11月上中旬土壤封冻前树干基部培土堆,大树主干或主枝基部涂白,设置防风障等。

【探究与讨论】

1. 苹果园全年管理有哪些主要技术环节?

2. 促进苹果树花芽分化的措施有哪些?

3. 哪些技术措施能促进苹果果实着色?

4. 桃树常用的树形有哪些?简述各树形的树体结构。

5. 桃的南、北方品种群各有哪些修剪特点?

6. 简述桃树施肥技术。

7. 请你根据教材、相关资料和实地观察,找出桃、杏、李在枝芽类型、病虫害防治、整形修剪、果品开发等方面的异同点。

8. 防止杏树花期霜冻的措施有哪些?

9. 怎样预防大樱桃裂果?

10. 什么是枣树开甲?如何操作?

11. 讨论葡萄品种的生长习性、架式和整形修剪之间的关系。

12. 葡萄芽的类型有哪几种?各有何特点?试讨论其特点和夏季修剪的关系。

13. 研讨总结葡萄出土上架的技术要点及注意事项。

14. 为什么葡萄出土上架前生产上强调不能造成伤口?

15. 根据葡萄合理负载的基本理论和技术指标,调查总结当地葡萄丰产经验。

16. 调查当地葡萄园主要发生的病虫害种类,并总结生产上的成功防治经验。

17. 简述葡萄套袋的时期、作用及具体操作方法。

18. 调查巨峰和红提葡萄在生长期修剪时间及修剪方法上的差异,并说明其原因。

19.调查总结当地葡萄果实膨大剂的使用时期、方法及注意事项。

20.调查当地农业气候条件和葡萄园生产状况,提出其果穗管理和土肥水管理标准及技术要点。

21.葡萄结果母枝的剪留长度受哪些因素的制约? 如何确定结果母枝的留量长度?

22.研讨总结葡萄冬季防寒技术要点及防寒土堆标准。

23.核桃树如何进行高接换优?

24.探讨核桃疏雄花序增产的主要原因,并总结疏雄花序的技术要点。

25.如何预防板栗空蓬现象?

26.确定榛子成熟采收的标志是什么?

项目六

设施果树生产综合技术

 学习目标

● 知识目标:知道适宜果树生产的常见设施种类、栽培方式及果树设施栽培的相关知识;能说出果树设施生产的基本技术及操作方法。

● 能力目标:会进行设施果树生长特性的调查;能够进行设施果树生产基本技术的操作,并且能独立开展主要果树的设施栽培管理。

 教学提示

● 组织学生以小组为单位进行学习,通过观察与调查,掌握设施内果树的生长特性和主要技术的应用。

● 本部分内容的教学最好放在秋冬季进行,便于结合现场教学。

◆◆◆ 任务 1 调查设施果树生产基本技术 ◆◆◆

● 任务实施

一、选择设施种类及生产方式

(一)选择设施种类

果树设施生产的保护设施主要有日光温室、塑料大棚等。虽然这些设施与其他园艺植物保护地栽培设施有相同之处,但由于果树树体相对高大,对设施有些特殊要求。

1.日光温室

日光温室由于具有墙体和覆盖保温材料,可以在冬季形成满足果树生长发育的环境条件,进行促成和延迟栽培,是北方地区果树设施生产的主要设施类型。

果树专用温室的基本要求有:温室跨度 7~9 m,距前底脚 1 m 处的前屋面高度在 1.5 m

以上，温室脊高(矢高)3.3～4.0 m，后屋面的水平投影相当于温室跨度的1/5，温室长度80～100 m，每栋温室占地667 m² 左右(图6-1)。

图6-1　日光温室

常见日光温室的类型主要有竹木骨架温室和钢骨架温室。竹木骨架温室造价低、一次性投资少、保温效果较好，因此在经济欠发达地区深受生产者的青睐。钢骨架温室的墙体为砖石结构，前屋面骨架为镀锌管和圆钢焊接成拱架。具有温室内无立柱、空间大、光照好、作业方便等特点，但一次性投资较大，适宜有经济实力地区发展。

2．塑料大棚

塑料大棚通常没有墙体和外保温覆盖材料(图6-2)，保温效果明显不如温室，具有白天升温快，夜晚降温也快的特点。在密闭的条件下，当露地最低气温稳定通过−3℃时，大棚内的最低气温一般不会低于0℃。所以果树大棚生产以春季最低气温稳定通过−3℃时，开始覆膜升温为宜。

适宜果树生产的大棚主要有悬梁吊柱竹木大棚和钢架无柱大棚。近年来，为了提高大棚的保温性能，出现了在塑料大棚上加盖保温覆盖材料。具有覆盖材料的大棚称之为改良式大棚或春暖棚，也叫桥棚(图6-3)。由于这种大棚保温效果明显增强，栽培果树的果实成熟期较冷棚提前，建造成本比日光温室低，因而得到较为广泛应用。特别适用于冬季不是很寒冷的地区进行果树促成栽培。

图6-2　塑料大棚

图6-3　改良式塑料大棚(桥棚)

(二)选择生产方式

设施果树生产的方式可以分为三大类：一是以提早果树的生长发育期为手段，实现果实在早春成熟上市。二是以延迟果树的生长发育期为手段，实现果实在晚秋或冬季成熟上市。三是通过搭建避雨棚，以提高果实品质为目的。我国南方地区以避雨栽培为主，北方地区以促成栽培为主，约占设施栽培的90%以上。具体生产方式见表6-1。

表6-1 设施果树生产的方式

生产方式	含义	应用
促成生产	在果树未进入休眠或未结束自然休眠的情况下,人为控制进入休眠或打破自然休眠,使果树提早进入或开始下一个生长发育期,实现果实提早成熟上市	草莓上应用较多,葡萄、甜樱桃上也有应用
半促成生产	在自然或人为创造低温条件下,满足果树自然休眠对低温量的要求。自然休眠结束后,提供适宜的生长条件,使果树提早生长发育,实现果实提早成熟上市	大部分落叶果树的设施生产均可应用
延迟生产	通过选用晚熟品种和抑制果树生长的手段,使果树延迟生长和果实成熟,实现果实在晚秋或初冬上市	在葡萄、桃上有应用
促成兼延迟生产	在日光温室内,利用果树具有一年多次结果习性,实行既促成又延迟,达到一年两熟	葡萄
避雨生产	通过搭建避雨棚的方式减少因雨水过多而影响果实产量和品质的一种生产方式	葡萄、甜樱桃

【知识链接】

设施生产现状与发展趋势

果树设施生产是指利用温室、塑料大棚或其他设施,通过创造和调控适宜果树生长发育的环境因子,采用特殊的栽培技术手段,达到在果树非适宜生产地区和季节实现特定生产目标的一种生产形式。常用的保护设施有日光温室和塑料大棚等。

我国的果树设施生产试验研究起步于20世纪80年代,到90年代中期以后进入快速发展阶段。发展比较快、栽培面积较大的省份有辽宁、山东、河北等,主要树种有草莓、葡萄、桃、樱桃及李杏等,近年来,无花果、枇杷、枣、番木瓜、石榴也开始有栽培。由于果树设施生产具有延长鲜果供应期、提高经济效益、扩大树种品种栽培区域、便于人工控制环境条件,利于生产优质、无公害果品等优点,目前已经成为果树生产新的增长点,具有广阔的发展前景。今后发展的主要趋势是研制新型果树生产设施,选育适宜设施生产的品种,形成高效栽培管理模式,建立产业化发展配套体系等。

设施果树生长发育特点

(1)生育期特点 设施栽培条件下,果树的开花期和果实发育期通常延长。据刘国成观察,日光温室内凯特杏的花期为11 d,而露地杏的花期通常在5~7 d,延长了4~6 d。设施栽培油桃果实生育期通常延长10~15 d,果实各生育阶段的天数与夜间温度呈显著负相关$(r=0.915)$。据山东省泰安市农科所观察,红荷包、二花曹、车头杏大棚栽培和露地栽培,其成熟期相差7~10 d,如表6-2所示。

表6-2 大棚杏与露地杏的成熟期比较(山东泰安)

品种	大棚			露地果实发育期/d
	开花盛期/(月.日)	成熟盛期/(月.日)	发育期/d	
红荷包	2.9	4.15	65	58
二花曹	2.7	4.19	71	64
车头	2.7	4.28	80	70

(2)生长发育特点 设施栽培加剧了新梢生长和果实生长对光合产物的竞争,因此果树表现出与露地果树不同的生长发育特点,具体情况如表6-3所示。

表6-3 设施栽培果树的生长发育特点

器官	生长发育特点
果实	设施内栽培果实普遍增大,但可溶性固形物、可溶性糖、维生素C含量略低于露地,风味变淡,品质下降 设施内栽培,裂果与品种特性有关,甜樱桃果皮薄韧性差的品种极易裂果,如巨红;反之则不易裂果,如雷尼尔、抉择、沙蜜脱等。温室栽培油桃的裂果多发生在采收前20 d以内,采前6~8 d是裂果发生的主要时期。树冠外围果、大型果裂果较重,而内膛果、小型果裂果较轻。灌水对裂果轻重有较大影响
枝条和叶片	设施栽培,果树的叶片变大、变薄,叶绿素含量降低,新梢生长变旺,节间加长。枝条的萌芽率和成枝力均有提高,新梢生长和果实发育的矛盾加剧

(3)结果枝类型 设施栽培条件下,甜樱桃、李和杏的结果枝类型与露地相近,以短果枝和花束状果枝结果为主。据观察日光温室凯特杏短果枝的完全花比例为74.8%、坐果率为20.39%。花束状枝的完全花比例为73.87%、坐果率为19.82%,明显高于中、长果枝,是杏设施栽培的主要结果枝。

(4)花芽分化 据韩凤珠等观察,日光温室甜樱桃的花芽分化是在幼果期开始的,确切的时间是在落花后20~25 d开始,落花后80~90 d基本结束(图6-4)。不同品种间稍有差异。甜樱桃新梢摘心、剪梢处理形成的二次枝基部也可以分化花芽,形成一个枝条上两段成花现象,在设施栽培中较常见,但花芽质量较差(吴禄平,2003)。设施栽培杏的花芽分化是在果实采收后10~15 d开始的(郁香荷,2004)。设施栽培桃在果实采收前花芽分化量很小。据申作莲试验观察,温室栽培早醒艳桃,在果实发育期内(1月25日至4月13日)未见花芽分化。采收修剪后的新梢花芽分化是从7月中旬开始到10月上旬为止,分化盛期出现在8月和

图6-4 甜樱桃果实采收前花芽状态

9月。所以桃树的设施生产多采用果实采收后对结果新梢进行重短截,重新培养结果枝。

二、选择树种和品种

果树设施生产主要以鲜食为目的,根据设施生产的特点,在选择树种和品种上应遵循以下原则。

①选择果实色泽艳丽、鲜食品质好,且果实不耐长期贮运的树种和品种,满足消费者的需求。

②促成和半促成栽培宜选择早熟品种,果实生育期60~80 d为宜。选择自然休眠期短、需冷量低的品种。延迟栽培则以晚熟品种为宜,果实生育期越长越好。

③选择植株比较矮小或适宜矮化栽培的树种和品种。

④选择早果性、丰产性好的品种。尽可能选择自花结实率高的品种。

⑤选择适应性、抗病性好的品种。尽可能选择比较耐低温、耐弱光的品种。

【工作页】6-1　调查设施果树生产常见树种和品种

设施果树生产常见树种和品种记录单

序号	树种	品种	主要特点

三、培育大苗技术

除桃、葡萄等早果性好的树种,可在设施内直接定植一年生苗外,樱桃、杏、李等进入结果期较晚的树种宜在设施内定植大苗,以便尽早获得产量,降低管理成本。

1.培育和利用大苗的方式

一是利用露地栽培结果树,就地建造保护设施,实施设施生产。二是做好设施园地规划后先栽树,待树结果后再建设施。三是移植结果树,将4～5年生大树移栽到温室内,方法简便,快捷。

2.培育大苗的方法

选择土层较深厚、背风向阳,最好是距离栽培温室比较近的地块做苗圃地。

按照 1 m×1.5 m 的株行距挖 40 cm×50 cm 的栽植坑。将编织袋放入坑内,用园田土与适量腐熟的有机肥混合后装入袋内,装至1/2高,然后放入苗木,覆土至根颈处,浇水沉实。在北方地区春季比较干旱,苗木定植高度可与地面平。但在华北地区或是在较低洼地,可采用高畦栽植,畦高 20～30 cm,以避免雨季发生内涝。如果采用高畦栽植,则一定要覆盖地膜。如果定植苗在苗圃内未进行圃地整形，覆膜后要及时定干。定干高度为 35～45 cm，剪口下至少要有 3～5 个饱满芽，然后用塑料袋将苗干套上，以防抽条和虫害。苗木成活后要及时将塑料袋去掉，然后加强田间管理，按照选择的树形进行整形修剪，培养适合设施生产的树形。

在甜樱桃不适宜栽培地区，如冬季最低气温低于－20℃的地区进行露地培育大苗，在上冻前一定要将樱桃树移入贮藏窖或室内，在 0～7℃的条件下贮藏，来年再移栽到室外。或者在冷棚内育苗，入冬前覆盖保温被。这样经过 3～4 年的树体树形培养，就可以定植到温室或大棚里进行设施生产。

四、栽植

(一)选择栽植方式

设施果树选择栽植方式时，除草莓要求不严格外，其他乔木果树以南北行向、采用长方形或带状栽植为好。

目前，日光温室推行高畦栽植和砖槽台式栽植方式效果较好。高畦栽植是在温室内做 20～30 cm 高畦，将果树定植在高畦上，具有提高地温作用，也可以解决设施栽培高密度下的光照问题(图 6-5)。砖槽台式栽植则是向下挖 50 cm 深，宽 100 cm，砌成砖槽，果树定植在槽内(图 6-6)。果树定植平面与温室地平面一致，可有效利用空间。除有高畦的作用外，还具有扩大设施空间，方便作业管理和限根栽培作用。

图 6-5　高畦栽植

图 6-6　台田栽植

(二)选择栽植时期

设施内栽植果树的时期，主要有 3 种情况。

一是秋栽，适宜大苗移栽。当年冬季在苗木满足需冷量后即可升温。果苗从 1 月初就开始生长，比露地多生长 2～3 个月，生长量大，花芽多，翌年产量高。行间间作矮茎蔬菜、花卉、草莓等作物，以抵消管理费用。

二是没有建造大棚，先在大棚的位置上定植苗木，定植时期与露地栽植时间相同。

三是在设施内腾空后栽植，袋装育苗可以采用这种形式，其定植时期要求不是很严格。

(三)选择栽植密度

设施栽培要根据果树树种、品种的生长势强弱和设施的宽度来设计株行距。桃树株行距一般是(1.0~1.5) m×2.0 m。如温室宽 7 m,可一行栽 5 株,温室前后各留 1 m,株距为 1.25 m;如温室宽度为 8 m,可一行栽 6 株,株距为 1.2 m。李树的适宜株行距以 2 m×3 m 为好,平均产量最高(杨建民,2004)。杏树和甜樱桃树比较高大,株行距以(2~3) m×(3~4) m 为宜。若采用矮化砧株行距还可适当缩小。此外,确定栽植密度时还要考虑品种的特性和土壤肥力条件等,在土壤肥沃或长势较强的品种,如红灯、大紫等株行距宜大些;而在土壤肥力较低的地段或长势较中庸的品种,如佐藤锦、芝罘红等品种则株行距可小些。

(四)栽植

设施内果树栽植方法与露地基本相同,具体方法参见项目三建立标准化果园之任务 2 栽植果树。

五、调控休眠技术

(一)"人工低温暗光促眠"技术

通常采用的方法是在外界稳定出现低于 7.2℃ 的温度时(辽宁南部 10 月下旬至 11 月上旬)扣棚,同时覆盖保温被或草苫。让棚室内白天不见光,降低棚内温度,并于夜间打开通风口和前底脚覆盖,尽可能创造 0~7.2℃ 的低温环境。这种方法简单有效,成本低,是生产上广泛采用的技术。

【知识链接】

果树的需冷量

落叶果树的自然休眠需要在一定的低温条件下经过一段时间才能通过。生产上通常用果树经历 0~7.2℃ 的低温累积小时数计算,称之为"果树需冷量"。即果树在自然休眠期内有效低温的累积时数,为该果树的需冷量。不同果树的休眠需冷量差别很大,从几十个小时到 2 000 多小时不等。一般情况是葡萄、甜樱桃的低温需求量最高,桃最低,李、杏居中。果树自然休眠期需冷量不足,加温后将导致发芽延迟、开花不整齐,甚至枯死现象。

在果树的休眠过程中,温度变化情况是复杂的,因此可用犹他模型估算。犹他模型估算需冷量的方法是:2.5~9.1℃ 为打破休眠的最有效低温范围,此温度下 1 h 计 1 个冷温单位 (1c.u);而其他低温范围 1.5~2.4℃ 和 9.2~12.4℃ 只有半效作用,1 h 计 0.5 个冷温单位 (0.5 c.u);低于 1.4℃ 或 12.5~15.9℃ 为无效温度;16~18℃ 范围内低温效应部分被解除,该温度范围内 1 h 相当于 −0.5 个冷温单位(−0.5 c.u);18℃ 以上则低温效应完全被解除,该温度范围内 1 h 相当于 −1 个冷温单位(−1 c.u)。

(二)人工控制休眠技术

在自然休眠未结束前,欲提前升温需采用人工打破自然休眠技术。目前应用比较成功的是用石灰氮打破葡萄休眠、用单氰胺打破桃休眠以及用赤霉素打破草莓休眠。

葡萄经石灰氮处理后,可比未经处理的提前 15～20 d 发芽。方法是在 1 kg 石灰氮中加 5～7 升温水,多次搅拌,勿使其凝结,等 2～3 h 后,用纱布过滤出上清液,加展着剂或豆浆后涂抹休眠芽,对水量可根据石灰氮含量的大小适当增减。通常在自然休眠趋于结束前 15～20 d 左右使用,涂抹后即可升温催芽。对于一年一栽制和一年一更新制的结果母枝,其基部距地面 30 cm 以内的芽和顶端最上部的两个芽不能涂抹,期间的芽也要隔一个涂抹一个,以免造成无用芽萌发消耗营养和顶部芽萌发后生长过旺。

用单氰胺打破桃休眠,可比未经处理的提前 10～15 d 萌芽,提前 7～12 d 开花,果实成熟提早 5～12 d(图 6-7)。单氰胺在不同桃树上使用浓度略有不同,刘慧纯(2011)试验认为:油桃为 50～60 倍;毛桃、蟠桃为 30～40 倍效果较好。使用方法是用水将药液按照预定的浓度稀释后,直接用喷雾器喷洒或用刷子蘸取配制好的溶液,均匀涂抹在芽和枝干上即可。使用时期在升温当天或升温前后的 1～2 d 内完成。单氰胺除在桃树上应用外,也可以用于打破葡萄树、李树、樱桃树休眠。浓度分别为:葡萄 20～25 倍;大樱桃 50～60 倍;李子 60～80 倍。使用单氰胺时注意:喷药时每株树上枝条不得漏喷,喷到既可,宜轻不宜重,更不能重复喷施,否则易烧芽。

未使用单氰胺效果　　　　　　　　使用单氰胺效果

图 6-7　桃应用单氰胺效果

在草莓上应用赤霉素(GA$_3$)处理具有打破休眠、提早现蕾开花、促进叶柄果柄伸长的效果。使用方法是用 10 mg/L 赤霉素喷布植株,尽量喷在苗心上(图 6-8),每株 5 mL 左右,处理适宜温度为 25～30℃,低于 20℃效果不明显,高于 30℃易造成植株徒长,所以宜在阴天或傍晚时进行。一般在保温后 3～4 d 处理,如配合人工补光处理,喷 1 次即可。对没有补光处理或休眠深的品种可在 10 d 后再处理 1 次。人工补光创造长日照条件,有促进草莓打破休眠的效果,是草莓日光温室促成栽培的重要措施。具体方法是安装 100 W 白炽灯,每 667 m² 安装 40～50 个,安装高度为 1.5 m。每天放帘后开始补光 5 h 左右,将每天光照时间保持在 13 h 以上。

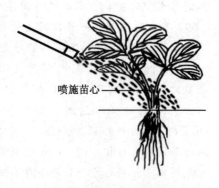

喷施苗心

图 6-8　草莓喷洒赤霉素

采用低温处理打破草莓的休眠在生产中已广泛应用,即在草莓苗花芽分化后将秧苗挖出,捆成捆,放入 $0\sim3℃$ 的冷库中,保持 80% 的湿度,处理 $20\sim30$ d。有条件的情况下,也可在设施内采用人工制冷的方法,强制降低温室内的温度,促使果树尽早通过自然休眠。目前在甜樱桃的促成栽培上有采用人工制冷促进休眠的例子。采用容器栽培的果树均可以将果树置于冷库中处理,满足需冷量后再移回设施内栽培,进行促成栽培。或人为延长休眠期,进行延迟栽培。

【知识链接】

石　灰　氮

石灰氮($CaCN_2$)的化学名称叫氰氨化钙。由于含有很多的石灰,又叫石灰氮。石灰氮是黑色粉末,带有大蒜的气味,质地细而轻,吸湿性很大,易吸潮起水解作用,并且体积增大。石灰氮含氮 $20\%\sim22\%$,在农业上可用作碱性肥料,做基肥使用。也可做食用菌栽培基质的化学添加剂,补充氮源和钙素。石灰氮对人畜有毒,接触皮肤时能引起局部溃烂。

单　氰　胺

单氰胺(CH_2N_2)学名氨基氰,简称氰胺。单氰胺在水中有很高的溶解度且呈弱酸性,在 $43℃$ 时与水完全互溶。单氰胺液体外观无色或淡黄色,可以作为植物生长调节剂,通过终止植物休眠,刺激果树发芽,促使作物萌动初期芽齐、芽壮,增加作物单产方面具有特殊作用。另外,它还是有效的灭菌剂、落叶剂和除草剂。它也可以作为生产杀虫剂、除草剂、杀菌剂等的合成原料。单氰胺对眼睛和皮肤有刺激作用,直接接触后,会引起过敏。

【技能单】6-1　果树破眠技术

一、实训目标

学会使用单氰胺打破保护地果树休眠,以促进其提早萌芽。

二、材料用具

1. 材料　保护地果树植株、单氰胺。

2. 用具　烧杯、量筒、玻璃棒、塑料桶、喷雾器等。

三、实训内容

1. 药剂配制　以小组为单位,每组按规定的浓度配制好单氰胺溶液后,待用。

2. 喷施　取配制好的单氰胺溶液,装入喷雾器中,对待处理树体进行喷施。喷施时宜轻不宜重,切勿重复喷施。

四、实训提示

1. 实训前教师组织学生进行查阅相关资料,确定处理方案,实训后要求学生做好调查记录。

2. 药品配制和喷施时可以以小组为单位进行,组长注意协调好组员,各负其责。

3. 喷施时间要适宜,药剂配制时注意浓度适宜、喷施时注意喷施质量。

4. 使用单氰胺时要注意安全。

五、考核评价

考核项目	考核要点	等级分值				考核说明
		A	B	C	D	
职业素养	学习态度,沟通、协作能力	20	16	12	8	1.考核方法采取现场单独考核加提问。 2.职业素养根据学生现场实际表现确定等级。
技能操作	1.计算结果正确度 2.配药操作规范性、准确度 3.喷药规范性	60	48	36	24	
调查结果	1.调查结果上交及时 2.调查内容翔实、可靠	20	16	12	8	

六、实训作业

操作后,及时调查萌芽情况,并做好记录。每人写一份实训报告。要求有操作要点、处理效果和调查结果分析。

六、调控设施内环境条件

(一)调控温度

1.保温措施

采用多层覆盖,如设置二层幕(图6-9)、在温室和大棚内加设小拱棚(图6-10)等;减少缝隙放热,如及时修补棚膜破洞、设作业间和缓冲带、密闭门窗等;采取临时加温,如利用热风炉、液化气罐、炭火等(图6-11)。

2.降温措施

自然放风降温,如将塑料薄膜扒缝放风,分放底脚风、放腰风和放顶风3种,以放顶风效果好。温室也可采取强制通风降温措施,如安装通风扇等。

图6-9 设置二层幕

图6-10 棚室内加设小拱棚

图6-11 热风炉加温

【知识链接】

设施内的温度变化

温室内的气温在东西方向上差异较小,靠近出口处气温最低。南北方向上,以中部最高,向南、向北递减,白天南部高于北部,夜间北部高于南部。温室内最低气温出现在揭开保温覆盖材料前的短时间内,揭开覆盖材料后气温很快上升,11时前升温最快,在密闭条件下每小时最多可上升6～10℃,这期间是温度管理的关键。13时气温达到最高,以后开始下降,15时以后下降速度加快,直到覆盖保温物为止。此后温室内气温回升1～3℃,然后平缓下降,直到第二天早晨。

晴天塑料大棚在日出后气温开始上升,13时气温最高,14时以后气温开始下降,日落前下降最快,昼夜温差较大。设施内的地温从地表到50 cm深的土层里都有明显的增温效应,但以10 cm以上浅层土壤增温显著,这种效应称为"热岛现象"。

(二)调控光照

在合理采光设计的前提下,改善光照的措施有:选用透光率高的薄膜;在温度允许的前提下,适当早揭晚盖保温覆盖物;定期清扫棚膜;人工补光,铺、挂反光膜(图6-12)等。

【知识链接】

设施内的光照变化

设施内的光照强度垂直分布规律是越靠近薄膜光照强度越大,向下递减,且递减的梯度比室外大。靠近薄膜处相对光照强度为80%,距地面0.5～1.0 m为60%,距地面20 cm处只有55%。光照的水平分布规律是南北延长的塑料大棚,上午东侧光照度高,西侧低,下午相反,全天平均东西两侧差异不大。东西延长的大棚,平均光照度比南北延长的高,升温快,但南部光照度明显高于北部,最大相差20%,光照水平分

图6-12　温室后墙挂反光膜

布不均匀。日光温室南北方向上,光照强度相差较小,距地面1.5 m处,每向北延长2 m,光照强度平均相差15%左右。东西山墙内侧大约各有2 m左右的空间光照条件较差,温室越长这种影响越小。

(三)调控湿度

冬季生产中,设施处于密闭状态,空气湿度较大,对果树病害发生影响极大。降低设施内湿度的措施有:通风换气,可明显降低空气湿度;在温度较低无法放风的情况下,可加温降湿;进行地面覆盖,既可控制土壤水分蒸发,又可提高地温。采用管道膜下灌水,可明显避免空气湿度过大。有条件可采用除湿机来降低空气湿度,在设施内放置生石灰,利用生石灰吸湿,也有较好效果。

【知识链接】

设施内空气湿度的变化

设施内空气湿度的大小,取决于蒸发量和蒸腾量,与温度也有密切关系。蒸发量和蒸腾量

大,空气相对湿度、绝对湿度都高,在空气含水量相同的情况下,温度越高相对湿度越小。设施内相对湿度的变化与温度呈负相关,晴天白天随着温度的升高相对湿度降低,夜间和阴雨雪天气随室内温度的降低而升高。空气湿度变化还与设施大小有关,设施空间大,空气相对湿度小些,但往往局部湿度差大,如边缘地方相对湿度的日均值比中央高10%;反之,空间小,相对湿度大,而局部湿度差小。

(四)调控气体

在设施密闭状态下,对果树生长发育影响较大的气体主要是CO_2和有害气体。

1.调控设施内CO_2

改善设施内CO_2浓度的方法除通风换气、增施有机肥外,还可以利用化学反应法,燃烧天然气、液化气、沼气等,施用液态、固态CO_2和施用CO_2颗粒肥等。其中应用较多的方法是用CO_2发生器,利用硫酸和碳酸氢铵反应制造CO_2气体。此外,目前设施果树生产中采用秸秆生物反应堆,对提高设施内CO_2浓度有较好的效果。施放CO_2宜在晴天的上午进行,下午通常不施,且应保持一定的连续性,应坚持每天施用,如不能每天施用,前后两次的间隔时间不宜超过1周。阴、雨雪天和温度低时不宜施放。

【知识链接】

设施内CO_2浓度的变化

二氧化碳是绿色植物光合作用的主要原料。温室内的CO_2浓度在早晨揭开保温覆盖物时最高,一般可达1%～1.5%。此后浓度迅速下降,如不通风到上午10时左右达到最低,可达0.01%,低于自然界大气中的CO_2浓度(0.03%),抑制了光合作用,造成果树"生理饥饿"。在夜间,温室处于密闭状态,果树呼吸作用放出CO_2,再加上土壤中微生物活动也会释放CO_2,导致夜间CO_2浓度最高,比一般空气中含量高3～5倍。

CO_2浓度的变化与天气也有关系。晴天果树光合作用强,CO_2浓度明显降低;阴雨天果树光合作用弱,CO_2浓度较高。设施内CO_2在空间上的分布规律是:垂直方向上,植株间CO_2浓度低;水平方向上,CO_2浓度四周低,中间高。

2.调控有害气体

设施生产中如管理不当,可发生多种有害气体,造成果树伤害。常见有害气体危害症状及预防方法如表6-4所示。

表 6-4　主要有害气体危害症状及预防方法

气体名称	来源	危害症状	预防方法
氨气	施肥	危害轻时叶片边缘失绿干枯。严重时自下而上叶片先呈水浸状,后失绿变褐干枯	深施充分腐熟后的有机肥。不用或少用化肥,挥发性强的化肥作追肥,要适当深施。施肥后及时灌水。覆盖地膜可防止有害气体释放,减轻危害。一旦发生气害,及时通风
二氧化氮	施肥	中部叶片受害重,叶面气孔部分先变白,后除叶脉外,整个叶片被漂白、干枯	
二氧化硫	燃料	中部叶片受害重,轻时叶片背面气孔部分失绿变白,严重时整个叶片变白枯干	采用火炉加温时要选用含硫低的燃料,炉子要燃烧充分,密封烟道,严禁漏烟。采用木炭加温要在室外点燃后再放入棚室内
一氧化碳	燃料	叶片白化或黄化,严重时叶片枯死	

续表6-4

气体名称	来源	危害症状	预防方法
乙烯	塑料制品	植株矮化,茎节粗短,叶片下垂、皱缩、失绿变黄脱落;落花落果,果实畸形等	选用无毒塑料薄膜和塑料制品,棚室内不堆放塑料制品及农药化肥、除草剂等
氯气	塑料制品	叶片边缘及叶脉间叶肉变黄,后期漂白枯死	

七、秸秆生物反应堆技术

(一)建造内置式反应堆

1.定植行下建造内置反应堆

对于还未定植果树的棚室,在定植前,可以在定植行下建造内置反应堆。方法如下:

(1)施肥备料　在温室清园后,施入充分腐熟的有机肥作基肥,耕翻后整平。建造秸秆反应堆需要准备菌种、麦麸和秸秆三种反应物。其比例(重量比)为菌种:麦麸:秸秆＝1:20:500。通常每亩菌种用量为8～10 kg,常用的菌种有沃丰宝生物菌剂、圃园牌秸秆生物反应堆专用菌种等;麦麸子每亩用量为160～200 kg,主要为菌种繁殖活动提供养分;秸秆可以使用玉米秸、稻草、麦秸、稻糠、豆秸、花生秧、花生壳、谷秸、高粱秸、向日葵秸、树叶、杂草、糖渣、食用菌栽培后的菌糠等,准备4 000～5 000 kg。

(2)菌种预处理　用1 kg菌种和20 kg麦麸干着拌匀,再用喷壶喷水,喷水量16 kg。麦麸也可以用饼类、谷糠替代,但其数量应为麦麸的3倍,加水量应视不同用料的吸水量确定(以手轻握不滴水为宜)。秋季和初冬(8～11月份)温度较高,菌种现拌现用,也可以当天晚上拌好第2天用;晚冬和早春季节要提前3～5 d拌好菌种备用。拌好的菌种一般摊薄10 cm存放,冬季注意防冻。

(3)挖沟铺秸秆　在定植行下开沟,沟深20～25 cm,宽70～80 cm,长度同定植行。挖出的土堆放在沟的两侧,将秸秆平铺到挖好的沟内,铺匀踏实、踩平,厚度30 cm左右,沟两头各露出10 cm秸秆茬,以利于散热、透气。

(4)撒菌种　填完秸秆后,先在秸秆上均匀撒施饼肥,用量为每亩100～200 kg,然后再把处理好的菌种撒在秸秆上,并用铁锹轻拍使菌种渗漏至下层一部分。如不施饼肥,也可以在菌种内拌入尿素,用量为1 kg菌种加50 g尿素,目的是调节碳氮比,促进微生物分解。

(5)打孔　将沟两边的土回填于秸秆上,浇水湿透秸秆。2～3 d后,找平起垄,秸秆上土层厚度保持20 cm左右。7 d后在垄上按株行距定植,缓苗后覆地膜。最后按20 cm见方,用14号钢筋在定植行上打孔,孔深以穿透秸秆层为准,热量和二氧化碳即可从孔中溢出。

2.定植行间建造内置反应堆

对于已经定植果树的棚室,可以在定植行间建造反应堆。方法如下:

秸秆收获后在两行果树的行间开沟,沟深15～20 cm,长度与行长相等。沟内铺放秸秆20～25 cm厚,两头露出秸秆10 cm,踏实找平。按每行用量撒接一层处理好的菌种,用铁锹拍一遍,回填所起土壤,厚度10 cm左右,并将土整平,浇大水湿透秸秆。4 d后打孔,打孔要求在行两边靠近果树处,每隔 20 cm,用 14 号钢筋打一个孔,孔深以穿透秸秆层为准。菌种和秸秆用量可参照定植行下内置式生物反应堆中的用量。

行间内置式反应堆只浇第一次水,以后浇水按常规进行。管理人员走在行间,也会踩压出二氧化碳,抬脚就能回进氧气,有利于反应堆效能的发挥。此种内置反应堆,应用时期长,田间管理亦常规化,初次使用者易于掌握。已经定植或初次应用反应堆技术的种植者可以选择此种方式。也可以把它作为行下内置反应堆的一种补充措施。

(二)建造外置式反应堆

建造外置式反应堆的前提条件是棚内需要有电源。建造标准有标准外置式和简易外置式两种。

1.建造标准外置式反应堆

(1)贮气池　在棚内一山墙内侧,距山墙 60 cm,开挖一条南北与山墙长度相等,宽 1 m,深 0.8 m 的沟作贮气池。整个沟体可用单砖砌垒,水泥抹面,打底。无条件者,也可只挖一条沟,用厚农膜覆盖底和四壁。

(2)进气孔　在贮气池两侧建边长 50 cm 的方形取液池和边长 20 cm 的方形进气口。

(3)输气道　从沟中间位置向棚内开挖一个底部低于沟底 10 cm,宽 50 cm,向外延伸60 cm 的输气道。

(4)交换机底座　接着输气道做一个下口直径为 50 cm,上口内径为 40 cm,高出地面20 cm 的圆形交换机底座,用于安装二氧化碳交换机和输气带。

(5)反应堆　贮气池上搭水泥杆和铁丝,上面铺放秸秆。最下面一层最好使用具有支撑作用的长秸秆。每层秸秆同方向顺放,层与层秸秆要交叉叠放。底层以上成捆的秸秆铺放时,要把秸秆解开,以利腐化分解。每 50 cm 厚秸秆,撒一层用麦麸拌好的菌种,菌种要撒放均匀,轻拍秸秆使菌种落进秸秆层,连续铺放三层。淋水浇湿秸秆,淋水量以贮气池中有一半积水为宜。秸秆堆上要用木棍打孔以利透气。最后用农膜覆盖保湿,秸秆上面所盖塑料膜靠近交换机的一侧要盖严,以保证交换机抽出的二氧化碳气体的纯度。

(6)安装交换机和输气带　二氧化碳交换机要平稳牢固,结合处采用泥或水泥密封。然后把二氧化碳微孔传输带套装在交换机上,用绳子扎紧扎牢。二氧化碳微孔传输带,要东西向固定在大棚吊蔓用的铁丝或棚顶的拱架上。交换机接通 220 V 电源即可。

一般 50 m 长的标准大棚,外置反应堆需用菌种 6 kg,分 3 次使用,每次 2 kg;秸秆用量6 000 kg,分 3 次使用,每次用量 2 000 kg。菌种的预处理方法同内置式反应堆中的预处理方法。

2.建造简易外置式反应堆

该反应堆的建造形式,一般只需挖一条相应面积贮气池,然后铺农膜,水泥杆拉铁丝固定后,加秸秆,撒菌种,淋水浇湿,通气,盖膜,反应转化降解等操作程序同上,应用和处理方法同上。此种反应堆二氧化碳利用率低,主要应用浸出液和沉渣。

【知识链接】

秸秆生物反应堆的作用及原理

秸秆生物反应堆技术是使作物秸秆在微生物(纤维分解菌)的作用下发酵分解,产生二氧化碳、热量、抗病孢子、有机和无机肥料来提高果树的抗病性、提高果树产量和品质的一项新技术。

它的主要原理是：一是作物秸秆在微生物的作用下发酵分解产生热量,能够提高土壤温度(内置式反应堆)。据测定,1 kg 秸秆可以释放出 3037 千卡的热量,提高地温 4～6℃,气温 2～3℃,生育期提前 10～15 d。二是微生物活动时产生大量二氧化碳,向果树行间释放,大大缓解了保护地由于保温密闭造成的二氧化碳气体亏缺。有研究表明:1 kg 秸秆产生 1.1 kg 二氧化碳,使大棚内二氧化碳的浓度提高到 900～1 900 mg/kg,二氧化碳浓度提高 4～6 倍,光合效率提高 50% 以上。三是秸秆分解后形成有机质,有利于改善土壤结构,增强土壤肥力,为根系生长创造良好的环境。四是由于土壤中有益微生物的旺盛活动,大大抑制了有害微生物的繁殖,可使植物发病率降低 90% 以上,农药用量减少 90% 以上。五是秸秆在反应过程中,菌群代谢产生大量高活性的生物酶,与化肥、农药接触反应,使无效肥料变有效,使有害物质变有益,最终使农药残毒变为植物需要的二氧化碳。据测定:该技术应用一年植物根系周围的农药残留减少 95% 以上,应用二年可全部消除。实践证明,保护地果树生产中应用秸秆生物反应堆技术,可明显提高产量,改善果实品质,促进果实提早成熟和增强植株的抗病性。

【工作页】6-2 调查设施果树生产基本技术

设施果树生产基本技术调查单

调查时间：　　　　　　　　调查地点：　　　　　　　　调查人：

设施栽培主要品种	设施类型	栽植方式	栽植密度	破眠技术的应用	设施调控技术	扣棚、升温时间	果品上市时间
桃							
李							
杏							
樱桃							
葡萄							
草莓							

任务2 设施桃生产综合技术

● 任务实施

一、休眠期管理

(一)适时扣棚降温,促进通过休眠

秋季不能自然落叶的品种,可人工顺枝捋掉叶片,注意别损伤桃芽,同时将落叶清扫出温室。生产上也有用8%尿素作化学脱叶剂的,但脱叶不宜过早,以免影响树体营养积累。然后采用"人工降温暗光促眠技术"促使桃树尽快通过休眠。

(二)适时升温,控制熟期

进行桃设施栽培时,满足栽培桃的休眠需冷量后即可升温。一般情况下,需冷量达到800 h以上,能满足大多数桃、油桃的自然休眠要求。以辽宁熊岳地区为例,11月份进入休眠期管理的温室内温度可稳定达到7℃以下,这样在12月5日需冷量即可达到800 h以上,就可以进行升温管理。升温时期的确定还应考虑设施的保温效果,如改良式大棚保温效果不如温室,应晚些升温,让花期躲过1月份的最低温度。大规模生产时,还应考虑分批升温,控制果实成熟上市时期,防止成熟期过于集中。

(三)休眠期修剪

生产上多在揭帘升温后进行。成形树的休眠期修剪主要任务是结果枝组和结果枝的修剪。结果枝组采用双枝更新方法,防止结果枝组延伸过长。树体中、下部要注意培养大、中型结果枝组,避免出现光秃带。结果枝修剪时要剪到复芽处,并要看花芽修剪,保证留下足够的花芽。同时,疏除过密枝和细弱枝。

【技能单】6-2 设施桃休眠期修剪

一、实训目标

通过实际操作,使学生学会设施桃休眠期修剪技术。

二、材料用具

1.材料 设施栽培桃树。

2.用具 修枝剪,手锯等。

三、实训内容

1.调整树体结构 盛果期树行间保持40～50 cm,长的枝条可以适当回缩。对骨干枝的延长枝应尽量控制其高度。一般应控制在距棚0.5～1.0 m。枝组处理时背上枝组要小,直立枝、旺枝疏除。侧生枝组中、下部大些,往上逐渐变小。位于中上部的枝组去强留弱,以控为

主;位于下部或背后的结果枝组,则去弱留强,以促为主。

2.调整枝间距　交叉、重叠、密集、背下细弱的枝条适当疏除,同时疏除背上直立徒长枝。

3.回缩复壮　徒长性果枝过密时可疏除,在花芽量不足的情况下,可回缩到有花枝条。弱的下垂枝在缺枝的情况下可以超重短截。生长旺盛的幼树,长果枝要长留,剪留长度为30～40 cm,待结果下垂后回缩,并应尽量多留副梢果枝。

4.调整花芽量　树势中庸的树,一般长果枝剪留5～8节花芽,中果枝一般剪留3～5节花芽,短果枝和花束状果枝只疏不截,单串花不打头。对生长衰弱的树,果枝剪留的长度相应地缩短。所有操作要保证叶芽当头。

四、实训提示

1.修剪前教师要组织好学生查阅相关资料,注意总结与露地桃休眠期修剪方法的差异。

2.修剪时要针对不同的树体生长状况,制定相应的修剪措施。

五、考核评价

考核项目	考核要点	等级分值				考核说明
		A	B	C	D	
职业素养	学习态度,沟通、协作能力	20	16	12	8	1.考核方法采取现场小组考核加单人提问。 2.职业素养根据学生现场实际表现确定等级。
技能操作	1.调整树体结构 2.调整枝间距 3.回缩复壮 4.调整花芽量	60	48	36	24	
理论知识	采现场答题程度给分	20	16	12	8	

六、实训作业

每2～4人一组,修剪若干株树,观察修剪后树体生长状态,写出实训报告,并总结修剪中需注意的事项。

【知识链接】

设施桃树主要树形

设施内栽培桃树常用的树形有三主枝自然开心形(图6-13)、二主枝自然开心形(图6-14)和纺锤形(图6-15)等。一般在温室前部采用二主枝开心形,中后部采用三主枝自然开心形和纺锤形(图6-16)。大棚可采用两侧二主枝开心形,中间采用三主枝开心形或纺锤形(图6-17)。整形过程与露地基本一致。但设施栽培栽植密度通常较大,整形上一定要注意群体结构(图6-18)。如同一行树要注意前低后高,前稀后密;开心形树形要整体保持V形结构,保证良好的通风透光条件。而且在设施内由于空间较小,在主枝上通常不留侧枝。主枝上培养中、小型枝组,且多以平斜枝组为主(图6-19)。

图 6-13 三主枝自然开心形

图 6-14 两主枝自然开心形

图 6-15 纺锤形

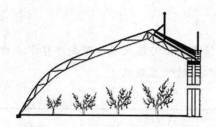

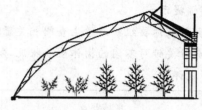

图 6-16 日光温室不同部位的树形

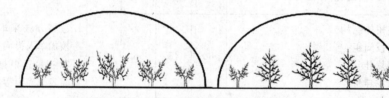

图 6-17 塑料大棚不同部位的树形

图 6-18 自然开心形的群体结构

图 6-19 自然开心形枝组的培养

二、催芽期管理

(一)温度管理

这一时期的温度管理原则是平缓升温,控制高温、保持夜温。方法是前期通过揭开保温材料的多少控制室内温度,后期则需通过放风控制温度过高。控制标准是第 1 周室温保持在白天 13～15℃,夜间 6～8℃。第 2 周室温保持在白天 16～18℃,夜间 7～10℃。此后室温保持在白天 20～23℃,夜间 7～10℃,持续 16～20 d。这期间夜间温度不宜长时间低于 0℃,遇寒流应人工加温。一般升温后 35～40 d 即进入萌芽阶段。

（二）保持湿度

催芽期保持较高的湿度有利于萌芽。因此升温后可灌一次透水，增加土壤含水量，提高温室内的湿度，使棚室内空气相对湿度保持在70%～80%。

（三）其他管理

升温后1周左右喷1次3～5°Be的石硫合剂，综合防治病虫害。完成地上管理后，及早全园覆盖地膜，提高地温，保证根系和地上部生长协调一致。

三、开花期管理

（一）温、湿度管理

从萌芽至开花期，桃树生长发育适宜温度为12～14 ℃，白天最高温度要小于22℃，夜间要大于5℃。遇寒流时采取人工加温措施，如在温室内加炭火、点蜡烛、燃液化气等，防止低温冻害。花期空气湿度控制在50%～60%。控制湿度的方法是打开天窗或放风口放风排湿。

（二）光照管理

花期对温度和光照反应敏感。调节光照的具体方法有选择透光性能好的覆盖材料，聚乙烯无滴薄膜透光率为77%，是目前效果较好的覆盖材料，同时注意经常擦拭棚膜。在保证温度的前提下，尽可能延长揭帘时间。合理密植、科学整形，保持良好的群体结构，主要表现行间透光、枝枝见光。在长时间阴雪天的情况下，可用白炽灯、卤化金属灯、钠蒸气灯等光源人工补光。

（三）人工辅助授粉

设施栽培桃品种大多数自花结实，不必配置授粉树，但需人工点授或用蜜蜂、壁蜂传粉。

（四）新梢管理

桃设施栽培管理条件下，通常复芽较多，且叶芽萌发较早，因此应进行疏芽疏梢，以节省养分。一是将无花处的叶芽疏掉；二是将二芽、三芽梢保留一个叶芽梢，多余的疏除；三是根据结果枝进行疏芽梢。短果枝留2～3个叶芽，中果枝留3～4个叶芽（图6-20）。

短果枝疏梢前后　　　　　　　　中果枝疏梢前后

图6-20　结果枝疏梢

四、果实发育期管理

(一)温度管理

1.果实第一迅速生长期

适宜温度为白天 20～25℃,夜温大于 5℃。果实生长与昼夜温度及日平均温度成高度正相关。尤其是夜间温度的高低对第一迅速生长期影响明显。

2.硬核期

对温度的反应不像第一迅速生长期那么敏感。为避免新梢徒长,最高温度控制在 25℃以下,夜间温度控制在 10℃左右。

3.果实第二迅速增大期

白天温度控制在 22～25℃,夜间温度控制在 10～15℃,昼夜温差保持在 10℃,产量最高而且品质佳。温度过高或过低,品质都下降。从果实的重量与甜味看,22℃的温度果实发育最好。

(二)光照管理

此期光照管理可参照开花期的光照管理内容。此外选择温度好的晴天,加大扒缝通风口,让植株接受一定的直射光,提高花器的发育质量,对授粉受精有显著的促进作用。在果实开始着色期,温室后墙和树下铺反光幕,以促进果实着色。

(三)花果管理

桃设施栽培一般可疏果两次。第一次在落花后两周左右进行,当果实有蚕豆大小时,疏掉发育不良果(小果、双果)、梢头果和过密果(图 6-21)。一般优先保留两侧果,去掉背上果(朝天果)。第二次疏果,在硬核期之前,即在落花后4～5 周进行。留果参考标准以中型果为例,长果枝留 3～4 个,中果枝留 2～3 个,短果枝留 1 个或不留。

图 6-21　桃疏果

疏果要根据树势和品种特点,预留 10% 的安全系数。最后将产量控制在每 667 m² 为1 250～2 000 kg。

(四)新梢管理

及时抹除背上直立的,未坐果部位萌发的新梢,以节省营养,通风透光。坐果部位的新梢,长到 30 cm 左右时摘心(图 6-22)。摘心后发出的副梢,除顶部留 1 个外,其余及时反复抹掉,控制新梢和副梢生长与果实发育争夺养分(图 6-23)。及时吊起下垂枝,扶助新梢生长,改善通风透光条件,促进果实发育。

图 6-22　新梢摘心

去副梢前　　　　　　去副梢后

图 6-23　副梢管理

个别背上直立枝,在有空间的前提下可扭梢控制。但应与摘心配合使用,一般不提倡过多的扭梢处理。果实发育期的新梢控制不可采取多效唑处理,以利于生产无公害果品。

【技能单】6-3　设施桃树生长季的树体管理

一、实训目标

知道设施桃树生长季树体管理的主要内容及操作方法;针对新梢管理、花果管理等内容,进行技术操作练习。

二、材料用具

1. 材料　设施桃树。

2. 用具　修枝剪、卷尺、计数器、记录本等。

三、实训内容

1. 疏花疏果　根据桃树的品种、树龄等确定每株树的留果量,按枝、按距离进行疏果。

2. 新梢修剪　按照技术要求,对新梢进行摘心、扭梢、疏枝等处理。

3. 处理一周后对处理结果进行观察与调查。

四、实训提示

1. 实训前教师组织学生进行实地调查,然后查阅相关资料,确定具体方案。

2. 由于各项实训内容有一定的间隔期,因此教师要做好指导,保证各项操作的连续性和完整性。

五、考核评价

考核项目	考核要点	等级分值				考核说明
		A	B	C	D	
职业素养	学习态度,沟通、协作能力	20	16	12	8	1. 考核方法采取现场小组考核为主。 2. 学习态度根据学生现场实际表现确定等级。
技能操作	1. 疏果方法正确、留果量适宜 2. 新梢修剪中各类枝条处理方法正确、处理时间适宜	60	48	36	24	
调查结果	1. 调查结果上交及时 2. 调查内容全面、分析合理	20	16	12	8	

六、实训作业

每人写一份实训报告,要求有操作要点、处理效果和总结分析。

(五)肥水管理

设施栽培条件下要控制化肥的使用量和使用次数。一个生长季每 $667\ m^2$ 的尿素使用量控制在 $10\sim20\ kg$。提倡配方施肥,可按磷酸二铵:尿素:硫酸钾＝1:1.3:1.8 的比例进行施肥。具体的肥水管理主要任务,参考表 6-5。

表 6-5 设施桃果实发育期的肥水管理

管理任务		时期	用量	方法
追肥	土壤追肥	落花后追坐果肥	每株追磷酸二铵 50 g 和尿素 50 g	适当深施,开 15 cm 深沟,施肥后覆土盖严,防止产生有害气体和减轻土壤盐渍化
		果实硬核末期追催果肥	每株追桃树专用肥等各种复合肥 500 g 和硫酸钾 100 g	
	叶面喷施	果实发育期内叶面喷肥 2～3 次,坐果后喷施 0.2%～0.3% 的尿素 1～2 次,果实膨大期喷施 0.3% 的磷酸二氢钾 1～2 次,或喷高美施等叶面肥,最后一次在采收 20 d 前进行		
	灌水	坐果后、硬核末期各灌 1 次水,果实膨大期灌 1 次水。距果实采收前 15 d 左右,不宜灌水,以免造成裂果		

(六)果实采收

采收时按成熟期的早晚分期分批采收。通常根据上市或外运时间在早上或傍晚温度较低时采摘,采摘要带果柄,并要做到轻拿轻放。采果的同时将采收完的结果新梢留 3～4 节短截,为下部果实打开光照,促进下部果实着色成熟。

采收的果实经过选果分级后装箱,通常用聚乙烯保温箱 5 kg 箱装。运输时也要轻装轻卸,尽量避免机械损伤。

(七)病虫害防治

设施桃在果实发育期间的主要病虫害及防治方法,可参考表 6-6。

表 6-6 设施桃果实发育期的主要病虫害及防治方法

项目	名称	防治方法
病害	细菌性穿孔病 花腐病 灰霉病 炭疽病	落花后喷布 70% 代森锰锌可湿性粉剂 500 倍液,或 70% 甲基托布津可湿性粉剂 1 000 倍液,或大生 M-45 可湿性粉剂 800 倍液,共喷 3～4 次,交替使用农药 设施内湿度大时,用速克灵等烟雾剂进行防治
虫害	蚜虫	发生期喷 10% 吡虫啉可湿性粉剂 4 000～5 000 倍液,或 50% 马拉硫磷乳油 1 000 倍液
	二斑叶螨	发生期喷布 1% 阿维菌素乳油 5 000 倍液
	桃潜叶蛾	发生前期防治,选用 25% 灭幼脲 3 号悬浮剂 1 000～2 000 倍液

五、果实采收后的管理

(一)采收后修剪

早红珠、阿姆肯等品种在辽宁熊岳地区 4 月上旬即可采收完,可在 4 月末进行修剪,在 5 月份采收结束的品种应在采收后立即修剪,主要任务有:

1.调整树形

有空间的情况下,主枝延长枝中短截,以扩大树冠。根据棚室高度将树高控制在 1.5～1.8 m。无空间时,回缩过长、过高的枝头和中部大型枝组,使同一行树保持前低后高。自然开心形保持两侧高中间低,树冠间距控制在 50 cm 左右。形成合理的树体结构和群体结构,保持良好的光照条件和较大的结果体积。同时剪除病弱枝、下垂枝、过密枝和劈裂折断枝,以集中养分,促进新枝。

2.更新枝组

注意采用双枝更新技术,防止结果枝组延伸过长,避免出现光秃带。对枝轴过长的结果枝组,及时回缩,使枝组圆满紧凑。对弱枝和过长枝,也可在二年生枝段上,有叶丛枝处缩剪,使之复壮。对所有结过果的新梢留 2～3 个芽重短截,促发新枝,重新培养结果枝(图 6-24)。修剪时要留侧芽侧枝,以免发出的新梢偏旺。

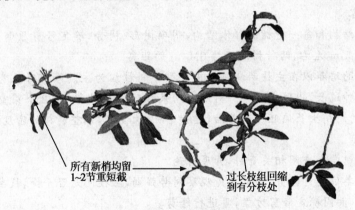

所有新梢均留
1～2节重短截

过长枝组回缩
到有分枝处

图 6-24　桃枝组更新

3.培养结果枝

回缩的新梢萌芽后,进行一次复剪。即及时疏除过多、过旺的新梢,留中庸枝、平斜枝培养结果枝(图 6-25)。个别较壮新梢,在有空间的前提下,可在 15～20 cm 时摘心,利用二次枝培养结果枝。摘心只能进行一次,分枝级次越多花芽分化越不好。通过复剪达到两个目的:一是调整新梢密度,使每 667 m² 保留 1.2 万～1.5 万个新梢。二是调整新梢的整齐度,使留下的新梢均匀一致,便于利用多效唑抑制新梢生长,促进花芽分化。

每个枝组留2个分枝

留背下平斜梢

结果枝组的培养

结果枝的培养

图6-25　桃结果枝组和结果枝的培养

【技能单】6-4　设施桃树采收后修剪

一、实训目标

知道设施桃树采收后修剪的理论基础;学会采收后修剪的主要技术,并能独立进行修剪。

二、材料用具

1.材料　设施内桃树。

2.用具　修枝剪、修枝锯等。

三、实训内容

1.观察树体结构和每一行树的群体结构,明确树形、树势,确定修剪原则。根据棚室高度将树高控制在1.5 m左右,两行树间保持0.5 m的距离。

2.结果枝组的培养以在主枝两侧培养中小型平斜枝组为主。修剪时注意采用双枝更新,防止结果枝组延伸过长,出现光秃带。对所有结果部位的新梢留1～2个芽重短截,要留侧芽侧枝,以免发出的新梢生长偏旺。萌芽后,进行1～2次复剪,调整新梢的密度和整齐度。

四、实训提示

1.实训前组织学生查阅相关资料,开展讨论。

2.以小组为单位进行修剪,修剪前先观察树势强弱,主枝间是否平衡,枝条疏密情况,然后小组成员间研讨,共同确定修剪方案,再进行修剪。

3.在实训过程中,注意理论与实践的结合。

五、考核评价

考核项目	考核要点	等级分值				考核说明
		A	B	C	D	
职业素养	学习态度,沟通、协作能力	20	16	12	8	1.考核方法采取现场小组考核加单人提问。 2.学习态度根据学生现场实际表现确定等级。
技能操作	1.树体结构调整是否合理 2.结果枝组更新修剪是否到位 3.结果枝修剪是否正确	60	48	36	24	
理论知识	采取随机口试的方法,根据现场答题程度给分	20	16	12	8	

六、实训作业

每2～4人一组,修剪若干株树,观察修剪效果,调查每株树的结果枝组数和留梢数,写出实训报告。

(二)肥水管理

修剪后进行一次追肥和灌水,每株沟施复合肥 150～250 g,施肥后全园灌透水。9月上、中旬进行秋施基肥,基肥以腐熟的鸡粪、猪粪、豆饼等有机肥为主,并适量混入复合肥和氮肥提高肥效。每 666.7 m² 施用有机肥 3 000 kg,掺入 25～40 kg 复合肥,基肥可地面撒施,撒施后将肥料翻入 20 cm 土层以下。

雨季要严格控制水分,注意排除树盘中的积水,保证桃树正常生长。

(三)控制新梢生长,促进花芽分化

露地管理过程中,为防止新梢生长偏旺,除过分干旱外,一般不灌水。当新梢长到 10～20 cm 时,喷施 150～250 倍的多效唑 1～2 次,将大部分新梢长度控制在 30～40 cm,以形成较多的复花芽,适时进入休眠,为下一个生产过程打下良好基础。

 ## 任务 3　设施李、杏生产综合技术

● 任务实施

一、休眠期管理

(一)适时扣棚和升温

当外界环境出现 7.2℃以下温度时,采用"人工降温暗光促眠"技术,尽早满足杏树、李树休眠的需冷量要求。杏树的需冷量一般在 700～1 000 h;中国李的需冷量与杏相近。

在辽宁南部地区稳定出现低于 7.2℃的时间平均为 11 月初,到 12 月中下旬低温累积量可达 1 000 h 左右,可满足大多数杏树和李树的需冷量,即可揭帘升温。通常杏、李温室栽培的升温时间应比桃树晚 10～15 d。

(二)休眠期修剪

李树在温室栽培时前两排采用二主枝 Y 字形,后面采用多主枝自然开心形、纺锤形等树形,在高密度栽植时,采用多主枝自然开心形为宜(图 6-26)。这种树形有主枝 4～5 个,主枝开张角度可比桃树略小,不留侧枝,单轴延伸。整形过程可参照露地部分内容。杏树设施内栽培前底脚第一排也以安排二主枝开心形为好,杏树的干性较强,后面几排以纺锤形为宜(图 6-27)。

李二主枝开心形　　　　　　　李多主枝自然形

图 6-26　李树树形

　　休眠期修剪的总体原则是轻剪缓放。具体内容有:对中心干延长枝中短截,剪留 50 cm 左右。对剪口下竞争枝采用缓放和极重短截方式处理(图 6-28)。为了扩大树冠需要和保持延长枝的生长优势,对骨干枝的延长枝进行适度短截。延长枝角度合适时,剪口下留侧芽,使枝头左右弯曲延伸,以利开张角度,控制前端生长势,促进后部多生小枝。延长枝角度过小时,应进行换头开张角度。延长枝生长势明显减弱或树高达到棚室的 2/3 时,可在下部分枝处回缩更新。

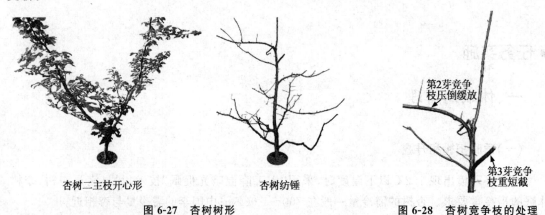

杏树二主枝开心形　　　　　　杏树纺锤　　　　　　　　第2芽竞争枝压倒缓放

第3芽竞争枝重短截

图 6-27　杏树树形　　　　　　　**图 6-28　杏树竞争枝的处理**

　　回缩或重短截外围生长势强的枝条,以保证内膛中短枝的坐果;回缩或疏除过密及生长势衰弱的结果枝组,进行更新复壮。短枝和花束状果枝基本不动,留足花芽数量,以利结果。同时注意培养预备枝,防止结果部位外移。

二、催芽期管理

(一)温度管理

　　此期的温度管理原则是平缓升温,保持夜温。催芽期温度控制指标是:升温的第 1～2 周,白天温度控制在 10℃ 左右,夜间温度控制在 0℃ 以上。第 2～3 周白天温度控制在 13～15℃,夜间温度在 5℃ 左右,不低于 2℃。注意此期温度不宜超过 20℃,否则会引起花粉败育。从开始升温到开花约需 45 d。

(二)湿度和其他管理

参照设施桃催芽期的管理方法进行。

三、萌芽开花期管理

(一)温、湿度管理

杏、李的花期温度可比桃低 1～2℃。李树在 7℃ 以上即可以授粉受精,最适宜的温度是 12～18℃。从初花到落花期白天温度控制在 18～22℃,夜间温度控制在 7～8℃,最低不低于 5℃。此期夜间容易出现低温危害,应注意随时采取人工加温措施。

开花期不宜灌水和喷药,以保证温室内的空气湿度在 50% 左右。湿度过大时可在阳光充足的中午放风降湿。

落花以后,受精已经结束,枝叶生长与幼果发育争夺营养是导致落果的原因之一。因此,落花后 2～3 周内,为防止枝叶旺长和加重落花落果,白天的温度管理应比开花期稍低一点。

(二)提高坐果率

杏树和李树都不同程度地存在完全花比率低,自花结实率低的问题,生理落果严重,设施栽培表现更突出。因此,在放蜂和人工点授的前提下,花前 1 周叶面喷施 0.2%～0.3% 的硼砂或喷施 100～200 倍的 PBO,可起到保花保果的作用。

四、果实发育期管理

(一)温、湿度管理

这期间要严格控制温、湿度,保证果实正常发育。果实发育前期,即从落花后到幼果膨大,白天温度从 18～19℃ 逐步升到 20～22℃。夜间温度控制在 10～12℃,最高不能超过 15℃。果实着色至果实成熟期,白天温度控制在 22～25℃,最高不超过 28℃。夜温控制在 12～15℃,保证昼夜温差在 10～15℃ 以上,以利于果实着色和成熟。

果实发育前期,空气湿度控制在 50%～70%,后期控制在 50% 左右。

(二)疏果

设施栽培的杏树、李树如果坐果过多,不仅果个小,而且着色不好,成熟期也会延迟,因此为提高果实品质,要进行疏果。疏果一般在生理落果后进行。如大石早生、美丽李等生理落果比较重的品种,应在确认坐住果后(果实如玉米粒大小时)再进行。疏果标准一般是中型果,如大石早生李、金太阳杏等品种的果实间距在 6～8 cm。大型果,如琥珀李、凯特杏等品种的果实间距在 8～12 cm。疏果时还应考虑结果枝的粗壮程度,生产上提出枝径 1 cm 以上的每 8 cm 留 1 个果,枝径在 0.5～1 cm 的每 8～10 cm 留 1 个果,枝径在 0.5 cm 以下的每枝留 2～3 个果。疏果时应先疏小果、畸形果,多留侧生果和下垂果。

(三)新梢管理

具体做法有:一是除萌疏枝,及早抹除剪锯口处、树冠内膛萌发的多余的萌芽,以节省营养,并防止枝条密生郁闭,影响通风透光;及时疏除结果枝先端的直立旺枝,没有坐果的空枝,有利于果实的生长发育。二是扭梢,对当年萌发的生长过旺的部分新梢可以采取扭梢办法控制,即可控制新梢生长,又有促进花芽分化的作用。三是摘心和剪梢,当新梢长到 30 cm 左右时,可摘心或剪梢;对摘心后萌发的副梢及时抹除(图 6-29)。

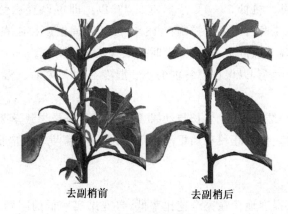

去副梢前　　　　去副梢后

图 6-29　新梢管理

(四)肥水管理

在基肥充足的前提下,从幼果期开始,每隔 7 d 左右喷施一次 0.3% 的尿素和 0.2% 磷酸二氢钾,共喷 2～3 次。如底肥不足,可在落花后每株土施磷酸二铵等复合肥 1.5～2 kg。

土壤湿度一般保持田间最大持水量的 60% 为宜,果农土办法测试土壤含水量是用手握土能成团,稍压即散为适宜。沙质壤土灌水要坚持少量多次原则,每次的灌水量不易过大,尤其是接近成熟前 15 d 左右,以防引起裂果。

(五)病虫害综合防治

设施栽培杏、李的灰霉病较重,细菌性穿孔病也不可忽视。除大石早生是抗细菌性穿孔病的品种外,其他抗病性弱的品种,如美丽李等则要注意观察,发现发病,及时防治。在光照好的情况下,可喷雾防治。如发生灰霉病,可喷布隆利可湿性粉剂 800～1 000 倍液。但在连续阴天,棚室内湿度较大的情况下,可使用烟雾剂防治各种病害,如用百菌清烟雾剂,每 667 m² 用量 200 g,在设施内均匀布点,于傍晚点燃薰杀病菌,效果良好。如发现蚜虫等虫害,可用杀虫剂防治,所用农药与露地相同,但浓度要比露地低 10%。另外打药要避开中午高温期。

(六)果实采收

设施栽培条件下,适时早采,可以获得较好的销售价格,尤其是不在当地销售的,可以在果实八九分熟时,提早3～5 d采收,便于贮运。当然,果实不宜采收过早,否则会影响产量和品质风味。

采收时一定要轻采轻放,注意不要折断短果枝。采下的果轻轻放入有铺垫物的果篮中。由于开花期和温度、光照等条件的不同,不同部位的果实成熟期不一致,应分期分批采收。采收宜在早上或傍晚室内温度较低时进行,以免果实装箱后温度过高,造成果实变色。

五、果实采收后的管理

果实采收后选择阴天或傍晚撤除覆盖物,然后实行露地管理。

(一)肥水管理

在实行露地管理后,应及早施入基肥。可每 667 m² 施入有机肥 3 000～6 000 kg、磷肥 5 kg、硫酸钾复合肥 50 kg 作基肥。并叶面喷施 0.3％尿素和 0.3％磷酸二氢钾,提高叶片的生理活性,增强其同化功能。

(二)整形修剪

主要任务是进一步调整树体结构,疏除骨干枝延长枝的竞争枝、背上直立强旺枝,保持树体结构和生长势的平衡。回缩长果枝和下垂枝,使结果枝组壮而紧凑。疏除过密枝和内膛细弱枝,改善光照条件,以利下部短枝的花芽发育。对新萌发的新梢在有空间的前提下,可在 20～30 cm 时摘心,促发分枝,增加枝量。但李、杏在果实采收后,修剪量不宜过重,这时期短枝的花芽已经形成,要保护好叶片,防止造成秋季萌芽开花。

(三)防治病虫害

综合防治病虫害,保护好叶片,避免二次开花。

【拓展学习】

棚室桃改接李子技术

辽宁省盖州市九寨果农将温室桃改接琥珀李和澳李 14 号,避免了重新定植成本高、产量低等问题,取得了果个大、产量恢复快、高产、稳产的效果。

具体做法是:在温室桃采收后,大约 5 月中旬,将贮藏的琥珀李和澳李 14 号的接穗高接在桃树上,每株接 30～35 个接穗。琥珀李为主栽品种,澳李 14 号为授粉品种,按 3∶1 比例换接。当新梢长到 30 cm 左右时进行摘心,促发分枝。作为主枝的延长枝经过短截促进树冠尽快扩大,内膛的接穗通过摘心控制,形成短果枝组。8 月中旬全树喷施 300 倍多效唑,控制新梢生长,促进花芽分化。第二年春季即可获得丰产。

◆◆◆ 任务4 设施樱桃生产综合技术 ◆◆◆

● 任务实施

一、休眠期管理

(一)适时扣棚与升温

樱桃的日光温室生产同其他果树一样,采用"人工降温暗光促眠"技术,尽早满足休眠的需冷量要求。目前,已有人将工业用空调机安装到甜樱桃的温室内,秋季采取人工制冷办法降低温室内的温度,来满足樱桃休眠需冷量的要求(图6-30)。人工制冷温室覆盖时间为9月上旬,覆盖后用制冷装置降温,保持棚内温度在5~7℃。也有人采取在温室内放冰块的方法来降低温室的温度,成本低,也有一定的效果。

图 6-30 空调制冷

甜樱桃的休眠需冷量比较大,生产上日光温室内低温量(0~7.2℃)累计达1 200 h后开始揭帘升温。辽宁大连地区于12月下旬、山东烟台地区于12月末到翌年1月初升温。塑料大棚(无草帘覆盖)于1月末至2月中旬,当外界日平均气温达到0℃时,就可以覆膜扣棚升温。

(二)休眠期修剪

甜樱桃设施栽培常用树形有纺锤形、自然开心形(图6-31)和改良主干形。与露地不同的是在设施的不同部位树高、主枝数要有所区别。如温室内的纺锤形,前底脚树的高度在1.5 m左右,主枝5~6个;中部树高1.8 m,主枝数7~12个;后排树高2.0~2.5 m,主枝数13~15个。

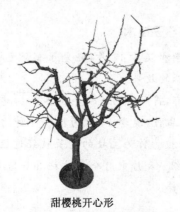
甜樱桃开心形

甜樱桃纺锤形

图 6-31 甜樱桃树形

樱桃树的休眠期修剪要轻剪缓放多留枝,切忌短截过多,修剪过重。在有空间情况下,休眠期除主枝延长枝留 40 cm 左右短截外,背上直立枝、竞争枝留橛修剪,其余枝条缓放或去顶芽。控制好主枝上的轮生枝,保证主枝单轴延伸。对于过长的下垂枝组要及时回缩复壮,短枝和花束状果枝原则上不剪(图 6-32)。回缩细弱枝,花量过大时疏花芽,对集中营养,保证开花坐果有重要作用。

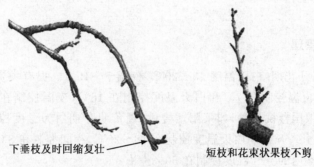

下垂枝及时回缩复壮　　　短枝和花束状果枝不剪

图 6-32　甜樱桃的结果枝修剪

二、催芽期管理

(一)温、湿度管理

甜樱桃在升温的第 1~2 周,白天温度控制在 10℃左右,夜间温度控制在 0℃以上。第 2~3 周白天温度控制在 15~20℃,夜间温度控制在 5℃左右,不宜长时间超过 8℃。空气湿度控制在 70% 左右。这一时期的温度不宜超过 20℃,否则会引起花粉败育。从升温到初花必须历经 35~40 d,少于 30 d 落花落果严重。中国樱桃在萌芽前,白天温度控制在 12~15℃,夜间温度控制在 3℃以上。空气相对湿度控制在 70%~80%。

(二)疏花芽

设施栽培时,对盛果期树进行疏花芽和疏花蕾,可显著提高坐果率和增大果个。疏花芽宜在花芽膨大未露花朵之前进行,用手轻轻一碰即可将花芽疏除。在树势较弱,花束状果枝过多、过密的情况下,可将其中 20% 左右的花束状果枝上的花芽疏除,只保留顶端的叶芽,让其抽生健壮短枝,次年结果。留下的花束状果枝上的瘦小花芽也进行疏除,每个花束状果枝保留 3~4 个花芽(图 6-33)。

疏蕾前　　　　　　　疏蕾后

图 6-33　疏花芽

(三)其他管理

其他管理同桃,包括喷石硫合剂、灌水和覆盖地膜等。

三、萌芽开花期管理

(一)温、湿度管理

甜樱桃萌芽到开花期,白天温度18~20℃,夜温7~10℃。据有关资料介绍,甜樱桃白天温度控制在20℃,夜温控制在7℃和白天温度控制在18℃,夜温控制在10℃时,其花粉发芽率、坐果率最高。中国樱桃品种,如莱阳矮樱桃,现蕾萌芽期白天温度控制在15~17℃,夜间温度控制在5℃以上。开花期白天温度控制在18~20℃,夜间控制在8℃以上。

开花期间,温室内的空气湿度控制在50%左右。

(二)疏花蕾

开花时,疏除花芽中瘦小的花蕾,每个花芽中保留2~3朵花。硬核后疏除小果和畸形果,最后一个花束状结果枝留6~8个果(图6-34)。最终将产量控制在4~6年生的樱桃667 m²为300~400 kg,7年生以后保持在500~600 kg为宜。

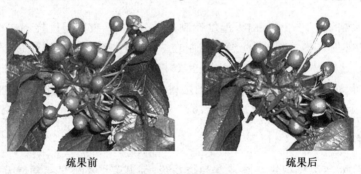

疏果前　　　　　　　　　　　疏果后

图6-34　甜樱桃疏果

(三)人工辅助授粉

甜樱桃在配置授粉树的前提下,也必须进行人工辅助授粉或蜜蜂授粉,方法与其他树种相同。

四、果实发育期管理

(一)温度管理

果实发育前期,从落花后到幼果膨大,白天温度从18~19℃逐步升到20~22℃,最高不能超过25℃。夜温控制在7~8℃,最高不能超过10℃。果实着色至果实成熟期,白天温度控制在 22～25℃,夜温控制在 12～15℃,保证昼夜温差在 10℃以上,以利于果实着色和成熟。

(二)新梢管理

及早抹除剪锯口处、树冠内膛萌发的多余的萌芽。对结果枝先端的直立旺枝,没有坐果的空枝及时疏除或留基部 2～3 片叶重截,促发短枝,都有利于果实的生长发育。坐果期对强旺新梢留 10 cm 左右摘心(图 6-35),可显著提高坐果率,促进幼果发育。对当年萌发的生长过旺的部分新梢可以采取扭梢办法控制,即可控制新梢生长,又有促进花芽分化的作用。对角度开张不够的主枝可进行拉枝,达到树形结构要求,改善光照条件。

图 6-35 新梢摘心

(三)肥水管理

开花前结合灌水每株结果树追施沼液肥或豆饼液肥 10～20 kg。在此基础上从幼果期开始,每隔 7 d 左右喷施一次 0.3%的尿素和 0.2%磷酸二氢钾的混合剂,共喷 2～3 次。硬核期后补灌一次水,水量以一流而过为宜,到果实开始着色时停止追肥灌水。设施栽培樱桃在花后至硬核期前灌水会引起不同程度的落花落果,灌水越早,灌水量越大,落花越重,严重的可达 80%以上,应引起注意。

(四)病害综合防治

由于设施内风较小,落花时花瓣不易散落,常附着在果实上,会导致灰霉病、褐腐病(图 6-36)的发生。因此,要尽可能除去果实上的花的残留物。花芽膨大期、幼果期各喷 1 次 70%甲基托布津 800 倍液,防治煤污病(图 6-37)、叶斑病等。发生细菌性穿孔病(图 6-38)用 90%新植霉素 3 000 倍液防治。

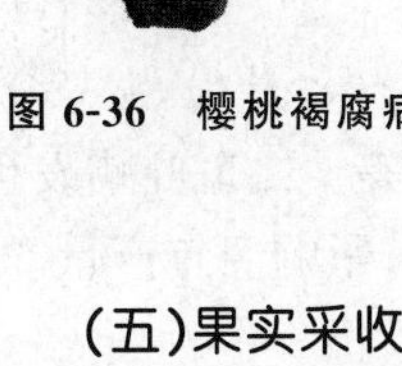

图 6-36 樱桃褐腐病

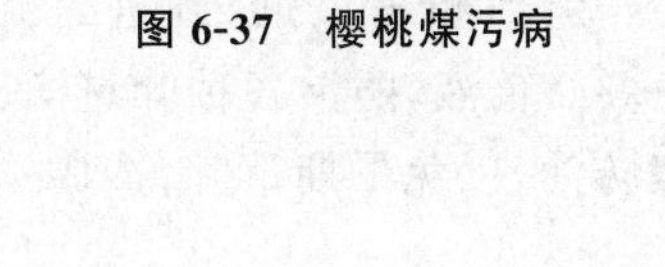

图 6-37 樱桃煤污病

图 6-38 樱桃细菌性穿孔病

(五)果实采收

设施栽培的樱桃更要精心采收,同时注意不要折断短果枝。甜樱桃属高档果品,应将果实按大小和着色程度分级后包装,包装盒以内装 0.5～1.0 kg 为宜。不管是采收或是包装,都应在短时间内完成,最好在 2℃的温度条件下降温预冷后再外运。

五、果实采收后的管理

(一)揭除覆盖物

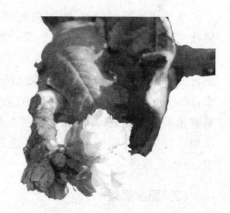

温室樱桃果实采收后,外界还未到樱桃树的适宜生长季节,不能立即撤掉塑料薄膜,但可以揭掉草帘等覆盖物。采果以后,逐渐增大通风口的打开程度,使温室内的条件逐渐与外界接近。当外界气温不低于10℃时,夜间不盖草帘,稳定在15℃以上时,选择傍晚时分将塑料膜撤掉。放风锻炼时间至少要持续15 d以上,以免撤覆盖物太急,放风锻炼的时间不够,造成叶片灼伤焦枯,导致二次开花(图6-39)。

图6-39 樱桃二次开花

(二)采收后修剪

樱桃采收后修剪量要小、程度要轻。主要任务有:一是对骨干枝采取缓放、回缩办法调控,维持树冠的大小和高矮,防止树冠间的交叉和树冠顶部距棚膜过近。二是对开始衰弱的结果枝组进行回缩更新复壮,回缩到壮枝壮芽处。三是对上部过旺新梢可少量疏除。四是对过密枝进行回缩或疏除,背上直立枝留橛1~2 cm疏除,改善树冠通风透光条件。

对于修剪后萌发的新梢长到15~25 cm时,可连续进行摘心,促发分枝,控制旺长,使枝条尽快成熟而形成花芽,增加结果部位。对于角度不符合要求的枝条,继续拉枝开张角度,改善通风透光条件,使树冠内外长势均衡,花芽形成良好。

(三)控制新梢生长,促进花芽分化

对于树势较旺的树可在7~8月份喷施200 mg/L的15%多效唑粉剂,以抑制新梢生长。

(四)肥水管理

修剪后要对土壤进行一次耕翻,增加土壤的透气性。同时追施一次速效性肥料,如每株施磷酸二铵1 kg,利于树势的恢复。待到8月中下旬施一次有机肥。

(五)病虫害综合防治

撤覆盖物后及时喷施保护叶片的杀菌剂和杀虫剂,到进入雨季的7~8月份,喷2次1:2:240的波尔多液和1次80%大生800倍液,防治各种叶斑病、穿孔病等。二斑叶螨发生初期喷1~2次0.9%齐螨素2 000倍液防治,以免早期落叶,造成二次开花,影响翌年产量。

【拓展学习】

甜樱桃强制休眠技术

应用甜樱桃强制休眠技术,表现较好的品种有红灯、滨库等。其主要技术有:覆膜时间为9月上旬,覆膜前喷1次40%乙烯利600倍液。覆膜后通过人工制冷强制降温,降温分阶段逐渐进行,第一周每2 d降1℃,第二周每一天降1℃,此后每天降2℃,最后将温度控制在5~

7℃,树体进入休眠状态。

强制休眠的甜樱桃可在11月中旬开始升温,12月中旬开花,果实可于2月上旬成熟上市,比常规温室栽培提前近2个月。

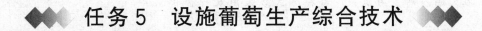

任务5 设施葡萄生产综合技术

● 任务实施

一、休眠期管理

葡萄经霜打落叶后进行修剪,篱架的结果母枝剪留1.5 m左右,棚架根据行间架面宽度确定结果母枝的剪留长度,清理温室后,进行扣棚覆盖。辽宁南部地区,一般在10月下旬,扣棚覆盖保温材料,进入休眠期管理。同其他果树一样,采用"人工降温暗光促眠"技术,尽早满足休眠的需冷量要求。

塑料大棚可在葡萄霜打落叶后,修剪下架防寒。

葡萄的自然休眠期较长,欧美杂交种完全通过自然休眠一般需要1 200~1 500 h低温量。欧亚种更长。据报道,无核金星、紫珍香604 h,巨峰、京亚846 h,森田尼无核1 086 h,无核早红1 622 h。如果不清楚各品种需冷量,可按欧美杂交种1 000 h,欧亚种1 500 h推算。例如,无核白鸡心属欧亚种,按需冷量1 500 h推算,应在1月初升温。如采用石灰氮处理,可提前20 d,即在12月10日升温。塑料大棚的升温时间因各地气候条件而异,在辽宁南部一般可在3月中下旬开始升温,改良式大棚可适当提早升温。

在升温前1~2 d,配制20~25倍的单氰胺溶液,然后直接用喷雾器喷洒或用刷子蘸取配制好的溶液,均匀涂抹在芽和枝干上,或戴两层手套(内层为胶皮手套,外层为线手套),蘸取配制好的溶液,用手捋葡萄枝蔓,使其芽眼浸入药液(图6-40),可以使温室葡萄提前25~30 d开花,果实成熟提早20~25 d。

图6-40 单氰胺处理葡萄枝蔓

【知识链接】

设施葡萄的栽植制度

设施内葡萄的栽植制度有两种,即一年一栽制和多年一栽制。

(1)一年一栽制 即巨峰葡萄温室栽培时,采用一年生苗,第二年结果。果实采收后更新,重新定植培育好的一年生新苗。具有果实质量好、丰产等优点,但育苗成本大。随着巨峰葡萄设施栽培量的减少,这种制度应用也在减少。

(2)多年一栽制　即苗木定植后,采用修剪方法更新植株,保持多年结果。目前生产中多采用这种栽植制度。

设施葡萄的栽植方式与架式

目前葡萄设施生产中主要应用的架式有两种:棚架和篱架。在日光温室内既有篱架,也有棚架。在大棚内则多为篱架。栽植方式多采用双行带状栽植。

(1)双行带状栽植篱架管理　采用南北行向,双行带状栽植。即株距0.5 m,小行距0.5 m,大行距2.0～2.5 m。两行葡萄新梢向外倾斜搭架生长,下部宽即小行距0.5 m,上部宽1.5～2.0 m,双篱架结果(图6-41)。

(2)双行带状栽植小棚架管理　采用南北行向,双行带状栽植。株距0.5 m,小行距1.0 m,大行距2.5 m。根据棚室的高度,当植株直立生长到1.5～1.8 m时,向两侧水平生长,棚架结果。

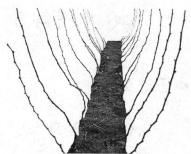

图6-41　葡萄双篱架

二、催芽期管理

(一)温、湿度管理

第一周白天温度控制在15～20℃,夜间温度保持6～10℃,以后白天控制在20～25℃,夜间保持在10～15℃为宜。

升温催芽后,灌一次透水,增加土壤和空气湿度,使相对湿度保持在80%～90%。

(二)其他管理

与其他果树基本相同,如喷施石硫合剂、覆地膜等。

三、新梢生长期管理

(一)温、湿度管理

为保证花芽分化的正常进行,控制新梢徒长,白天温度控制在25～28℃,夜间温度保持在10～15℃。空气相对湿度控制在60%。

(二)新梢管理

1.抹芽定梢

篱架管理的葡萄,及时抹除距地面50 cm以内的新梢。主蔓上每20 cm左右留1个结果新梢,一个主蔓留5～6个结果新梢,即每株树留5～6个结果新梢。棚架管理的葡萄,水平架面主蔓上每20～25 cm留1个结果新梢,即每平方米架面留8～10个结果新梢。

2.引缚

篱架管理的葡萄及时将新梢均匀地向上引缚在架面上,避免新梢交叉,双篱架叶幕呈 V 字形,保证通风透光,立体结果。棚架管理的葡萄将一部分新梢引向有空间的部位,一部分新梢直立生长,保证结果新梢均匀布满架面。

3.摘心与副梢处理

结果枝摘心在开花前进行,一般在花序上留 7~10 片叶摘心。棚架管理的可适当少留叶片,篱架管理的宜适当多留叶片。结果枝上的副梢要及早抹除,只在顶端留一个副梢反复摘心。

(三)肥水管理

开花前一周,每株施 50 g 左右氮磷钾复合肥,或腐熟的粪水每畦 15 kg 左右,保证开花坐果对肥水的要求。追肥后灌一次水,促进新梢生长,保证花期需水。最好利用管道进行膜下灌水,避免温室内湿度过大,发生病害。

(四)病虫害防治

开花前喷施 1 次甲基托布津或用百菌清进行一次熏蒸,防治灰霉病和穗轴褐枯病等病害。棚室内不宜喷施波尔多液,以免污染棚膜。

四、开花期管理

(一)温、湿度管理

葡萄的授粉受精对温度要求较高,据试验巨峰葡萄花粉发芽在 30℃ 时最好,低于 25℃ 授粉不良。因此,花期白天温度控制在 28℃,不低于 25℃。夜间温度保持在 16~18℃,不低于 10℃。空气相对湿度控制在 50%。

(二)花序管理

设施栽培条件下,篱架 1 个结果新梢留 1 穗果,弱枝不留果。棚架根据品种果穗大小每平方米有效架面留 5~8 穗果,最后将每 667 m² 产量控制在 1 500~2 000 kg。

花序的整理可根据品种特性,参考露地管理技术进行,如在开花前去掉副穗、掐去穗尖等。

(三)提高坐果率

在开花前或开花初期喷 0.1% 的硼砂水溶液,可提高葡萄花粉发芽能力,提高坐果率。

五、果实发育期管理

(一)温、湿度管理

果实发育期,白天温度控制在 25~28℃,夜间温度控制在 16~18℃,不高于 20℃,不低于

13℃。果实着色期白天温度控制在 28℃,夜间温度控制在 18℃以下,增加昼夜温差,有利于着色。

空气相对湿度控制在 50%～60%,控制病害的发生。

(二)新梢管理

及早处理副梢、卷须。在果实上色前剪除不必要的枝叶,对结果新梢基部的老叶,可去掉 3～4 片(图 6-42),促进果实上色和成熟。采收后的结果枝及时剪掉,改善光照条件,促进其他果实的成熟。

图 6-42　去除葡萄新梢基部老叶

(三)果穗管理

在果实发育期间,疏除过小的果粒,使果穗整齐。如巨峰葡萄通常每穗留 50～60 粒。对无核白鸡心等无核品种,采用赤霉素处理可明显增大果粒,但不易使用其他葡萄膨大剂等。赤霉素喷雾浓度为 50 mg/L,于花后 20 d 左右,果粒长到小指甲盖大小(横径 5～6 mm)时进行。用雾化好的小喷壶,距果穗 30 cm 左右,一侧喷一下。一穗一喷,喷后做上标记,避免重复喷雾。喷雾时间宜在早晚温度低时进行。葡萄套袋可提高果品质量,在保护地栽培中也提倡应用。

(四)肥水管理

幼果膨大期,追一次氮磷钾比例为 2∶1∶1 的复合肥,每株 50 g 左右。也可随灌水追施发酵好的鸡粪水,每畦 10 kg 左右。果实第二生长高峰(采收前 30 d)追一次以磷钾为主的复合肥,每株 30～50 g。有条件的可追施草木灰 500～1 000 g。进入果实着色期后,要控制肥水,进入采收期后应停止灌水。

在果实发育期内,每 10～15 d 喷 1 次叶面肥,如前期喷 0.2%的尿素,后期喷 0.2%～0.3%的磷酸二氢钾。

(五)综合防治病虫害

在果实发育期危害果实的主要病害有白腐病、炭疽病等。可在坐果后 2 周左右喷一次 50%福美双可湿性粉剂 500～700 倍液,以后每半个月喷 1 次杀菌剂,可用福美双和百菌清可湿性粉剂 800 倍液交替使用。为了降低温室内湿度,也可用百菌清烟雾剂熏蒸,每 10 d 左右熏蒸一次。

(六)果实采收与包装

葡萄果穗成熟期不一致,应分期分批采收。时间在早晚温度低时进行。用疏果剪去掉青粒、小粒,然后根据果穗大小、果粒整齐度和着色等进行分级包装。

六、果实采收后管理

果实采收后,即可将棚膜去掉,实行露地管理。大多管理内容可参照露地管理。

(一)采收后修剪

篱架栽培的葡萄通常是上部葡萄先成熟,采收后应及时回缩,以利于下部葡萄成熟,待果实全部采收后及时将主蔓在距地面 30～50 cm 处回缩,促使潜伏芽萌发,培养新的主蔓,即结果母枝。有预备枝的则应回缩到预备枝处(图 6-43)。这项工作最好在 6 月上旬完成,最迟不能超过 6 月下旬。修剪时间越晚,主蔓应留的越长,避免新梢萌发过晚,花芽分化不好。棚架葡萄修剪如采用长梢修剪,同样将结过果的主蔓部分回缩到棚架的转弯处,有预备枝最好,培养新的结果母枝。

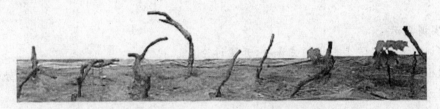

图 6-43　篱架栽培葡萄果实采收后修剪状

(二)修剪后的新梢管理

主蔓回缩修剪后,大约 20 d 潜伏芽萌发,对发出的新梢,选留 1 个,对其进行露地管理,副梢留一片叶摘心、及时去除卷须,当长到 1.8 m 左右时或在 8 月上中旬进行摘心。美人指等生长势强旺的品种回缩后可留 2 个新梢,以缓和生长势(图 6-44)。

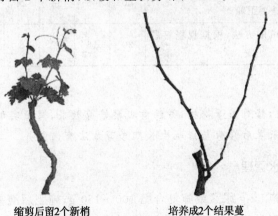

缩剪后留2个新梢　　　　　培养成2个结果蔓

图 6-44　修剪后的新梢管理

【技能单】6-5　保护地葡萄采收后修剪技术

一、实训目标

知道保护地葡萄采收后修剪的理论基础和修剪的方法；能够独立进行保护地篱架葡萄采收后的修剪。

二、材料用具

1. 材料　保护地葡萄植株。

2. 用具　修枝剪、修枝锯等。

三、实训内容

1. 观察日光温室篱架葡萄的树体结构,明确栽植方式、树形、树势,确定修剪原则。

2. 修剪时注意回缩部位的选择,有预备枝的在预备枝处回缩,无预备枝的在离地面30～50 cm处回缩。萌芽后,注意选留一个强壮新梢,并对主、副梢适时进行管理,确保其长势良好。

四、实训提示

1. 实训前要组织学生查阅相关资料,开展讨论。

2. 以小组为单位进行修剪,修剪前先全面观察,然后小组成员间研讨,根据树势情况共同确定修剪方案,再进行修剪。

3. 在实训过程中,注意理论与实践的结合。

4. 此项实训最晚在6月末完成。

五、考核评价

考核项目	考核要点	等级分值				考核说明
		A	B	C	D	
职业素养	学习态度,沟通、协作能力	20	16	12	8	1.考核方法采取现场小组考核加单人提问。
技能操作	1.回缩部位选择是否合理 2.修剪手法是否正确	60	48	36	24	2.学习态度根据学生现场实际表现确定等级。
理论知识	采取随机口试的方法,根据现场答题程度给分	20	16	12	8	

六、实训作业

1. 每2～4人一组,修剪若干株树,并注意观察修剪效果,写出实训报告。

2. 比较设施葡萄采果后修剪与露地生长期修剪方法有何差异。

(三)采收后的肥水管理

葡萄修剪后每株施50 g尿素或施复合肥100～150 g,施肥后灌一次水。9月上中旬施一次有机肥,每667 m² 施5 000 kg,即1株树5 kg左右。在新梢生长过程中应进行叶面喷肥,促进新梢生长健壮,保证花芽分化的需要。

(四)采收后的病虫害综合防治

更新后的新梢,前期可喷布石灰半量式波尔多液200倍液防治葡萄霜霉病,以后可喷等量式波尔多液,共喷2~3次,每次间隔10~15 d。在喷布波尔多液期间可间或喷布甲基托布津、代森锰锌、大生、杜邦易保等杀菌剂防治白腐病、炭疽病等病害。

【拓展学习】

设施葡萄整形修剪技术

葡萄设施生产中,栽植方式、架式、树形和修剪方式常配套形成一定组合。目前常见的组合有三种:双篱架单蔓整形长梢修剪、棚架单蔓整形长梢修剪和单臂双层水平形结合整枝更新。具体整形方式如下。

(1)双篱架单蔓整形长梢修剪　苗木定植后,当新梢长到20 cm左右时,每株葡萄留一个新梢培养主蔓,即单蔓整形。落叶后剪留1.5 m左右,进入休眠期管理。加温萌芽后,每蔓留5~6个结果新梢结果,距地面30~50 cm留1预备梢,上部果实采收后缩剪到预备枝处。没留出预备枝的也可在果实采收后,及时将主蔓回缩到距地面30~50 cm处,促使潜伏芽萌发培养新主蔓(结果母枝)。主蔓回缩时间最迟不能晚于6月上旬,以免萌发过晚,新梢花芽分化不良。新梢生长到8月中上旬摘心,促进枝蔓成熟,落叶后剪留1.5 m。即距地面30~50 cm处的主蔓保持多年生不动,而上部每年更新一次(图6-45)。

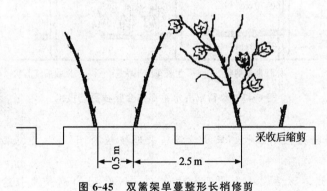

图6-45　双篱架单蔓整形长梢修剪

(2)棚架单蔓整形长梢修剪　每株葡萄培养一个单蔓,当两行葡萄的主蔓生长到1.5~1.8 m时,分别水平向两侧生长,大行距间的主蔓相接成棚架。升温萌芽后,在水平架面的主蔓上每隔20 cm左右留一个结果枝结果,将结果新梢均匀布满架面。同时在主蔓篱架部分与棚架部分的转折处,选留1个预备枝。待前面结果枝采收后,回缩到预备枝处,用预备枝培养新的延长蔓(结果母枝)。篱架部分不留结果枝,保持良好的通风透光条件。即篱架部分保持多年生不动,而棚架部分每年更新一次(图6-46)。这种整形方式具有棚架部分结果新梢生长势缓和,光照条件好的优点。

(3)单臂双层水平形结合整枝更新技术(FI树形)　FI树形是近年提出的一种整形修剪技术,冬季修剪后的树体结构呈"F"形,由一个直立的主蔓和两个水平的结果母枝组成。第一层结果母枝距地面30~40 cm,第二层距第一层60~70 cm。两个结果母枝的长度由栽植株距决定,均向北延伸(图6-47)。

生长季结果母枝上的结果枝垂直向上引缚,形成直立的叶幕结构,根据棚室高度,树高控制在1.8 m左右。果实采收后,在靠近主轴处选一个结果枝,留1个饱满芽重短截,促发新梢,培养新的结果母枝。其余结果枝连同母枝一并疏除。或在主蔓上靠近结果母枝处留预备枝,

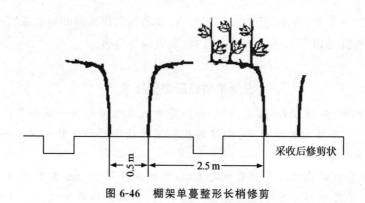

图 6-46　棚架单蔓整形长梢修剪

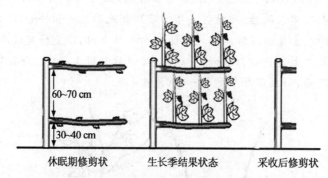

休眠期修剪状　　　生长季结果状态　　　采收后修剪状

图 6-47　单臂双层水平形结合整枝更新技术

通过摘心、重短截等措施控制旺长。采收后将结果母枝疏除,预备枝重短截,促发新梢培养结果母枝。

　　FI 树形有两种培养方法。一是当年定植后留一个新梢,当新梢生长达到 50~60 cm 时,将其水平引缚到第一道铁丝上,培养第一层结果母枝。当水平枝长到 60~70 cm 时摘心,促进枝梢成熟和花芽分化。培养第一层结果母枝的同时,在靠近折弯处选一副梢直立引缚,生长到第二层铁丝处拉平,培养第二层结果母枝。二是定植后留 1 个新梢,当其长到 30~40 cm 时摘心,促发新梢。选择 2 个生长健壮的副梢,1 个水平引缚在第一道铁丝上,培养第一层结果母枝;1 个直立生长至第二道铁丝处拉平培养第二层结果母枝。

葡萄的二茬果催芽技术

　　葡萄的促成兼延迟栽培是通过二茬果实现的,即利用葡萄具有一年多次结果的习性,采用设施使葡萄提早成熟,利用冬芽副梢结二茬果实现延晚上市。

　　利用冬芽副梢二次结果的方法是:在开花前 2~3 d 在结果枝花序上留 6~8 片叶摘心,保留顶端 2 个副梢,其余副梢抹掉。在一次果枝开花一个月后,将顶端的 2 个副梢抹除,强迫一次果枝上的冬芽萌发。一般处理后 2 周左右冬芽开始萌发,选择 1~2 个先端带花序的冬芽副梢保留,其余副梢疏除。冬芽副梢萌发后 20 d 左右,冬芽副梢上的花序即可开花,二茬果实可于 11 月左右成熟上市。

◆◆◆ 任务6　设施草莓生产综合技术 ◆◆◆

设施草莓的栽培方式概括起来有四种：一是促成栽培，就是不让草莓进入休眠期，在低温来临之前开始保温，使其连续开花结果的一种栽培方式。二是半促成栽培，就是草莓已完成花芽分化且进入自然休眠，并已完成低温积累，人为给予高温和长日照条件，使其解除被迫休眠，提早结果的栽培方式。三是超促成栽培，就是人为创造低温短日照条件，使草莓提早进行花芽分化，提早定植，在当年11月提早上市的一种栽培方式。四是抑制栽培，就是草莓已经通过自然休眠期，而人为的制造低温环境，抑制秧苗萌芽生长，使其处于被迫休眠状态。然后，根据收获期的需要再解除休眠使其相对延迟生长的栽培方式。

塑料大棚既可以进行半促成栽培，又可以进行促成栽培。但在北方寒冷地区，由于塑料大棚难于加覆盖物保温，只有躲过1月份严寒后才能扣膜升温，所以，只能进行半促成栽培。日光温室的保温效果远远高于塑料大棚，因此，北方地区日光温室既可以进行半促成栽培，也可以进行促成栽培。

任务6.1　塑料大棚半促成栽培

● 任务实施

一、选择品种

草莓塑料大棚半促成栽培对品种要求不太严格，但以耐寒较强，需冷量较多，休眠较深，且果实个大、丰产优质、耐贮运的品种为宜。目前生产上常用的品种有：宝交早生、全明星、新明星、达娜、盛冈16等。

二、选择秧苗

草莓塑料大棚半促成栽培时选择秧苗的标准是：成龄叶4～7片；叶柄短粗，长15 cm左右，粗0.2～0.3 cm；新茎粗1 cm以上；根系发达，须根多，一级根20条以上，根系长度5～6 cm；株形矮壮，苗重20～30 g，无病虫害。

三、定植及管理

(一)确定定植时期

草莓半促成栽培秧苗定植时期大致可分为两个时期：一是花芽分化前定植，即8月下旬以前；二是花芽分化以后定植，即10月上旬。一般北方地区于花芽分化前定植为好。具体定植时期要根据不同地区气候条件来考虑。纬度越高,定植的时期越早;纬度越低,定植的时期越晚。这是因为纬度高地区气温下降早,花芽分化早;纬度低地区气温下降时间相对延后,花芽分化时间也相对较迟。

(二)整地起垄

定植前,要对大棚内进行深翻和施基肥。一般每 667 m² 施入优质圈肥 4 000～5 000 kg,磷酸二铵 30 kg。为了防止地下害虫,深翻时可施入 3% 呋喃丹药液,每 667 m² 施入 2 kg,将农药与土壤充分混匀。深翻深度为 20～30 cm。深翻后耙细、整平,准备做畦打垄。按塑料大棚走向做畦,畦长度 15～20 m,宽度约为大棚宽度的一半,即中央留作业道,大棚两侧做畦;做畦后打垄,垄向与畦向一致,均为南北向。垄宽为 60 cm;垄高 20 cm;垄与垄中心距离为 80 cm;垄沟宽 20 cm。每垄栽两行,垄内行距 20 cm(图 6-48)。

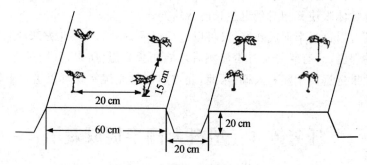

图 6-48　草莓棚内垄栽示意图

(三)定植

定植前,在栽苗处用铲刀挖穴,注意栽植穴要挖大一些,以使根系舒展。每穴栽 1 株,株距为 15 cm;每穴栽 2～3 株,穴距为 25～30 cm。

定植时,将大小苗分开,将苗放入穴中,并使根系在穴内舒展,再填入细土,用手将土压实,并轻轻提苗,从而使根系与土壤紧密结合。定植要做到"深不埋心,浅不露根",即苗心的基部与地面平齐。栽植过深,苗心容易被土埋住,造成秧苗烂心死亡;栽植过浅,易导致根茎外露,影响新根的发生,还会引起秧苗干枯死亡。此外,定植时还要注意将秧苗的弓背一侧均朝向垄外,让植株抽生的花序均朝向垄外,便于管理,有利于秧苗通风透光(图 6-49)。

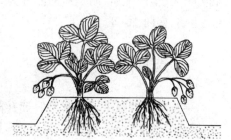

图 6-49　草莓苗定植方向

【知识链接】

草莓的栽植密度

草莓苗木的栽植密度与品种习性、栽培方式、土壤条件、秧苗质量和种植者的管理水平等息息相关。生长势较弱、株型较小的品种可以适当密植,如宝交早生,定植时一般株行距为(15～20) cm×(20～30) cm,每亩(667 m²)栽 8 000～10 000 株;生长势强旺、株型较大的品种,如许多美国品种,可以适当稀植。北方地区采用 1.2～1.5 m 宽的平畦栽培时,每畦栽 4～6 行,株行距为(20～25) cm×(20～30) cm,每亩可栽 6 000～10 000 株。采用 60 cm 宽的大垄栽培时,每垄栽 2 行,株距为 15～20 cm,行距为 20 cm。一般鲜重在 30 g 以上的大苗每 667 m² 栽 6 000 株较适宜,鲜重在 20 g 左右的中苗每亩可栽 8 000 株,弱苗每 667 m² 可栽 10 000 株左右。此外,早栽、肥水好的田块宜稀植;晚栽、肥水差的田块宜密植。花期雨水多,病害较重的地区宜稀植;雨水少,病害较轻的地区可以适当密植。保护地栽植密度可适当缩小。

提高栽植成活率的措施

草莓植株矮小,根系浅而弱,栽植不当常引起秧苗死亡,因此提高草莓栽植的成活率,确保全苗是草莓获得高产的基础。生产中可采用的措施有如下几种:

(1)阴天或早晚栽植　栽植时,应选择阴天或晴天的早晨、傍晚定植,避免阳光曝晒,降低叶片的水分散失,缩短缓苗期。

(2)带土坨移栽　当育苗圃离生产田较近时,可以带土坨移栽,这是提高成活率的有效措施。挖苗前一天,为便于挖苗,先用水洇苗畦,然后把土坨切成 8～10 cm 见方的土坨或三角坨,运到生产田进行栽植。

(3)剪除老叶、黑根　栽苗前,为减少蒸腾失水,提高成活率,适当摘除一部分老叶,只保留新叶 2～3 片。摘叶时,不要掰叶,基部要留一段叶柄。同时疏除黑色老根,以刺激新根的发生。如带土坨栽植时可以不去叶片。

(4)药剂处理　定植前用 5～10 mg/kg 的萘乙酸或萘乙酸钠浸蘸草莓根系 2～6 h,可以明显促进新根发生,有利于提高栽植成活率。

(5)遮阴覆盖　如果在强光、高温条件下定植,为防止太阳曝晒,影响秧苗成活,在保证水分供应的前提下,栽植后采用苇帘、塑料纱、带叶的细枝条进行遮阴;也可以用塑料遮阳网、银灰色反光膜扣罩成小拱棚,棚顶加盖苇帘遮阴,但注意成活后及时晾苗,注意通风,3～4 d 后撤除。

(四)定植后的管理

为保证定植成活率,栽完秧苗后立即灌水,一周内根据墒情再灌水 1～2 次。缓苗后追一次氮、磷、钾复合肥,每 667 m² 施 10 kg,有利于生长和花芽分化。10 月上中旬施 1 次磷酸二铵,每 667 m² 施 10 kg,以促进花芽发育。施肥要结合灌水进行,以提高肥料利用率。新叶长出后及时摘除老叶,随时疏除新生匍匐茎。

扣棚前,当日平均气温下降到 5℃时,草莓秧苗要覆盖地膜进行防寒。当日均温降到 0℃以下,在地膜上再加盖草帘、棉被等防寒物进行越冬。

【知识链接】

草莓的匍匐茎

匍匐茎又称地上茎、走茎或匍匐蔓等,是草莓的主要繁殖器官。它是由草莓新茎的腋芽萌发形成的,是一种特殊的地上茎,一般平卧地上延伸生长。匍匐茎是花序的同源器官。2～3 年生的植株发生匍匐茎的能力最强。匍匐茎的节间很长,每节间的叶鞘内都有腋芽,但奇数节上的腋芽一般保持休眠状态而不萌发,在偶数节上可以萌发出正常的茎和叶,并向地下产生不定根,形成匍匐茎苗(图6-50)。

匍匐茎发生的时期,因栽培方式、品种、环境条件不同而异。促成栽培一般在果实采收后开始抽生匍匐茎;半促成栽培是在果实成熟期即可抽生匍匐茎。一般早熟品种匍匐茎发生的早,从4、5月份开始,晚熟品种发生的晚,在6月份以后才开始,但贯穿整个夏季,持续发生到10月份。匍匐茎的抽生需同时具备适宜的长日照和高温条件。当温度大于14℃,日照时数在12~16 h,随着日照的增加,匍匐茎抽生的数量即增多;当温度低于10℃,即使日照较长也不会抽生匍匐茎;当日照时数小于8 h,即使温度较高,同样也不会抽生匍匐茎。

图6-50 草莓的匍匐茎与匍匐茎苗

四、扣棚保温

塑料大棚半促成栽培是在草莓通过自然休眠以后进行扣棚升温,使其提早生长发育的一种栽培方式。塑料大棚采用这种栽培方式,是草莓在自然条件下满足了对低温的需求,不再需要人工打破休眠,只要把握好扣棚时间即可。

扣棚具体时间要根据当地的气候条件来决定,其标准是扣棚后棚内夜间温度要保持在5℃以上。辽宁丹东地区为2月上旬(立春前后)。开始扣棚时期不能过早,过早草莓提前萌芽生长,自身抗寒力下降,当棚内温度达不到正常生长发育要求时,秧苗就会产生冻害;扣棚过晚,草莓生长发育向后推迟,导致浆果上市延后,降低经济效益。

五、扣棚后的管理

(一)萌芽前管理

扣棚后立即清除覆盖物,扫清灰尘与杂物,以利于地膜透光,提高地温。

(二)萌芽后管理

一般扣棚2周后,草莓植株开始萌动,在秧苗萌发出1~2片新叶时,将地膜割小孔,把秧苗提到膜外。此时,大棚不需放风,要密闭保温,以提高地温,促进秧苗生长。

白天温度控制在28℃左右,夜间温度控制在5℃以上。如果夜间低于5℃,应在大棚内加设小拱棚。如果还不能保证温度,夜间在小拱棚的膜面上再加盖草帘保温。白天撤掉草帘,揭开小拱棚薄膜。

(三)花蕾显露期管理

白天温度控制在25℃左右,超过28℃时应放风降温;白天避免出现30℃以上高温,夜间温度应保持8~10℃为宜。

(四)开花期管理

开花期温度,白天以 20～25℃,夜间以 8～10℃为宜。当温度超过 35℃,花粉授粉能力降低;夜间温度在 0℃以下时,会使雌蕊遭受冷害,影响受精,所以,夜间注意保温防冻。有条件的地方,花期可在大棚内放蜂,提高坐果率,降低畸形果比率。一般 335 m² 大棚草莓放置一箱蜜蜂即可。值得注意的是给大棚通风时,通风口要用网罩或纱布封好,防止蜜蜂飞出大棚。同时在花期要疏掉过多的花蕾。

【知识链接】

草莓不完全花的形成

图 6-51 草莓的花

草莓的花为白色,一个完全的草莓花是由花柄、花托、萼片、花瓣、雄蕊和雌蕊组成(图 6-51)。其中雄蕊数目不定,通常有 30～40 个,花药为纵裂;雌蕊离生,螺旋状整齐排列在花托上,数目在 200～400 枚,一般花越大,雌蕊数目越多,花越小,雌蕊数目越少。

大多数草莓品种的花为雌、雄蕊发育健全的两性花,也有部分单性花:一为雄性不育型,即雌能花,表现为花丝短,花药中花粉少,但雌蕊发育正常,异花授粉后可以正常结实;二是雌性不育型,也叫雄能花,表现为雄蕊发育正常,但雌蕊发育不完全,此类花即使人工辅助授粉后也不能结实(图 6-52)。造成草莓花器发育不健全的原因主要有三个:一是与品种有关。如达娜品种第一花序的一、二级花序常出现雄蕊发育不健全的花,表现为花丝少,花药中花粉少,花粉发芽力低。二是与发育时期有关。一般在同一花序中,随着花朵的级次增高,雄蕊的发育程度提高,而雌蕊的发育程度降低,导致高级次花不能结果或形成小果和畸形果而失去商品价值。三与花芽分化过程中日照和温度的高低有关。花芽分化需要低温和短日照条件来诱导,但在花芽分化开始后的发育期,高温和长日照更利于花芽的发育。如果光照不足,日照缩短,会直接影响花芽形成的质量,从而形成不完全花。

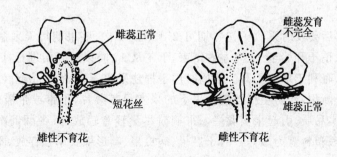

图 6-52 草莓的单性花类型

(五)坐果和果实膨大期

坐果后要疏除病虫果、畸形果,保证果品质量。果实膨大期棚内温度可稍低些,白天 20～

25℃,夜间5~6℃。夜间温度如果高于8℃,浆果虽然着色快,但易长成小果。所以,在接近果实成熟期,要经常揭膜扒缝,通过棚内外气体交换来调整温度。当夜间大棚外部气温稳定在8℃以上时,可撤掉塑料薄膜,进行露地方式管理。

在整个管理过程中,要结合松土、锄草等措施,摘除老叶、弱芽和匍匐茎,减少营养消耗。同时注意灌水,有条件的大棚最好用管道渗灌或滴灌,垄沟明水灌溉会加大棚内湿度,易引起草莓病害。结合灌水适当补肥,保证后期果实生长发育需要,提高果品质量。

【知识链接】

草莓的果实形态特征与生长特点

草莓的果实为聚合果,是由一朵花中多数离生雌蕊聚生在肉质花托上发育而成的,因其柔软多汁,栽培学上称为浆果,植物学上称为假果。草莓食用部分为肉质的花托。花托上着生许多由离生雌蕊受精后形成的小瘦果,称为"种子"(图6-53)。瘦果在花托表面嵌入的深度不同,有的与表面平,有的凹入表面,有的凸出表面,以种子凸出果面的品种较耐贮运。草莓果实大小与品种、果实着生位置和种子多少有关,以第一级序上的果实最大。同一品种或同一植株,种子越多,果个越大,如果授粉受精不充分,种子在果面上分布不均匀或无种子,则产生畸形果或不能坐果。草莓果实形状因品种不同而有差异,常见果形有圆形、圆锥形、扁圆形、楔形等。

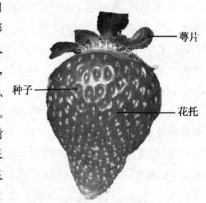

图6-53 草莓的果实

草莓果实的生长速度呈单S形生长曲线。即在花后幼果膨大初期,果实生长缓慢;随后果实生长迅速,到成熟以前生长又逐渐减缓。

六、采收、分级、包装

(一)采收草莓

草莓浆果成熟后要及时采收。初熟期可2 d采摘1次,盛果期每天采摘1次。采收时间最好是上午从露水稍干开始至11时左右结束,下午从17时以后开始进行,因为这段时间内气温较低,果实干爽,有利于果实贮藏。采摘时用手捏住果实下端,然后抬起轻轻扭转,果实则从萼片与果柄连接处断裂,严防生拉硬拽。采下的果实只带萼片,不带或带极短果梗,以免果梗刺破浆果,降低果实品质,引起果实腐烂。采摘时尽量轻拿轻放,减少翻倒次数。盛装容器不能过深,一般用平底塑料盘为最好。对于烂、病虫果、畸形果要单独存放,不能混装。

(二)分级

草莓按重量大小分为4级。5~9.9 g为S级;10~14.9 g为M级;15~19.9 g为L级;20 g以上为LL级;5 g以下因其商品价值非常低,称为废果或无效。生产上把L级、LL级统称大果,M级为中果,S级称为小果。

（三）包装

草莓包装应结合采收进行，随采收随分级包装，以避免多次倒手、倒箱碰伤浆果。生产上常用的包装容器有塑料箱、木箱、纸箱、塑料盒等。包装箱深度不超过 20 cm，容量不超过20 kg。塑料盒容量在 200～300 g。外运的包装箱要有一定的坚硬度，摞起来摆放不变形。

任务 6.2　日光温室半促成栽培

● 任务实施

一、选择品种

草莓日光温室半促成栽培要根据地域来选择品种。南方温暖地区应选择休眠浅，对低温积累量需求少的品种，如丰香、女峰等品种。北方寒冷地区则选择抗低温能力较强，休眠较深的品种，如宝交早生、全明星、哈尼、达娜等品种。

二、选择秧苗

日光温室栽培对秧苗质量要求较高，一般要达到：有 6 片展开的叶片，新茎粗 1.5 cm，全株重 30 g 以上，根白且多，已有 1～2 个花序分化完成。秧苗要经过假植培育。

三、定植

南方地区在花芽分化以后定植；北方寒冷地区在花芽分化前定植。辽宁地区一般在 9 月上中旬至 10 月中下旬，最佳时期为 9 月中旬定植。

定植前深翻施肥，做畦打垄。畦、垄走向一般为南北向，每畦栽两行，行距 25～28 cm，株距 18～20 cm。每 667 m² 栽 6 000～8 000 株。定植方法与任务 6.1 塑料大棚半促成栽培定植方法相同。

定植缓苗后，草莓进入花芽分化阶段，但半促成栽培不需要过早的进行花芽分化。所以，为了延缓花芽分化，促进秧苗健壮生长，缓苗后可追施一次氮肥，每 667 m² 施尿素 10 kg，10 月下旬第二次追肥，每 667 m² 施氮、磷、钾复合肥或者磷酸二铵 10 kg。北方地区在 11 月下旬土壤封冻前灌 1 次封冻水，然后覆盖地膜防寒。

四、扣棚保温

日光温室草莓半促成栽培确定扣棚保温时间很重要。扣棚保温过早，秧苗没有通过自然休眠阶段，虽然保温后秧苗也能开花结果，但秧苗矮小，叶片小而薄，果实个小，产量低，品质差；如果保温过晚，则会推迟浆果采收期，错过销售旺季，影响经济效益。一般北方草莓半促成栽培多在 11 月下旬至 12 月下旬扣棚保温。辽宁地区多在 11 月 20 日前后扣棚保温。

扣棚后,没有覆盖地膜防寒的应立即覆盖地膜,以迅速提高地温,避免出现气温高地温低的状况。覆膜时,有条件的温室应预先埋好滴灌管;没条件的温室在垄中央留一个小沟,上铺几根稻草,方便以后进行膜下灌水。覆盖后应立刻破膜提苗,防止灼伤叶片。

进入 12 月份以后,北方地区的日光温室内晚间可能出现 0℃ 以下低温,这时要开始注意保温。一般要求温室内夜间温度不低于 5℃,确保草莓生长发育对温度的要求。每天上午 8 时揭帘升温,傍晚 16 时左右放帘保温。随着季节变化,可随着白天日照时数的变化随时调整揭、盖草帘的时间,充分延长日光温室的采光时间。

五、扣棚后的管理

(一)温、湿度管理

为了尽快打破休眠,促使秧苗生长,促使花蕾发育充实,扣棚后,白天温度控制在 26～30℃,夜间 9～10℃,这段时间可持续 10～14 d。这期间要使室内保持较高湿度,防止主花序开花过早影响侧芽分化现象的发生。花蕾显露期,白天温度要求在 20～25℃,夜间 8～12℃,此期忌高温,当温度超过 28℃ 时,应及时放风降温,否则会影响花粉发育,进而影响授粉受精质量。开花期适宜温度,白天 23～25℃,夜间 8～10℃,地温保持在 18～22℃。开花期温室内的空气相对湿度控制在 60% 左右为宜,湿度过大,不利于花药开裂和授粉。果实膨大期,白天温度控制在 18～20℃,夜间温度控制在 5～8℃ 为宜。这段时期温度高,特别是夜间温度高,易出现果实成熟早,果个小的现象;温度低,果个虽然变大,但成熟期变晚,也会影响经济效益。

(二)人工补光和赤霉素处理

人工补光一般与扣棚保温同时进行,补光的时段有傍晚、半夜、凌晨等几个时期。但不论哪种时段补光,光照总时数,即太阳日照时数加上补光时数必须达到 13 h 以上。通常在保温后 3～4 d 喷一次浓度为 5～10 mg/L 的赤霉素。使用赤霉素时,一般温度控制在 25～30℃;温度低时,易出现花朵数量增多,小果数量增加的现象。如果植株生长旺盛,叶片肥大、鲜绿,可以不喷施赤霉素。

(三)肥水管理

半促成栽培扣棚保温前,植株生长期长,在露地管理中已进行多次追肥与灌水,所以在草莓生长前期对肥水管理要求不严。如果秧苗生长弱,可在保温初期追施 1 次氮肥,促进秧苗生长。3 月份以后,草莓进入开花和浆果膨大期,需要大量的肥水,也是肥水管理的关键时期。花前喷施 0.3% 的尿素和磷酸二铵,每隔 10～15 d 喷一次。花后结合灌水进行土壤施肥,每 667 m² 施氮、磷、钾复合肥 10～15 kg。

(四)植株管理

及时去除老叶、病叶。疏去过多的花蕾和病虫果、畸形果,减少营养消耗。花期采取人工授粉、室内放蜂等措施,提高授粉受精率,减少畸形果和小果数量,提高产量和品质。

任务 6.3 日光温室促成栽培

● 任务实施

一、选择品种

日光温室草莓促成栽培可比半促成栽培浆果提早上市 1 个月以上,是草莓淡季的很好补充。在品种选择上,宜选用休眠浅、花芽容易分化、果个大、成熟期早、丰产稳产、花器耐寒性强的暖地型品种较为适宜。城郊经济发达地区以果实品质好的品种为主,如丰香、红颜、幸香、枥乙女、静香、丽红、甜查理等。偏远的经济不发达地区,以栽培果实产量高、硬度大的品种为主,如弗吉尼亚、童子 1 号、吐德拉等。

二、选择秧苗

草莓促成栽培与半促成栽培相比,采收期早,产量高,花前生育期较短,所以对秧苗质量要求更高。一般半促成栽培只要秧苗壮,花芽分化好,分化多就行,而促成栽培不但要求花芽分化好,还要花芽分化早。促成栽培时,秧苗的选择标准是:顶花芽已经开始分化,具有 5～7 片展开叶,新茎粗 1.2～1.5 cm,苗重 30 g 左右,叶柄短粗,根系发达,具有 4 条以上长达 5 cm 的根系,没有明显的病虫害与机械伤。

【拓展学习】

促进草莓花芽分化的措施

为了使秧苗提早进行花芽分化,可采取短日照或遮光处理、冷藏处理、高山育苗等措施。

(1)短日照或遮光处理 短日照处理是在发育健壮的植株进入花芽分化前的 15～20 d,每天下午 4 时至次日上午 8 时,用 0.05 mm 厚的黑色或银色塑料膜覆盖育苗畦,使白天日照长度控制在 8 h,连续处理 15 d 以上。

遮光处理是用遮光率为 50%～60% 的遮阳网对苗床进行遮光,或将遮阳网覆盖在温室大棚骨架上进行遮光。处理时间为 8 月中旬开始,到 9 月中旬花芽分化开始后结束,连续处理 20 d 以上。此种方法可使气温降低 2～3℃,地温降低 5～6℃。

(2)冷藏处理 8 月中下旬,将带有 4～5 片展开叶的草莓苗假植在育苗箱内,放入 10℃ 的冷库中,不计日照长短,处理约半个月,或者是使冷库内温度保持在 12～15℃,每天用 500 lx 的电灯补充光照 8 h,冷藏 10～15 d 后,确认花芽分化后再出库定植。

(3)夜冷处理 是在 8 月中旬将生长健壮的草莓苗假植在育苗箱内,白天将草莓苗放在自然条件下接受阳光照射,下午从 4 时到次日上午 8 时将其放入 10～15℃ 的冷藏库中进行低温处理,每天光照 8 h,黑暗低温 16 h,以促进花芽提早分化。连续处理 15～22 d,可使花芽分化比常规育苗提早 2 周以上。

(4)高山冷地育苗 高山育苗是利用海拔每升高 100 m,温度就降低 0.6℃ 的温度变化特点,采取在海拔较高的冷凉地段育苗,以促进草莓多形成花芽和提早形成花芽的方法。具体方法是在 8 月上中旬,将带有 4～5 片展开叶、新茎粗 1.0 cm 的草莓苗移到 1 000 m 的高山上,处理20～30 d后,当80%的植株已花芽分化,3 d后即可移到山下温室中进行定植。也可以采取高山育苗结合短日照处理,将更能提早形成花芽,增产效果也十分明显。

三、定植

采用假植苗定植时,开始定植时间为70%的植株完成顶花芽分化时,通常是在9月中旬,定植最迟不能晚于第一腋花芽开始分化期。假植苗若定植过晚,使得定植期正赶上第一腋花芽分化期,则会影响到第一腋花芽的正常分化,导致出现二茬果成熟过晚、采收期间隔拉长等现象;若定植过早,会推迟花芽的分化,从而影响前期的产量。定植时,以气温15～25℃,土壤温度15～17℃为宜。辽宁省丹东地区利用假植苗定植时间一般在9月20日,至10月初定植完毕。若利用非假植苗定植,时间一般在进入顶花芽分化以前定植结束,使缓苗期正赶上顶花芽分化。这是因为正在缓苗的植株从土壤中吸收氮素的能力相对较差,所以有利于花芽的分化。北方地区多在8月中下旬至9月上旬定植。

定植方式、方法参考任务6.2日光温室草莓半促成栽培相关内容进行。

从定植后到扣棚升温前,除了进行正常的除老叶、病叶和匍匐茎,松土除草,病虫害防治等管理外,为保证草莓植株继续进行花芽分化,要少施或不施氮肥,浇水只要保持地表湿润即可。

四、扣棚保温

(一)扣棚保温

草莓温室促成栽培时,适时保温是技术的关键。在促成栽培的各级次花芽中,真正能形成产量并决定经济效益的,主要是顶花芽和第一腋花芽。因此,在顶花芽完成分化就开始保温。一般年份,北方寒冷地区扣棚保温适期在10月中下旬。保温过早,虽然有利于防止秧苗进入休眠,但影响花果质量,降低产量;保温过迟,秧苗容易进入休眠,草莓一旦进入休眠阶段再打破休眠,需要采取很多措施,造成一定的经济浪费。

(二)覆盖地膜

扣棚10 d后覆盖地膜。覆膜过晚,容易在提苗时使花序和叶柄折断,从而影响植株的正常生长发育。覆膜后立即破膜提苗,并将秧苗周围用土压实,然后结合施肥进行膜下灌水,以减少覆膜操作对植株生长发育的影响。

五、扣棚后管理

(一)抑制植株休眠

为了防止草莓进入休眠,扣棚后可采取人工补光和喷赤霉素等方法进行处理。具体方法可参见本项目任务1调查设施果树生产基本技术中调控果树休眠技术的相关内容。

(二)温湿度管理

保温初期白天温度控制在 25～30℃,夜间控制在 12～15℃,超过 30℃时要及时降温。植株现蕾后白天温度保持在 25～28℃,夜间 8～12℃,夜温不能高于 13℃。湿度控制在 60%～80%。开花期白天温度控制在 22～25℃,夜间控制在 8～10℃。开花期空气湿度应控制在 40%～50%。果实膨大期白天温度控制在 20～25℃,夜间控制在 5～8℃。从果实着色到采收,温室内白天温度保持在 20～22℃即可,夜间仍需保持在 5～8℃,不能低于 5℃。果实成熟期的室内湿度一般控制在 60%～70%较为适宜。

(三)肥水管理

草莓促成栽培的主要灌水时期有:保温初期、果实膨大期、收获最旺盛期过后、收获中断期过后。

促成栽培草莓除了在定植前施入基肥外,在整个生长发育期内还有 3 个关键追肥时期,具体如表 6-7 所示。

表 6-7　日光温室草莓促成栽培主要追肥时期一览表

追肥时期	目的	肥料种类及施肥量
顶花序现蕾期	促进植株健壮生长和顶花序提早现蕾	植株生长势弱时,喷施 200～500 倍尿素,800～1 000 倍活力素或 400～500 倍高美施;植株生长势较旺时,喷施 300～400 倍活力素或 300 倍磷酸二氢钾
	提高顶花序的坐果率及大果率	喷施 300 倍的硼酸液,或 500 倍硫酸钙液,或 2 000 倍的硫酸锰液
顶花序果实转白膨大期	促进果实膨大及着色	从顶花序果实开始转白膨大开始,一般每半个月追肥一次,每亩用量为磷酸二铵 10 kg 加硫酸钾 7 kg,也可用草莓复合肥及专用螯合肥。当果实膨大缓慢时,可叶面喷施 700 倍的植物动力或 800 倍的活力素或膨大素等
顶花序果实采收期至腋花序果实发育期	促进植株迅速恢复及腋花序的果实膨大	以磷、钾肥为主,一般每隔 15～20 d 追肥一次

(四)植株管理

日光温室草莓促成栽培中,植株管理的主要任务有及时摘除侧芽、匍匐茎、老叶、黄叶,疏花疏果,放蜂授粉等。

【探究与讨论】

1. 你认为设施果树生产的发展趋势主要有哪些?
2. 果树生产用温室和塑料大棚基本结构要求有哪些?
3. 设施果树生产中如何对环境条件进行调控?
4. 果树设施栽培的类型有哪些?

5. 设施栽培果树在品种选择上与露地有哪些区别？

6. 设施栽培果树的生长发育特点与露地有何不同？

7. 砖槽台式栽植有哪些优点？

8. 如何确定设施栽培果树开始升温的日期？

9. 如何理解催芽期温度管理的"平缓升温、控制高温、保持夜温"原则？

10. 比较桃、李、杏、樱桃在开花期温度管理上的差异。

11. 设施栽培桃为什么采果后进行重修剪？如何进行修剪？

12. 为什么甜樱桃设施生产中会出现隔年结果现象？如何预防？

13. 设施葡萄生产中如何打破葡萄休眠？怎样进行操作？

14. 葡萄设施栽培整形修剪与露地相比有哪些异同点？

15. 日光温室草莓半促成栽培的关键技术有哪些？

附录

果树园艺工国家职业标准

附表 1 果树园艺工标准对初级技能的工作要求

职业功能	工作内容	技能要求	相关知识
果树分类和识别	果树植物学特征和生物学特性	能够根据果树的外观特征识别果树15种	1.果树的外观特征 2.果树的区划栽培
	果实外观和内在品质	能够根据果实外观特征识别果实20种	1.果实的外观特征 2.果实的营养成分
育苗	种子采集与处理	1.能够采集、调制和贮藏种子 2.能够进行种子的沙藏处理	1.种子采集、调制和贮藏知识 2.种子休眠知识 3.层积处理知识
	播种	1.能够整地和做畦 2.能够识别主要果树砧木种子 3.能够根据种子特性确定播种方法	1.种子识别知识 2.整地做畦知识 3.播种方式和方法
	实生苗管理	1.能够进行灌溉、追肥和中耕除草 2.能够进行间苗和移栽	1.出苗期管理知识 2.灌溉、施肥知识 3.幼苗移栽知识
	扦插育苗	1.能够整地、做畦和覆地膜 2.能够进行插条处理 3.能够进行扦插	1.促进扦插生根知识 2.扦插方法 3.扦插苗管理知识
	压条育苗	1.能够进行水平压条育苗 2.能够进行直立压条育苗	1.水平压条育苗知识 2.直立压条育苗知识
	嫁接育苗	1.能够采集接穗和保存接穗 2.能够进行果树 T 形芽接和嵌芽接的操作,嫁接速度达到 60 个芽/h,或枝接20个接穗/h 3.能够检查成活、解绑和剪砧	1.采集和保存接穗知识 2.果树芽接知识 3.果树枝接知识
	起苗、苗木分级、包装和假植	1.能够进行起苗 2.能够进行苗木消毒处理 3.能够进行苗木包装和假植	1.苗木出圃知识 2.安全使用农药知识 3.苗木贮藏方法

续附表1

职业功能	工作内容	技能要求	相关知识
果树栽植	果树栽植前的准备	1.能够挖定植穴(沟) 2.能够进行改土、施肥、回填和洇地等栽前准备工作	1.土壤结构知识 2.挖定植穴(沟)方法 3.回填与施肥技术
	果树的栽植	1.能够栽植果树横竖成行 2.能够进行分苗、扶苗、埋土各个环节的操作	1.果树根系生长知识 2.果树苗木根颈、芽知识 3.果树栽植技术
	果树的栽后管理	1.能够进行定干、刻芽、抹芽、定梢操作 2.能够进行果树栽后灌水、套袋、松土、覆膜各个环节的操作	1.果树生长习性知识 2.土壤保水增温知识
果园管理	土肥水管理	1.能够进行土壤施肥和灌溉 2.能够进行叶面喷肥 3.能够识别常见的化肥种类 4.能够使用和保养果园常用的农机具	1.土壤和肥料知识 2.果树根系分布特点 3.施肥和灌溉方法 4.果园土壤管理知识 5.常用农机具使用和保养常识
	花果管理	1.能够进行疏花、疏果 2.能够进行果实套袋和撤袋	1.疏花、疏果知识 2.果实套袋知识 3.果实成熟度确定和采收方法
	果树修剪	1.能够进行抹芽、疏梢、摘心、剪梢、疏枝、环剥、环割、扭梢、拉枝、拿枝、撑枝、绑梢、绑蔓、短截、疏枝、回缩和缓放等修剪方法的单项操作 2.能够使用、保养和维修常用的修剪工具	1.主要修剪方法及作用 2.修剪工具使用和保养知识
	休眠期管理	1.能够进行休眠期果园的清理 2.能够进行刮树皮、树干涂白 3.能够进行果树的越冬保护(幼树压倒埋土、北侧培半圆形土埂、枝干缠裹塑料膜及喷、涂抑制蒸发剂等)	1.休眠期病虫草害综合防治知识 2.果树防寒知识 3.果树越冬肥水管理知识
	设施果树管理	能够根据天气情况调节设施的温度、湿度和光照	1.设施环境特点 2.设施环境调控知识
	病虫草害防治	1.能够使用喷药设备进行喷药 2.能够保管农药和保养喷药设备 3.能够识别当地主要果树病害和虫各5种	1.果树常见病虫、杂草识别方法 2.安全使用农药知识 3.药剂保管及农药器械保养知识
采后处理	果实的采收	1.能够根据果实用途(鲜食、贮藏、加工)确定果实成熟期 2.能够进行5种果实的采摘操作	1.果实成熟标准 2.果品采摘知识
	果实分级	能够根据分级标准进行果实分级	1.果实分级标准
	果实打蜡和包装	1.能够使用果品清洗和打蜡机械 2.能够进行果实的包装和装运	1.果实清洗和打蜡机械使用知识 2.果品包装和运输知识

(引自中华人民共和国人力资源和社会保障部 中华人民共和国农业部 国家职业标准《果树园艺工》)

附表 2　果树园艺工标准对中级技能的工作要求

职业功能	工作内容	技能要求	相关知识
果树的品种识别与环境要求	果树植物学特征和生物学特性	能够根据果树的植株特征识别 3 种果树的各 3 个品种	果树品种的植株特征
	果实的外观和内在品质	能够识别 3 种果树的各 3 个品种的果实	1. 果树品种的果实特征 2. 果树品种的区划栽培
育苗	种子处理	1. 能够进行种子分级 2. 能够进行种子生活力鉴定 3. 能够进行层积处理	1. 砧木种子分级标准 2. 种子休眠机制及调控方法 3. 种子生活力鉴定方法
	播种	1. 能够计算播种量 2. 能够确定播种期	1. 播种量的计算方法 2. 播种期确定方法
	实生苗管理	1. 能够进行间苗和移栽	幼苗间苗、移栽知识
	扦插育苗	能够制作或安装荫棚、沙床和全光照弥雾沙床	荫棚和沙床建造知识
	压条育苗	1. 能够进行曲枝压条育苗 2. 能够进行空中压条育苗	1. 曲枝压条育苗知识 2. 空中压条育苗知识
	分株育苗	1. 能够进行根蘖分株育苗 2. 能够进行匍匐茎和根状茎分株育苗 3. 能够进行吸芽分株育苗	1. 分株苗繁殖原理 2. 相关果树的生物学特性 3. 分株方法 4. 分株苗管理技术
	嫁接育苗	1. 能够进行果树的芽接, 芽接速度达到 80 芽/h 2. 能够进行果树的枝接操作, 枝接速度达到 25 个接穗/h	1. 果树嫁接成活机制及促进成活的方法 2. 嫁接方法 3. 嫁接后管理知识
	起苗、苗木分级、包装和假植	1. 能够进行苗木质量检验 2. 能够确定苗木消毒所使用的药剂种类	1. 苗木质量分级标准 2. 苗木消毒相关知识
果园设计与建设	果园设计	1. 能够根据不同环境条件选择种植品种 2. 能够设计主栽品种与授粉搭配、栽植株行距与栽植方式、果园道路与灌排水	1. 果树品种知识 2. 果园设计知识
	果树建设	1. 能够根据当地气候、确定栽植时期 2. 能够进行苗木栽前处理 3. 能够进行果树栽后病虫防治	1. 当地气候常识 2. 果树栽植知识 3. 果树植保知识

续附表 2

职业功能	工作内容	技能要求	相关知识
果园管理	土肥水管理	1. 能够根据果树生长情况确定施肥时期、肥料种类、施肥方法及施肥量 2. 能够根据果树生育期选择肥料种类 3. 能够进行果园土壤管理(清耕、生草、间作、免耕和覆盖等) 4. 能够进行果园土壤改良	1. 果树根系分布特点及生长规律 2. 果树肥水需求特性 3. 常用肥料特性及施用技术 4. 灌水方法和节水栽培技术 5. 果园土壤管理知识 6. 各种类型土壤特性、土壤改良技术
	花果管理	1. 能够实施果园防霜技术措施 2. 能够进行花粉采集、调制和保存 3. 能够进行人工授粉 4. 能够进行摘叶、转果、铺反光膜	1. 预防晚霜的知识 2. 坐果的机理及提高坐果率的技术 3. 果实品质的商品知识、食用知识、营养知识和加工知识等 4. 影响果实品质的因素及提高果实品质的技术
	生长调节剂使用	1. 能够判断树体生长势 2. 能够根据果树生长势选择和使用生长调节剂 3. 能够配制生长调节剂溶液	1. 果树生长势判断知识 2. 生长调节剂相关知识 3. 生长调节剂溶液配制方法
	果树整形修剪	1. 能够进行果树休眠期的整形修剪 2. 能够进行果树生长期的修剪	1. 果树枝芽类型、特性及应用 2. 果树生长结果平衡调控技术
	果实采收	1. 能够判断果实的成熟度和采收期 2. 能够操作果品分级机械	1. 果实成熟度知识 2. 果品分级机械使用知识
	病虫防治	1. 能够识别当地主栽果树的常见病害和害虫各10种 2. 能够根据果园的病虫草害,确定农药的种类	1. 果树常见病虫识别和防治知识 2. 常用农药功效和使用常识
	设施果树管理	1. 能够确定设施果树的扣棚和升温时间 2. 能够确定有害气体的种类、出现的时间 3. 能够根据设施内的空间和果树生长结果习性,进行设施果树的修剪	1. 果树休眠知识 2. 果树生长发育与环境知识 3. 土壤盐渍化知识 4. 设施环境调控知识 5. 设施栽培果树修剪知识
采后处理	果实的质量检测	1. 能够根据果品外观质量标准判定产品质量 2. 能够准备清洗和打蜡设备 3. 能够使用折光仪测定果实的可溶性固形物含量 4. 能够使用硬度计测定果实硬度	1. 外观质量标准知识 2. 清洗打蜡设备知识 3. 折光仪、硬度计使用常识
	果实的商品化处理	1. 能够根据果实特性选择包装材料 2. 能够进行冷库的灭菌操作 3. 能够操作冷库设备进行果实贮藏	1. 包装材料和设备知识 2. 冷库机械设备知识 3. 冷库灭菌知识

(引自中华人民共和国人力资源和社会保障部 中华人民共和国农业部 国家职业标准《果树园艺工》)

附表3　果树园艺工标准对高级技能的工作要求

职业功能	工作内容	技能要求	相关知识
育苗	苗情诊断	1. 能够判断苗木的长势，并调整肥水管理措施 2. 能够识别当地主要树种苗期常见生理性病害	1. 果树生长势判断知识 2. 果树苗期营养诊断知识
	病虫害防治	能够识别当地主要树种和品种苗期常见病虫害	1. 苗期主要病虫害识别 2. 常见病虫害综合防治技术 3. 无病毒果苗繁育常识
	嫁接	1. 能够根据树种、品种、栽培环境选用砧木 2. 能够进行果树的芽接，芽接速度达到100个芽/h 3. 能够进行果树的枝接操作，枝接速度达到50个接穗/h 4. 能进行大树多头高接操作	1. 嫁接亲和力知识 2. 常用砧木特性 3. 大树高接换优相关知识
	容器育苗	1. 能够根据苗木根系特点选择容器进行容器育苗 2. 能够配制营养土	1. 容器特性 2. 基质和肥料特性 3. 容器苗的肥水管理知识
果园设计与建设	建园设计	1. 能够使用平板仪、皮尺、标杆等测量工具进行果园勘测 2. 能够进行小型果园的建园方案设计	1. 果树种类、品种的生长结果习性 2. 测量学知识 3. 园地规划知识
	建园方案实施	1. 能够按大型果园的建园方案实地放大图实施 2. 能够实施保护地果树、棚架果树、观光采摘休闲果园的建园方案	1. 果树保护地生长结果习性 2. 旅游接待知识 3. 果树设施材料相关知识
果园管理	肥水管理和植株调控	1. 能够识别本地主要果树常见的缺素症和营养过剩症 2. 能够根据植株长势，制定肥水管理措施 3. 能够根据果树长势，制定果树生长势调控措施	1. 果树生长发育知识 2. 果树生长势判断知识 3. 果树常见缺素症和营养过剩症知识 4. 果树生长势调控技术
	果树整形修剪	1. 能够根据果树树体生长结果情况制定相应的修剪方案 2. 能够完成本地主要果树的整形修剪 3. 能够运用各种修剪方法，调整树形、改善树冠内光照、调控树体生长发育和节省营养	1. 果树整形修剪知识 2. 果树生长结果平衡知识
	设施果树管理	1. 能够根据植株生长情况，调控生长环境 2. 能够进行设施果树的整形修剪 3. 能够进行设施果树的土肥水管理	1. 主要设施类型特点 2. 设施果树生长发育与肥水需求特点 3. 设施环境控制技术 4. 设施果树修剪知识

续附表3

职业功能	工作内容	技能要求	相关知识
	病虫害防治	1.能识别本地常见果树的常见病害和害虫各15种 2.能制定当地主栽树种常见病虫草害综合防治方案	1.主栽果树常见病害的发生规律 2.果树病虫害识别和综合防治技术
技术管理	生产计划的制定 能够制定果园年度生产计划	1.果园周年管理知识 2.果树生产技术知识	
	生产计划的实施	1.能根据果树物候期和年度生产计划进行人员安排调配 2.能根据果树生长情况实施技术方案	1.果树物候期知识 2.劳动力管理知识 3.环境条件、技术措施与果树生长相关性
技术指导	技术示范	能够对初、中级人员进行技术操作示范	1.果树栽培知识 2.果园机械、设备使用知识
	技术指导	能够对初、中级人员进行技术指导	1.果树栽培知识 2.技术指导方法

（引自中华人民共和国人力资源和社会保障部 中华人民共和国农业部 国家职业标准《果树园艺工》）

附表4 果树园艺工标准对初级、中级、高级理论知识的比重要求   ％

项目		初级	中级	高级
基本要求	职业道德	5	5	5
	基础知识	20	20	15
相关知识	育苗	15	15	10
	果树栽植	10	10	5
	建园设计和建设	—	—	10
	果园管理	40	40	35
	采后处理	10	10	10
	技术管理	—	—	10
合　计		100	100	100

（引自中华人民共和国人力资源和社会保障部 中华人民共和国农业部 国家职业标准《果树园艺工》）

附表5　果树园艺工标准对初级、中级、高级技能操作的比重要求　%

项目		初级	中级	高级
技能要求	树种分类和识别	5	5	5
	育苗	30	30	20
	果树栽植	15	10	—
	建园设计和建设	—	—	10
	果园管理	40	45	45
	采后处理	10	10	10
	技术管理	—	—	5
	培训指导	—	—	5
合计		100	100	100

（引自中华人民共和国人力资源和社会保障部 中华人民共和国农业部 国家职业标准《果树园艺工》）

参考文献

[1] 冯社章,赵善陶.果树生产技术(北方本)[M].北京:化学工业出版社,2007.

[2] 郗荣庭.果树栽培学总论(3版)[M].北京:中国农业出版社,2000.

[3] 马俊,蒋锦标.果树生产技术(北方本)[M].北京:中国农业出版社,2005.

[4] 李绍华,罗正荣等.果树栽培概论[M].北京:高等教育出版社,1999.

[5] 李道德.果树栽培[M].北京:中国农业出版社,2001.

[6] 沈隽等.《中国农业百科全书·果树卷》[M].北京:中国农业出版社,1993.

[7] 董凤启总主编.中国果树实用新技术大全一落叶果树卷[M].北京:中国农业科技出版社, 1998.

[8] 刘振岩,李震三.山东果树[M].上海科学技术出版社,2000.

[9] 龙兴桂.现代中国果树栽培[M].北京:中国林业出版社,2000.

[10] 马文哲.绿色果品生产技术(北方本)[M].北京:中国环境科学出版社,2006.

[11] 刘凤之,汪景彦,王宝亮.我国果树生产现状与果业发展趋势[J].中国果树,2005(1):51-53.

[12] 汪景彦,孟艳玲.我国果树生产结构现状及发展建议[J].河北果树,2004(5):1-3.

[13] 全国农业技术推广中心.无公害果品生产技术手册[M].北京:中国农业出版社,2003.

[14] 杨洪强.绿色无公害果品生产全编[M].北京:中国农业出版社,2003.

[15] 张安盛,王少敏.安全优质果品的生产与加工[M].北京:中国农业出版社,2005.

[16] 聂继云.果品标准化生产手册[M].北京:中国标准出版社,2003.

[17] 河北农业大学.果树栽培学实验实习指导书[M].北京:中国农业出版社,1979.

[18] 卜庆雁,翟秋喜.果树栽培技术[M].沈阳:东北大学出版社,2009.

[19] 张力飞.园艺苗木生产实用技术问答[M].沈阳:辽宁教育出版社,2009.

[20] 王庆菊.园林苗木繁育技术[M].北京:中国农业大学出版社,2007.

[21] 刘德先.果树林木育苗大全[M].北京:中国农业出版社,1996.

[22] 劳秀荣,杨守祥,韩燕来.果园测土配方施肥技术[M].北京:中国农业出版社,2008.

[23] 姜远茂,彭福田,巨晓棠.果树施肥新技术[M].北京:中国农业出版社,2002.

[24] 孟林.果园生草技术[M].北京:化学工业出版社,2004.

[25] 周伟儒.果树壁蜂授粉新技术[M].北京:金盾出版社,2007.

[26] 张中印,安建东,罗术东,等.蜜蜂授粉手册[M].北京:中国农业出版社,2008.

[27] 汪景彦,等.苹果树合理整形修剪图解(修订版)[M].北京:金盾出版社,2004.

[28] 刘兴治.果树整形修剪新技术[M].沈阳:沈阳出版社,1994.

[29] 张克俊.果树整形修剪技术问答(2版)[M].北京:中国农业出版社,2000.

[30] 王跃进,杨晓盆.北方果树整形修剪与异常树改造[M].北京:中国农业出版社,2001.

[31] 汪景彦.苹果无公害生产技术[M].北京:中国农业出版社,2003.

[32] 辽宁省果树科学研究所.苹果丰产优质栽培[M].沈阳:辽宁科学技术出版社,1994.

［33］魏钦平,王小伟,朱丽琴.无公害苹果标准化生产［M］.北京:中国农业出版社,2006.

［34］杨洪强,接玉玲.无公害苹果标准化生产手册［M］.北京:中国农业出版社,2008.

［35］冯明祥,邸淑艳.苹果病虫害及防治原色图册［M］.北京:金盾出版社,2007.

［36］周慧文.桃树丰产栽培［M］.北京:金盾出版社,1990.

［37］张鹏,魏连贵.桃树整形修剪图解［M］.北京:金盾出版社,1990.

［38］荆宇,金燕.作物生产概论［M］.北京:中国农业大学出版社,2007 .

［39］冯明祥,李晓军.桃病虫害及防治原色图册［M］.北京:金盾出版社,2007.

［40］张文,沙海峰,郝美玲.桃树栽培技术问答［M］.北京:中国农业大学出版社 2008.

［41］山东省果树研究所.枣［M］.北京:中国林业出版社,1984.

［42］楚燕杰,宋鹏,李秀英.美国四提葡萄优质丰产栽培［M］.北京:科学技术文献出版社,
　　　2003.

［43］杨治元.巨峰系葡萄品种特性［M］.北京:中国农业出版社,2007.

［44］晁无疾.葡萄优新品种及栽培原色图谱［M］.北京:中国农业出版社,2003.

［45］胡建芳.鲜食葡萄优质高产栽培技术［M］. 北京:中国农业大学出版社,2002.

［46］刘玉升,刘开启等.葡萄病虫害防治彩色图说［M］.北京:中国农业出版社,2000.

［47］李亚东.越橘(蓝莓)栽培与加工利用［M］.长春:吉林科学技术出版社,2001.

［48］郗荣庭,张毅萍.中国核桃［M］.北京:中国林业出版社,1992.

［49］李体智.栗树实用栽培技术［M］.沈阳:辽宁科学技术出版社,2002.

［50］姜国高.板栗早实丰产栽培技术［M］.北京:中国林业出版社,1995.

［51］夏国京,郝平.大果榛子高产栽培［M］.北京:金盾出版社,2006.

［52］梁维坚,董德芬.大果榛子育种与栽培［M］.北京:中国林业出版社,2002.

［53］李淑珍.果树日光温室栽培新技术［M］.北京:中国农业出版社,1998.

［54］孙培博,夏树让.设施果树栽培技术［M］.北京:中国农业出版社,2008.

［55］樊巍,王志强,周可义.果树设施栽培原理［M］.郑州:黄河水利出版社,2001.

［56］郭世荣,高志红.设施果树生产技术［M］.北京:化学工业出版社,2013.

［57］王力荣,朱更瑞,方伟超.桃保护地优质高效栽培［M］.郑州:中原农民出版社,2000.

［58］蒋锦标,吴国兴.果树反季节栽培技术指南［M］.北京:中国农业出版社,2000.

［59］郝燕燕,郝瑞杰.葡萄设施栽培技术［M］.北京:中国社会出版社,2006.

［60］全国农业技术推广中心.草莓周年生产配套技术［M］.北京:中国农业出版社,2001.

［61］张运涛,王桂霞,董静.无公害草莓安全生产手册［M］.北京:中国农业出版社,2008.

［62］周晏起,卜庆雁.草莓优质高效生产技术［M］.北京:化学工业出版社,2012.

［63］杨怀国.草莓保护地栽培［M］.北京:金盾出版社,2001.